工程材料与热加工工艺

主　编　李书伟
副主编　曹　卫　汪洪林

南京大学出版社

图书在版编目(CIP)数据

工程材料与热加工工艺 / 李书伟主编. — 南京：
南京大学出版社，2011.12(2023.1重印)
ISBN 978-7-305-09142-1

Ⅰ. ①工… Ⅱ. ①李… Ⅲ. ①工程材料－高等学校－
教材 ②热加工－高等学校－教材 Ⅳ. ①TB3 ②TG306

中国版本图书馆 CIP 数据核字(2011)第 242802 号

出版发行	南京大学出版社	
社　　址	南京市汉口路 22 号	邮　编 210093
出 版 人	金鑫荣	
书　　名	**工程材料与热加工工艺**	
主　　编	李书伟	
责任编辑	刘　波	编辑热线 025-83597482
照　　排	南京南琳图文制作有限公司	
印　　刷	南京百花彩色印刷广告制作有限责任公司	
开　　本	787×1092 1/16 印张 25 字数 619 千	
版　　次	2023 年 1 月第 1 版第 13 次印刷	
ISBN	978-7-305-09142-1	
定　　价	59.00 元	

网址：http://www.njupco.com
官方微博：http://weibo.com/njupco
官方微信号：njuyuexue
销售咨询热线：(025) 83594756

前　言

本书依据教育部高等学校教学指导委员会颁发的《工程材料及机械制造基础课程教学基本要求》，汲取国内相关院校教学改革和课程建设的成果，力求适应高等教育的改革和发展，并结合编者的工程和教学实践编写而成。

全书分四个知识模块十一章：第一模块为工程材料基础理论，包括材料的分类与性能、材料的结构与结晶、钢的热处理；第二模块为常用工程材料，包括黑色金属材料、有色金属材料和其他工程材料；第三模块为金属材料热加工工艺，包括金属液态成形、金属塑性成形和焊接成形；第四模块为工程材料与热加工工艺的选用。本书以培养选择和使用工程材料及成形工艺能力为目的，整合和精简基础理论，力求贯彻最新国家标准，介绍新型工程材料和金属材料热加工工艺新方法。

本书注重理论联系实际，从应用角度出发，引入实例以启发，努力把基础理论和工程实际有机结合起来，培养正确运用材料的能力，掌握分析和解决工程技术实际问题的本领，同时注重工程素养和创新思维能力的培养。

本书可作为高等院校机械类及近机类专业教材，也可供有关工程技术人员参考。

本书由李书伟任主编，曹卫和汪洪林任副主编。具体编写分工如下：李书伟（前言、绪论、第七章、第八章、第十章第四节），曹卫（第四章、第五章、第十章第三节），汪洪林（第三章），窦沙沙（第一章、第二章），张红蕾（第六章、第九章、第十章第一至二节）。

本书由葛友华教授审阅，本书的编写得到了盐城工学院教材基金的资助，参考了大量有关文献资料，编者在此一并表示衷心的感谢。

由于编者水平有限，难免有错误和不足之处，敬请读者提出宝贵意见，以求改进。

编　者

2011 年 9 月

目　录

绪　论

一、工程材料与热加工工艺的发展

材料是人类生产和生活的物质基础,它可以直接反映出人类社会的文明程度,从某种意义上讲,人类的文明史就是材料的发展史。人类社会所经历的石器时代、青铜器时代、铁器时代以及当今人工合成材料时代就是按生产活动中起主要作用的工具和材料来划分的。材料既是一门古老学科,又是一门不断焕发青春的学科,它既具有悠久的发展历史,又处于当今科学技术发展的主导地位。

工程材料与热加工工艺来源于人类的生产实践,它对人类文明进步起到了积极的推动作用。早在远古时代,人类的祖先以石器为主要工具,石块是人类历史最早使用的工程材料,并在不断改进石器的过程中发现了天然铜块和铜矿石,在陶器的制造过程中发现了冶铜术,后来又将锡矿石和铜矿石一起冶炼,生产出了更加坚韧和耐磨的青铜,人类社会从此进入青铜器时代。公元前 1200 年左右,人类开始使用铁,人类社会进入铁器时代,后来钢铁工业迅速发展,成为 18 世纪产业革命的重要内容和物质基础。

在材料生产和热加工技术方面,中华民族取得过辉煌的成就。我国使用铜的历史有4000 年左右,在商代(公元前 1600～公元前 1046)就有高度发达的青铜加工技术。我国铁的使用比欧洲早 1900 余年,在春秋时期就大量使用了铁器。东汉时期我国就掌握了炼钢技术,比其他国家早 1600 余年。河南安阳出土的司母戊大方鼎,重达 875kg,它不仅体积庞大,而且上面花纹精巧、造型精美,反映了我国古代高超的铸造技术。湖北江陵楚墓中的越王勾践宝剑在地下埋藏 2000 多年,出土时仍金光闪闪、锋利无比,经研究发现是因为越王勾践宝剑经过了硫化处理,说明当时人们就掌握了运用热处理技术改变材料的性能。秦皇陶俑剑是采用了铬盐氧化法的钝化处理,这方法至今仍是重要的表面防护技术。到明朝就有比较完整的文字著作,宋应星所著的《天工开物》一书,记载了冶铁、炼钢、锻铁和淬火等各种金属加工方法,是世界上最早比较全面阐述材料与加工技术的科学文献之一。

新中国成立后,我国在金属材料、非金属材料及其加工工艺方面取得了长足进步,原子弹、氢弹、导弹、人造地球卫星等重大项目的研究与试验得以成功。改革开放以来,神七、神八、大飞机工程等航空航天取得突破,"鸟巢"、跨海大桥等建设工程令世人瞩目,不断出现新材料、新工艺、新技术和新设备,都标志着我国在材料生产和热加工技术方面达到了很高的水平。

当今社会进入了新的技术革命,计算机、生物工程、空间技术、新材料、新能源等,构成了新兴技术的主体,而材料科学在其中发挥着关键性的作用。飞机、火箭、卫星要求飞得更高、更快、更远,微电子产品要求更小,寿命要求更长,汽车要求更安全、更舒适和更美观,建筑要求更坚固、更耐火等,这一切无不依赖于新的材料和新的加工技术的诞生和发展。

二、工程材料与热加工工艺的地位和作用

制造业是国民经济的物质基础和工业化的产业主体,是社会进步与富民强国之本。任何一个国家为了自身的发展和安全,都将制造业的发展和升级作为国家战略来对待。高度发达的制造业是实现工业化的必备条件,也是一个国家综合竞争力的重要标志。机械制造是制造业的重要组成和基础,在国民经济建设和人们的生活中,都离不开机械产品。工程材料与热加工工艺是机械制造生产过程的重要组成部分。机械制造的生产过程一般是先用金属液态成形、塑性成形或焊接成形等方法将材料制作成零件的毛坯(或半成品),再经切削加工制成尺寸精确的零件,最后将零件装配成机器。机械零件的制造工艺过程主要包括零件材料的选择、毛坯的生产、切削加工、热处理等,如下图所示。

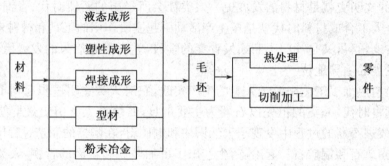

对于从事工程的技术人员而言,无论是设计、制造、运行、维护等都必然要面对零件的材料选择、改性工艺拟定及坯件成形结构工艺性等问题,因此掌握工程材料尤其是钢铁材料的组织性能、改性及成形是工程岗位要求所不可缺少的知识。

在工程设计过程中,不仅要确定各种零部件的结构形状,还必须确定材料、工艺及成形方法,在设计、选材、制造三者间拟定多种方案,经分析比较择优确定。由于每种结构均需选择相应成分的材料来满足性能要求,而每种材料的性能又取决于其组织结构和成形方法,因此结构设计、选材及改性、选择毛坯及成形方法,不仅成了相互关联的综合技术问题,还是机械设计的重要基础。

在制造过程中,由于工艺过程十分复杂,加工工序繁多,不仅有液态成形、塑变成形、焊接成形,还会穿插各种热处理等工艺。因此合理选择成形方法及工艺路线,是保证获得优质机械零件的重要依据。

工程材料与热加工工艺的选用直接影响零件的质量、成本和生产率。要合理选择毛坯种类和制造方法,必须掌握各种材料的性能、特点、应用及其成形过程,包括各种成形方法的工艺实质、成形特点和选用原则等。

尽管各种新技术、新工艺应运而生,新的制造理念不断形成,但铸造、压力加工、焊接和热处理等传统的常规成形工艺至今仍是量大面广、经济适用的技术。因此,常规工艺的不断改进和提高,并通过各种途径实现成形的高效化、精密化、轻量化和绿色化,具有很大的技术经济意义。本课程也是学习上述新知识的入门课程。

三、本课程的目的、特点和教学要求

课程旨在培养学生正确选用材料、合理加工材料的能力,熟悉常用材料的结构特点和基

本特性,了解材料的使用特性和分析方法,掌握合理使用常用材料的基本技能,根据零部件的工作状况、失效形式、力学性能等因素,合理选择工程材料及生产工艺,在知识结构、分析问题、解决问题能力等方面进行素质培养,为后续有关课程的学习和工作打好基础。

机械制造三大基础为工程材料、热加工工艺和机械加工工艺,本课程承担了前两大基础。工程材料是产品的物质载体和质量保证,热处理是关键,热加工是重要手段。本课程在工科院校机械类、近机类专业课程配置中,占有重要的位置,是培养学生合理选材、正确用材能力必修的重要课程,在专业知识结构中具有承前启后的作用。因此,本课程为机械类、近机类专业必修的学科基础课。

本课程主要介绍材料的成分、组织、结构、性能、用途及其热处理和金属液态成形、金属塑性成形、焊接成形等热加工工艺等方面基本知识。课程的重点是常用工程材料、常用加工方法的基本知识和能力,课程的难点是材料的组织转变,常用材料的热处理和热加工工艺。

工程材料与热加工工艺是由多门课程整合而成,其体系较为庞杂,涉及面较宽。名词、术语、概念多,既有一定的理论性,更具有较强的实践性;内容主要是建立在实验观察和工业实践基础之上,以实质性和规律性的描述为主,加之成分、组织和结构看不见、摸不着,因此,是一门理论性和实践应用性很强的课程。

第一章　工程材料的分类与性能

　　材料是人类文明与社会进步的物质基础和先导，是实施可持续发展战略的关键。人类生活与生产都离不开材料，它的品种、数量和质量是衡量一个国家现代化程度的重要标志。如今，材料、能源、信息已成为现代化社会生产的三大支柱，而材料又是能源与信息发展的物质基础。

　　材料的发展虽然离不开科学技术的进步，但科学技术的继续发展又依赖于工程材料的发展。在人们日常生活用品和现代工程技术的各个领域中，工程材料的重要作用都是很明显的。例如，耐腐蚀、耐高压的材料在石油化工领域中应用；高强度、重量轻的材料在交通运输领域中应用；某些高聚物和金属材料在外科移植领域中应用；高温合金和陶瓷在高温装置中应用；半导体材料在通信、计算机、航天和日用电子器件等领域中应用；强度高、重量轻、耐高温、抗热震性好的材料在宇宙飞船、人造卫星等宇航领域中应用；在机械制造领域中，从简单的手工工具到复杂的智能机器人，都应用了现代工程材料。在工程技术发展史上，每一项创造发明能否推广应用于生产，每一个科学理论能否实现技术应用，其材料往往是解决问题的关键。因此，世界各国对材料的研究和发展都是非常重视的，它在工程技术中的作用是不容忽视的。

第一节　工程材料的分类

　　工程材料是指固体材料领域中与工程（结构、零件、工具等）有关的材料，主要应用于机械制造、航天航空、化工、建筑与交通等部门。工程材料种类繁多，有许多不同的分类方法。

一、按照材料的化学属性分类

　　现代材料种类繁多，据粗略统计，目前世界上的材料种类已达 40 余万种，并且每年还以约 50% 的速率增加。材料有许多不同的分类方法，机械工程中使用的材料通常分为金属材料、高分子材料、陶瓷材料及其由此三者组合而成的复合材料四大类。

（一）金属材料

　　金属材料由金属键结合而成，因此金属有比高分子材料高得多的模量，有比陶瓷高得多的韧性、可加工性、磁性和导电性。金属材料是用量最大、用途最广的主要工程材料，历来占据材料消费的主导地位，在相当长的时间内还将延续下去。

　　金属材料又可以分为黑色金属和有色金属两大类。黑色金属指铁及铁基合金材料，即钢铁材料，因其具有优良的力学性能、工艺性能和低成本等综合优势，使之长期处于主导地位。有色金属指除铁基合金之外的所有金属及其合金材料,有色金属材料种类很多,按照它们特性的不同,又可分为轻金属、重金属、贵金属、稀有金属和放射性金属等多种,其中以铝及其合金、铜及其合金用途最广。

（二）陶瓷材料

陶瓷是泛指一切经高温处理而获得的无机非金属材料,除先进（特种）陶瓷外,还包括玻璃、搪瓷、水泥和耐火材料等。从狭义上讲,用无机非金属化合物粉体,经高温烧结而成,以多晶聚积体为主的固态物均称为陶瓷。

陶瓷的化学键是由共价键与离子键组成,具有优良的耐高温、耐磨、耐腐蚀的特点。分为传统陶瓷、特种陶瓷和金属陶瓷三类。

陶瓷材料是指硅酸盐、金属与非金属元素的化合物（主要是氧化物、氮化物、碳化物等）。工业上常分为三大类,其一是传统陶瓷,由粘土、石英、长石等组成,主要成分是天然硅、铝的氧化物及硅酸盐,常用作建筑材料;其二是特种陶瓷（新型陶瓷）,主要成分是人工氧化物、碳化物、氮化物和硅化物的烧结材料,常用作工业上耐热、耐蚀、耐磨等零件;其三是金属陶瓷,即金属粉末与陶瓷粉末的烧结材料,主要用作工具、模具等。

陶瓷具有许多优异的性能,如高硬度、高耐磨性、高的抗压性能、高的耐热性和耐蚀性能,其最大缺点是塑性低、韧性差、易脆断、且不易加工成形,故限制了它作为结构材料的使用范围;对陶瓷结构材料的增强增韧是今后的主要研究课题。此外,由于陶瓷具有独特的光、电、热等物理性能,因而是主要的功能材料之一。

（三）高分子材料

高分子材料又称聚合物,是由相对分子质量很大的大分子组成,其主要原料是石油化工产品。高分子材料按材料来源可分为天然高分子材料（蛋白、淀粉、纤维素等）和人工合成高分子材料（合成塑料、合成橡胶、合成纤维）;按性能及用途可分为塑料、橡胶、纤维、胶黏剂、涂料。

塑料是最主要的高分子材料,常分为通用塑料和工程塑料。通用塑料主要用于制作薄膜、容器和包装用品,聚乙烯是其典型代表;工程塑料是指力学性能较高的聚合物,聚酰胺（尼龙）是这类材料的代表。由于高分子材料具有金属材料所不具备的某些优异性能（如重量轻、电绝缘性、隔热保温性、耐蚀性等）,其发展速度相当快。

（四）复合材料

由于多种金属材料不耐腐蚀,无机非金属材料脆性大,高分子材料不耐高温,人们把上述两种或两种以上的不同材料组合起来,使之取长补短、相得益彰就构成了复合材料。复合材料由基体材料和增强材料复合而成。基体材料有金属、塑料、陶瓷等,增强材料有各种纤维和无机化合物颗粒等。

在新制成的材料中,原来各材料的特性得到了充分的应用,而且复合后可望获得单一材料得不到的新功能材料。复合材料包括:

（1）软质复合材料,具有高强度、高质量的特点。如橡胶与纺织材料结合在一起,人造丝、尼龙、金属纤维等。

（2）硬质复合材料，"玻璃钢"代表增强纤维与合成树脂制成的复合材料。

金属、高分子、陶瓷材料各有优缺点，若将以上两种或两种以上的材料微观地组合在一起形成的材料，便是复合材料。复合材料发挥了其组成材料的各自长处，又在一定程度上克服了它们的弱点，按其基体不同，复合材料常分为三大类型：树脂基复合材料、金属基复合材料和陶瓷基复合材料。

近年来人们为集中各类材料的优异性能于一体，充分发挥各类材料的潜力，制成了各种复合材料。因而复合材料是一种很有发展前途的材料。目前，高的比强度和比弹性模量的复合材料已广泛应用于航空、建筑、机械、交通运输以及国防工业等部门。

二、按材料的性能特点分类

（一）结构材料

结构材料是以强度、刚度、塑性、韧性、硬度、疲劳强度、耐磨性等力学性能为性能指标，用来制造承受载荷、传递动力的零件和构件的材料，可以是金属材料、高分子材料、陶瓷材料或复合材料。

（二）功能材料

功能材料是以声、光、电、磁、热等物理性能为指标，用来制造具有特殊性能的元件的材料，如大规模集成电路材料、信息记录材料、充电材料、激光材料、超导材料、传感器材料、储氢材料等都属于功能材料。目前功能材料在通信、计算机、电子、激光和空间科学等领域中扮演着极其重要的角色。

在人类漫长的历史发展过程中，材料一直是社会进步的物质基础与先导。21世纪，材料科学必将在当代科学技术迅猛发展的基础上朝着精细化、超高性能化、高功能化、复杂化（复合化和杂化）、生态环境化和智能化的方向发展，从而为人类的物质文明建设做出更大贡献。

第二节　材料的使用性能

材料是人类社会经济地制造有用器件的物质。所谓有用，是指材料满足产品使用需要的特性，即使用性能，它包括力学性能、物理性能和化学性能；制造是指将原材料变成产品的全过程，材料对其所涉及的加工工艺的适应能力即为工艺性能，它包括液态成形性能、塑性加工性能、切削加工性能、焊接性能和热处理性能等。全面地理解材料性能及其变化规律，是机械设计、选材用材、制订加工工艺及质量检验的重要依据。作为材料性能的两个方面，使用性能和工艺性能既有联系又有区别，两者有时是统一的，但更多的情况下却互相矛盾，合理地解决两者间的矛盾并使之不断改善和创新，是材料研究与应用的主要任务之一。

一、材料性能依据

材料的性能是一种参量,用于表征材料在给定的外界条件下所表现出来的行为。材料本身是一个复杂的系统,它包含材料的化学成分和内部结构,因此可以说,材料的化学成分和内部结构是性能的内部依据。而性能则是指确定成分和结构的材料外部表现。这里的结构是一个广泛的概念,它包括原子结构、结合键、原子排列方式(晶体、非晶体与晶体缺陷)以及组织(显微组织与宏观组织)四个层次。由于材料的性能一般必须量化表示,因而它通常是依照标准规定通过不同的试验来测定表述的,这便是我们从材料手册或设计资料上获得的性能参数。实际工件的性能当然首先取决于材料的性能,但须考虑到工件的形状尺寸、加工工艺过程和使用条件对其重要的影响。

材料科学与工程是依据"工艺—结构—性能"这条思路去控制或改造材料的性能,即工艺决定结构、结构决定性能。在此,"结构"是惯用的"成分、结构"的简称,"工艺"则主要是指材料的制备和加工工艺,但也应考虑材料在使用过程中可能的结构变化以及由此对性能产生的影响。

在改变结构时,应注意它的可变性以及因这种改变对于性能改变的敏感性。有些结构是难于改变的,如原子结构;有些结构虽然可以通过工艺来改变,但性能改变的敏感性却不同。某些性能如熔点、弹性模量主要取决于成分而对其结构改变不敏感,因此称之为结构不敏感性能;而强度、塑性、韧性等性能对结构的改变非常敏感,则称之为结构敏感性能。这是选择材料和制定加工工艺所必须考虑的问题。例如弹簧钢的弹性、刚性及疲劳性能是其主要要求,选择不同成分(含碳量及合金元素量)的弹簧钢并经过不同的加工工艺(如冷、热塑性加工,热处理,表面喷丸等)来改变其内部结构,弹簧的弹性与疲劳性能有着明显的不同,而其刚性却差异甚微。这说明对弹簧钢而言,试图用工艺去改变组织结构不敏感性的性能——刚性,显然是徒劳无功的,即便是将普通弹簧钢改选成合金弹簧钢,刚性也无明显改善,其原因是碳钢与合金钢均是以 Fe 为主的材料,而金属材料的刚性主要取决于其主要成分,次要成分的微小变化对它影响不大。

金属材料的性能包括使用性能和工艺性能。材料是在一定的外界条件下使用的,如在载荷、温度、介质、磁场等作用下将表现出不同的行为,此即材料的使用性能,包括力学性能(强度、塑性、硬度、冲击韧性、疲劳强度等)、物理性能(密度、熔点、热膨胀性、导热性、导电性等)和化学性能(耐蚀性、抗氧化性等)。工艺性能是金属材料从冶炼到成品的生产过程中,适应各种加工工艺(如冶炼、铸造、冷热压力加工、焊接、切削加工、热处理等)应具备的性能。由于工程结构与机器零件以传递力和能、实现规定的机械运动为其主要功能,因此力学性能是最主要的。

二、力学性能

金属材料的力学性能是指金属材料在载荷作用时所表现的性能。这些性能是机械设计、材料选择、工艺评定及材料检验的主要依据。

通过不同的标准试验测定相关参量的临界值或规定值,即可作为力学性能指标。力学性能的类型依据载荷特性的不同而不同,若按加载方式不同则可分为拉伸、压缩、弯曲、扭转与剪切等性能;若按载荷的变化特性不同又可分为静载荷力学性能和动载荷力学性能等。

不论何种情况,材料在外力作用下均会产生形状与尺寸的变化——变形。依照外力去除后变形能否恢复,变形可分为弹性变形(可恢复的变形)和塑性变形(不可恢复的残余变形)。当变形到一定程度而无法继续进行时,材料便发生断裂现象。断裂前有明显宏观塑性变形的称为韧性断裂,反之则称为脆性断裂。

材料的变形与断裂是其受到外力作用时所表现出的普遍力学行为,试验测定的力学性能指标也很多,常用的力学性能有强度、塑性、刚度、弹性、硬度、韧性、疲劳性能和耐磨性等。

(一)强度

强度是指材料在外力作用下对变形与断裂的抵抗能力,若将断裂看成变形的极限,则可将强度简称为变形的抵抗能力。强度是依据国家标准(GB/T228)的规定进行静拉伸试验得到的。

拉伸试样的形状通常有圆柱形和板状两类。图 1-1(a)所示为圆柱形拉伸试样。在圆柱形拉伸试样中 d_0 为试样直径,l_0 为试样的标距长度,根据标距长度和直径之间的关系,试样可分为长试样($l_0=10d_0$)和短试样($l_0=5d_0$)。

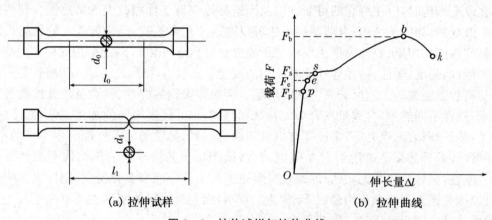

(a) 拉伸试样　　　　　　　　(b) 拉伸曲线

图 1-1　拉伸试样与拉伸曲线

试验时,将试样两端夹装在试验机的上下夹头上,随后缓慢地增加载荷,随着载荷的增加,试样逐步变形而伸长,直到被拉断为止。在试验过程中,试验机自动记录了每一瞬间负荷 F 和变形量 Δl,并给出了它们之间的关系曲线,故称为拉伸曲线(或拉伸图)。拉伸曲线反映了材料在拉伸过程中的弹性变形、塑性变形和直到拉断时的力学特性。

由图 1-1(b)低碳钢的拉伸曲线可知:在载荷较小的 oe 段,试样的变形随载荷增加而线性增加,若除去外力后则变形完全恢复,故 oe 阶段为弹性变形阶段;外力超过 p 点后,试样进入弹性-塑性变形阶段,此时若除去外力,则变形不可完全恢复(弹性变形可恢复,塑性变形则成为不可恢复的永久变形);当达到 s 点时,试样产生屈服现象——即外力不增加而变形明显继续进行;超过 s 点后,随着外力的提高,塑性变形逐渐增加,并伴随着形变强化现象,即变形需要不断增加外力才能继续进行,在 $s\sim b$ 点之间,试样发生的是均匀塑性变形;当达到并超过 b 点之后,试样开始产生不均匀的集中塑性变形即缩颈,并随着变形的继续伴有载荷下降现象;当达到 k 点时,试样于缩颈处产生断裂。

综上所述,典型的拉伸曲线(如低碳钢试样)表征的力学行为可分为弹性变形阶段(oe

段)、弹塑性变形阶段(ek 段)和断裂阶段(k 点),其中弹塑性变形阶段又可细分为屈服塑性变形(es 段)、均匀塑性变形(sb 段)和不均匀集中塑性变形(bk 段)。但并非所有材料的拉伸曲线均有以上明显的全部特征,如塑性极低的铸铁或淬火高碳钢、陶瓷等材料则几乎只有弹性变形阶段,这说明材料的成分和组织结构不同,在相同的实验下所表现出来的力学行为有着明显的差异。

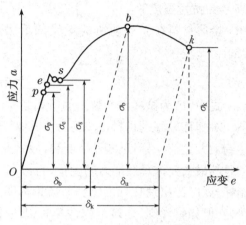

在拉伸试验中得到的拉伸曲线图,为排除试样原始尺寸对拉伸曲线的影响,用数学方法处理即可得到工程上常用的应力-应变的关系曲线,即应力-应变曲线(如图 1-2)。从中得到一些有价值的临界或规定的点来确定材料的一系列强度指标。由于一般强度是指对塑性变形的抗力,依照塑性变形量的允许程度不同,则有以下强度指标。

图 1-2 应力-应变曲线图

1. 比例极限

在弹性变形阶段,应力和应变关系完全符合胡克定律的极限应力即为比例极限。如火炮炮筒,为保证炮弹的弹道准确性,则要求炮筒只能产生弹性变形且其变形与应力之间应严格保持正比关系,否则炮筒会产生不符合要求的微量塑性变形,炮弹就会偏离射击目标。故炮筒设计时应采用比例极限为强度指标。

2. 弹性极限

金属材料在载荷作用下产生弹性变形时所能承受的最大应力称为弹性极限,用符号 σ_e 表示:

$$\sigma_e = F_e / A_0 \tag{1-1}$$

式中: F_e 为试样产生弹性变形时所承受的最大载荷(N); A_0 为试样原始横截面积(cm^2)。

弹性极限受测量仪器的精度影响而难于确定,故国家标准一般以残余应变量(即微量塑性变形量)为 0.01% 时的应力值作为"规定弹性极限"(或称"条件弹性极限")。工程上,弹性元件(如汽车板簧、仪表弹簧等)均是按弹性极限来进行设计选材的。

3. 屈服强度

金属材料开始明显塑性变形时的最低应力称为屈服强度,用符号 σ_s 表示:

$$\sigma_s = F_s / A_0 \tag{1-2}$$

式中: F_s 为试样屈服时的载荷(N); A_0 为试样原始横截面积(cm^2)。

生产中使用的某些金属材料,在拉伸试验中不出现明显的屈服现象,无法确定其屈服点 σ_s。所以国标中规定,以试样塑性变形量为试样标距长度的 0.2% 时,材料承受的应力称"条件屈服强度",并以符号 $\sigma_{0.2}$ 表示。$\sigma_{0.2}$ 的确定方法如图 1-3 所示:在拉伸曲线横坐标上截取 C 点,使 $OC = 0.2\% l_0$,

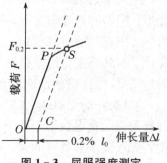

图 1-3 屈服强度测定

过 C 点作 OP 斜线的平行线,交曲线于 S 点,则可找出相应的载荷 $F_{0.2}$,从而计算出 $\sigma_{0.2}$。

屈服强度表示了材料由弹性变形阶段过渡到弹-塑性变形阶段的临界应力,可认为是材料对明显塑性变形的抗力。绝大多数零件,如紧固螺栓、汽车连杆、机床丝杠等,在工作时都不允许有明显的塑性变形,否则将丧失其自身精度或影响与其他零件的相互配合,因此屈服强度是设计与选材的主要依据。

4. 抗拉强度

金属材料在断裂前所能承受的最大应力称为抗拉强度(又称强度极限),用符号 σ_b 表示:

$$\sigma_b = F_b / A_0 \tag{1-3}$$

式中:F_b 为试样在断裂前的最大载荷(N);A_0 为试样原始横截面积(cm^2)。

对塑性较好的材料,σ_b 表示了材料对最大均匀变形的抗力;而对塑性较差的材料,一旦达到最大载荷,材料迅即发生断裂,故 σ_b 是其断裂抗力(断裂强度)指标。不论何种材料,σ_b 均是其最大允许承载能力的度量,且因 σ_b 易于测定,故适合于作为产品规格说明或质量控制标志,广泛出现在标准、合同、质量证明等文件资料中。σ_b 在设计与选材中的应用不及 σ_s 普遍,但如钢丝绳、建筑结构件等对塑性变形要求不严而仅要求不发生断裂的零件,σ_b 就是其设计与选材的参数。

所有以上强度指标均可作为设计与选材的依据,为了应用的需要,还有一些从强度指标派生出来的指标:

(1)比强度

它是各种强度指标与材料密度之比,在对零件自身重量有要求或限制的场合下(如航天航空构件、汽车等运行机械),比强度有着重要的应用意义。

(2)屈强比

它是材料屈服强度与抗拉强度之比,表征了材料强度潜力的发挥、利用程度和该种材料零件工作时的安全程度。

这里应该强调指出,材料强度指标是其组织结构敏感性参数,合金化、热处理及各种冷热加工可在很大程度上改变它的大小。

(二)刚度

1. 概念

绝大多数机器零件在工作时基本上都是处于弹性变形阶段,即均会发生一定量的弹性变形。但若弹性变形过大,则工件也不能正常工作,由此引出了材料对弹性变形的抵抗能力——刚度(或刚性)指标。如果说强度保证了材料不发生过量塑性变形甚至断裂,刚度则保证了材料不发生过量弹性变形。从这个角度来看,刚度和强度具有相同的技术意义而同等地重要,因而机械设计时既包括强度设计又包括刚度设计。

在应力-应变曲线上的弹性变形阶段,应力与应变的比值即为材料刚度,也就是材料的弹性模量。它在数值上等于该直线的斜率即 $\tan\alpha$,常用的有正弹性模量 E。实际工件的刚度首先取决于其材料的弹性模量 E,又与该工件的形状和尺寸(如截面积)有关,因此工件刚度代表了工件产生单位弹性变形所需的载荷大小。刚度的对立面是挠度,即外力作用下工件产生的弹性变形量。设计与选材中刚度之所以重要,至少有以下三个原因:一是它与稳态挠度有关(如镗床的镗杆);二是与弹性能的储存和吸收有关(如弹簧等弹性元件);三是与失稳引起的不能正常工作有关(如薄壁件扭曲、细长压杆屈曲),故必须考虑影响刚度的因素。

2. 影响因素

表1-1列举了几种主要材料在室温下的弹性模量 E 值(即材料刚度)。由表可见,材料不同,其刚度差异很大,其中陶瓷材料的刚度最好,金属材料与复合材料次之,而高分子材料最低。在常用的金属材料中,钢铁材料的刚度又最好,铜及铜合金次之(为钢铁材料的 2/3 左右),铝及铝合金最差(为钢铁材料的 1/3 左右)。

表1-1　各类主要材料在室温下的弹性模量 E $\qquad$ ($\times 10^4$ MPa)

材料		E	材料		E
陶瓷材料	金刚石	102	复合材料	碳纤维符合材料	7～20
	硬质合金	41～55		玻璃纤维符合材料	0.7～4.6
	Al_2O_3	40		木材(纵向)	0.9～1.7
金属材料	钢(碳钢、合金钢)	20～21.4	高分子材料	聚酯塑料	0.1～0.5
	铸铁	17.3～19.4		尼龙	0.2～0.4
	铜及铜合金	10.5～15.3		橡胶	0.001～0.01
	铝及铝合金	7.0～8.3		聚氯乙烯	0.000 3～0.001

应该指出的是,对应用最广的金属材料而言,其弹性模量 E(刚度)主要决定于基体金属的性质。当基体金属确定时,难以通过合金化、热处理、冷热加工等方法使之改变,即 E 是结构不敏感性参数。如钢铁材料是 Fe 基合金,不论其成分和组织结构如何变化,室温下的 E 值均在 $(20～21.4) \times 10^4$ MPa 范围之内。而陶瓷材料、高分子材料、复合材料的弹性模量对其成分和组织结构是敏感的,可以通过不同的方法使其改变。

(三)塑性

金属材料在载荷作用下,产生塑性变形而不破坏的能力称为塑性,即材料断裂前的塑性变形的能力,如在拉伸、压缩、扭转、弯曲等外力作用下产生的伸长、缩短、扭曲、弯曲等都可用来表示材料的塑性。但材料的塑性一般是在静拉伸实验中测定的。常用的塑性指标有伸长率(δ)和断面收缩率(Ψ)。由于伸长率测定比较方便,故工程上应用较广。但考虑到材料塑性变形时可能有缩颈行为,故断面收缩率能较真实地反应材料的塑性好坏。

1. 伸长率

伸长率是指在拉伸试验中,试样拉断后标距的伸长量与原始标距的百分比,用 δ 表示:

$$\delta = \frac{l_1 - l_0}{l_0} \times 100\% \qquad (1-4)$$

式中: l_0 为试样原标距长度(mm); l_1 为试样拉断后标距长度(mm)。

材料的伸长率随标距长度增加而减少。所以,同一材料短试样的伸长率 δ_5 大于长试样的伸长率 δ_{10}。

2. 断面收缩率

断面收缩率是指试样拉断后,缩颈处截面积的最大缩减量与原始横截面积的百分比,用 Ψ 表示:

$$\Psi = \frac{A_0 - A_1}{A_0} \times 100\% \qquad\qquad (1-5)$$

式中:A_0 为试样原横截面积(mm^2);A_1 为试样拉断后最小横截面积(mm^2)。

δ、Ψ 是衡量材料塑性变形能力大小的指标,δ、Ψ 大,表示材料塑性好,反之,表示材料塑性差。

金属材料的塑性好坏,对零件的加工和使用都具有重要的实际意义。塑性好的材料不仅能顺利地进行锻压、轧制等成型工艺,而且在使用时万一超载,由于塑性变形,能避免突然断裂。保证机件工作时的安全可靠。

虽然材料的塑性指标一般不直接用于机械设计计算,但设计师往往要对所用材料提出一定的塑性要求,这是因为:

(1) 由于零件不可避免地存在界面过渡、沟槽、油孔及表面粗糙不平滑的现象,受到载荷作用时,这些部位会出现应力集中,故材料的塑性有保证通过此部位的局部塑性变形来削减应力峰,缓和应力集中的作用,从而防止零件出现未能预测的早期破坏。

(2) 大多数材料(主要是金属材料)均具有形变强化能力,故而在遭受不可避免的偶然过载时,发生塑性变形和因此而引起的形变强化可保证零件的安全以避免断裂,即具有抵抗过载的能力。

(3) 零件若遭受意外过载或冲击时,可发生塑性变形过渡而不是直接发生突然断裂,即便最终要断裂,但在此之前也要吸收大量的能量(即塑性变形功),这一切对避免灾难性事故的发生至关重要。

(4) 材料具有一定的塑性可保证某些成形工艺(如冷冲压、轧制、冷弯、校直、冷铆)和修复工艺(如汽车外壳或挡泥板受碰撞而凹陷)的顺利进行。

(5) 塑性指标还能反映材料的冶金质量的好坏,故是材料生产与加工质量的标志之一。

材料的塑性与其强度指标一样,也是结构敏感性参数,可通过各种方法使之改变。顺便要指出的是,金属材料之所以在过去、现在乃至将来都有广泛的应用,其主要原因之一并不是它的强度,而恰恰是在于其良好的塑性。

（四）弹性

材料的弹性是用来描述在外力作用下材料发生弹性行为的综合性能指标。前已述及的比例极限 σ_p、弹性极限 σ_e 和弹性模量 E 等在一定的程度上均可用来说明材料的弹性性能。但作为弹性元件(如各种弹簧、音叉等)的材料,最直接的弹性性能指标尚有以下几个必须予以考虑,如图 1-4 所示。

1. 最大弹性变形量 ε_e

ε_e 是材料在外力作用下所能发生的最大可恢复变形量,即弹性变形能力。它对应于弹性极限 σ_e 时的弹性变形量,其数值 $\varepsilon_e = \sigma_e / E$,可见,高弹性极限、低弹性模量的材料具有较好的弹性。高分子材料的 E 值均很低,ε_e 值虽较大但它却不是工程上最好的弹性元件材料,这说明 ε_e 尚不是最合适的弹性性能指标。

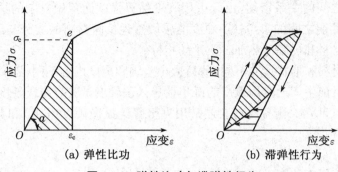

(a) 弹性比功   (b) 滞弹性行为

图 1-4 弹性比功与滞弹性行为

2. 弹性比功

弹性比功是材料吸收变形功而不发生永久变形的能力,即弹性变形时吸收的最大弹性功。它可用应力-应变曲线中弹性变形部分所围成的面积来表示,如图 1-4(a)中阴影部分,即弹性比功$=\sigma_e\varepsilon_e/2=\sigma_e^2/(2E)$。由此可见,提高材料的弹性极限$\sigma_e$或降低弹性模量$E$,弹性比功值将增大,材料的弹性就越好。应注意的是,由于σ_e是二次方,故提高σ_e对改善材料弹性的作用更明显。

实际工作中的弹簧,其主要作用是缓冲、减振和储能传递力,故要求它既有较高的弹性以吸收大量的弹性变形功,又不允许发生塑性变形。虽然较低的弹性模量E对提高弹性有利,但这类材料(如高分子材料、低熔点金属)的弹性极限也很低,因此工程上弹簧一般选用弹性模量虽高,但弹性极限也很高的材料(如钢)来制造。某些仪表上常用的青铜(如铍青铜)既具有较高的弹性极限σ_e,又具有较小的弹性模量E,加之其具有顺磁性和耐蚀性等特点,因而也是一种较佳的弹簧材料。

3. 滞弹性(弹性滞后)

理想的弹性材料在加载时立即产生弹性变形,卸载后立即恢复变形,两者是完全同步的。但实际工程材料如金属,特别是高分子材料,加载时应变不立即达到平衡值,卸载时变形也不立即恢复,这种应变滞后于应力的现象称为滞弹性或弹性滞后。它可用应力-应变曲线上弹性滞后环的面积来表示,如图 1-4(b)中阴影部分。

材料的滞弹性具有重要的实际应用意义,对于易受振动且要求消振的零件,如机床床身和汽轮机叶片,要求其材料具有良好的消振性。机床床身可用灰铸铁制造,汽轮机叶片则采用 Cr13 型钢制造。而对仪表上的传感元件和音响上的音叉、簧片等,则不希望有滞弹性出现,故在选材时应注意。

(五)硬度

硬度是衡量材料软硬程度的指标。它是指材料抵抗局部塑性变形或破坏的能力,是检验毛坯或成品件、热处理件的重要性能指标,是表征材料性能的一个综合参量。测定硬度的实验方法有十多种,但基本上可分为压入法和刻划法两大类,其中压入法较为常用。

硬度实验至少有以下几个优点,从而导致了它在生产和研究中的广泛应用:① 设备简单,操作迅速方便;② 实验时一般不破坏成品零件而无需加工专门的试样,实验对象可以是各类工程材料和各种尺寸的零件;③ 硬度作为一种综合的性能参量,与其他力学性能如强度、塑性、耐磨性之间的关系密切,由此可用硬度估算强度而免做复杂的拉伸试验;④ 材料的硬度还是工艺性能之间的参考;⑤ 硬度能较敏感地反映材料的成分与组织结构的变化,故可用于检验原材料和控制冷热加工质量的指标。

依据压头的材料和形状尺寸不同、载荷大小差别和测试内容不同(压痕还是划痕),硬度有不同的种类。目前生产上应用最广的静负荷压入法硬度试验有布氏硬度(HB)、洛氏硬度(HR)和维氏硬度(HV)。陶瓷等材料还常用克努普氏显微硬度(HK)和莫氏硬度(划痕比较法)作为硬度指标。

1. 布氏硬度

布氏硬度试验原理如图 1-5 所示。它是用一定直径的淬火钢球或硬质合金球,以相应的试验力压入试样表面,经规定的保持时间后,卸除试验力,用读数显微镜测量试样表面的压痕直径。布氏硬度值 HBS 或 HBW 是试验力 F 除以压痕球形表面积所得的商,即:

$$HBS(HBW) = F/A = 0.102 \times 2F/\pi D(D - \sqrt{D^2 - d^2}) \tag{1-6}$$

式中:F 为压入载荷(N);A 为压痕表面积(mm^2);d 为压痕直径(mm);D 为淬火钢球(或硬质合金球)直径(mm);布氏硬度值的单位为 MPa,一般情况下可不标出。

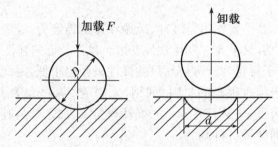

图 1-5　布氏硬度实验原理图

压头为淬火钢球时,布氏硬度用符号 HBS 表示,适用于布氏硬度值在 450 以下的材料;压头为硬质合金球时,用 HBW 表示,适用于布氏硬度值在 650 以下的材料。符号 HBS 或 HBW 之前为硬度值,符号后面按以下顺序用数值表示试验条件:球体直径、试验力和试验力保持时间(10～15 s 不标注)。

例如:600HBW1/30/20 表示用直径 1 mm 硬质合金球,在 292.4 N 试验力作用下保持 20 s 测得的布氏硬度值为 600。

布氏硬度试验是在布氏硬度试验机上进行的。当 F/D^2 的比值保持一定时,能使同一材料所得的布氏硬度值相同,不同材料的硬度值可以比较。试验后用读数显微镜在两个垂直方向测出压痕直径,根据测得的 d 值查表求出布氏硬度值。

布氏硬度试验的优点是测出的硬度值准确可靠,因压痕面积大,能消除因组织不均匀引起的测量误差;布氏硬度值与抗拉强度之间有近似的正比关系:$\sigma_b = K \cdot HBS$(或 HBW)(低碳钢 $K = 0.36$;合金调质钢 $K = 0.325$;灰铸铁 $K = 0.1$)。

布氏硬度试验的缺点是:当用淬火钢球时不能用来测量 HBS 大于 450 的材料;用硬质合金球时,HBW 亦不宜超过 650;压痕大,不适宜测量成品件硬度,也不宜测量薄件硬度;测量速度慢,测得压痕直径后还需计算或查表。

2. 洛氏硬度

金属洛氏硬度实验是目前工厂中应用最广泛的试验方法。实验原理如图 1-6 所示,以顶角为 120°的金刚石圆锥体或一定直径的淬火钢球做压头,以规定的试验力使其压入试样表面,根据压痕的深度确定被测金属的硬度值。当载荷和压头一定时,所测得的压痕深度 $h(h_3-h_1)$ 愈大,表示材料硬度愈低,一般来说人们习惯数值越大硬度越高。为此,用一个常数 K(对 HRC,K 为 0.2;HRB,K 为 0.26)减去 h,并规定每 0.002 mm 深为一个硬度单位,因此,洛氏硬度计算公式是:

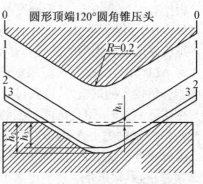

图 1-6 洛氏硬度实验原理图

$$HRC(HRA)=(k-h)/0.002=100-h/0.002 \qquad (1-7)$$

$$HRB=(k-h)/0.002=130-h/0.002 \qquad (1-8)$$

根据所加的载荷和压头不同,洛氏硬度值有三种标度:HRA、HRB、HRC,常用 HRC,其有效值范围是 HRC20~67。

洛氏硬度是在洛氏硬度试验机上进行,其硬度值可直接从表盘上读出。根据国标 GB/T230—2002 规定,洛氏硬度符号"HR",后面的字母表示级数,数字为硬度值。如"HRC60"表示 C 标尺测定的洛氏硬度值为 60。

常用的洛氏硬度标尺的试验条件与应用范围见表 1-2。洛氏硬度试验操作简便、迅速,效率高,可以测定软、硬金属的硬度;压痕小,可用于成品检验。但压痕小,测量组织不均匀的金属硬度时,重复性差,而且不同的硬度级别测得的硬度值无法比较。

表 1-2 常用的洛氏硬度标尺的试验条件与应用范围

洛氏硬度	压头类型	总载荷/N	测量范围	应用举例
HRA	120°金刚石圆锥	588.4	HRA70~85	高硬度表面、硬质合金
HRB	1.588 淬火钢球	980.7	HRB20~100	软钢、灰铸铁、有色金属
HRC	120°金刚石圆锥	1 471	HRC20~67	淬火回火钢

3. 维氏硬度

维氏硬度试验原理与布氏硬度相同,同样是根据压痕单位面积上所受的平均载荷计量硬度值,不同的是维氏硬度的压头采用金刚石制成的锥面夹角 α 为 136°的正四棱锥体,如图 1-7 所示。

维氏硬度试验是在维氏硬度试验机上进行。试验时,根据试样大小、厚薄选用载荷压入试样表面,保持一定时间后去除载荷,用附在试验机上测微计测量压痕对角线长度 d,然后通过查表或根据下式计算维氏硬度值:

$$HV=F/A=(1.854\ 4\times0.102\times F/d^2)MPa \qquad (1-9)$$

式中:A 为压痕的面积(mm);d 为压痕对角线的长度

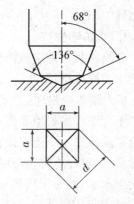

图 1-7 维氏硬度实验原理图

(mm)；F 为试验载荷(N)。

根据有关标准规定，维氏硬度符号"HV"前是硬度值，符号"HV"后附以试验载荷。如"640HV30/20"表示在 294.2 N 作用下保持 20 s 后测得的维氏硬度值为 640。

维氏硬度试验常用的试验力有 49.03 N、98.07 N、196.1 N、294.2 N、490.3 N、980.7 N 等几种。试验时，试验力 F 应根据试样的硬度与厚度来选择。一般试样厚度允许的情况下尽可能选用较大的试验力，以获得较大的压痕，提高测量精度。

在实际测量时，用装在机体上的测量显微镜，测出压痕的投影的两对角线的平均长度 d，然后根据 d 的大小查表(GB/T4340—1999)，求得所测的硬度值即可。

维氏硬度的优点是试验时加载小，压痕深度浅，可测量零件表面淬硬层，测量对角线长度 d 误差小，其缺点是生产率比洛氏硬度试验低，不宜于成批生产检验。

4. 其他硬度

布氏硬度、洛氏硬度和维氏硬度是常用的三种硬度指标，其中以洛氏硬度应用最广。为了测试一些特殊对象的硬度，工程上还有一些其他的硬度试验方法。

(1) 克努普氏显微硬度(HK)

用于材料微区硬度(如单个晶粒、夹杂物、某种组成相等)的测试。

(2) 莫氏硬度

这是一种划痕硬度，用于陶瓷和矿物的硬测定，该硬度的标尺是选定 10 种不同的矿物，从软到硬将莫氏硬度分为 10 级，如金刚石硬度对应于莫氏硬度 10 级。

由于各种硬度的实验条件不同，故相互间无理论换算关系。但通过实践发现，在一定条件下存在着某种粗略的经验换算关系。如在 HBW200～600 内，HRC≈1/10HBW；在小于 HBW450 时，HBW≈HV。这为设计选材与质量控制提供了一定的方便。

(六) 韧性

前面讲到，材料的强度是变形和断裂的抗力，而塑性是断裂前的变形能力。材料的韧性则是指材料在塑性变形和断裂的全过程中吸收能量的能力，它是材料强度和塑性的综合表现。韧性不足常用其反义词——脆性来表示，即是说不需要大的力和能量就可使材料发生断裂。材料的韧性高低决定了材料的断裂类型——韧性断裂和脆性断裂，低韧性的材料易于发生脆性断裂而危害性极大，如压力容器和大型锅炉的爆炸、船舶脆断沉没、电站设备转子与叶片的飞断等。评定材料韧性的力学性能指标主要有冲击韧性和断裂韧性。

1. 冲击韧性

金属材料在冲击载荷作用下，抵抗破坏的能力叫做冲击韧性。冲击韧性是目前工程上最常用的韧性指标。

(1) 概念与原理

生产中许多机器零件，都是在冲击载荷(载荷以很快的速度作用于机件)下工作，如汽车紧急制动或在不平道路上行驶、飞机起降、锻压设备的锻冲等。试验表明，载荷速度增加，材料的塑性、韧性下降，脆性增加，易发生突然性破断。因此，使用的材料就不能用静载荷下的性能来衡量，而必须用抵抗冲击载荷的作用而不破坏的能力，即冲击韧性来衡量。

目前应用最普遍的是一次摆锤弯曲冲击试验。将标准试样放在冲击试验机的两支座上,使试样缺口背向摆锤冲击方向,如图1-8所示,然后把质量为 m 的摆锤提升到 h_1 高度,摆锤由此高度下落时将试样冲断,并上升到 h_2 高度。因此冲断试样所消耗的功为 $A_k = mg(h_1 - h_2)$。金属的冲击韧性 α_k 就是冲断试样时在缺口处单位面积所消耗的功,即:

$$\alpha_k = A_k / A (J/cm^2) \qquad (1-10)$$

式中:α_k 为冲击韧性(J/cm^2);A 为试样缺口处原始截面积(cm^2);A_k 为冲断试样所消耗的功(J)。

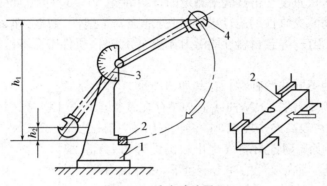

图 1-8　冲击试验原理

1—支座　2—试样　3—指针　4—摆锤

冲击吸收功 A_k 值可从试验机的刻度盘上直接读出。A_k 值的大小,代表了材料的冲击韧性高低。材料的冲击韧性值除了取决于材料本身之外,还与环境温度及缺口的状况密切相关。所以,冲击韧性除了用来表征材料的韧性大小外,还用来测量金属材料随环境温度下降由塑性状态变为脆性状态的冷脆转变温度,也用来考查材料对于缺口的敏感性。

(2) 应用意义

A_k 值对材料内部组织缺陷十分敏感,而且冲击试验操作简便,因此在生产、科研中得到广泛应用。其主要用途有:

① 评定材料的冶金治疗和热加工质量。通过测定 A_k 值及对冲击试样的断口分析,可揭示材料中是否含有气泡、夹渣、偏析等冶金缺陷和过热、过烧、回火脆性等冶金、锻造及热处理缺陷。这些缺陷可使 A_k 明显降低,并在试样断口上显现出来。

② 冲击韧性实验可以评定材料的冷脆性。材料的韧性均有随温度下降而降低的趋势,但不同的材料下降程度不一样。

③ 系列冲击试验可以用来评定材料在不同温度下的韧性好坏,更重要的是通过不同的温度下的冲击试验,可测定温度下降时,冲击韧性明显下降(即材料明显变脆)的温度,即韧脆转变温度 T_k。T_k 也是设计选材时应考虑的一个性能指标,它和韧性状态下的 A_k 结合起来才能全面而真实的反映材料的韧性好坏。一般零、构件总是希望韧脆转变温度低一些,即在较低的温度下才会变脆。

④ 评定材料对大能力冲击载荷的抵抗能力。实践表明,当材料的强度相差不大时,其冲击韧性越高,则抵抗大能量冲击的能力越强。但对承受小能力多次冲击的工件,提高 A_k 值,并不能有效地提高其使用寿命。要想提高工件抵抗小能量载荷多次冲击的能力,必须提高材料的强度。

（3）局限性

冲击韧度 $A_k(\alpha_k)$ 的测定较简单，实际生产中积累了大量的数据以便于设计选材参考和产品质量控制。但 $A_k(\alpha_k)$ 也有许多不足之处，如一般只用来评定中低强度的韧性，其数据不能直接用来进行设计计算等，但其中最主要的是它仅反映材料在一次大能量冲击加载条件下的抵抗变形与断裂的能力。而工程实际中许多机械零件承受的却是小能量的多次冲击载荷，如锻锤的锤杆、锻模等，材料抵抗小能量多次冲击载荷而不破坏的能力简称为多次冲击载荷，它是通过多次重复冲击试验来测定的。20 世纪 50～60 年代期间，我国沿袭了原苏联的设计规范，为防止灾难性的脆性破坏，过分地强调了塑性、韧性（即 $A_k(\alpha_k)$）的作用，而牺牲了材料的使用强度，导致材料性能潜力无法充分发挥、机件寿命不长。多次冲击抗力的研究成果表明：

① 强度和韧性不同的两种材料在其冲击能量 A 和冲击破断次数 N（即寿命）的 A-N 曲线上必然存在着交点，如图 1-9 所示，即在较高冲击能量下，多冲抗力取决于材料的韧性——低强度高韧性材料表现出较高的冲击寿命 N；而在交点右下方，即在较低的冲击能量下，多冲抗力取决于材料的强度——高强度低韧性材料表现出较长的冲击寿命。

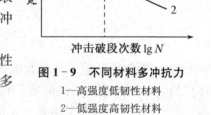

图 1-9 不同材料多冲抗力

1—高强度低韧性材料
2—低强度高韧性材料

② 材料的小能量多冲抗力是以强度为主，塑性、韧性为辅的综合性能指标，在强韧性处于最佳配合状态时，多冲抗力最高。

③ 材料的冲击韧度对多冲抗力的影响与其强度水平有关，在低中强度范围，冲击韧度的提高对多冲抗力影响不大（因其韧性已足够），而在高强度范围内（如 $\sigma_b>1\,300$ MPa），改善韧性对多冲抗力的提高将产生有利影响。

2. 断裂韧性

零件的断裂（尤其是脆性断裂）是最有危害性的。为防止断裂，传统的工程设计方法是：一方面要求零件的最大工作应力 σ 小于材料的许用应力 $[\sigma]$，即 $\sigma\leqslant[\sigma]$（通常 $[\sigma]\leqslant\sigma_{0.2}/n$，$n$ 为安全系数），另一方面又要求材料具有足够的塑性和韧性。但是塑性、韧性值到底有多大，却只能凭经验选定而无法进行定量的设计计算，于是只好牺牲材料的强度将塑性、韧件值取得大一些，这便导致了材料的许用应力偏低而使零件的尺寸与重量增加。即便是这样，工程上还是经常发生工作应力远低于材料屈服强度的脆性断裂——即低应力脆断。

造成低应力脆断的根本原因是传统的工程设计以材料力学为基础，即假设材料是均匀、无缺陷的连续体。断裂力学则认为：材料中存在着既存或后生的微小的宏观裂纹，这些裂纹可能是原材料生产过程中的冶金缺陷，也可能是加工过程中产生的裂纹（如各种热处理、焊接裂纹等），或是在使用过程中发生的裂纹（如疲劳、应力腐蚀裂纹）。于是产生了一个新的评定材料抵抗脆性断裂的力学性能指标——断裂韧度，它表征了材料抵抗裂纹失稳扩展的能力。

断裂力学研究证明：裂纹体受力时，其裂纹尖端附近的实际应力值取决于零件上所施加的名义工作应力 σ，其内的裂纹长度 a 及与距裂纹尖端的距离等因素。为了表征裂纹尖端

所形成的应力场的强弱程度,引入了应力场强度因子的概念:

$$K_I = Y\sigma a^{1/2} \qquad (1-11)$$

式中:Y 为零件中裂纹的几何形状因子。K_I(单位 MPa·m$^{1/2}$ 或 MN·m$^{-3/2}$)值越大,表明裂纹尖端的应力场越强。当 K 达到某一临界值 K_{IC} 时,零件内裂纹将发生快速失稳扩展而出现低应力脆性断裂,而 $K_I < K_{IC}$ 时,零件在设计寿命内安全可靠。K_{IC} 即为断裂韧度,它也是一个对材料成分组织结构极为敏感的力学性能指标,可通过各种改性方法来改变。表 1-3 列举了部分工程材料的室温断裂韧度值,可以发现,金属材料的 K_{IC} 值最高,复合材料次之,高分子材料和陶瓷材料最低。

表 1-3 常见工程材料的断裂韧度 K_{IC} 值 （单位:MN·m$^{-3/2}$）

	材料	K_{IC}		材料	K_{IC}
陶瓷材料	Co/WC 金属陶瓷	14～16	复合材料	玻璃纤维(环氧树脂机体)	42～60
	SiC	3		碳纤维增强聚合物	32～45
	苏打玻璃	0.7～0.8		普通木材	11～13
金属材料	塑性纯金属(Cu、Ni)	100～350	高分子材料	聚苯乙烯	2
	低碳钢	140		尼龙	3
	高强度钢	50～154		聚碳酸酯	1.0～2.6
	铝合金	23～45		聚丙烯	3
	铸铁	6～20		环氧树脂	0.3～0.5

根据 $K_I = Y\sigma a^{\frac{1}{2}} \geqslant K_{IC}$ 的临界断裂判据可知,为使零件不发生脆断,设计者可以控制三个参数:即材料的断裂韧度 K_{IC}、名义工作应力 σ 和零件内的裂纹长度 a,它们之间的定量关系能直接用于设计计算,可以解决以下三方面的工程实际问题:

(1) 根据零件的实际名义工作应力 σ 和其内可能的裂纹尺寸 a,确定材料应有的断裂韧度 K_{IC},为正确选材提供依据。

(2) 根据零件所使用的材料断裂韧度 K_{IC} 及已探伤出的零件内存在的裂纹尺寸 a,确定零件的临界断裂应力 σ_c,为零件最大承载能力设计提供依据。

(3) 根据已知材料的断裂韧度 K_{IC} 和零件的实际工作应力 d,估算断裂时的临界裂纹长度 a,为零件的裂纹探伤提供依据。

应该指出的是:零件的冲击韧度 A_K 和断裂韧度 K_{IC} 首先取决于其材料的成分组织结构,即内因,其次还受零件使用时的外部因素的影响,如工作温度和环境介质等。

（七）疲劳性能

1. 疲劳基本概念

许多机械零件是在交变应力作用下工作的,如轴类、弹簧、齿轮、滚动轴承等。虽然零件所承受的交变应力数值小于材料的屈服强度,但在长时间运转后也会发生断裂,这种现象叫做疲劳断裂。它与静载荷下的断裂不同,断裂前无明显塑性变形,因此,具有更大的危险性。

交变应力大小和断裂循环周次之间的关系通常用疲劳曲线来描述(图1-10)。疲劳曲线表明,当应力低于某一值时,即使循环次数无穷多也不发生断裂,此应力值称为疲劳强度或疲劳极限。在疲劳强度的测定中,不可能把循环次数做到无穷大,而是规定一定的循环次数作为基数,超过这个基数就认为不再发生疲劳破坏。常用钢材的循环基数为10^7,有色金属和某些超高强度钢的循环基数为10^8。

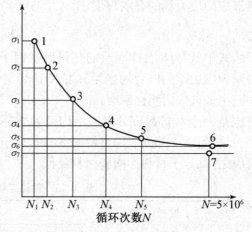

图1-10 钢的疲劳曲线

疲劳断裂常发生在金属材料最薄弱的部位,如热处理产生的氧化、脱碳、过热、裂纹;钢中的非金属夹杂物、试样表面有气孔、划痕等缺陷均会产生应力集中,使疲劳强度下降。为了提高疲劳强度,加工时要降低零件的表面粗糙度和进行表面强化处理,如表面淬火、渗碳、氮化、喷丸等,使零件表层产生残余的压应力,以抵消零件工作时的一部分拉应力,从而使零件的疲劳强度提高。

疲劳断裂属于低应力脆断,它有如下特点:

(1)断裂时的应力远低于材料静载下的抗拉强度甚至屈服强度;

(2)断裂前无论是韧性材料还是脆性材料均无明显的塑性变形,是一种无预兆的、突然发生的脆性断裂,故而危险性极大。

据统计,在机械零件的断裂中,80%以上属于疲劳断裂,故而研究材料疲劳,掌握材料的疲劳性能有着极其重要的意义。

2. 疲劳基本过程

从疲劳断口上一般均能发现三个典型区域,即裂纹萌生区(裂纹源)、裂纹扩展区和最后断裂区(如图1-11),因此疲劳过程也可由三个基本阶段组成:

(1)裂纹萌生 由于材料本身均带有各种既存缺陷(如气孔、夹杂物等冶金缺陷;刀痕、铸、锻、焊、磨削、热处理裂纹等冷、热加工缺陷),或因零件结构设计而存在的键槽、油孔、截面变化等原因,使零件受力时局部区域产生应力集中且在这些区域易萌生裂纹,即疲劳裂纹源区,对应的为裂纹萌生寿命。

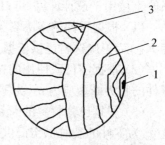

图1-11 疲劳断口示意图
1—裂纹源 2—裂纹扩展区
3—最后断裂区

(2)裂纹扩展 疲劳裂纹形成后,在交变应力作用下将继续扩展长大,即出现裂纹扩展区,裂纹能否扩展及其扩展速度决定了该阶段寿命(裂纹扩展寿命)。

(3)最后断裂 随着疲劳裂纹不断扩展,零件的有效截面逐渐减小,因而应力或裂纹应力场强度因子K_1不断增加,当其达到材料的断裂强度或断裂韧度K_{1C}时,即发生快速断裂。

3. 疲劳抗力指标

为了防止疲劳断裂,必须正确理解和确定疲劳抗力指标,而疲劳类型不同则其疲劳抗力指标也不一样。当零件受到的工作应力远低于材料的σ_s时,则主要发生弹性应变ε_e,断裂前的载荷交变(或循环)次数较高(一般 $N > 10^5$),此即为应力疲劳或高周疲劳,这是最主要的疲劳,其疲劳抗力主要取决于材料的强度;若零件受到的工作应力接近或略超过材料的 σ_s 时,则发生的总应变 $\varepsilon = \varepsilon_e + \varepsilon_p$($\varepsilon_p$ 为塑性应变),断裂前的载荷循环周次较低($N < 10^5$),此即为应变疲劳或低周疲劳,其疲劳抗力则主要依赖于材料的塑性。用以评定材料疲劳性能的疲劳抗力指标很多,主要有疲劳极限(或疲劳强度)。最常用的疲劳试验是旋转弯曲疲劳试验。

表 1-4 列举了部分工程材料的疲劳极限 σ_{-1} 值(应力比 $r = -1$ 时的疲劳极限),可见,高分子材料与陶瓷材料的疲劳极限很低,故不宜用于制造承受疲劳载荷较大的零件;金属材料疲劳极限最高,故抗疲劳的零件大多采用金属材料制成;复合材料也有较好的抗疲劳性能,也将越来越多地被用于抗疲劳构件。

表 1-4 部分工程材料的疲劳极限 σ_{-1} (MPa)

材料	σ_1	材料	σ_{-1}
45 刚(正火)	280	2Al2(时效)	140
40CrNiMo 钢(调质)	540	ZQSn10-1	280
GCr15 轴承钢	560	聚乙烯	12
超高强度钢	800~900	聚磷酸酯	10~12
HT450(灰铸铁)	50	尼龙 66	14
QT700-2(球墨铸铁)	200	玻璃纤维复合材料	90~120

4. 影响疲劳极限的因素

疲劳极限 σ_{-1} 是一个组织结构(内因)极敏感的参数,并受到各种使用条件的影响。

(1) 材料本质 材料的成分与组织结构不同,其疲劳极限有着极大的差异,对此的研究成果也很多。大量的试验表明:光滑试样的疲劳极限 σ_{-1} 与其抗拉强度 σ_b 之间有一定的经验关系,即 $\sigma_{-1} \approx K\sigma_b$,式中,系数 K 取决于材料本身。对中、低强度钢($\sigma_b < 1\,400$ MPa) $K = 0.5$,灰铸铁 $K = 0.42$,球墨铸铁 $K = 0.48$,铜合金 $K = 0.35 \sim 0.4$;对高强度钢($\sigma_b > 1\,400$ MPa),材料的 σ_{-1} 不再随着 σ_b 的提高而提高,甚至会稍有降低。

当材料的基本成分和组织结构一定时,其纯度和夹杂物对疲劳性能还有显著影响。材料的夹杂物可成为疲劳裂纹源,导致疲劳极限降低,如采用普通电炉冶炼和真空冶炼的 40CrNiMo 钢,其疲劳极限 σ_{-1} 值分别为 630 MPa 和 790 MPa。故要求疲劳抗力高的零件,其材料应采用精炼措施以提高纯度和减少夹杂物量。

(2) 零件表面强化处理 疲劳裂纹源大多起始于零件的表面与次表面,这对承受交变弯曲载荷或扭转载荷的零件尤为如此(因为这类零件表面应力最大)。通过各种表面强化处理,如表面形变强化(喷丸、液压等)和表面热处理(表面淬火)与表面化学热处理(渗碳、渗氮等),不仅改善了表层组织结构性能,而且还获得了有利的残余压应力分布,故而可显著提高疲劳极限与疲劳寿命。

(3) 零件表面状况 零件表面的加工缺陷(如各种冷、热加工裂纹,刀痕,碰伤等)及结构设计所要求的油孔、键槽、截面变化处,均造成了明显的应力集中并使疲劳裂纹易于在这些部位萌生,从而大大降低了疲劳极限。零件的疲劳极限对其表面状况(统称为缺口)极为敏感,而且材料的强度越高,其敏感程度就越大,因此高强度材料制作的零件应特别注意其表面状况(如表面粗糙度、缺口的存在等),顺便提及的是本身带有裂纹的零件及灰铸铁件的疲劳极限对缺口的敏感性较小,故其表面加工质量的要求可以适当降低。

(4)载荷类型　同一种材料制作的零件承受的载荷类型不同,因其应力状态发生变化,故其疲劳极限也不一样。

(5)工作温度　温度升高,材料的屈服强度 σ_s 与抗拉强度 σ_b 降低,疲劳裂纹容易萌生和扩展,故降低了疲劳极限与疲劳寿命;反之,当温度下降时,材料的 σ_s、σ_b 均提高,故疲劳极限也升高,但缺口敏感性亦增加,甚至出现冷脆性。

(6)腐蚀介质　零件在腐蚀性的环境介质中(如酸、碱、盐及水溶液、海水、潮湿空气等)工作时,其表面的腐蚀坑将成为疲劳裂纹源,从而使材料的疲劳极限和疲劳寿命明显降低。此时材料的疲劳极限与其抗拉强度之间的线性经验关系已不存在,如碳钢和低合金钢在水中的疲劳极限几乎相等,但高合金钢(如不锈钢)因耐蚀性优良,腐蚀疲劳极限可以有所提高。顺便指出的是:表面强化处理能有效地提高材料的腐蚀疲劳极限。

(八)耐磨性

零件在接触状态下发生相对运动时,其接触面就会发生摩擦现象,如轴与轴承、活塞环与气缸内壁、齿轮与齿轮、碎石机颚板与石头等。由两种材料因摩擦而引起的表面材料逐渐损伤(表现为表面尺寸变化和物质耗损)的现象叫做磨损。摩擦力 F 的大小取决于两接触材料间的摩擦系数 μ 和接触面上作用的法向载荷 N,即 $F=\mu N$。降低摩擦力是减轻磨损的最根本思路之一。

1. 磨损的主要类型与机理

依照分类标准的不同,磨损的类型很多,最常用的是按磨损机理不同进行分类,即粘着磨损、磨粒磨损和接触疲劳磨损等。以下讨论粘着磨损和磨粒磨损。

(1)粘着磨损　它是指摩擦副接触面局部发生金属粘着,而这些粘着点的强度往往大于金属本身强度,在随后的相对运动中,发生的破坏将出现在强度较低的地方,有金属磨屑从表面被拉下来或零件表面被擦伤的磨损形式。由此可见,因磨损副表面凹凸不平,当相互接触时,实际接触面积很小,故接触压应力很大,足以超过材料的屈服强度而发生塑性变形,并使接触部分表面的润滑油膜、氧化膜被挤破而使两金属表面直接接触,发生冷焊粘着。若相对运动的力足够大,则有金属磨屑从零件表面被拉下来或零件表面被擦伤;若相对运动的力较小,将使摩擦副咬死而不能发生相对运动,故又称为咬合磨损。

粘着磨损一般发生在滑动摩擦条件下,当零件表面缺乏润滑和缺乏氧化膜、相对滑动速度很小(如钢<1 m/s)、接触压力较大时,力学性能相差不大的两种金属(尤其是低硬度材料)之间最常见。粘着磨损速度很快,约为 $10\sim15\ \mu m/h$。

(2)磨粒磨损　它是指滑动摩擦时,在零件表面摩擦区内存在硬质磨粒(外界进入的磨料或表面剥落的磨屑),使磨面发生局部塑性变形、磨料嵌入和被磨料切割等过程(即所谓犁切模型或微切削模型),以致磨面材料逐步磨耗。

磨粒磨损主要与磨面存在的磨粒有关,故在各种滑动速度和接触压力下都可能产生,是机件中普遍存在的一种磨损形式,磨损速度也较大,可达 $0.5\sim5\ \mu m/h$。如农业机械和矿山机械的齿轮常发生严重的磨粒磨损,任何机械若润滑油过滤装置缺乏或不良,则其磨屑随润滑油循环又进入磨面,再次发生和加重磨粒磨损。

2. 提高材料耐磨性的途径

材料抵抗磨损的能力称为耐磨性,可用磨损量或相对磨损性来表示,常通过实物磨损试验或试样磨损试验来测定。

材料的耐磨性实际上是一对摩擦副的系统性能,它取决于两个基本因素:材料因素(包括其硬度、韧性等)和摩擦条件(包括相磨材料的特性、接触压力、润滑条件等)。因此提高耐磨性的基本思路有二:其一是提高材料的硬度以增强零件表面对变形和断裂的抵抗能力;其二是改善两接触表面的接触状态以减小摩擦。对两种主要的磨损类型,提高耐磨性的具体途径不尽相同。

(1)粘着磨损 提高其耐磨性的具体措施有:

① 减小表面摩擦系数或提高材料表面硬度,采用各种表面处理如磷化、渗硫、渗碳、渗氮、表面淬火、热喷涂耐磨合金等,效果极为明显,大量的试验结果表明:耐磨性正比于材料的硬度,而反比于接触面的摩擦系数和接触压力。

② 减小接触压力,耐磨性随接触压力的增大而下降,当接触压应力达到或超过材料布氏硬度值的 1/3 时,磨损量急剧增加,甚至发生咬死现象,故设计时摩擦副的压应力必须小于材料布氏硬度值的 1/3。

③ 合理选配摩擦副材料,实践证明,当摩擦副材料的成分、组织与性能差异较大时,粘着磨损的程度降低。

④ 减小表面粗糙度值以增大实际接触面积,从而降低接触压应力,但表面粗糙度值不应过小,否则将影响接触面的润滑。

⑤ 改善润滑状况。

(2)磨粒磨损 改善其耐磨性的具体措施有:

① 提高材料的硬度,可通过合理选用高硬度材料如高碳钢、耐磨铸铁、陶瓷等,采用表面强化处理(如表面淬火、渗碳、渗氮、热喷涂或堆焊耐磨合金等)来实现。顺便指出的是,磨粒硬度也影响磨粒磨损,实践表明,当材料表面硬度达到磨粒硬度的 1.3 倍时,磨粒磨损已不明显,耐磨性优良,此时若再进一步提高材料硬度对耐磨性的改善并无更明显的作用。

② 设计时合理采用减小接触压力的措施,工作时改进润滑油过滤装置以及时清除磨屑。

第三节　材料的工艺性能

材料的工艺性能是指材料对各种加工工艺的适应能力,即加工工艺性能,它表示了材料加工的难易程度。

既然材料的工艺性能代表了材料经济地适应各种加工工艺而获得规定的性能和外形的能力,因此,一方面材料的工艺性能影响了零件的性能和外观,还影响到零件的生产率和成本;另一方面,材料的工艺性能不仅取决于材料本身(即成分、组织和结构),而且还受各种加工工艺条件的影响(如加工方式、设备、工具和温度等)。本节简单介绍几种主要加工工艺性能的基本概念。

一、金属液态成形性能

将熔炼好的液态金属浇注到与零件形状相适应的铸型空腔中,冷却后获得铸件的方法称为金属液态成形。金属液态成形性能通常包括充型能力、缩孔、缩松、成分偏析、吸气性、铸造应力及冷热裂纹倾向等。一般用充型能力和收缩性等来衡量。其中,成分偏析、吸气性将在第七章中详细介绍。

二、金属塑性成形性能

金属材料一般具有良好的塑性,故可通过各种塑性加工方法制成所需形状、尺寸的零件。金属材料在压力加工中能承受塑性变形而不破裂的能力称为塑性成形性能,又称塑性加工性能。塑性成形性能主要取决于金属材料的塑性和变形抗力。详细介绍见第八章。

三、焊接性能

焊接性能指金属材料通过加热或加热和加压焊接方法,把两个或两个以上金属材料焊接到一起,接口处能满足使用目的的特性,也就是在一定的焊接工艺条件下,获得优质焊接接头的难易程度,包括两个主要方面:其一是焊接接头产生缺陷的倾向性(如各种焊接裂纹、气孔等),其二是焊接接头使用的可靠性(如强度、韧性等)。具体见第九章。

四、切削加工性能

材料进行各种切削加工(如车、铣、刨、钻、镗等)时的难易程度称为切削加工性能。切削是一种复杂的表面层现象,牵涉到摩擦及高速弹性变形、塑性变形和断裂等过程,因此切削的难易程度与许多因素有关。评定材料的切削加工性能是比较复杂的,一般用材料被切削的难易程度、切削后表面粗糙度和刀具寿命等几方面来衡量。

材料的切削加工性能不仅取决于材料的化学成分,而且还受内部组织结构的影响。因此在材料化学成分确定时,通过热处理来改变材料显微组织和力学性能,是改善材料切削加工性能的主要途径。生产中一般是以硬度作为评定材料切削加工性能的主要控制参数。实践证明:当材料的硬度在 HBW180~230 范围内时,切削加工性能良好。

五、热处理性能

热处理是改变材料性能的主要手段。在热处理过程中,材料的成分、组织、结构发生变化从而引起了成分结构敏感性参数的改变。热处理性能是指材料热处理的难易程度和产生热处理缺陷的倾向,其衡量的指标或参数很多,如淬透性、淬硬性、耐回火性、回火脆性、氧化与脱碳倾向及热处理变形与开裂倾向等,详见第三章。

第四节　材料的其他性能

一、物理性能

固体材料中,由原子、离子、电子及它们之间的相互作用所反映出的物理性能,不仅对工程材料的选用有着重要的意义,而且也会对材料的加工工艺产生一定的影响。这里简单介绍一般工程上常用的物理性能的概念。

(一)密度

单位体积物质的质量称为密度(单位 g/cm^3 或 t/m^3)。一般而言,金属材料具有较高的密度(如钢铁密度为 $7.8\ t/m^3$),陶瓷材料次之,高分子材料最低。金属材料中,密度在 $4.5\ t/m^3$ 之下的称为轻金属,其中铝($2.7\ t/m^3$)为典型代表。低密度材料对要求质量轻的零件(如航天航空、运输机械等)有重要应用意义,以铝及其合金为例,其比刚度、比强度高,故广泛用于飞机结构件。高分子材料的密度虽小,但比刚度、比强度却最低,故应用受到限制。而复合材料因其可能达到的比刚度、比强度最高,故是一种最有前途的新型结构材料。

(二)热学性能

1. 熔点

熔点反映了材料由固态变为液态的特征温度。一般来说晶体材料具有确定的熔点(如金属材料、陶瓷晶体材料),非晶体材料没有固定熔点(如高分子材料、玻璃等)。材料的熔点对其零件的耐热、耐温性能具有重要的应用意义,如高分子材料一般不能用于耐热构件,陶瓷材料的熔点较高,常用作耐高温材料或耐热涂层使用。熔点还影响了材料的熔炼、铸造和焊接工艺。

2. 热容

材料的热容定义为温度每升高 1 K 所需的热量,记作 C,单位 J/K;比热容(简称比热,记作 c)则是指单位质量物质的热容。高分子材料具有最大的热容和比热容,如聚乙烯为 $2\,100\ J/(kg \cdot K)$;陶瓷材料次之,如 MgO 为 $940\ J/(kg \cdot K)$;金属材料较低,如钢铁材料为 $450 \sim 500\ J/(kg \cdot K)$。材料的热容首先对其使用有重要指导意义,如蓄热材料要求其热容大,可有效地储存热能,这对大规模利用各种余热和太阳能有重要价值,而散热材料则要有较小的热容,材料的熔炼和焊接等工艺也受其热容大小的影响,如金属材料中的铝比热容最大($900\ J/(kg \cdot K)$),故熔化焊时要求用能量大的热源。

3. 热膨胀

因温度的升降而引起材料体积膨胀或收缩的现象称之为热胀冷缩。绝大多数固体材料都有此特性。表征材料热膨胀性的指标有线膨胀系数 α_1 和体膨胀系数 α_v,对各向同性材料有 $\alpha_v = 3\alpha_1$。原子间结合力越大,则膨胀系数就越小,工程上陶瓷材料、金属材料和高分子材料的典型线膨胀系数 α_1 范围分别为 $(0.5 \sim 15) \times 10^{-6}\ K^{-1}$、$(5 \sim 25) \times 10^{-6}\ K^{-1}$ 和 $(50 \sim 300) \times 10^{-6}\ K^{-1}$。

热膨胀性在工程设计、选材和加工等方面的应用很广。精密仪器及形状尺寸精度要求较高的其他零件应选用膨胀系数小的材料制造。而材料在使用或加工过程中因温度的变化所产生的不均匀热胀冷缩,将造成很大的内应力(热应力),可能导致零件发生变形或开裂,这对导热不良的材料更为如此。不同材料的零件配合在一起时也需注意其膨胀系数的差异。

4. 热传导

热能由高温区向低温区传递的现象称为热传导(导热)。表征材料热传导性能的指标有导热系数(热导率)λ(单位为 $W/(m \cdot K)$)和传热系数 K(单位为($W/(m^2 \cdot K)$)。一般而言,金属材料是良好的热导体(λ 大约为 $20 \sim 400$ $W/(m \cdot K)$),而陶瓷材料(λ 为 $2 \sim 50$ $W/(m \cdot K)$)与高分子材料(λ 约为 0.3 $W/(m \cdot K)$甚至更低)则为热的不良导体。

导热性能具有重要的工程意义:从设计与选材的角度看,某些结构要求良好的导热性物体,此时应采用金属材料;某些结构则要求保温或隔热功能,此时则应选用陶瓷材料或高分子材料(如房屋建筑、冰箱、冰库等)。顺便提及的是,材料内的孔隙明显降低导热性能,这便是多孔陶瓷或泡沫塑料已被广泛用于绝热材料的原因。此外,材料的导热性对其冷、热加工性能也有不可忽视的影响,如材料在铸造、热锻、焊接、热处理的加热和冷却过程中因导热性不良而引起变形或开裂现象,这对热膨胀系数大的材料更为严重。

(三)电学性能

1. 电阻率 ρ

电阻率 ρ(单位为 $\Omega \cdot m$)是最基本的电学性能参数,它衡量了材料的导电能力(也可用电导率表示)。固体材料依据其导电性不同,常分为四大类型:即超导体($\rho \rightarrow 0$),导电体($\rho = 10^{-8} \sim 10^{-5}$ $\Omega \cdot m$)、半导体($\rho = 10^{-5} \sim 10^{7}$ $\Omega \cdot m$)和绝缘体($\rho = 10^{7} \sim 10^{20}$ $\Omega \cdot m$),材料的导电性主要取决于原子,尤其是电子结构。

2. 电阻温度系数

材料的导电能力随温度的变化而变化。一般金属材料的电阻率随温度升高而增加,即具有正电阻温度系数;某些金属材料(如 Sn、Zn、Hg 等)在接近热力学温度 0 K 附近时的某一临界温度 T_c 时,电阻突然消失,此即为超导现象。超导具有重要的理论和实际意义,它可以产生极高的磁场,输电过程几乎无能量损失(目前输电能量损失可达 25%),因此研究临界温度 T_c 较高的材料是超导实际应用的关键。

3. 介电性

能把带电导体分开并能长期经受电场作用的绝缘材料称为介电材料,表征介电性的参数有介电常数、介电强度、介质损耗等。介电材料的用途极广,如用以制造电容器介质、透波材料等,许多陶瓷材料、高分子材料都是良好的介电材料。

(四)磁学性能

材料在电磁场作用下表现出来的行为即为磁性,通常有抗磁性、顺磁性、铁磁性等之分。这里简介几个表征材料磁性的主要性能指标。

1. 磁导率 μ

磁导率 μ(单位为 H/m)表示材料在单位磁场强度的外磁场作用下材料内部的磁通量

密度。相对磁导率 μ_r 则是指材料磁导率 μ 与真空磁导率 μ_0 之比。而磁化率 χ 则为
(μ_r-1)，磁化率极小的材料在磁场中表现出一种很弱的、非永久性的磁性。即或是抗磁性
的、或是顺磁性的，如 Au、Ag、Cu、Al 及其合金、奥氏体钢、高分子材料和部分陶瓷材料（如
玻璃）等属此种材料。而磁导率、磁化率均很大的材料（如 Fe、Co、Ni）即为铁磁性材料，它在
外磁场的作用下产生很强的磁化强度，外磁场除去后仍能保持较大的永久磁性。

2. 饱和磁化强度 M_s 和磁矫顽力 H_c

铁磁性材料所能达到的最大磁化强度叫做饱和磁化强度，M_s 越大，铁磁性越强。铁磁
性材料经饱和磁化后，除去外磁场仍能保留一定程度的磁化即剩磁现象，要使剩磁为零（即
退磁），则须加上一反向磁场 H_c，此即磁矫顽力。

材料的磁性性能对工程设计与选材具有重要的指导意义。如某些精密仪表元件要求不
受地磁等各种磁场的干扰，则应选择抗磁性材料或顺磁性材料制造。而对磁功能材料而言，
磁性性能则是关键，是基础。

二、化学性能

材料在生产、加工和使用时，均会与环境介质（如大气，海水，各种酸、碱、盐溶液，高温
等）发生复杂的化学变化，从而使其性能恶化或功能丧失。其中腐蚀问题最为普遍、重要。
据统计，在发达国家因腐蚀而造成的直接和间接经济损失可达国民收入的 5% 以上。

腐蚀是指材料表面与周围介质发生化学反应、电化学反应或物理溶解而引起的表面损
伤现象。由这三种作用引起的腐蚀相应地称为化学腐蚀、电化学腐蚀和物理腐蚀，其中物理
腐蚀（如钢铁在液态锌中的溶解）因在工程上较少见，不太重要，故这里主要介绍化学腐蚀和
电化学腐蚀的概念与防腐蚀措施。

（一）化学腐蚀

化学腐蚀是指材料与周围介质直接发生化学反应，但反应过程简单，不产生电流的腐蚀
过程，如金属材料在干燥气体中和非电解质溶液中的腐蚀，陶瓷材料在某些介质中的腐
蚀等。

除少数贵金属（如金、铂等）外，绝大多数金属在空气（尤其是高温气体）中都会发生氧
化。钢铁材料的氧化是最典型、最重要的代表。由于氧化膜一般均较脆，其力学性能明显低
于基体金属，且氧化又导致了零件的有效承载面积下降，故氧化首先影响了零件的承载能力
等使用性能，其次热加工过程中的氧化还造成了材料的损耗。

实践表明：若氧化形成的氧化膜越致密，化学稳定性越高，与基体间结合越牢固，则该氧
化膜就具有防止基体继续氧化的作用，如 Al_2O_3、Gr_2O_3、SiO_2 等；反之 FeO、Fe_2O_3、Cu_2O 则
不具备此特性。因此在钢中加 Gr、Si、Al 等元素，因这些元素与氧的结合力较 Fe 大，优先在
钢表面生成稳定致密的 Gr_2O_3、SiO_2、Al_2O_3 等氧化膜，从而提高钢的抗氧化能力。铝及其
合金的表面化学氧化和阳极氧化处理也是在其表面生成氧化膜，从而使其耐蚀性提高。

（二）电化学腐蚀

电化学腐蚀是指材料与电解质发生电化学反应，并伴有电流产生的腐蚀过程。陶瓷材
料和高分子材料一般是绝缘体，故通常不发生电化学腐蚀，而金属材料的电化学腐蚀则极其

普遍,是腐蚀研究的主要对象。

电化学腐蚀的条件是不同金属零件间或同一金属零件的内部各个区域间存在着电极电位差,且它们之间是相互接触并处于相互连通的电解质中构成所谓的腐蚀电池(又称原电池、微电池)。其中电极电位较低的部分为阳极,它易于失去电子变为金属离子溶入电解质中而受到腐蚀;电极电位较高的部分为阴极,它仅发生析氢过程或电解质中的金属离子在此吸收电子而发生金属沉积过程。据此可知:原电池反应也是电解工艺和电镀工艺的理论基础。

不同的金属因电极电位差异,其电化学腐蚀的倾向是不同的。金属的电极电位越高(即越正),越容易发生电化学腐蚀。若将其中任意两金属接触在一起并置于电解质中,则两者电极电位差越大,其电化学腐蚀速度就越快,电极电位低的金属将被腐蚀。

(三) 提高零件耐蚀性的主要措施

(1) 提高耐化学腐蚀性(主要指抗氧化性)的措施
① 选择抗氧化材料,如耐热钢、耐热铸铁、耐热合金、陶瓷材料等;
② 进行表面处理,如表面镀层、表面涂层(热喷涂铝、陶瓷等)。
(2) 提高耐电化学腐蚀的措施
① 选择耐蚀材料,如不锈钢、铜合金、陶瓷材料、高分子材料等;
② 进行表面处理,如镀层(Ni、Gr)、热喷涂陶瓷、喷涂塑料与涂料等;
③ 电化学保护,如牺牲阳极保护法;
④ 加缓蚀剂以降低电解质的电解能力,如在含氧水中加入少量重铬酸钾等。

思考题

1. 解释下列名词:
强度;塑性;冲击韧度;耐磨性;硬度;金属液态成形性能;金属塑性成形性能;切削加工性能

2. 实际生产中,为什么零件设计图或工艺卡上一般是提出硬度技术要求而不是强度或塑性值?

3. 全面说明材料的强度、硬度、塑性和韧性之间的辩证关系。

4. 什么是疲劳破坏? 其主要原因是什么?

5. 同一种钢,经三种不同的热处理后,硬度分别是 63HRC、280HBS、9010HV,试比较它们的硬度高低。

6. 一般认为铝、铜合金的耐蚀性优于普通钢铁材料,试分析在潮湿环境下铝与钢的接触面上发生腐蚀的原因。

第二章　材料的结构与结晶

固体材料的性能由其内部结构所决定,在制作、使用、研究和发展固体材料时,材料的内部结构是很重要的研究对象。由于金属材料是最主要的工程材料,且在通常情况下均属于固体晶体材料,故本章的讨论重点为金属晶体材料的结构。

第一节　结合键

在固体状态下,原子聚集堆积在一起,其间距足够近,它们之间便产生了相互作用力,即为原子间的结合力或结合键。不同类型的原子之间产生不同性质的结合键,材料的许多性能在很大程度上取决于原子结合键。根据结合力的强弱,可把结合键分为两大类:强键(包括离子键、共价键、金属键)和弱键(即分子键)。

一、离子键

当周期表中相隔较远的正电性原子和负电性原子接触时,前者失去最外层价电子变成带正电荷的正离子,后者获得电子变成带负电荷的满壳层负离子。正离子和负离子由静电引力吸引,而当它们十分接近时又相互排斥,引力和斥力相等即形成稳定的离子键。离子键要求正、负离子相间排列,且要保证异性离子之间的引力最大而同性离子之间的斥力最小。氯化钠具有离子键,是最典型的离子晶体,大部分盐、碱类和金属氧化物多以离子键结合。部分陶瓷材料及钢中的一些非金属夹杂物也以此方式结合。

由于离子键的结合力很大,外层电子被牢固地束缚在离子的外围,因而,以离子键结合的材料,其性能表现为硬度与强度高、热胀系数小。在常温下,由于很难产生可自由运动的电子,故离子晶体的导电性很差,是良好的电绝缘体。但在熔融状态下,所有离子均可运动,故在高温下又易于导电。由于离子的外层电子比较牢固地束缚在离子的外围,可见光的能力难以激发外层电子,不吸收可见光,因此离子晶体往往呈现无色透明状。在外力作用下,离子之间将失去电的平衡,而使离子键破坏,宏观上表现为材料断裂,故通常表现出较大的脆性。

二、共价键

处于周期表中间位置的三、四、五价元素,获得和丢失电子的几率相近,原子既可能获得电子变为负离子,包可能丢失电子变为正离子。当这些元素原子之间或与邻近元素的原子形成分子或晶体时,以共用价电子形成稳定的电子满壳层的方式实现结合。被共用的价电子同时属于两相邻的原子,使它们的最外层均为满壳层;价电子主要在这两个相邻原子核之间运动,形成一负电荷较集中的地区,从而对带正电荷的原子核产生小吸引力,将它们结合起来。这种由共用价电子对产生的结合键称为共价键。某些陶瓷材料(如金刚石、碳化硅、氧化硅)和部分聚合物材料属于共价键结合。

共价键的结合力较大,且变化范围宽。高结合力的共价晶体硬度高,脆性大,熔点和沸点高而挥发度低,结构比较稳定。由于共价晶体相邻原子所共有的电子不能自由运动,所以其导电能力较差。

三、金属键

周期表中Ⅰ、Ⅱ、Ⅲ族元素的原子在满壳层外有一个或几个价电子。满壳层在带正电荷的原子核和价电子之间起屏蔽作用,原子核对外面轨道上的价电子的吸引力不大,原子很容易丢失其价电子而成为正离子。当大量这样的原子相互接近并聚集为固体时,其中大部或全部原子会丢失价电子。同离子键、共价键不一样,这些被丢失的价电子不为某个或某两个原子所专有或共有,而是为全体原子所公有。这些公有化的电子称为自由电子,它们在正离子之间自由运动,形成电子云,正离子则沉浸在电子云中。正离子和电子云之间产生强烈的静电吸引力,使全部离子结合起来,该结合力就称为金属键,它没有饱和性和方向性。

在金属及合金中,主要是金属键,但有时也不同程度地混有其他键。除铋、锑、锗、镓等亚金属为共价键结合外,绝大多数金属均以金属键方式结合。

根据金属键的本质,可以解释固态金属的一些基本特性。例如,在外加电场作用下,金属中的自由电子能够沿着电场方向定向流动形成电流,即金属显示出良好的导电性能。由于自由电子的运动和正离子的振动,所以金属具有良好的导热性。随着温度的升高,正离子或原子本身振动的振幅加大,从而可以阻碍电子的通过,使电阻升高,可见金属具有正的电阻温度系数。由于自由电子很容易吸收可见光的能量而被激发到较高的能级,当它跳回到原来的能级时,就能把吸收的可见光能量重新辐射出来,金属变得不透明而具有金属光泽。由于金属键没有饱和性和方向性,当金属的两部分发生相对位移时,金属的正离子始终被包围在电子云中,保持着金属键结合,所以金属能经受一定的变形而不断裂,从而具有延展性(塑性)。各种金属键的结合力相差颇大,它们的强度、熔点等相差也较大。

四、分子键

原子状态形成稳定电子壳层的惰性气体元素,在低温下可结合为固体;ⅦB族元素的双原子也能结合成晶体。在它们结合的过程中,没有电子的得失、共有或公有化,原子或分子之间的结合力是很弱的范德瓦尔斯力即分子键,实际上就是分子偶极之间的作用力。大部分有机化合物的晶体和CO_2、HCl、H_2、N_2、O_2等在低温下形成的晶体都是分子晶体。

分子键的结合力很低,以致分子晶体的熔点、硬度等很低。塑料、橡胶等高分子材料中的链间结合键即为分子键。

一般而言,共价键晶体和离子键晶体的结合能约为10^5 J/mol 数量级;金属键晶体的结合能约为10^4 J/mol 数量级;分子键晶体的结合能约为10^3 J/mol 数量级。因此,共价键晶体和离子键晶体结合力最强。金属键晶体次之,分子键晶体最弱。

第二节　晶体结构理论

一、晶体与非晶体

自然界中的一切固体物质,按其内部粒子的排列情况可分为晶体和非晶体,如图 2-1 所示。晶体是固体中最大的一类。大多数固态的无机物都是晶体,例如食盐、单晶体等,如图 2-1(a)所示;只有少数物质是非晶体,例如普通玻璃、松香、石蜡等,如图 2-1(b)所示。金属一般均为晶体。晶体往往都具有规则的外形,像食盐结晶后呈立方体形。但晶体与非晶体的根本区别不在外表,关键在于其内部的原子(或离子、分子)的排列情况,金属制品、金属构件外观形态各异,但仍是晶体。

(a) 晶体　　　　　(b) 非晶体

图 2-1　晶体与非晶体

由于晶体与非晶体内部结构不同,其性能也有区别。晶体具有固定熔点(如铁为 1 538 ℃),且在不同方向上具有不同的性能(即各向异性);而非晶体没有固定的熔点,是在一个温度范围内熔化,因其在各个方向上的原子聚集密度大致相同,故而表现出各向同性。

晶体与非晶体在一定条件下可以互相转化,例如,原是非晶体的玻璃经高温长时间加热能变成晶态玻璃,即钢化玻璃。有些金属在液态下以极快的速度冷却下来,可制成非晶态金属。非晶态金属与晶态金属相比,具有高的强度与韧性等突出性能及其他特殊性能,近年来已为人们所重视。

二、晶体结构

(一)晶体的基本概念

1. 晶体

自然界中的固体物质,虽然外形各异、种类繁多,但都是由原子或分子堆积而成的。原子在三维空间中有规则地周期性重复排列的物质称为晶体,否则为非晶体。这也是晶体和非晶体的根本区别。

晶体有一定的熔点且性能呈各向异性,而非晶体与此相反。

2. 晶格

在晶体中,原子(或离子、分子)在空间呈规则排列,规则排列的方式就称为晶体的结构。组成晶体的物质质点不同、排列的规则或周期性不同,就可以形成各种各样的晶体结构。假定晶体中的物质质点都是固定的刚球,由这些刚球堆垛而成晶体,如图 2-2(a)所示,即原子堆垛模型。为了研究方便,假设通过这些质点的中心画出许多空间直线形成空间格架,这种假想的格架在晶体学上就称为晶格,如图 2 - 2(b)所示。实际上是将构成晶体的实际质点忽略,将它们抽象成纯粹的几何点,称其为结点,相当于质点的平衡中心位置。

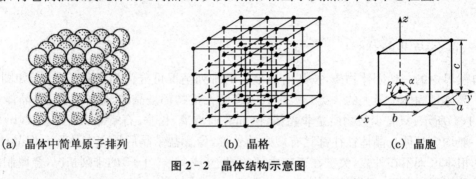

 (a) 晶体中简单原子排列   (b) 晶格   (c) 晶胞

图 2 - 2 晶体结构示意图

3. 晶胞

由于晶体中原子有规则排列且具有周期性的特点,只从晶格中选取一个能够完全反映晶格特征的最小的几何单元来分析晶体中原子排列的规律,这个最小的几何组成单元称为晶胞,如图 2 - 2(c)所示。晶胞在三维空间的重复排列构成晶格并形成晶体。用晶胞可以描述晶格和晶体结构。

4. 晶格常数

晶胞的大小和形状常以晶胞的三个棱边 a、b、c 和三个棱边夹角 α、β、γ 共六个参数来描述,如图 2 - 2(c)所示。图中沿晶胞三条相交于一点的棱边设置了三个坐标轴(或晶轴)x、y、z,习惯上,以原点的前、右、上方为轴的正方向,反之为负方向。晶胞的棱边长度 a、b、c 一般称为晶格常数或点阵常数。晶格常数的单位为 nm(1 nm = 10^{-9} m),金属的晶胞常数大多为 1~7 nm;晶胞棱边夹角又称为棱间夹角,通常 y - z 轴、z - x 轴和 x - y 轴之间的夹角分别用 α、β 和 γ 表示。按照以上六个参数组合的可能方式和晶胞自身的对称性,可将晶体结构分为七个晶系,其中立方晶系($a = b = c$,$\alpha = \beta = \gamma = 90°$)较为重要。

(二) 常见金属的晶体结构

自然界中的晶体有成千上万种,它们的晶体结构各不相同,但若根据晶胞的三个晶格常数和三个轴间夹角的相互关系对所有的晶体进行分析,就会发现它们的空间点阵分为 14 种类型。若进一步根据空间点阵的基本特点进行归纳整理,又可将 14 种空间点阵归属于 7 个晶系。由于金属原子趋向于紧密排列,工业上使用的金属中,绝大多数的晶体结构比较简单,其中最典型、最常见的有三种类型,即体心立方结构、面心立方结构和密排六方结构。前两种属于立方晶系,后一种属于六方晶系。

1. 体心立方晶格

体心立方晶胞如图 2 - 3 所示。在晶胞的八个角上各有一个金属原子,且三个棱边长度相等,三个轴间夹角均为 90°,构成立方体。在立方体的中心还有一个原子,所以叫做体心立方晶格。属于这类晶格的金属有铬、钒、钨、钼和 α - 铁等 30 多种金属。

(a) 刚性模型　　　　(b) 质点模型　　　(c) 原子数

图 2-3　体心立方晶格

（1）晶格尺寸

晶格尺寸是指晶胞的大小，可用晶格常数 a 来表示。金属的晶格常数多为 0.1～0.7 nm。

（2）晶胞原子数

晶胞原子数是指一个晶胞内所包含的原子数目。由于晶格是由大量晶胞堆垛而成，所以晶胞每个角上的原子在空间同时属于 8 个相邻的晶胞，这样只有 1/8 个原子属于这个晶胞，而晶胞中心的原子完全属于这个晶胞。体心立方晶格中的原子数为 2，即 $8×(1/8)+1=2$，如图 2-3(c)所示。

（3）原子半径

原子半径通常是指晶胞中原子密度最大的方向上相邻两原子之间平衡距离的一半，它与晶格常数有一定的关系。体心立方晶胞中原子相距最近的方向是立方体对角线，其长度为 $\sqrt{3}a$，因此其原子半径 $r=(\sqrt{3}/4)a$。

（4）配位数和致密度

晶胞中原子排列的紧密程度也是反映晶体结构特征的一个重要因素，通常用两个参数来表示，一个是配位数，另一个是致密度。

所谓配位数是指晶体结构中与任一个原子最邻近、等距离的原子数目。显然，配位数越大，晶体中的原子排列便越紧密。在体心立方晶格中，以立方体中心的原子来看，与其最邻近且等距离的原子数有 8 个，所以体心立方晶格的配位数是 8。

如果把原子看作是刚性圆球，那么原子之间必然有空隙存在，金属晶体中原子排列的紧密程度可用晶胞中原子本身所占有的体积百分数来表示，称为晶格的密排系数或晶格的致密度 K，可用下式表示：

$$K=\frac{nV_1}{V} \tag{2-1}$$

式中：K 为晶体的致密度；n 为一个晶胞实际包含的原子数；V_1 为一个原子的体积；V 为一个晶胞的体积。

体心立方晶格的晶胞中包含有 2 个原子，晶胞的棱边长度为 a，其晶胞致密度应为 0.68。在体心立方晶胞中原子占据了 68% 的体积，其余的 32% 的体积为间隙。

2. 面心立方晶格

面心立方晶格如图 2-4 所示。在晶胞的八个角上各有一个原子，构成立方体，在立方体的六个面的中心各有一个原子，所以叫做面心立方晶格。属于这类晶格的金属有铝、铜、镍、铅和 γ-铁等 20 多种金属。

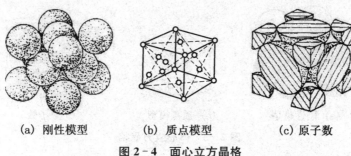

(a) 刚性模型　　　　(b) 质点模型　　　　(c) 原子数

图 2-4　面心立方晶格

（1）晶格常数

面心立方晶格的晶格尺寸为 a。

（1）原子数

由图 2-4(c)可以看出，每个角上的原子属于 8 个晶胞所共有，每个晶胞实际占有该原子的 1/8，而位于六个面中心的原子同时属于相邻的两个晶胞所共有，所以每个晶胞只分到面心原子的 1/2，因此面心立方晶胞中的原子数为：(1/8)×8＋(1/2)×6＝4。

（2）原子半径

在面心立方晶胞中，只有沿着晶胞六个面的对角线方向，原子是互相接触的，面对角线的长度是 $\sqrt{2}a$，它与 4 个原子半径的长度相等，所以面心立方晶胞的原子半径 $r＝(\sqrt{2}/4)a$。

（3）配位数和致密度

如图 2-4 所示，以面中心那个原子为例，与之最相邻的是它周围顶角上的四个原子，这五个原子构成了一个平面，这样的平面共有三个，三个面彼此相互垂直，结构形式相同，所以与该原子最相邻等距离的原子共有 4×3＝12。

由于已知面心立方晶胞中的原子数和原子半径，可以推算出，面心立方晶格的致密度为 0.74，即面心立方晶格的致密度比体心立方晶格大。

3. 密排六方晶格

密排六方晶格如图 2-5 所示。在晶胞的十二个角上各有一个原子，构成六方柱体。上下底面中心各有一个原子。晶胞内部还有三个原子，所以叫做密排六方晶格。属于这类晶格的金属有铍、锌、α-钛和 β-铬等。

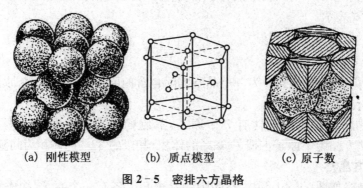

(a) 刚性模型　　　　(b) 质点模型　　　　(c) 原子数

图 2-5　密排六方晶格

（1）原子半径

在密排六方晶胞中，只有沿着晶胞上下底面对角线方向的原子是互相接触的，面对角线

的长度为 $2a$，与 4 个原子半径的长度相等，所以密排六方晶胞的原子半径 $r=(1/2)a$。

（2）原子数

晶胞中的原子数参照图 2-5(c)计算，六棱柱每个角上的原子均属于六个晶胞所共有，上、下底面中心的原子同时为两个晶胞所共有，再加上晶胞内的三个原子，故晶胞中的原子数为 $(1/6)\times12+(1/2)\times2+3=6$。

（3）配位数和致密度

典型的密排六方晶格金属，其配位数为 12，致密度为 0.74。密排六方晶格的致密度与面心立方晶格相同，说明了这两种晶格晶胞中原子排列的紧密程度相同。

由于晶体致密度不同，所以当发生晶型转变时，将伴有比容或体积突变。例如，当纯铁由室温加热至 912℃时，致密度较小的 α-Fe 转变为致密度较大的 γ-Fe，体积突然减小；而冷却时则相反，体积会膨胀。这样就会形成应力从而产生变形。晶体中的间隙溶入原子后会形成间隙固溶体，晶体结构不同致使其间隙的大小和形状也不一样，在形成间隙固溶体时溶质原子的溶解度也不同。间隙固溶体随着溶质原子的溶入，晶格总要产生畸变并导致强度、硬度升高，溶质原子浓度越高，晶格畸变越大，其强度和硬度的提高越显著。

（三）离子晶体结构

离子晶体在陶瓷材料中占有重要地位，例如 MgO、Al_2O_3 等都是在陶瓷材料中具有明显离子键的晶体材料。构成离子晶体的基本质点是正、负离子，它们之间以静电作用力（库仑力）相结合，结合键为离子键，如 NaCl 晶体（如图 2-6）。

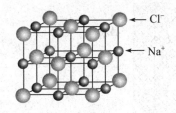

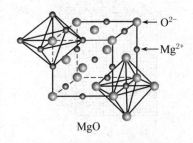

NaCl 晶胞　　　　　　　　　　　　MgO

图 2-6　NaCl 晶体结构　　　　　图 2-7　MgO 晶格中的负离子配位多面体

负离子作不同堆积时，可构成数量不等、形状各异的空隙。由于正离子半径一般较小，负离子半径较大，故离子晶体通常看成是由负离子堆积成骨架，正离子则按其自身的大小位于相应的负离子空隙（负离子配位多面体）中。所谓负离子配位多面体是指：在离子晶体结构中，与某一个正离子成配位关系而邻接的各个负离子中心线所构成的多面体，如图 2-7所示为 MgO 晶格中的负离子配位多面体。

离子晶体有许多类型，对于二元离子晶体，大致有六种基本结构类型，分别是 NaCl 型、CsCl 型、立方 ZnS 型、六方 ZnS 型、CaF_2 型和 TiO_2 型。

（四）共价晶体结构

共价晶体是由同种非金属元素的原子或异种元素的原子以共价键结合而成的无限大分子。共价键在分子及晶体中普遍存在，氢分子中两个氢原子的结合是最典型的共价键结合。

共价键在有机化合物中也很普遍。共价晶体在无机非金属材料中占有重要地位。典型的共价晶体有金刚石晶型（如图 2-8）、SiO_2 晶型和 ZnS 晶型三种。由于共价键的饱和性和方向性特点，共价晶体结构的配位数比金属晶体和离子晶体均低。

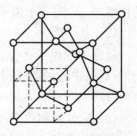

图 2-8　金刚石结构

例如，在 SiO_2 中，Si 有 4 个价电子，O 有 6 个价电子，每个 Si 原子与 4 个 O 原子共享价电子。这样，Si 原子有 8 个外层电子；每个 O 原子与 2 个 Si 原子共享价电子，故 O 原子也有 8 个外层电子。

第三节　晶体缺陷理论

把晶体看成是原子按一定几何规律作周期性排列而成，即晶体内部的晶格位向是完全一致的，这种晶体称为单晶体，如图 2-9(a)所示。在工业生产中，只有经过特殊制作才能获得单晶体，如半导体元件、磁性材料、高温合金材料等。而一般的金属材料，即使一块很小的金属中也含有许多颗粒状小晶体，每个小晶体内部的晶格位向是一致的，而每个小晶体彼此位向却不同，这种外形不规则的颗粒状小晶体通常称为晶粒。晶粒与晶粒之间的界面称为晶界。显然晶界处的原子排列为适应两晶粒间不同晶格位向的过渡，总是不规则的。这种实际上由多晶粒组成的晶体结构称为多晶体，如图 2-9(b)所示。

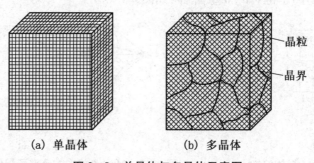

晶粒

晶界

（a）单晶体　　　　　（b）多晶体

图 2-9　单晶体与多晶体示意图

单晶体在不同方向上的物理、化学和力学性能不相同，即为各向异性。而实际金属是多晶体结构，故宏观上看就显示出各向同性的性能。

晶体中原子完全为规则排列时，称为理想晶体。在实际应用的金属材料中，总是不可避免的存在着一些原子偏离规则排列的不完整性区域，这就是晶体缺陷。一般来说，金属中这些偏离其规定位置的原子数目很少，即使在最严重的情况下，金属晶体中位置偏离很大的原子数目至多占原子总数的千分之一。因此，从总的来看，其结构还是接近完整的。尽管如此，这些晶体缺陷不仅对金属及合金的性能，特别是那些结构敏感的性能，如强度、塑性、电阻等产生重大的影响，而且还在扩散、相变、塑性变形和再结晶等过程中扮演着重要的角色。由此可见，研究晶体的缺陷具有重要的实际意义。

根据晶体缺陷的几何形态特征，可以将它们分为点缺陷、线缺陷和面缺陷三大类。

一、点缺陷

在晶体中,原子在其平衡位置上作高频率的热振动,振动能量经常变化,此起彼落,称为能量起伏。在一定温度下,在任何瞬间,晶体中总有某些原子具有很高的振动能量而不能保持在其平衡位置上,从而形成点缺陷。点缺陷的特征是三个方向上的尺寸都很小,相当于原子尺寸,例如空位、间隙原子、置换原子等,如图 2-10 所示。因为这些点缺陷的存在,会使其周围的晶格发生畸变,引起性能的变化。

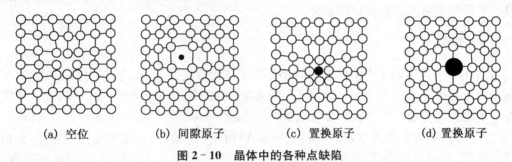

(a) 空位　　　(b) 间隙原子　　　(c) 置换原子　　　(d) 置换原子

图 2-10　晶体中的各种点缺陷

晶体中晶格空位和间隙原子都处在不断地运动和变化之中,晶格空位和间隙原子的运动是金属中原子扩散的主要方式之一,这对热处理过程起着重要的作用。

(一) 空位

根据统计规律,在某一温度下的某一瞬间,总有一些原子的能量足够高,振幅足够大,可以克服周围原子对它的约束,从而脱离原来的平衡位置迁移到别处,在原位置上出现了空结点,即形成空位,如图 2-10(a)所示。

空位是一种热平衡缺陷,在一定温度下,具有确定的平衡浓度。温度升高,原子的动能增大,从而使脱离其平衡位置往别处迁移的原子数增多,空位的浓度也增大。温度降低,则空位的浓度随之减小。但是,空位在晶体中的位置不是固定不变的,而是处于运动、消失和形成的不断变化之中。一方面周围原子可以与空位交换,使空位移动一个原子间距,如果周围原子不断与空位换位,就造成空位的运动;另一方面,空位迁移到晶体表面或与间隙原子相遇而消失,但在其他地方又会有新的空位形成。

空位的平衡浓度是极小的,例如,当铜的温度接近其熔点时,其空位的平衡浓度约为 10^{-5} 数量级,即在十万个原子中才出现一个空位。尽管空位的浓度很小,在固态金属的扩散过程中却起着极为重要的作用。此外,空位还会两个、三个或多个聚在一起,形成复合空位。

由于空位的存在,其周围原子失去了一个近邻原子而使相互间的作用失去平衡,因而它们朝空位方向稍有移动,偏离其平衡位置,在空位的周围出现一个涉及几个原子间距范围的弹性畸变区,简称为晶格畸变。

通过某些处理,例如高能粒子辐照、高温淬火及冷塑性变形等,可使晶体中的空位浓度高于平衡浓度。这种过饱和空位是不稳定的,当温度升高时,原子具有了较高的能量,空位浓度便大大下降。

尽管空位的浓度很小,但空位的存在为固态金属的扩散过程创造了方便的条件。

（二）间隙原子

间隙原子就是位于晶格间隙之中的原子，有自间隙原子和杂质间隙原子两种。在多数金属的密排晶格中，形成自间隙原子是非常困难的。金属中存在的间隙原子主要是杂质间隙原子，且大多是原子半径很小的原子，如钢中的氢、氮、碳等。当间隙原子硬挤入很小的晶格间隙中后，都会造成严重的晶格畸变，如图 2-10(b)所示。

间隙原子也是一种热平衡缺陷，在一定温度下有一平衡浓度。对杂质间隙原子而言，常将这一平衡浓度称为固溶度或溶解度。

（三）置换原子

占据在原来基体原子平衡位置上的异类原子称为置换原子，如图 2-10(c)和 2-10(d)所示。由于置换原子的大小与基体原子不可能完全相同，所以也会造成晶格畸变。置换原子在一定温度下也有一个平衡浓度值，也称为固溶度或溶解度。

综上所述，不管是哪类点缺陷，都会造成晶格畸变，进而对金属的性能产生影响，如使屈服强度升高、电阻增大、体积膨胀等，这对指导生产实践很有意义。此外，点缺陷的存在，将加速金属中的扩散过程，因而凡与扩散有关的相变、化学热处理、高温下的塑性变形和断裂等，都与空位和间隙原子的存在和运动有着密切的关系。

二、线缺陷

线缺陷的特征是在两个方向的尺寸很小，在另一个方向的尺寸相对很大。晶体中的线缺陷实际上就是位错，也就是说在晶体中有一列或若干列原子，发生了有规律的错排现象。错排区是线性的点阵畸变区，长度可达几百至几万个原子间距，宽度仅几个原子间距。虽然位错有多种类型，但其中最简单、最基本的类型有两种：刃型位错和螺型位错，如图 2-11 所示。位错是一种极为重要的晶体缺陷，它对于金属的强度、断裂和塑性变形等起着决定性的作用。

(a) 完整晶体   (b) 含有刃型位错的晶体   (c) 含有螺型位错的晶体

图 2-11　晶体中的位错示意图

（一）刃型位错

在金属晶体中，出于某种原因(例如应力)，晶体的一部分沿一定晶面相对于晶体的另一部分，逐步地发生了一个原子间距的错动(如图 2-12)。像图 2-12(a)中右上角部分晶体逐步向左移动了一原子间距后，在发生了错动的晶体部分同未动部分的边缘上产生了一个多余的半原子面。多余的半原子面像是一个硬插入晶体的刀刃，但并不延伸入原子未错动的下半部晶体中,而是中止在内部。沿着半原子面的刃边,晶格发生了很大畸变,即形成了刃型位错。

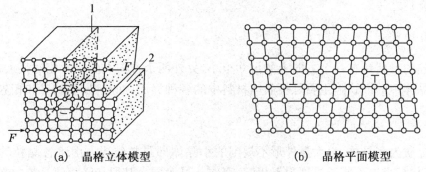

(a)　晶格立体模型　　　　　　　(b)　晶格平面模型

图 2-12　刃型位错示意图

1—多余半原子面　2—滑移面

(二)螺型位错

如图 2-13 所示,设想在立方晶体右端施加一切应力,使右端上下两部分沿滑移面发生了一个原子的相对切变,于是就出现了已滑移区和未滑移区的边界,即螺型位错线。由于位错线附近的原子是按螺旋形排列的,所以这种位错叫做螺型位错。

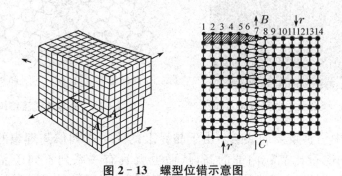

图 2-13　螺型位错示意图

(三)位错密度

晶体中位错的数量多少通常用位错密度来表示。位错密度有两种表示方法,一种是用单位体积中包含的位错线总长度来表示,即

$$\rho = L/V \tag{2-2}$$

式中:L 为位错线的总长度(cm);V 为体积(cm^3)。

晶体中位错密度可用 X 射线或透射电子显微镜测定。在经充分退火的多晶体金属中位错密度为 $10^6 \sim 10^7$ cm^{-2},经很好生长出来的超纯单晶体金属,其位错密度很低($< 10^3$ cm^{-2});而经剧烈冷变形的金属,位错密度可增至 $10^{12} \sim 10^{13}$ cm^{-2}。

位错的存在,对金属材料的力学性能、扩散及相交等过程均有着重要的影响。如果金属中不含位错,那么这种理想金属晶体将具有极高的强度。正是因为实际金属晶体中存在位错等晶体缺陷,金属的强度值降低了 2～3 个数量级。

位错密度愈大,塑性变形抗力愈大。因此,目前通过塑性变形,提高位错密度,是强化金属的有效途径之一。

三、面缺陷

面缺陷的特征是在一个方向上的尺寸很小,另外两个方向上的尺寸相对很大,呈面状分布。金属晶体中的面缺陷主要是指晶体材料中的各种界面,如晶界、亚晶界和相界等。

（一）晶界

实际金属为多晶体,由大量外形不规则的小晶体即晶粒组成。由于各晶粒的取向各不相同,在其相互交界处原子排列很不规整,存在一过渡层。其原子受相邻晶粒的影响处于折中位置,晶格畸变程度较大。不同取向晶粒之间的接触面称为晶界,如图 2-14 和图 2-15 所示。金属多晶体中,各晶粒之间的位向差大都在 30°～40°,晶界层厚度一般在几个原子间距到几百个原子间距间变动。

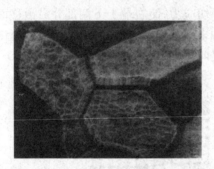

图 2-14　金-镍合金中的晶粒与亚晶粒

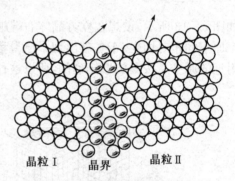

晶粒Ⅰ　　晶界　　晶粒Ⅱ

图 2-15　晶界的过渡结构示意图

晶界是晶体中一种重要的缺陷。由于晶界上的原子排列偏离理想的晶体结构,脱离平衡位置,所以其能量比晶粒内部的高,从而也就具有一系列不同于晶粒内部的特性。例如,晶界比晶粒本身容易被腐蚀和氧化,熔点较低,原子沿晶界扩散快;在常温下晶界对金属的塑性变形起阻碍作用,由此可以看出,金属材料的晶粒越细,则晶界越多,其常温强度越高。因此对于在较低温度下使用的金属材料,一般总是希望获得较细小的晶粒。

另外,晶界处晶格畸变较大,存在着晶界能,而较高的晶界能表明它有自发地向低能状态转化的趋势。因此当原子具有一定的动能时,这个趋势就成为可能,即晶粒长大和晶界的平直化,以减少晶界。例如,钢在热处理时,奥氏体晶粒会随加热温度的升高而长大,因此要严格控制加热温度。钢中第二相在加热时也会产生球化,例如高碳钢锻造后进行球化退火,以便第二相即碳化物球化,但若加热温度过高、保温时间过长,则球状碳化物会自发长大、聚集,对性能不利。

（二）亚晶界

晶粒也不是完全理想的晶体,而是由许多位向相差很小的所谓亚晶粒组成的。晶粒内的亚晶粒又称为晶块,其尺寸比晶粒小 $2\sim3$ 个数量级,一般为 $10^{-6}\sim10^{-4}$ cm。亚晶粒之间位向差很小,一般小于 $1°\sim2°$。亚晶粒之间的界面称为亚晶界,亚晶界实际上是由一系列刃型位错构成,如图 2-16 所示,亚晶界上原子排列也不规则,易产生晶格畸变。与晶粒相似,细化亚晶粒也能显著提高金属的强度。

晶界和亚晶界处表现出有较高的强度和硬度。晶粒越细小,晶界和亚晶界越多,它对塑性变形的阻碍作用就越大,金属的强度、硬度越高。晶界还有耐蚀性低、熔点低、原子扩散速度较快的特点。

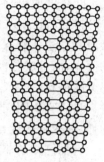

图 2-16 亚晶界
结构示意图

第四节 纯金属结晶

一、概述

在一定的条件下,物质的二态可以互相转化。通常把物质从液态转化为固态的过程统称为凝固。出于材料不同,甚至冷却条件不同,凝固后得到的固态物质可能是晶体,也可能是非晶体。

液态物质内部的原子并非完全呈无规则的排列。在短距离的小范围内,原子呈现出近似于固态结构的规则排列,形成近程有序的原子集团,这类原子集团是不稳定的,瞬间出现又瞬间消失。所以金属由液态转变为固态的凝固过程,实质上就是原子由近程有序状态转变为长程有序状态的过程。因此,广义上讲,物质从一种原子排列状态(晶态或非晶态)过渡为另一种原子规则排列状态(晶态)的转变过程称为结晶。为区别起见,我们将一般意义上的"结晶",即物质从液态转变为固体晶态的过程称为一次结晶,而物质从一种固体晶态过渡为另一种固体晶态的转变称为二次结晶。

若凝固后的物质不是晶体,而是非晶体,那就不能称之为结晶,只能称为凝固。玻璃、部分高聚物就是非晶体,或称为非晶态。相对晶态而言,非晶态是物质的另一种结构状态,是一种长程无序、短程有序的混合结构。从总体上讲,这种结构中有的原子排列无规则,但并非完全无序,近邻原子排列又有一定规律。因此,非晶固态物质(非晶体)表现出各向同性。非晶体的凝固与晶体的结晶,都是由液态转化为固态,但本质上又有区别。非晶体的凝固实质上是靠熔体粘滞系数连续加大而完成,即非晶固态可以看作是粘滞系数很大的"熔体",需在一个温度范围内逐渐凝固。从能量观点看,若熔体在凝固时能较完全释放内能,它将转变成晶体;若部分释放内能则转化为非晶体,也就是说非晶体处于亚稳定状态。

金属熔液凝固后一般都是以晶质状态存在,即内部原子呈规则排列。按照目前的生产方式,工程上使用的金属材料一般要经过冶炼和铸造过程,即要经过由液态转变为固态的结晶过程。液态金属经过结晶得到的组织称为铸态组织。金属在焊接时,焊缝中的金属也要发生结晶。金属结晶后所形成的组织,包括各种相的形状、大小和分布等,将极大的影响到金属的各种性能。对于铸件和焊接件来说,结晶过程既直接影响它的轧制和锻压工艺性能,又不同程度地影响其制成品的使用性能。研究和控制金属的结晶过程就显得尤为重要。

自 20 世纪 50 年代起,人们从沉积膜上得到非晶态的金属及合金。1960 年,发现了用激冷的办法从液态获得非晶态共晶成分的金硅合金,但当时的试样仅是薄膜或几百毫克重的薄片,而且成分极有限。到 1970 年,通过使用连续激冷法,使多种合金的线状和板状非晶态金属材料的生产成为可能,并取得迅速发展,最终制成了非晶态线材,其强度高、塑性好。进一步研究表明,非晶态材料具有各种令人十分感兴趣的特性,如超耐腐蚀性、高磁导率、恒弹性、低热膨胀性、向磁致伸缩等(见表 2-1)。现在能制造宽度较大的板材,并逐步实用化。目前已知的非晶态合金大致可分为金属-半金属系和金属-金属系两类。元素周期表绝大部分金属元素可以通过合金化使其非晶化,特别是大约含 15%～30%(原子百分数)的半金属硼、碳、磷、硅、锗等的合金,以及原子半径差别大的金属元素彼此组成的合金是容易非晶态化的,例如 Au-Si,Pb-Si,Fe-B,Co-B,Ni-P,Zr-Cu,Nb-Ni,Ta-Ni 等。

表 2-1 非晶态合金的主要性质及应用

性质	特性举例	应用举例
强韧性	屈服强度 $E/30 \sim E/50$;硬度 $500 \sim 1\,400$HV	刀具材料、复合材料、弹簧材料、变形检测材料等
耐腐蚀性	耐酸性、中性、碱性、点腐蚀、晶体腐蚀	过滤器材料、电极材料、混纺材料等
软磁性	矫顽力约 0.002Oe,高磁导率,低铁损,饱和磁感应强度约 1.8 万 Gs	磁屏蔽材料、磁头材料、热传感器、变压器材料、磁分离材料等
磁致伸缩	饱和磁致伸缩约 60×10^{-6},高电力机械结合系数约 0.7	振子材料、延迟材料等

加热非晶态合金,则引起原子打散而成为平衡的晶态。当连续加热到特定的温度时,合金非晶态相中会生成晶体并长大,即合金从非晶态转变为晶态。伴随着这种变化,除了发热之外,一方面其电阻、热膨胀、密度等各种物理性质都发生变化;另一方面其强度、粘滞性丧失而变脆,这样便失去了晶态合金的大部分优良性质。故对非晶态合金,必须选择低于晶化温度的应用领域,这说明非晶态合金主要的缺点是热不稳定性。目前铁系非晶态合金晶化温度较高,可达 650 ℃左右。

液相向固相的转变是一个相变过程,掌握结晶过程的基本规律将为研究其他相变奠定基础。纯金属和合金的结晶,两者既有联系又有区别,当然合金的结晶比纯金属的结晶要复杂些。为方便起见,先研究纯金属的结晶。

二、纯金属的冷却曲线和冷却现象

(一)纯金属结晶的现象

通常采用热分析法研究结晶:把纯金属置于坩埚内加热成均匀液体,而后使其缓慢冷却,在冷却过程中,每隔一定时间测定一次温度,直至结晶完后冷却到室温。将温度随时间变化的关系绘制成曲线,称为冷却曲线,现以纯金属为例进行说明,如图 2-17 所示。

从理论上讲,金属的熔化和结晶应在同一温度下进行,这个温度称为平衡结晶温度(T_m),又称为理论结晶温度。在此温度时,液体中金属原子结晶到晶体上的速度与晶体上的原子溶入液体中的速度相等,晶体与液体处于平衡状态。从图 2-17 可以看出,金属在结晶之前温度连续下降,当液态金属冷却到理论结晶温度 T_m 时并未开始结晶,而是需要冷却到 T_m 温度之下某一温度 T_n 时才能有效地进行结晶。金属的实际结晶温度低于理论结晶温度的现象,称为过冷,两者之差称为过冷度,用 ΔT 表示,即 $\Delta T = T_m - T_n$。过冷度越大,则实际结晶温度越低。

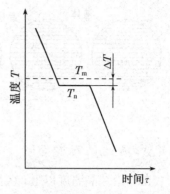

图 2-17　纯金属结晶时的冷却曲线

随金属的本性和纯度的不同以及冷却速度的差异,过冷度变化很大。同一种金属,其纯度越高,则过冷度越大;冷却速度越快,则金属的实际结晶温度越低,过冷度越大。当液态金属以极其缓慢的速度冷却时,金属的实际结晶温度接近于理论结晶温度,这时的过冷度接近零。但不管冷却速度多么缓慢,都不可能在理论结晶温度进行结晶。

(二) 金属结晶的条件

实际金属为什么在理论结晶温度不能结晶呢? 而总是在过冷条件下结晶,这是由热力学条件决定的。热力学定律指出,自然界的一切自发转变过程,总是由一种较高能量状态趋向于能量较低的状态,而能量最低的状态是最稳定的状态。

在恒温条件下,只有那些引起体系自由能(即能够对外做功的那部分能量)降低的过程才能自发进行。一般情况下,金属在聚集状态的自由能随温度的提高而降低,如图 2-18 所示。由于液态金属和固态金属的自由能随温度的变化速率不同,这两条曲线就必然相交,其交点处液、固两相自由能相等,液态和固态处于动态平衡,可长期共存,此时对应的温度 T_m 即为理论结晶温度。显然,高于 T_m 温度时,液态比固态的自由能低,金属处于液态更稳定;低于 T_m 温度时,金属处于固态更稳定。

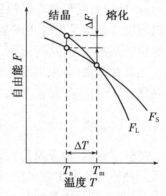

图 2-18　金属在聚集状态时自由能与温度关系的示意图

因此,液态金属要结晶就必须过冷。对应着过冷度 ΔT,金属在液态与固态之间存在的自由能差(ΔG)就是促使液体金属结晶的驱动力。一旦液态金属的过冷度足够大,使其结晶的驱动力 ΔG 大于建立新界面所需要的表面能时,结晶过程就能开始进行了。过冷度越大,液、固两相的自由能差越大,即结晶驱动力越大,结晶速度便越快。

三、金属的结晶过程

大量实验证明,金属的结晶过程是形核和晶核长大的过程,形核与长大既紧密联系又相互区别。纯金属结晶过程如图 2-19 所示。

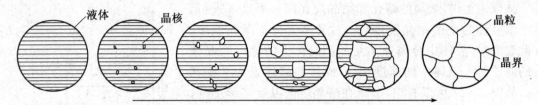

图 2 - 19　纯金属结晶过程示意图

（一）晶核的形成

在理论结晶温度以上，液态金属中原子的规则排列只限于许多微小的体积内，也就是说，在液态金属中存在着大量尺寸不同、忽聚忽散的短程有序的原子小集团。在理论结晶温度时，这种原子小集团极不稳定，不能成为结晶核心。随着温度的降低，一些尺寸较大的原子集团开始变得稳定，从而成为结晶核心，即称为晶核。这些形成的晶核按各自方向吸收液体中的金属原子而逐渐长大，与此同时，在液态中不断地产生新的结晶核心，也逐渐长大。如此不断发展，直到相邻晶体相互接触，液体金属耗尽，结晶方才完毕。一个个晶核长大为一个个晶粒，由于各个晶核是随机形成的，其位向各不相同，所以各晶粒的位向也各不相同，这样就形成一块多晶体金属。如果在结晶过程中只形成一个晶核并长大，那么就形成一块单晶体金属，但这需要一定的相关条件。总之，金属的结晶过程是由形核和长大两个过程交错重叠在一起的，对一个晶粒来说，它可以严格地区分为形核和晶核长大两个阶段，但从整体上说，形核和晶核长大是互相重叠交织在一起的。

在过冷液体中形成固态晶核时，可能有两种形核方式：一种是均质形核，又称为自发形核，是由熔液自发形成新晶核的过程；另一种是异质形核，又称为非自发形核。若液体中各个区域出现新相晶核的几率是相同的，这种形核方式即为均质形核；反之，新相优先出现于液相中的某些区域，这种形核方式称为非均质形核。实际液态金属并不很纯，总是或多或少地存在某些杂质（如未熔质点），晶胚就常会依附于这些固态杂质质点（包括铸型内壁）上形成晶核，其结晶主要是按非均质形核进行的。

（二）晶核的长大

晶核形成后，即开始长大。长大的过程，实质上是液体中的金属原子向晶核表面迁移的过程。晶体的长大主要取决于过冷度，冷却很慢时，过冷度很小，晶粒长大过程中保持规则外形，只有当其长大到相互接触时，规则的外形才被破坏。树枝状结晶是晶体生长最常见的方式，如图 2 - 20 所示。刚开始时形成的晶核具有规则外形，此规则外形的棱角或尖端处有最好的散热条件，使结晶潜热能迅速散去，棱角处缺陷多，可促进晶体长大，杂质少，杂质的阻碍作用小，所以棱角处可以得到最有利的生长条件而优先长大，很快长出树枝晶细长的树干。这些树干的突出尖端伸入到过冷度更大的液体中后，由于树干尖端的潜热散失最容易，会更加有利于在尖端生长，这些即为一次晶轴或一次晶枝。在树干形成的同时，树干与周围过冷液体的界面包不稳定，树干上会出现很多凸出尖端，它们长大成为新的晶枝，即为二次晶轴或二次晶枝。二次晶枝发展到一定程度后，又在它上面长出三次晶枝，由此不断地枝上生枝，同时各次晶枝本身也在不断地伸长和长大，最后形成树枝状的骨架，故称为树枝晶，简称为枝晶，每一个枝晶长成一个晶粒。一般而言，枝晶在三维空间得以均衡发展，各方向上的一次轴近似相等,这时的晶粒称为等轴晶粒,呈多边形。当所有的枝晶都严密合缝地对接起来,液态金属完全消失后,就观察不出来树枝的模样,只能是一个个多边形的晶粒了。

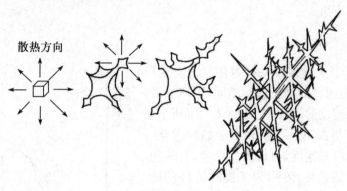

图 2-20 晶核长大示意图

四、结晶晶粒大小及控制

实际金属结晶之后,获得由大量晶粒组成的多晶体。每个晶粒基本上可视为单晶体,一般尺寸为 $10^{-2} \sim 10^{-1}$ mm,但也有大至几个或十几个毫米的。

晶粒的大小称为晶粒度,通常用晶粒的平均面积或平均直径来表示。金属结晶时每个晶粒都是由一个晶核长大而成,其晶粒度取决于形核率 N 和长大速度 G 的相对大小。若形核率越大,而长大速度越小,则单位体积中晶核数目越多,每个晶核的长大空间越小,也来不及充分长大,长成的晶粒就越细小;反之,若形核率越小,而长大速度越大,则晶粒越易粗化。

晶粒大小对金属性能有重要的影响。在常温下,细晶粒金属晶界多,晶界处晶格扭曲畸变,提高了塑性变形的抗力,使其强度、硬度提高;细晶粒金属晶粒数目多,变形可均匀分布在许多晶粒上,使其塑性好。因此,在常温下晶粒越小,金属的强度、硬度越高,塑性、韧性越好。表 2-2 列出了晶粒大小对纯铁力学性能的影响。工程上大多希望通过使金属材料的晶粒细化来提高金属的力学性能,这种用细化晶粒来提高材料强度的方法,称为细晶强化。但是,对于高温下工作的金属材料,晶粒过于细小反而不好,一般希望其晶粒大小适中。对于用来制造电动机和变压器的硅钢片来说,希望其晶粒粗大,因为其晶粒越粗大,磁滞损耗越小,效能越好。

表 2-2 晶粒大小对纯铁力学性能的影响

晶粒平均直径 d/mm	抗拉强度 σ_b/MPa	屈服强度 σ_s/MPa	伸长率 δ/%
9.7	165	40	28.8
7.0	180	38	30.6
2.5	211	44	39.5
0.20	263	57	48.8
0.16	264	65	50.7
0.10	278	116	50.0

综上所述,控制了形核率 N 和长大速度 G,就能控制结晶时晶粒的粗细。凡能促进形核、抑制长大的因素,都对细化晶粒有利。为了细化铸锭和焊缝区的晶粒,在工业生产中可以采用以下几种方法:

（一）增大过冷度

形核率 N 与长大速度 G 一般都随过冷度 ΔT 的增大而增大,但两者的增长速率不同,形核率的增长率高于长大速度的增长率,如图 2 - 21 所示。故增加过冷度可提高 N/G 值,有利于晶粒细化。提高液态金属的冷却速度,可增大过冷度,有效地提高形核率。在铸造生产中,为了提高铸件的冷却速度,可以用提高铸型吸热能力和导热性能等措施,也可以采用降低浇注温度和慢浇注等方法。快冷方法往往只适用于小件或薄件,对大件不太适用。大件难以达到大的过冷度,况且快冷还可能导致铸件出现裂纹,造成废品。

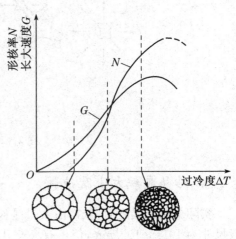

图 2 - 21 金属结晶时形核率及长大速度

若在液态金属冷却时采用极大的过冷度,例如使冷却速度大于 $10^7\,℃/s$,可使某些金属凝固时来不及形核而使液态金属的原子结构保留到室温,得到非晶态材料,也称为金属玻璃。合金也可以得到非晶态材料,例如过渡金属 A 和半金属 B(像碳、硼、硅、磷等)之间构成的二元系,当成分处于共晶点附近时,一般为 $A_{80}B_{20}$,若以 $10^5\sim10^6\,℃/s$ 的速度急冷可获得非晶态合金。

（二）变质处理

变质处理就是在浇注前向液态金属中加入某种元素或化合物(称为变质剂),以细化晶粒和改善组织。变质剂加入液态金属后,符合非自发晶核的条件,大大增加晶核的数目。例如,在铝合金中加入钛、锆、钒,可使晶粒细化;在铸铁中加入硅铁、硅钙合金,能使组织中的石墨细化。

（三）振动处理

若对结晶过程中的液态金属进行振动和搅拌,一方面是依靠从外面输入能量促使晶核提前形成,另一方面是使成长中的枝晶破碎,使晶核数目增加,从而显著提高形核率,细化晶粒。

常用的振动方法有机械振动、超声波振动、电磁搅拌等。例如用机械的方法使铸型振动或变速转动;使液态金属流经振动的浇铸槽;进行超声波处理;在焊枪上安装电磁线圈,造成晶体和液体的相对运动等等,都可以细化晶粒。

五、晶体的同素异构

在确定条件下金属只有一种晶体结构,但某些金属在不同温度和压力下呈不同类型的晶体结构,这种现象称为同素异构转变。常见的元素如铁、钛、锰、锡、碳等都具有同素异构转变。

在金属晶体中,铁的同素异构转变最为典型。铁在凝固结晶后继续冷却至室温的过程中,先后发生两次晶格转变,其转变过程如下:

$$\delta - Fe \longrightarrow \gamma - Fe \longrightarrow \alpha - Fe$$

体心立方　　面心立方　　体心立方

其同素异构转变的过程,就是原子重新排列的过程,也同样遵循形核与长大的基本规律。例如:当 $\gamma - Fe$ 向 $\alpha - Fe$ 转变时, $\alpha - Fe$ 晶核通常在 $\gamma - Fe$ 的晶界处产生并长大,直至全部 $\gamma - Fe$ 晶粒被 $\alpha - Fe$ 晶粒取代而转变结束。由此可见,同素异构转变也是经过结晶来实现的,其特点是在固态下完成晶格的转变,属二次结晶。铁的同素异构转变是钢铁能够进行热处理的内因和根据,也是钢铁材料性能多种多样、用途广泛的主要原因之一。

第五节　合金的结晶与相图

虽然纯金属在工业生产上获得了一定的应用,但由于其强度一般都很低,零件远不能满足各种使用性能的要求,因此工业上广泛应用的不是纯金属,而是合金。与纯金属相比,合金种类繁多,成本低廉,而且具有比纯金属高得多的强度、硬度、耐磨性等力学性能,在电、磁、化学稳定性等物理、化学性能方面也毫不逊色。

要了解合金具有比纯金属性能优良的原因,首先要了解合金各组元之间互相作用形成哪些相,他们的化学成分和晶体结构如何,然后再研究合金结晶后的组织状态,并进一步探讨合金的化学成分、晶体结构、组织状态和性能之间的关系。而合金相图正是研究这些规律的有效工具。本章主要介绍二元合金中的相结构以及二元合金相图的建立、分析和使用。

一、合金的晶体结构

(一)基本概念

1. 合金

合金是由两种或两种以上的金属元素或金属与非金属组成的具有金属特性的物质。例如碳钢是铁和碳组成的合金。

2. 组元

组成合金的最基本的、独立的物质称为组元。一般地说,组元就是组成合金的元素。例如铜和锌就是黄铜的组元。有时稳定的化合物也可以看作组元,例如铁碳合金中的 Fe_3C 就可以看作组元。通常,由两个组元组成的合金称为二元合金,由三个组元组成的合金称为三元合金。

3. 合金系

由两个或两个以上组元按不同比例配制成的一系列不同成分的合金,称为合金系。一个合金系指组元相同的一系列不同成分的合金。如:Cu - Ni 系。

4. 相

相是指合金中成分、结构均相同的组成部分,相与相之间具有明显的界面。如纯金属在熔点以下温度为固相,在熔点以上温度为液相,而在熔点时,是液相和固相的混合物。只有一种固相组成的合金称为单相合金,由几种不同固相组成的合金称为多相合金。

5. 组织

组织是指用肉眼或借助于显微镜所观察到的合金的相组成,相的数量、形态、大小、分布及各相之间的结合状态特征。相是组成组织的基本组成部分。但是,同样的相可形成不同的组织。组织是决定材料性能的一个重要因素,在相同条件下,不同的组织使材料表现出不同的性能。因此,在工业生产中,控制和改变合金的组织具有重要的意义。

(二) 相的分类

合金的力学性能不仅取决于它的化学成分,更取决于它的显微组织。通过对金属的热处理可以在不改变其化学成分的前提下改变其显微组织,从而达到调整金属材料力学性能的目的。

根据构成合金的各组元之间相互作用的不同,固态合金的相结构可分为固溶体和金属化合物两大类。

溶质原子溶入金属溶剂中所组成的固态合金相称为固溶体。固溶体中含量较多的组元称为溶剂,含量较少的组元称为溶质,固溶体的晶格类型与溶剂组元的晶体结构相同。

除了固溶体外,合金中另一类相就是金属化合物。金属化合物是合金组元之间发生相互作用而形成的一种新相,又称为中间相,其晶格类型和特性不同于其中任一组元。像碳钢中的渗碳体(Fe_3C)、黄铜中的 β 相($CuZn$)、铝合金中的 $CuAl_2$,都是金属化合物。这种化合物可以用分子式来表示,除了离子键和共价键外,金属键也在不同程度上参与作用,致使其具有一定程度的金属性质(例如导电性),因此称之为金属化合物。

(三) 固溶体

固溶体的点阵结构仍保持溶剂金属的结构,只引起晶格参数的改变和晶格畸变。工业上所使用的金属材料,绝大部分是以固溶体为基体的,有的甚至完全由固溶体所组成。例如碳钢和合金钢,其基本相均为固溶体,且含量占组织中的绝大部分。

1. 固溶体类型

分类标准不同,固溶体的类型也不一样。

(1)按溶质原子在金属溶剂晶格中的位置,固溶体可分为置换固溶体和间隙固溶体两种。置换固溶体中溶质原子占据了溶剂晶格的一些结点,在这些结点上溶剂原子被溶质原子置换了。合金钢中的锰、铬、镍、硅、钼等各种元素都能与铁形成置换固溶体。例如,在18-8型不锈钢 1Crl8Ni9Ti 中,铬原子和镍原子代替部分铁原子,占据了 Fe 晶格的某些结点位置从而形成置换固溶体。当溶质原子进入金属溶剂晶格的间隙时形成的固溶体称为间隙固溶体,过渡金属元素(如铁、钴、镍、锰、铬、钼)和氢、硼、碳、氮等原子半径较小的非金属元素结合在一起,就能形成间隙固溶体。在金属材料的相结构中,形成间隙固溶体的例子很多,例如,碳钢中碳原子溶入 α-Fe 晶格空隙中能形成间隙固溶体,称为铁素体;碳原子溶入 γ-Fe 晶格间隙中也能形成间隙固溶体,称为奥氏体。

（2）按溶质原子在金属溶剂中的溶解度,固溶体可分为有限固溶体和无限固溶体两种。当两组元在固态无限溶解时,所形成的固溶体称为无限固溶体,此时固溶体的溶解度可达100%。例如,铜和镍都是面心立方晶格,原子半径相近,处于同一周期并相邻,可以形成无限固溶体。当两组元在固态部分溶解时,所形成的固溶体称为有限固溶体,大部分固溶体属于这一类,例如 Cu - Sn、Pb - Zn 等合金系都是形成有限固溶体。

影响固溶体类型和溶解度的主要因素有原子半径、电化学特性和晶格类型等。当两组元的原子半径、电化学特性接近、晶格类型相同时,容易形成置换固溶体,并有可能形成无限固溶体。当两组元原子半径相差较大时,容易形成间隙固溶体。

2. 固溶体性能

虽然固溶体保持着金属溶剂的晶格类型,但与纯组元比较,结构已经发生了变化,甚至变化很大。例如,由于溶质和溶剂的原子大小不同,固溶体中溶质原子附近的局部范围内必然造成晶格畸变,如图 2 - 22 所示。晶格畸变随溶质原子浓度的增高而增大。溶质原子与溶剂原子的尺寸相差越大,所引起的晶格畸变也越严重。晶格畸变增大位错运动的阻力,使金属的滑移变形更加困难,提高了金属的强度和硬度。这种由于外来原子(溶质原子)溶入溶剂基体中形成固溶体而使其强度、硬度升高的现象称为固溶强化。固溶强化是金属强化的重要形式。实践表明,固溶体中溶质含量适当时,可以显著提高材料的强度和硬度,而材料的塑性、韧性没有明显降低。南京长江大桥大量使用含锰的低合金结构钢,原因之一就是由于锰的固溶强化作用提高了该材料的强度,从而大大节约了钢材,减轻了大桥结构的自重。镍固溶于铜中所形成的铜-镍合金,通过增加镍的溶入量使其硬度从 HBW38 提高到HBW(60~80)时,伸长率 δ 仍可保持在 50% 左右。可以看出,固溶体的强度和塑性、韧性之间有较好的配合。当然,间隙固溶体的强化效果比置换固溶体更为显著。例如,马氏体是含碳过饱和的间隙固溶体,其晶格畸变严重,固溶强化效应显著,碳钢就是如此,而合金钢中尽管不少元素代替部分铁原子形成置换固溶体,但其马氏体硬度还主要是过饱和碳的间隙作用。工业上使用的精密电阻和电热材料等也广泛应用固溶体合金,因为随溶质原子浓度的增加,固溶体的电阻率升高,电阻温度系数下降。

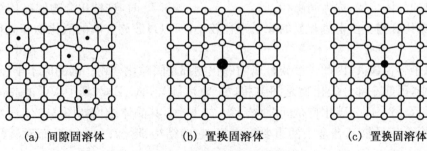

(a) 间隙固溶体   (b) 置换固溶体   (c) 置换固溶体

图 2 - 22　固溶体中的晶格畸变

不过,通过单纯的固溶强化所达到的最高强度指标毕竟有限,仍难以满足人们对结构材料的要求,因此必须在固溶强化的基础上再进行其他的强化处理。

（四）金属化合物

由于结合键和晶格类型的多样性,金属化合物具有许多特殊的物理化学性能,其中已有不少正在开发应用为新的功能材料和耐热材料,对现代科学技术的进步起着重要的推动作用。例如具有半导体性能的砷化镓($GaAs$),其性能远远超过了目前广泛使用的硅半导体材料,如今正应用在发光二极管的制造上,以作为超高速电子计算机的元件。此外,能记住原始形状的记忆合金(超弹性合金)$NiTi$ 和 $CuZn$,具有低热中子浮获截面的核反应堆材料 Zr_3Al,能作为新一代能源材料的储氢材料 $LaNi_5$ 等。由于金属化合物一般均具有较高的熔点和硬度,当合金中出现金属化合物相时,合金的强度、硬度、耐磨性及耐热性提高(但塑性有所降低),因此目前在工业上广泛应用的结构材料和工具材料(如各类合金钢、硬质合金及许多有色金属等),金属化合物是其不可缺少的重要组成相。

1. 金属化合物的分类

根据形成条件及结构特点,金属化合物主要有以下几类:

(1) 正常价化合物

严格地服从原子价规律的化合物称为正常价化合物,通常是由金属元素与ⅣA族、ⅤA族、ⅥA族元素所组成。例如,Mg_2Si、Cu_2Se、MnS 及 β - SiC 等,其中 Mg_2Si 是铝合金中常见的强化相,MnS 则是钢中最常见的夹杂物。这类化合物具有严格的化学比,成分固定不变,可用确定的化学式表示,通常具有较高的硬度和脆性。

(2) 电子化合物

不遵守化合价规律,但按照一定电子浓度(化合物中价电子数与原子数之比)形成的化合物称为电子化合物,多由ⅠB族或过渡金属元素与ⅡB族、ⅢA族、ⅣA族、ⅤA族元素所组成,如 $CuZn$ 等。电子化合物的晶体结构与电子浓度值有一定的对应关系。

电子化合物主要以金属键结合,具有明显的金属特性,可以导电。它们的熔点和硬度很高,但塑性较差,在许多有色金属中作强化相。

(3) 间隙相和间隙化合物

由过渡族金属元素与氢、硼、碳、氮等原子半径小的非金属元素结合将形成间隙相和间隙化合物。它们具有金属特性、高的熔点和高的硬度。根据非金属元素(以 X 表示)与过渡族金属元素(以 M 表示)原子半径的比值大小,可以分为两类:当 $r_x/r_M<0.59$ 时,这种化合物具有简单的晶体结构,称为间隙相;反之,当 $r_x/r_M>0.59$ 时,这种化合物的晶体结构很复杂,称为间隙化合物。由于氢和氮的原子半径较小,所以过渡族金属的氢化物和氮化物都是间隙相。

硼的原子半径最大,因此过渡族金属的硼化物都是间隙化合物。碳的原子半径比氢、氮大,但比硼小,因此一部分碳化物是间隙相,如 VC、TiC、TaC、ZrC,其中 VC 的晶体结构如图 2-23 所示;另一部分碳化物是间隙化合物,如 Fe_3C,其晶体结构如图 2-24 所示。碳化物是碳钢、合金钢及铁基合金中的重要组成相,它的结构、形态、大小及分布对其性能影响很大。

2. 金属化合物的性能

间隙相有极高的硬度及熔点,见表 2-3。间隙相的合理存在,可以有效地提高合金工具钢及硬质合金的强度、热强性和耐磨性。另外,通过对钢件表层渗入或涂层的方法使之形成含有间隙相的薄层,可显著增加钢的表面硬度和耐磨性,延长零件的使用寿命。

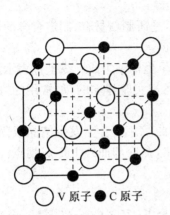

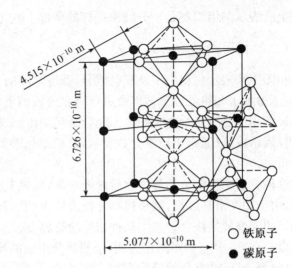

图 2-23　间隙相 VC 的结构　　　　图 2-24　Fe₃C 的晶体结构

表 2-3　一些碳化物的硬度及熔点

碳化物类型	间隙相							间隙化合物	
成分	TiC	ZrC	VC	NbC	TaC	WC	MoC	Cr₂₃C₆	Fe₃C
硬度 HV	2 850	2 840	2 010	1 050	1 550	1 730	1 480	1 650	～860
熔点/℃	3 410	3 805	3 023	3 770±125	4 150±140	2 867	2 960±50	1 520	～1 600

　　间隙化合物的类型很多,合金钢中常见的有 M_3C 型(如 Fe_3C)、M_7C_3 型(如 Cr_7C_3)、$M_{23}C_6$ 型(如 $Cr_{23}C_6$)、M_6C 型(如 Fe_3W_3C)等。Fe_3C 是钢铁材料中的一个基本相,称为渗碳体,其晶体结构如图 2-24 所示,其中铁原子可被锰、铬、钼、钨等原子所置换,形成以间隙化合物为基的固溶体,如 $(Fe,Mn)_3C$、$(Fe,Cr)_3C$ 等,称为合金渗碳体。

　　值得注意的是,大多数工业上使用的合金既不可能是由单纯的化合物相组成,也不可能是由一种固溶体组成。这是因为化合物硬度固然高,但脆性大;单纯的固溶体强度也不够高。实际上多数工业用合金是用固溶体作基体和少量化合物所构成的混合物,化合物的合理存在可提高这种混合组织的强度和硬度,而塑性、韧性则受到一定的损害,这就是弥散强化现象。通过调整固溶体的溶解度和分布于其中的化合物的形态、数量、大小及分布,可使合金的力学性能发生很大的变化,以便满足不同的性能需要。例如,碳钢中的渗碳体,其形态直接影响碳钢的性能。渗碳体的形态可以是片状、粒状或网状,片有粗细之分,粒有大小之异,其性能当然不一样。

二、二元合金相图

　　合金的炼制通常是用不同的金属熔化在一起形成的合金溶液,再冷却结晶而得到。在合金溶液冷却结晶过程中,会形成什么样的组织呢? 利用相图可以回答这一问题,即利用合金的相图,可以知道某一定成分的合金在某一温度下能形成什么样的组织。

(一) 相图

　　用来表示合金系中各个合金的结晶过程的简明图解称为相图,又称状态图或平衡图。

相图上所表示的组织都是十分缓慢冷却的条件下获得的,都是接近平衡状态的组织。

（二）相图的建立

相图用来表示材料中平衡相与成分、温度之间的关系,是研制新材料,制定合金的熔炼、铸造、压力加工和热处理工艺以及进行金相分析的重要依据。

最常用的是二元合金相图。二元合金相图由纵、横两个坐标轴组成。纵坐标表示温度,横坐标表示成分(通常用质量分数表示)。相图几乎都是通过实验建立的,最常用的方法是热分析法。

这种方法是将合金加热熔化后缓慢冷却,绘制其冷却曲线。当合金发生结晶或固态相变时,由于相变潜热放出,抵消或部分抵消外界的冷却散热,在冷却曲线上形成拐点。拐点所对应的温度就是该合金发生某种相变的临界点。

以 Cu‐Ni 合金相图测定为例,说明热分析法的应用及步骤:

（1）配制不同成分的合金试样,如:合金Ⅰ:纯铜;合金Ⅱ:75%Cu+25%Ni;合金Ⅲ:50%Cu+50%Ni;合金Ⅳ:25%Cu+75%Ni;合金Ⅴ:纯Ni。

（2）测定各组试样合金的冷却曲线并确定其相变临界点。

（3）将各临界点绘在温度-合金成分坐标图上。

（4）将图中具有相同含义的临界点连接起来,即得到 Cu、Ni 合金相图,如图 2‐25 所示。

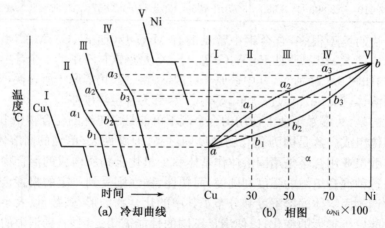

图 2‐25 用热分析法测定 Cu、Ni 相图

相图中各点、线、区都有一定含义。如图中 a、b 点分别表示 Cu、Ni 组元的凝固点。由始凝温度连接起来的相界线称为液相线,如图中 ab 上弧线;由终凝温度连接起来的相界线称为固相线,如图中 ab 下弧线;若出现水平线,则为三相平衡线。由相界线划分的区域称为相区,液相线以上全为液相区,固相线以下全为固相区,液、固相线之间是液、固两相共存区。

相图中的每个点、每条线、每个区域都有明确的物理含义,a、b 点分别表示纯 Cu 和纯 Ni 的熔点。在 $aa_1a_2a_3b$ 线以上的温度,合金均处于液相状态,所以称 $aa_1a_2a_3b$ 为液相线,任何成分的液态合金冷却降温到此线所示的温度,就开始结晶析出固相 α;在 $ab_1b_2b_3b$ 线以下温度的合金都处于固相状态,称 $ab_1b_2b_3b$ 线为固相线。当合金加热至固相线温度时,便开始熔化产生液相,在液相线与固相线之间的区域为液相、固相平衡共存的两相。在两相区里合金处于结晶或其他的相变过程中。

常见的二元合金相图有：二元匀晶相图、二元共晶相图、二元包晶相图以及包含有二元共析反应和形成稳定化合物的二元合金相图等几种基本类型。

下面分别介绍这几种相图的特征，分析其典型合金的结晶过程及相变过程。

（三）匀晶相图

两组元在液态无限互溶、固态也无限互溶的二元合金相图，称为匀晶相图。Cu‐Au、Au‐Ag、Cu‐Ni 等合金都形成这类相图。在这类合金中，结晶时都是由液相结晶出单相的固溶体，这种结晶过程称为匀晶转变。

1. 相图的组成及特征

前面列举的 Cu‐Ni 相图就是二元匀晶相图（如图 2‐26），是最简单最基本的相图之一。其特点为两组元在液态时能无限互溶，形成均匀的液溶体，在固态时也能无限互溶，形成均匀的 α 固溶体，Cu‐Ni、Fe‐Ni、An‐Ag 系等均能形成二元匀晶相图。

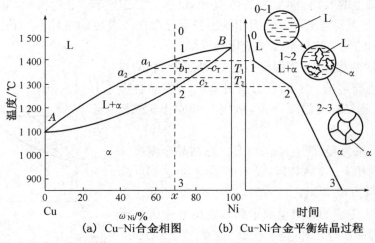

（a）Cu‐Ni合金相图　　（b）Cu‐Ni合金平衡结晶过程

图 2‐26　Cu‐Ni 合金相图及平衡结晶过程

在 Cu‐Ni 合金相图中，液相线与固相线将相图分为三个区：液相线以上为液相区，固相线以下为固相区，固液相线之间为液固共存的两相区。

2. 合金平衡结晶过程及组织

如图 2‐26、图 2‐27 为 Cu‐Ni 二元合金相图的结晶过程。

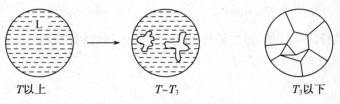

T以上　　　　　　$T\sim T_3$　　　　　　　T_3以下

图 2‐27　结晶过程示意图

所谓平衡结晶过程就是指合金在极缓慢条件下进行结晶的过程，此时原子充分扩散。任一成分的合金，如成分为 x 的合金，图 2‐26 中，在 1 点温度以上时，全部为液相 L，自然冷却,此时合金的成分,组织均不发生变化。当缓慢冷却至1~2点温度之间时,合金发生匀晶转变L→α,即从液相中逐渐结晶出α固溶体。当缓慢冷却至2点温度时,匀晶转变完成,合金全部结晶为单相α固溶体,其成分与合金本身成分一致。其他成分合金的平衡结晶过程也完全类似。

归纳起来,匀晶转变有以下特点:

(1) 与纯金属一样,α固溶体从液相中结晶出来时,也包含形核与核长大两个过程,并且更趋于呈树枝状长大。

(2) 固溶体合金结晶是在一个温度区间内进行的,即为一个变温结晶过程。

(3) 在液、固两相区内,当温度确定时,液、固两相的成分是确定的,但又不同于合金的成分。确定相成分的方法是:过指定温度 T_1 作水平线,分别交液相线和固相线于 a_1 点和 c_1 点,则 a_1 点和 c_1 点在横坐标轴(成分轴)上的投影,即相应为 T_1 温度时L相和α相的成分。随着冷却的进行,温度逐渐降低,匀晶转变不断进行,L相不断减少,α固溶体不断增多;其中L相成分沿液相线变化,α固溶体成分沿固相线变化。当冷却至 T_2 温度时,L相成分对应 a_2 点在成分轴上的投影,而α固溶体成分对应 c_2 点在成分轴上的投影。这样就赋予了液、固相线另一个重要意义,即液、固相线还表示合金在缓慢冷却条件下,当液、固两相平衡共存时,液、固相的化学成分随温度变化的规律。

(4) 在液、固两相区内,当温度一定时,液、固两相的成分和质量比均是确定的。下面就分析计算合金匀晶合金($\omega_{Ni} = x\%$)在平衡结晶至温度 T 时,液相L和固相α的相对质量。

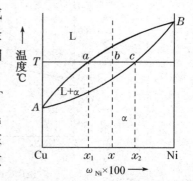

图2-28 平衡相成分分析示意图

设合金总质量为 Q,其中 $\omega_{Ni} = x\%$。在结晶至温度 T 时,处于液、固两相L+α共存区,设L相质量为 Q_L,其 $\omega_{Ni} = x_1\%$;α相质量为 Q_α,其 $\omega_{Ni} = x_2\%$,如图2-28所示。在 T 温度时,合金 I 中镍的总质量等于此时液相L中镍的质量和固相α中镍的质量之和,即

$$Q \cdot x\% = Q_L \cdot x_1\% + Q_\alpha \cdot x_2\% \qquad (2-3)$$

而

$$Q = Q_L + Q_\alpha \qquad (2-4)$$

则

$$Q_L \cdot (x - x_1) = Q_\alpha \cdot (x_2 - x) \qquad (2-5)$$

其中 $x - x_1$ 即为 ab 的长度,$x_2 - x$ 即为 bc 的长度,于是上式即为

$$Q_L \cdot ab = Q_\alpha \cdot bc \text{ 或 } Q_L/Q_\alpha = bc/ab \qquad (2-6)$$

此式与力学中的杠杆定律相似,故也被称为杠杆定律。据此可以计算出合金 I 在温度 T 时液相L和固相α的质量分数分别为

$$\omega_L = \frac{bc}{ac} \times 100\% \qquad (2-7)$$

$$\omega_\alpha = \frac{ab}{ac} \times 100\% \qquad (2-8)$$

即此杠杆的两个端点为给定温度 T 时两平衡相的成分点(a、c 点),而支点为合金 I 的成分

点(b 点)。

杠杆定律只适用于相图中的两相区,并且只能在平衡状态下使用。

(5) 在结晶过程中(即图 2-26 中点 1~2 之间),固溶体 α 的成分是变化的。由于合金只有在极其缓慢冷却时原子才能充分进行扩散,固相的成分沿着固相线均匀地变化,最终得到的固溶体成分才会均匀。例如,合金 I 平衡结晶后得到的 α 固溶体的成分就是合金 I 的成分(即 $x\%$)。

3. 枝晶偏析及其消除

由于实际生产中,合金冷却速度快,原子扩散不充分。扩散过程总是落后于结晶过程,合金结晶是在非平衡的条件下进行的。这使得先结晶出来的固溶体合金含高熔点组元较多,合金的熔点较高,构成晶体的树枝状骨架,后结晶出的部分含高熔点组元较少,熔点较低,填充于枝间。这种在晶粒内化学成分不均匀的现象称为枝晶偏析或称晶内偏析。

成分偏析对合金的性能有很大影响,特别会使合金材料的力学性能、耐蚀性能和加工工艺性能变坏。为了消除或减轻晶内偏析,可通过扩散退火予以消除。工业生产上广泛采用均匀退火的方法,即将铸件加热到低于固相线 100~200 ℃的温度,进行长时间保温,使偏析元素进行充分扩散,成分均匀化。但应注意该工艺使铸件晶粒粗大。

（四）共晶相图

两组元在液态时无限互溶,在固态时有限互溶,并发生共晶转变形成共晶组织的二元系相图,称为二元共晶相图。Pb-Sn、Pb-Sb、Al-Si 等合金系的相图属于共晶相图,在 Fe-C,Al-Mg、Mg-Si 等相图中也包含有共晶部分。Pb-Sn 相图是典型的共晶相图,如图 2-29 所示。下面就以 Pb-Sn 相图为例说明共晶相图。

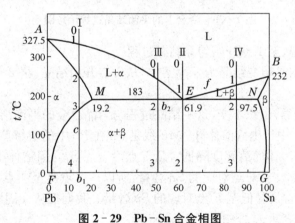

图 2-29　Pb-Sn 合金相图

1. Pb-Sn 相图分析

在 Pb-Sn 共晶相图中,A、B 点分别代表纯 Pb、纯 Sn 的熔点,分别是 327.5 ℃、231.9 ℃。AEB 为液相线,处于此线以上的所有合金均为液态;AMENB 为固相线,在此线以下所有合金均为固态。处于液、固相线之间者,则为液、固相共存区。

固态下,Pb 能溶解一定量的 Sn,Sn 溶解于 Pb 中形成有限固溶体,用 α 表示,其溶解度

(MF 线)随温度的下降而减少,183 ℃时 Sn 在 Pb 中最大溶解度为 $\omega_{Sn}=19.2\%$。同样,Sn 中也能溶解一定量的 Pb,形成有限固溶体,用 β 表示,其溶解度(NG 线)也是随温度的下降而减少,183 ℃时 Pb 在 Sn 中的最大溶解度为 $\omega_{Pb}=2.5\%$。

相图中有三个单相区:液相 L、固溶体 α 相及 β 相。各个单相区之间有三个两相区,即 L+α、L+β 和 α+β。在以上三个两相区之间有一个三相区,即水平线 MEN 代表 L+α+β 这一特殊的三相区。在三相共存水平线所对应的温度是 183 ℃,成分相当于 E 点的液相发生共晶反应,同时结晶出成分不相同的两个固相,即得到对应 M 点成分的 α 相和对应 N 点成分的 β 相。

共晶温度在相图上以水平线 MEN 表示,因此 MEN 称为共晶线。发生共晶反应的液相成分点为 E 点,又称为共晶点或共晶成分,即含 61.9%Sn(质量分数)。共晶反应的产物为两个固相 α、β 的混合物,称为共晶体或共晶组织,用(α+β)表示。

2. 典型合金结晶过程

Pb-Sn 相图中对应于共晶点成分的合金,称为共晶合金(如合金Ⅱ)。成分位于共晶点以左、M 点以右的合金,称为亚共晶合金(如合金Ⅲ)。成分位于共晶点以右、N 点以左的合金,称为过共晶合金(如合金Ⅳ)。另外,成分位于 M 点以左或 N 点以右的合金,称为端部固溶体合金(如合金Ⅰ)。下面对以上几种典型合金的平衡结晶过程进行分析。

(1) 合金Ⅰ($\omega_{Sn}<19.2\%$)的平衡结晶过程(图 2-30)

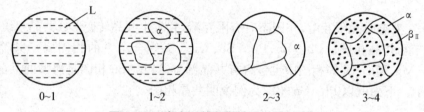

图 2-30 合金Ⅰ的平衡结晶过程示意图

0~1:液相 L 降温,至 1 点开始匀晶结晶过程。

1~2:液相 L 经匀晶转变结晶为 α 固溶体,从 1 点开始结晶,至 2 点结晶完毕,1 点到 2 点之间 L、α 两相共存。

2~3:α 固溶体降温,组织不变,这一结晶过程与匀晶合金的平衡结晶过程相同。

3~4:从固溶体 α 中析出固溶体 β。MF 线是 Sn 在 Pb 中的溶解度线(或称为 α 相的固溶线),温度下降,α 固溶体的溶解度降低。从 3 点冷至 4 点,α 固溶体中的 Sn 含量过饱和。由于合金Ⅰ中 Sn 含量大于 F 点对应的 Sn 含量,所以从 3 点冷至 4 点就会由 α 相中析出 β 相,以使 α 相中的 Sn 含量降低至 F 点对应的 Sn 含量。我们把从 α 固溶体中析出的 β 相称为二次 β,记为 $β_{Ⅱ}$,用表达式 $α→β_{Ⅱ}$ 来表示。

最终合金Ⅰ的室温平衡组织为 $α+β_{Ⅱ}$,即 $α、β_{Ⅱ}$ 是其组织组成物。所谓组织组成物是指合金组织中那些具有确定本质、一定形成机制和特殊形态的组成部分。组织组成物可以是单相,也可以是两相混合物。

(2) 合金Ⅱ($\omega_{Sn}=61.9\%$,即共晶合金)的平衡结晶过程(图 2-31)

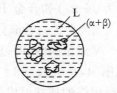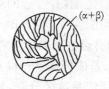

图 2-31 合金Ⅱ平衡结晶过程示意图

0~1:液相 L 降温,至 1 点开始结晶。

1 点:即 183 ℃,在此完成结晶过程。1 点是液相线 *AEB* 与固相线 *AMENB* 的交点,即 *E* 点。在 1 点以上合金Ⅱ为液相,在 1 点以下合金Ⅱ为固相。因此合金Ⅱ冷至 1 点时将同时结晶出固相 α 及 β,即发生共晶转变。

将这种两相混合组织称为共晶体,记为(α+β)。共晶体在金相显微镜下有多种形态,最常见的是层片状,Pb-Sn 合金的共晶组织就是层片状。

1~2:由于共晶组织中 α 相和 β 相的溶解度都要发生变化,α 相成分沿着 *MF* 线变化,β 相的成分沿着 *NG* 线变化,所以从 α 中不断析出次生相 $β_{II}$,从 β 中也不断析出次生相 $α_{II}$,这两种次生相常与共晶组织中的同类相混在一起,在金相显微镜下难以分辨。最终合金Ⅱ的室温平衡组织为(α+β)。

(3) 合金Ⅲ($ω_{Sn}$=19.2%~61.9%,即亚共晶合金)的平衡结晶过程(图 2-32)

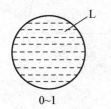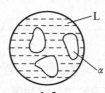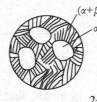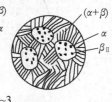

0~1   1~2   2~3

图 2-32 合金Ⅲ平衡结晶过程示意图

0~1:液相 L 降温,至 1 点开始结晶。

1~2:液相 L 经匀晶转变结晶出固相 α,随着温度的降低,液相 L 不断减少,固相 α 不断增多。此时固相 α 的成分沿固相线 *AM* 变化,液相 L 成分沿液相线 *AE* 变化。当温度降至 2 点(即 183 ℃)时,液、固两相共存,其中固相 α 的成分对应 *M* 点;液相 L 的成分对应 *E* 点,正好是共晶成分($ω_{Sn}$=61.9%)。

这一部分共晶成分的液体像合金Ⅱ一样,在 183 ℃时会发生共晶反应,全部转变为共晶组织。此时组织为 α+(α+β),其中共晶转变前形成的 α 称为初晶 α,温度刚至 183 ℃时液相 L 的量就是(α+β)的量。

2~3:初晶 α 相的转变过程与合金Ⅰ相同,共晶体(α+β)的转变过程与合金Ⅱ相同,最终合金Ⅲ的室温组织为 α+(α+β)+$β_{II}$。亚共晶组织中相组成物依然为 α、β。

(4) 合金Ⅳ($ω_{Sn}$=61.9%~97.5%,即过共晶合金)的结晶过程与合金Ⅲ相似,只不过合金Ⅳ的初生晶是 β,相应地从 β 中析出的次生晶是 $α_{II}$,故其室温平衡组织为 β+(α+β)+$α_{II}$。

综上所述,虽然成分位于 *F*~*G* 点之间合金组织均由固相 α 及 β 组成,但是由于合金成分和结晶过程的差异,其组成相的大小、数量和分布状况即合金的组织发生很大的变化。若

成分在 $F \sim M$ 点范围内,合金的组织为 $\alpha + \beta_{II}$(如合金 I);若成分在 $M \sim E$ 点范围内(即亚共晶合金),其组织为 $\alpha + (\alpha + \beta) + \beta_{II}$(如合金 III);若成分为 E 点(即共晶合金),其组织为共晶体($\alpha + \beta$)(如合金 II);若成分在 $E \sim N$ 点范围内(即过共晶合金),其组织为 $\beta + (\alpha + \beta) + \alpha_{II}$(如合金 IV);若成分在 $N \sim G$ 点范围内,其组织为 $\beta + \alpha_{II}$。其中的 α、β、α_{II}、β_{II} 及($\alpha + \beta$)在显微组织上均能清楚地区分开,是显微组织的独立组成部分,是其组织组成物。而从相的本质看,它们又都是由 α、β 两相组成,因此 α、β 两相为其相组成物。由于各种成分的合金冷却时所经历的结晶过程不同,组织中所得到的组织组成物及其相对量大小是不相同的,而这恰恰是决定合金性能最本质的方面。为了使图更清楚地反映其实际意义,采用组织来标注相图,如图 2-33 所示。这样相图上所标出的组织与金相显微镜下所观察到的显微组织能互相对应,便于了解合金系中任一合金在任一温度下的组织状态,以及该合金在结晶过程中的组织变化。

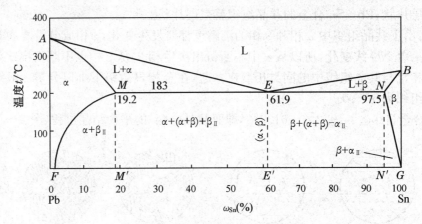

图 2-33 标注组织的 Pb-Sn 相图

3. 比重偏析

共晶合金系中的亚共晶或过共晶合金,先共晶析出的晶体的比重大于或小于剩余液体的比重时,先析出相会在剩余液体相中下沉或上浮,使结晶后的合金上、下部分的成分产生不均匀现象,称为比重偏析。消除措施有:

(1)加大结晶时的冷却速度,使偏析相来不及下沉或上浮;

(2)加入某种元素形成熔点高、比重与液相相近的化合物,结晶时先析出形成枝晶骨架,阻止偏析;

(3)振动搅拌。

(五)共析相图

共析相图与共晶相图非常相似,但又有所差异。

当液体凝固完毕后继续降低温度时,有些二元系合金在固态下还会发生相转变。一定温度下,确定成分的固相分解为另外两个确定成分的固相的转变过程,称为共析转变。共析相图的形状与共晶相图相似,如图 2-34 下半部分所示。C 点成分的固相 γ 在恒温下发生共析反应,同时析出 D 点成分的 α 相和 E 点成分的 β 相,即

$$\gamma_C \xrightarrow{\ t_C\ } \alpha_D + \beta_E$$

可以看出，水平线 *ced* 是共析线，*e* 点是共析点，α 与 β 的两相混合物是共析体。共析转变与共晶转变的相似之处在于，都是由一个相分解为两个相的三相恒温转变，三相成分点在相图上的分布也一样。两者的区别是，共晶转变是由液相同时结晶出两个固相，而共析转变是在恒温下由一个固相转变为另外两个固相，由于共析反应是固相分解，其原子扩散比较困难，容易产生较大的过冷，形核率较高，所以共析组织远比共晶组织细小而弥散，主要有片状和粒状两种基本形态。冷却速度过大时，共析反应易被抑制。

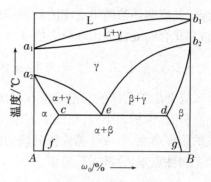

图 2-34 共析相图

具有共析转变相图的合金系有 Fe-C、Fe-N、Fe-Cu、Fe-Sn、Cu-Sb 等二元系，最典型的例子是 Fe-C 相图（或称 Fe-Fe$_3$C 相图）。共析转变对合金的热处理强化有重大意义，钢铁材料及钛合金的某些热处理工艺就是建立在共析转变的基础上的。

三、合金的性能与相图的关系

合金的性能取决于合金的成分和组织，而相图直接反映了合金的成分和平衡组织的关系。因此具有平衡组织的合金的性能与相图之间存在着一定的关系。

（一）合金的使用性能与相图的关系

由图 2-35 可知，当合金形成单相固溶体时，随溶质溶入量的增加，合金的硬度、强度升高，而导电率降低，呈透镜形曲线变化，在合金性能与成分的关系曲线上有一极大值或极小值。当合金形成两相混合物时，其性能是两相性能值的算术平均值。随着成分的变化，合金的强度、硬度、导电率等性能在两组成相的性能间呈线性变化，对于共晶成分或共析成分的

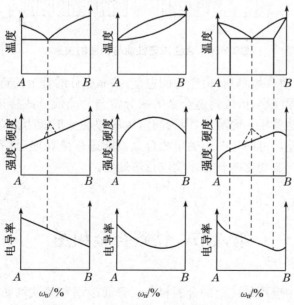

图 2-35 合金的使用性能与相图的关系

合金,其性能还与两组成相的致密程度有关,组织愈细,性能愈好。当合金形成稳定化合物时,在化合物处性能出现极大值或极小值。

(二) 合金工艺性能与相图的关系

合金的工艺性能与相图也有密切的联系,如图 2-36 所示。如铸造性能(包括流动性、缩孔分布、偏析大小)与相图中液相线和固相线之间的距离密切相关。相图中液相线与固相线的距离愈宽,形成枝晶偏析的倾向越大,同时先结晶出的树枝晶阻碍未结晶液体的流动,则流动性愈差,分散缩孔愈多。

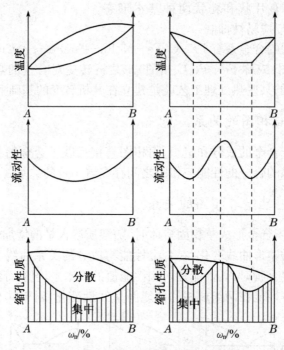

图 2-36 合金工艺性能与相图的关系

可见,固溶体中溶质含量越高,铸造性能愈差;共晶成分的合金铸造性能最好,即流动性好,分散缩孔少,偏析程度小,所以铸造合金的成分常选共晶成分或接近共晶成分。又如压力加工性能好的合金是单相 α 固溶体,因为固溶体的塑性变形能力大,变形均匀,而两相混合物的塑性变形能力差。再如相图中的单相合金不能进行热处理,只有相图中存在同素异构转变、共析转变、固溶度变化的合金才能进行热处理。

第六节 铁碳合金相图

钢铁是现代工业中应用最广泛的金属材料。普通碳钢和铸铁均属于铁碳合金范畴,合金钢和合金铸铁实际上是有意加入合金元素的铁碳合金。因此,铁和碳是钢铁材料的两个最基本的组元。为了熟悉钢铁材料的组织与性能,以便在生产中合理使用,首先从研究铁碳合金开始,研究铁与碳的相互作用,以便认识铁碳合金的本质并了解铁碳合金成分、组织结构与性能之间的关系。

一、纯铁、铁碳合金的组织结构及其性能

(一)纯铁及其同素异构转变

大多数金属在结晶终了之后以及继续冷却过程中,其晶体结构不再发生变化,但也有一些金属,如 Fe、Co、Ti、Mn、Sn 等,在结晶之后继续冷却时,还会出现晶体结构变化,从一种晶格转变为另一种晶格。金属在固态下随着温度的改变由一种晶格转变为另一种晶格的过程称为同素异构(晶)转变。由同素异构转变所得到的不同晶格的晶体称为同素异构(晶)体。

纯铁的冷却曲线上有三种同素异构体,纯铁的熔点或凝固点为 1 538 ℃,因此液态纯铁在 1 538 ℃时开始结晶出具有体心立方晶格的 δ - Fe;继续缓冷到 1 394 ℃时 δ - Fe 开始转变为具有面心立方晶格的 γ - Fe;再冷却到 912 ℃时又由 γ - Fe 转变为具有体心立方晶格的 α - Fe;如果再继续冷却直到室温时,α - Fe 的晶格类型不再发生变化。

因为纯铁具有同素异构转变现象,所以在生产上有可能对钢和铸铁进行相变热处理,达到改变钢铁的内部组织和提高性能的目的。

金属(纯铁等)的同素异构转变是一个重结晶过程,与液态金属的结晶过程相似,遵循结晶的一般规律:有一定的转变温度,转变时需要过冷,有潜热产生,而且转变过程也是由晶核的形成和晶核长大来完成的。但是,这种转变是在固态下发生的,原子的扩散较液态困难得多,因而比液态结晶需要有更大的过冷度,而且由于转变时晶格的致密度改变引起晶体的体积变化,因此同素异构转变往往要产生较大内应力。

一般说来,纯铁也并不很纯,总是含一些杂质。工业纯铁常含有质量分数为 0.1%~0.2% 的杂质,含碳量很低,工业纯铁虽然塑性较好,但强度和硬度都很低,所以很少用它制造机械零件,常用的是铁碳合金。

(二)铁碳合金的相结构及其性能

固态下碳在铁碳合金中以三种形态存在:第一,碳和铁原子毫无作用,以自由态石墨存在;第二,碳溶解于铁的晶体中形成固溶体;第三,碳与铁作用形成化合物。在铁碳合金中,由于含碳量和温度的不同,铁原子和碳原子相互作用可以形成铁素体、奥氏体和渗碳体等基本相。

1. 铁素体

碳溶解于 α - Fe 中所形成的间隙固溶体称为"铁素体",以符号 F 表示。由于 α - Fe 是体心立方晶格,其晶格间隙的直径很小,因而碳在 α - Fe 中的溶解度很小,最大的溶解度为 0.021 8%(727 ℃)。随着温度下降溶碳量逐渐减小,在室温时溶碳量仅为 0.000 8%。这是因为在 α - Fe 中容纳碳原子的空隙半径很小。因此碳原子不可能处于晶格的空隙中,而是存在于 α - Fe 晶格的缺陷处(如位错、晶界、空位等)。所以铁素体含碳量很低,它的显微组织是由网络状的多面体晶粒组成,它的性能几乎与纯铁相同,即强度和硬度很低,但具有良好的塑性和韧性。

铁素体在 770 ℃以下具有铁磁性,770 ℃以上则失去铁磁性。

2. 奥氏体

碳溶于 $\gamma-Fe$ 中所形成的间隙固溶体称为奥氏体,以符号 A 表示。由于 $\gamma-Fe$ 是面心立方晶格,它的致密度虽然大于体心立方晶格的 $\alpha-Fe$,但由于其晶格间隙的直径要比 $\alpha-Fe$ 大,故溶碳能力也较大。在 1 148 ℃时溶碳量最大可达 2.11%,碳通常填充在 $\gamma-Fe$ 中的八面体间隙中。随着温度下降溶碳量逐渐减少,在 727 ℃时的溶碳量为 0.77%。

奥氏体只存在于 727 ℃以上的高温范围内。因此加热到高温时可以得到单一的 A 组织。由于 A 是易产生滑移的面心立方晶格,因此奥氏体的硬度较低而塑性较高,易于锻压成型。奥氏体为非铁磁性相。

3. 渗碳体

渗碳体的分子式为 Fe_3C,它是一种具有复杂晶格的间隙化合物。

渗碳体含碳 6.69%;熔点为 1 227 ℃;不发生同素异晶转变;但有磁性转变,它在 230 ℃ 以下具有弱铁磁性,而在 230 ℃以上则失去铁磁性;硬度很高,能轻易地刻划玻璃,而塑性和韧性几乎为零,脆性极大。在室温平衡状态下,铁碳合金(钢)中的碳大多以渗碳体形式存在于组织中。

渗碳体中碳原子可被氮等小尺寸原子置换,而铁原子则可被其他金属原子(如 Cr、Mn 等)置换。这种以渗碳体为溶剂的固溶体称为合金渗碳体,如 $(Fe、Mn)_3C$、$(Fe、Cr)_3C$ 等。

渗碳体在钢和铸铁中与其他相共存时呈片状、球状、网状或板状。它的形态与分布对钢的性能有很大影响。当渗碳体的形状和分布合适时,可提高钢的强度和耐磨性。因此它是铁碳合金中重要的强化相。同时,Fe_3C 在一定条件下会发生分解,形成石墨状的自由碳,$Fe_3C \longrightarrow 3Fe+C$(石墨)。

以上是碳在铁中的存在形式,也是铁碳合金中的基本组织,除此三种之外,铁碳合金中还有另外两种组织,即珠光体和莱氏体。

珠光体是铁素体和渗碳体组成的机械混合物,用 P 表示,其平均含碳量为 0.77%。

莱氏体分为高温莱氏体和低温莱氏体。高温莱氏体是由 A 和 Fe_3C 组成的机械混合物,用 L_d 表示,存在于 727 ℃以上;低温莱氏体是由 P 和 Fe_3C 组成的机械混合物,用 L_d' 表示。

二、铁碳合金相图分析

铁与碳可以形成 Fe_3C、Fe_2C、FeC 等一系列化合物,而稳定的化合物可以作为一个独立的组元,因此整个 Fe-C 相图可视为由 $Fe-Fe_3C$、Fe_3C-Fe_2C、Fe_2C-FeC 等一系列二元相图组成。但实际上只有含碳量 $\omega_c < 5\%$ 的铁碳合金才有实际意义;而 $\omega_c > 5\%$ 的铁碳合金性能很脆,无实用价值,因此铁碳合金相图中只需研究 $Fe-Fe_3C$ 部分,即含碳量小于 6.69% 的部分。

$Fe-Fe_3C$ 相图是研究铁碳合金以及热处理的基础,如图 2-37 所示。

(一)相图中重要的点、线、区的意义

$Fe-Fe_3C$ 相图中的 $ABCD$ 线为液相线,$ABCD$ 线以上全部是液体;$AHJECF$ 为固相线,固相线以下全部是固体。

各特征点的温度、含碳量及含义如表 2-4 所示,特性点的符号为国际通用,不能随意更改。

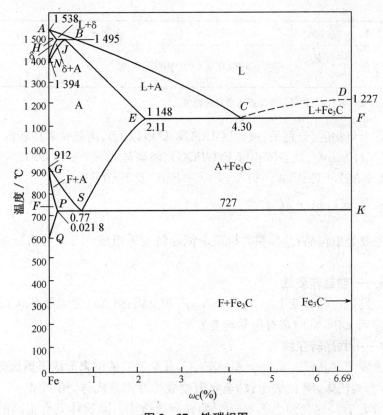

图 2 - 37 铁碳相图

表 2 - 4 各特征点的温度、含碳量及含义

特性点	温度/℃	ω_c/%	含义[①]
A	1 538	0	纯铁熔点
B	1 495	0.53	包晶转变时的液相成分
C	1 148	4.30	共晶点,共晶转变后应式:$L_C \xrightleftharpoons[\quad]{1148\ ℃} A_E + Fe_3C$
D	1 227	6.69	Fe_3C 熔点
E	1 148	2.11	碳在 γ-Fe 中的最大溶解度,也是碳钢与白口铸铁的分界点(奥氏体的最高含碳量)
F	1 148	6.69	共晶渗碳体成分点
G	912	0	α-Fe $\xrightleftharpoons{}$ γ-Fe 同素异构转变点(A_3)
H	1 495	0.09	碳在 δ-Fe 中最大溶解度
J	1 495	0.17	包晶点成分,包晶反应式:$L_B + \delta_H \xrightleftharpoons{} A_J$
K	727	6.69	共析渗碳体成分点
N	1 394	0	γ-Fe $\xrightleftharpoons{}$ δ-Fe 同素异构转变点(A_4)
P	727	0.021 8	碳在 α-Fe 中的最大溶解度
S	727	0.77	共析点,共析转变反应式:$A_S \xrightleftharpoons[\quad]{727\ ℃} F_P + Fe_3C$

(续表)

特性点	温度/℃	ω_c/%	含义[①]
Q	600 室温	~0.005 7 ~0.000 8	600 ℃时碳在 α-Fe 中的溶解度

[①] 表中各特性点含义，均指合金在缓慢冷却或加热时的相变。

相图中有五个单相区，分别是：液相区 L（$ABCD$ 线以上）、高温铁素体相区 δ（$AHNA$）、奥氏体相区 A（$NJESGN$）、铁素体相区 F（$GPQG$）、渗碳体相区 Fe_3C（DFK）。七个两相区则分为：$L+\delta$、$L+A$、$L+Fe_3C$、$\delta+A$、$A+F$、$A+Fe_3C$ 及 $F+Fe_3C$。

（二）三个重要的恒温转变

整个相图主要是由包晶、共晶和共析三个恒温转变等组成。下面分析三条三相平衡的水平线：

1. HJB 线——包晶转变线

在这条线上发生包晶转变 $L_B+\delta_H \Longleftrightarrow A_J$，产物奥氏体（A），含碳量在 0.09%～0.53% 的铁碳合金冷却到 1 495 ℃时都有包晶转变发生。

2. ECF 线——共晶转变线

在这条线上发生共晶转变 $L_C \Longleftrightarrow A_E+Fe_3C$，共晶反应的结果形成了奥氏体与渗碳体的共晶混合物，称为莱氏体，用 L_d 表示；冷至室温时成为变态莱氏体，用 L_d' 表示。共晶反应发生于所有含碳量大于 2.11% 而小于 6.69% 的铁碳合金中。莱氏体具有很高的硬度（HB>700），脆性很大。

3. PSK 线——共析转变线（又称 A_1 线）

在这条线上发生共析转变 $A_S \Longleftrightarrow F_P+Fe_3C$，产物珠光体（P），含碳量在 0.021 8%～6.69% 的铁碳合金冷却到 727 ℃时都有共析转变发生，即实际在工程上常用的铁碳合金均能发生共析转变。

（三）三条重要的固态转变线

1. ES 线

碳在奥氏体中的溶解度曲线，又称 A_{cm} 温度线。由于在 1 148 ℃时，E 点的奥氏体中含碳量高达 2.11%，而在 727 ℃时 S 点仅为 0.77%，因此，含碳量大于 0.77% 的铁碳合金在冷却到此线时，将从奥氏体中析出渗碳体，这种由奥氏体在共析转变之前析出的渗碳体称为二次渗碳体，用符号 Fe_3C_{II} 表示，以区别于由液体中直接析出的一次渗碳体 Fe_3C_{I}，所以，该线又称为二次渗碳体开始析出线。

2. GS 线

不同含碳量的奥氏体冷却时析出铁素体的开始线称 A_3 线，GP 线则是铁素体析出的终了线，所以 GSP 区的显微组织是 F+A。

3. PQ 线

碳在铁素体中的固溶线。铁素体在 727 ℃时溶碳量最大为 0.02%，室温时仅溶解 0.000 8%C，所以一般铁碳合金自 727 ℃缓冷至室温时，均可能从铁素体中沿晶界析出渗碳体,称为三次渗碳体(Fe₃C$_{\text{III}}$)。但其数量较少,除在极低碳的钢中外,在一般钢中作用不大,因此往往忽略而不予考虑。

这里所谓的一次、二次、三次渗碳体仅在其来源和分布方面有所不同,而并无本质区别,其含碳量、晶体结构和本身的性质均相同。

三、典型合金的平衡结晶过程

铁碳合金按其含碳量及室温组织可分为三大类:

(1) 纯铁(<0.021 8%C),显微组织为铁素体。

(2) 钢(0.021 8%~2.11%C),其特点是高温组织为单相奥氏体,具有良好的塑性,适用于锻造、轧制,工业上应用广泛。根据其室温组织又将其分为三类:

① 亚共析钢(<0.77%C),组织为铁素体和珠光体;

② 共析钢(0.77%C),组织为珠光体;

③ 过共析钢(>0.77%C),组织为珠光体和二次渗碳体。

(3) 白口铸铁(2.11%~6.69%),其特点是液相结晶时都有共晶转变,因共晶反应在恒温下进行,故流动性好,成分偏析小,分散缩孔少,具有较好的铸造性能,但由于渗碳体量过多,脆性大,不能锻造、轧制,工业上应用不广。

根据室温组织的不同又将其分为三类:

① 亚共晶白口铁(<4.3%C),组织为珠光体、二次渗碳体和莱氏体;

② 共晶白口铁(4.3%C)),组织为莱氏体;

③ 过共晶白口铁(>4.3%C),组织为一次渗碳体和莱氏体。

(一) 工业纯铁

以含碳0.01%的合金①为例(见图2-38),其结晶过程如图2-39所示,合金溶液在1~2点温度区间,按匀晶转变结晶出δ固溶体,δ固溶体冷却到3点时发生固溶体的同素异

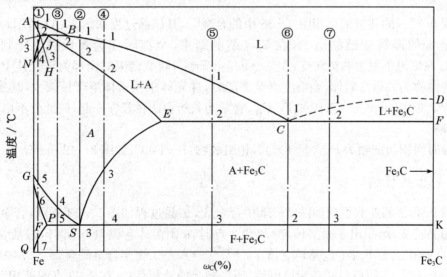

图 2-38　典型铁碳合金结晶过程

构转变，δ→A，A 不断地在 δ 固溶体的晶界上形核并长大，这一转变在 4 点结束，合金全部呈单相 A。冷却到 5～6 间又发生同素异构转变 A→F，F 同样在 A 的晶界形核并长大，6 点以下全部是铁素体。冷到 7 点时，碳在铁素体中的溶解量达到饱和，将从铁素体中析出三次渗碳体 Fe_3C_{III}。在平衡冷却条件下，Fe_3C_{III} 常沿铁素体晶界呈点状析出。因为三次渗碳体的量极少，通常忽略不计。

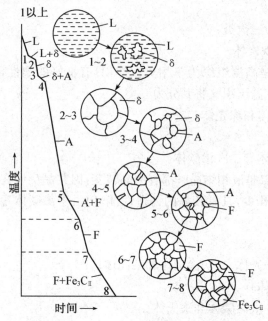

图 2-39　工业纯铁的结晶过程示意图

图 2-40　工业纯铁室温组织

工业纯铁的室温组织为铁素体＋三次渗碳体（$F+Fe_3C_{\text{III}}$），如图 2-40 所示。

（二）共析钢

含碳 0.77% 的共析钢见相图 2-38 中的合金②，其结晶过程如图 2-41 所示。在 1～2 点间合金按匀晶转变结晶出 A，在 2 点结晶结束，全部转变为奥氏体。冷到 3 点时（727 ℃），在恒温下发生共析转变：$A_{0.77}→F_{0.02}+Fe_3C$，转变结束时全部为珠光体 P，珠光体中的渗碳体称为共析渗碳体，当温度继续下降时，珠光体中铁素体溶碳量减少，其成分沿固溶度线 PQ 变化，析出三次渗碳体 Fe_3C_{III}，它常与共析渗碳体长在一起，彼此分不出，且数量少，可忽略。

室温时组织组成物为 P，含量 100%，相组成物：$F+Fe_3C$，如图 2-42 所示。

（三）亚共析钢

含碳 0.40% 的亚共析钢如图 2-38 中合金③，结晶过程如图 2-43 所示，合金在 1～2 点间按匀晶转变，结晶出 δ 固溶体，冷却到 2 点时，δ 固溶体含碳量 0.09%，溶液含碳量为 0.53%，此时在恒温下发生包晶转变：$δ_{0.009}+L_{0.53}→A_{0.17}$。由于合金的含碳量 0.40% 大于 J 点的成分 0.17%C，所以包晶转变结束后，还有剩余的液相存在，在 2～3 点间液相继续转变为奥氏体。所有 A 的成分均沿 JE 线变化冷到 3 点，合金全部由含碳 0.40% 的奥氏体所组

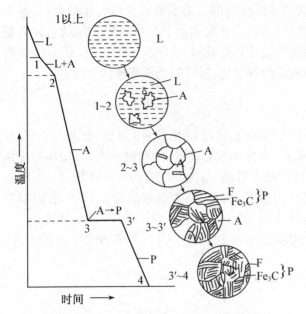

图 2-41　0.77%共析钢结晶过程示意图

图 2-42　共析钢金相组织图

成。单相 A 冷到 4 点,开始析出 F,4~5 点 A 成分沿 GS 线变化,铁素体成分沿 GP 线变化,当温度到 5 点时,奥氏体的成分达到 S 点成分(含碳 0.77%),便发生共析转变:$A_{0.77} \rightarrow F_{0.0218} + Fe_3C$,形成珠光体,此时,原先析出的铁素体保持不变,称为先共析铁素体,其成分为 0.0218%C,所以共析转变结束后,合金的组织为先共析铁素体和珠光体,当温度继续下降时,铁素体的溶碳量沿 PQ 线变化,析出三次渗碳体,同样 Fe_3C_{III} 量很少,可忽略。

　　故含碳 0.40% 的亚共析钢的室温组织为:F+P;相组成为:F+Fe_3C,如图 2-44 所示。

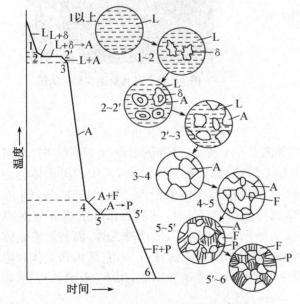

图 2-43　亚共析钢结晶过程示意图

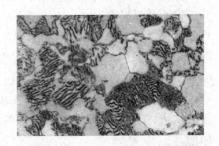

图 2-44　亚共析钢金相组织图

注意：F+Fe₃C 相图中，所有亚共析钢的室温组织都是由铁素体和珠光体组成的，其差别仅在于其中的珠光体和铁素体的相对含量不同，含碳量愈高，则珠光体愈多，铁素体含量愈少，因此可根据亚共析钢缓冷下的室温组织估计其含碳量：$\omega_c = S_p \times 0.77\%$，式中 ω_c 为钢的含碳量，S_p 为珠光体在显微组织中所占面积的百分比，0.77% 为珠光体的含碳量。

（四）过共析钢

以图 2-38 中含碳 1%～2% 的合金④为例，结晶过程如图 2-45 所示，合金在 1～2 点间按匀晶转变结晶出奥氏体，2 点结晶结束，合金为单相奥氏体，冷却到 3 点，开始从奥氏体中析出二次渗碳体 Fe₃C_Ⅱ，Fe₃C_Ⅱ 沿奥氏体的晶界析出，呈网状分布，3～4 间 Fe₃C_Ⅱ 不断析出，奥氏体成分沿 ES 线变化，当温度到达 4 点(727 ℃)时，其含碳量降为 0.77%，在恒温下发生共析转变：$A_{0.07} \rightarrow F_{0.0218} + Fe_3C$，形成珠光体。

室温组织为二次渗碳体和珠光体。室温时的相组成为：$Fe_3C_Ⅱ + F$，如图 2-46 所示。

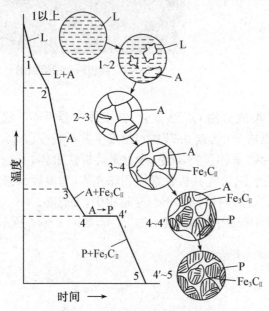

图 2-45　过共析钢结晶过程示意图

图 2-46　过共析钢金相组织图

（五）共晶白口铁

如图 2-38 中合金⑤溶液，其结晶过程如图 2-47 所示，冷却到 1 点(1 148 ℃)时，在恒温下发生共晶转变：$L_{43} \rightarrow A_{2.11} + Fe_3C$，转变结束后，全部为莱氏体($L_d$)，其中的奥氏体称为共晶奥氏体，而渗碳体称为共晶渗碳体。1～2 间共晶奥氏体中析出二次渗碳体，Fe₃C_Ⅱ 通常依附在共晶渗碳体上分辨不出，当温度降到 2 点(727 ℃)时，共晶奥氏体的成分为 S 点(0.77%C)，此时在恒温下发生共析转变：$A_{0.07} \rightarrow F_{0.0218} + Fe_3C$，形成珠光体，而共晶渗碳体不发生变化，忽略 2～室温之间 Fe₃C_Ⅱ 的析出，室温组织为莱氏体(L_d')，它是由珠光体和渗碳体组成，用 L_d' 表示，而共析转变前的莱氏体由奥氏体和渗碳体组成，用 L_d 表示，二者形貌相似。

室温组织：L_d'；相组成为：$Fe_3C + F$，如图 2-48 所示。

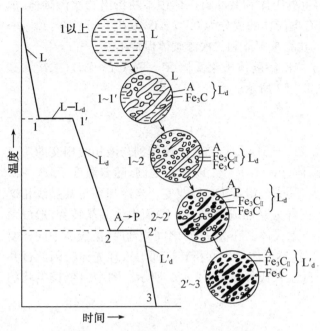

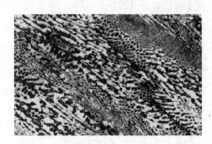

图2–47 共晶白口铁的结晶过程示意图　　　　图2–48 共晶白口铁金相组织图

（六）亚共晶白口铁

如图2–38中合金⑥，其结晶过程如图2–49所示，在1～2点间按匀晶转变结晶出奥氏体，称为初生奥氏体，其成分沿 JE 线变化，液相沿 BC 线变化。当温度到达2点时，初生奥氏体成分为2.11%C，液相成分为 C 点（4.3%C），此时在恒温下发生共晶转变：$L_{4.3} \rightarrow A_{2.11} + Fe_3C$，形成莱氏体，在共晶转变时初生奥氏体保持不变。共晶转变结束后的组织为初

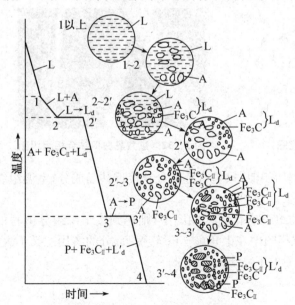

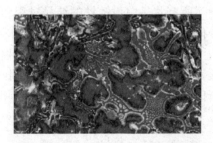

图2–49 亚共晶白口铁结晶过程示意图　　　　图2–50 亚共晶白口铁金相组织图

生奥氏体和莱氏体。在 2～3 点之间，初生奥氏体和共晶奥氏体中不断析出二次渗碳体，成分沿 ES 线变化，当温度到达 3 点时，所有奥氏体的成分为 $0.77\%C$，发生共析转变：$A_{0.07} \rightarrow F_{0.0218} + Fe_3C$，形成珠光体，共析转变时，共晶渗碳体和二次渗碳体保持不变。

亚共晶白口铁的室温组织：珠光体＋二次渗碳体＋莱氏体（$P + Fe_3C_{II} + L_d$）（二次渗碳体依附在共晶渗碳体上很难分辨），如图 2-50 所示。

（七）过共晶白口铁

如图 2-38 中合金⑦，其结晶过程如图 2-51 所示，该合金冷却到与液相线相交的 1 点温度时，液态合金中开始结晶出一次渗碳体（Fe_3C_I）。在 1～2 点之间，随着温度下降，一次渗碳体量不断增多，剩余液相量不断减少，其成分沿着 DC 线改变。当冷却到与共晶线相交的 2 点温度（$1\,148\,℃$）时，剩余液相成分正好为共晶成分（$4.3\%C$）而发生共晶转变，形成莱氏体。共晶转变后的组织为一次渗碳体＋莱氏体。在 2～3 点之间冷却时，奥氏体中同样要析出二次渗碳体，并在 3 点温度（$727\,℃$）时，奥氏体发生共析转变而形成珠光体。因此过共晶白口铸铁的室温组织为一次渗碳体＋低温莱氏体，如图 2-52 所示。图中白色长条状的为一次渗碳体，基体为低温莱氏体。

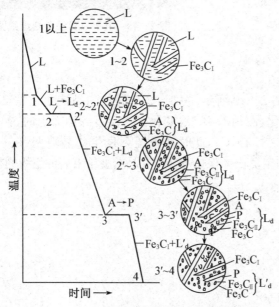

图 2-51 过共晶白口铁结晶过程示意图

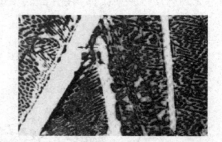

图 2-52 过共晶白口铁金相组织图

所有共晶白口铸铁的结晶过程和组织均相似，只是合金成分越接近共晶成分，室温组织中低温莱氏体量越多，则一次渗碳体量越少。

若将上述各类铁碳合金结晶过程中的组织变化填入相图中，则得到按组织组分填写的 $Fe-Fe_3C$ 相图，如图 2-53 所示。由于原相图中左上角（$\delta-Fe$ 转变）部分的实用意义不大，所以予以省略和简化，图 2-53 即为简化后的 $Fe-Fe_3C$ 相图。

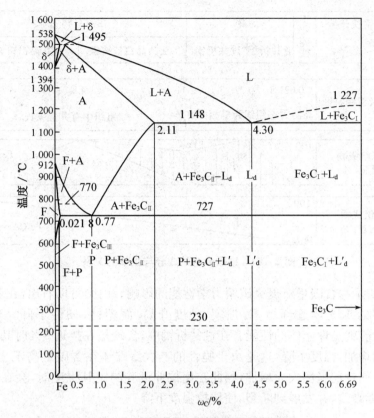

图 2 - 53　按组织组成物区分的铁碳相图

四、铁碳合金成分、组织与性能的关系

（一）含碳量对平衡组织的影响

铁碳合金随含碳量增高，其组织发生如下变化：

$$F+Fe_3C_{III} \longrightarrow F+P \longrightarrow P \longrightarrow P+Fe_3C_{II} \longrightarrow P+Fe_3C_{II}+L'_d \longrightarrow L'_d \longrightarrow Fe_3C_{III}+L'_d$$

根据杠杆定律可计算出铁碳合金中相组成物及组织组成物的相对量与含碳量之间的关系，见图 2 - 54。

此外，当含碳量增加时，不仅其组织中的渗碳体的数量增加，而且渗碳体的分布和形态也在发生变化。

Fe_3C_{III}（沿 F 晶界分布的基片）——共析 Fe_3C（分布在铁素体内的片层状）—— Fe_3C_{II}（沿 A 晶界呈网状分布）——共晶 Fe_3C（为莱氏体的基体）—— Fe_3C_I（分布在莱氏体上的长条状）。

（二）含碳量对铁碳合金力学性能的影响

室温下铁碳合金由铁素体和渗碳体两个相组成，铁素体是软韧相，渗碳体是硬脆相，当两者以层片状组成珠光体时，珠光体兼具两者的优点，即具有较高的硬度、强度和良好的塑性、韧性。珠光体内的层片越细，则强度越高。

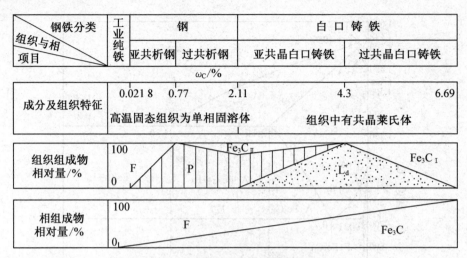

钢铁分类 组织与相 项目	工业纯铁	钢		白口铸铁	
		亚共析钢	过共析钢	亚共晶白口铸铁	过共晶白口铸铁
		$\omega_C/\%$			
成分及组织特征	0.021 8　0.77　　　2.11　　　　　　　　　4.3　　　　　　6.69 高温固态组织为单相固溶体　　　　组织中有共晶莱氏体				
组织组成物相对量/%					
相组成物相对量/%					

图 2-54　铁碳合金的成分与组织的关系

图 2-55 所示为含碳量对退火碳钢力学性能的影响。由图可以看出,在亚共析钢中,随着含碳量的增加,珠光体逐渐增多,强度、硬度升高,而塑性、韧性下降。当含碳量达到 0.77% 时,其性能就是珠光体的性能。在过共析钢中,含碳量在接近 1% 时其强度达到最高值,含碳量继续增加,强度下降,这是由于脆性的二次渗碳体在含碳量高于 1% 时于晶界形成连续的网络,使钢的脆性大大增加,因此在用拉伸试验测定其强度时,会在脆性的二次渗碳体处出现早期裂纹,并发展到断裂,使抗拉强度下降。

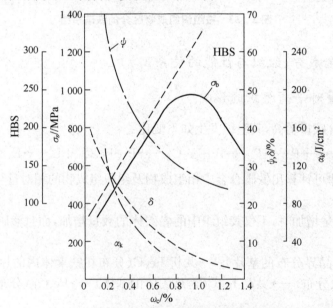

图 2-55　含碳量对退火碳钢力学性能的影响

在白口铁中,由于含有大量渗碳体,故脆性很大,强度很低。

渗碳体的硬度很高,但是极脆,不能使合金的塑性提高,合金的塑性变形主要由铁素体来提供。因此,合金中含碳量增加而使铁素体减少时,铁碳合金的塑性不断降低。当组织中出现以渗碳体为基体的莱氏体时,塑性降低到接近零。

冲击韧性对组织十分敏感。含碳量增加时,脆性的渗碳体增多,当出现网状的二次渗碳体时,韧性急剧下降。总的来看,韧性比塑性下降的趋势要大。

随着含碳量的增加,高硬度的渗碳体增多,低硬度的铁素体减少,铁碳合金的硬度呈直线升高。

为了保证工业上使用的铁碳合金具有适当的塑性和韧性,合金中渗碳体相的数量不应过多。对碳素钢及普通低中合金钢而言,其含碳量一般不超过 1.3%。碳的质量分数大于2.11%的白口铸铁,因组织中存在大量的渗碳体,既硬又脆,难以切削加工,故在一般机械制造工业中应用较少。

(三)合金成分对工艺性能的影响

1. 铸造性能

合金的铸造性能主要取决于相图中液相线与固相线。随着含碳量的增加,钢的结晶温度间隔增大,先结晶形成的树枝晶阻碍未结晶液体的流动,流动性变差。铸铁的流动性要好于钢,随含碳量的增加,亚共晶白口铁的结晶温度间隔缩小,流动性随之提高,过共晶白口铁的流动性则随之降低,共晶白口铁的结晶温度最低,又是在恒温下结晶,流动性最好。含碳量对钢的收缩性也有影响,一般说来,当浇铸温度一定时,随着含碳量的增加,钢液温度与液相线温度差增加,液态收缩增大,同时,含碳量增加,钢的凝固温度范围变宽,凝固收缩增大,出现缩孔及疏松等铸造缺陷的倾向增大。此外,钢在凝固结晶时的成分偏析也随碳含量的增加而增大。

2. 可锻性

金属压力加工性能的好坏主要与金属的可锻性有关。金属的可锻性是指金属在压力加工时能易于改变形状而不产生裂纹的性能。钢的可锻性主要与含碳量及组织有关,低碳钢的可锻性较好,随着含碳量的增加,可锻性逐渐变差。由于奥氏体具有良好的塑性,易于塑性变形,钢加热到高温获得单相奥氏体组织时可具有良好的可锻性。白口铸铁无论在低温或高温,其组织都是以硬而脆的渗碳体为基体,可锻性很差,不允许进行压力加工。

五、铁碳相图的应用简介

合金相图总结了在平衡状态下不同的合金成分、温度与显微组织及性能之间的关系,以及奥氏体相区和其他各相区的范围,因而对于铸造、锻轧、焊接以及热处理等生产实践具有重要意义。

(一)在选材方面的应用

铁碳相图描述了铁碳合金的组织,随含碳量的变化规律,合金的性能取决于合金的组织,这样根据零件的性能要求来选择不同成分的铁碳合金。

若零件要求塑性、韧性好,如建筑结构和容器等,应选用低碳钢(0.10%～0.25%C);若零件要求强度、塑性、韧性都较好,如轴等,应选用中碳钢(0.25%～0.60%C);若零件要求硬度高、耐磨性好,如工具等,应选用高碳钢(0.6%～1.3%C)。

白口铁具有很高的硬度和脆性,应用很少,但因其具有很高的抗磨损能力,可应用于少数需要耐磨而不受冲击的零件,如拔丝模、轧辊和球磨机的铁球等。

（二）在铸造工艺方面的应用

首先，依据 Fe-Fe₃C 相图可以确定合适的浇铸温度。其次，相图还表明纯铁和共晶成分的铁碳合金，其凝固温度区间为零，故可推断它们的流动性好，分散缩孔少，可使缩孔集中在冒口内，有可能得到致密的铸件。因此，在铸造生产中接近于共晶成分的铸铁得到较广泛的应用。

铸钢也是常用的铸造合金，含碳量一般在 0.15%～0.60% 之间。从 Fe-Fe₃C 相图的分析中可看出，铸钢的铸造性能并不很理想。首先，铸钢的凝固温度区间较大，因此缩孔就较大，且容易形成分散缩孔，流动性也差，偏析严重。其次，铸钢的熔化温度比铸铁高得多，铸钢在铸态时晶粒粗大，使钢材的塑性和韧性大大下降。另外，由于铸钢件冷却迅速，所以内应力较大。

铸钢的这些组织缺陷可以通过热处理（退火或正火）消除，因此铸钢在铸造后必须进行热处理。

铸钢在机器制造业中，用于制造一些形状复杂、难以进行锻造或切削加工而又要求较高强度和塑性的零件。由于铸钢的铸造性能较差，故近年来在铸造生产中，有以球墨铸铁代替铸钢的趋势。

（三）在锻轧工艺方面的应用

根据相图可以确定锻造温度。钢处于奥氏体状态时，强度低、塑性高，便于塑性变形。因此，锻造或轧制温度必须选择在单相奥氏体区的适当温度范围内，始轧和始锻温度不能过高，以免钢材氧化严重和发生奥氏体晶界熔化（称为过烧），一般控制在固相线以下 100～200 ℃。而终轧和终锻温度也不能过高，以免奥氏体的晶粒粗大，但又不能过低，以免钢材塑性差导致产生裂纹。一般对亚共析钢的终锻和终轧温度控制在稍高于 GS 线（A₃线）；过共析钢控制在稍高于 PSK 线（A₁线）。实际生产中各种碳钢的始轧温度为 1 150～1 250 ℃，终锻和终轧温度为 750～850 ℃。

（四）在焊接工艺方面的应用

由焊缝到母材在焊接过程中处于不同的温度条件，因而整个焊缝区会出现不同的组织，引起性能不均匀，可根据相图来分析碳钢焊缝组织，并用适当热处理方法来减轻或消除组织不均匀性。

（五）在热处理工艺方面的应用

铁碳相图对于热处理工艺的制定有极为重要的意义，各种热处理工艺的加热温度都是以相图上的临界点 A₁、A₃、A_cm 为依据的，具体在下一章中详述。

第七节　铸态组织与冶金缺陷

在实际生产中,液态金属是在铸锭模或铸型中凝固的,前者得到铸锭,后者得到铸件。虽然它们的结晶过程都遵循结晶的普遍规律,但是由于铸锭或铸件冷却条件的复杂性,铸态组织在许多方面千差万别,如晶粒大小、形状和取向、合金元素和杂质的分布以及铸锭中的缺陷(缩孔、疏松、气泡、裂纹、偏析等)。对铸件来说,铸态组织直接影响到其力学性能和使用寿命;对铸锭来说,它是最原始的坯料,铸态组织不但影响到它的压力加工性能,而且还影响到压力加工后的金属制品的组织和使用性能。因此应该了解铸锭及铸件的组织及其形成规律,并设法改善铸锭及铸件的组织。

铸锭的典型宏观组织由三个晶区所组成,即外表层的细晶区、中间的柱状晶区和心部的等轴晶区,如图2-56所示。根据浇铸条件不同,晶区的数目和相对厚度可能改变。

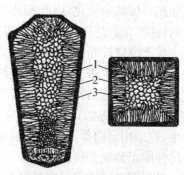

图 2-56　铸锭组织示意图
1—表层细晶区　2—柱状晶区
3—中心等轴晶区

一、表层细晶区

当高温的金属熔液倒入铸模之后,结晶首先从模壁处开始。这是因为模壁温度较低,有强烈的吸热和散热作用,使得靠近模壁的薄层液体受到强烈的激冷,产生极大的过冷;况且模壁本身可以起诱发非自发形核的作用,以致在该薄层液体中立即形成大量的晶核,并同时向各个方向生长。由于形核率高,晶核数目多,所以相互邻近的晶核很快彼此相遇,没有了继续生长的空间也就停止了生长,从而在紧贴模壁区形成很细的等轴晶粒区。

应该指出,尽管这个晶区的晶粒细小,组织致密,力学性能很好,但是纯金属铸锭的表层细晶区一般都很薄,有的只有几个毫米厚,因此实用意义不大。而合金铸锭的表层细晶区一般较厚。

二、柱状晶区

紧接着细晶区的是一层由垂直于模壁生长的相当粗大的柱状晶粒所组成的区域,该区域称为柱状晶区。由于模壁温度升高,使得液体金属冷却迅速减慢,特别是细晶区前沿的液态金属冷却速度迅速减小,形核也随着迅速下降,甚至可能不再形核。但是细晶区靠近液相的某些小晶粒依靠很小的过冷度会继续长大,维持结晶过程。由于沿着垂直于模壁方向散热最快,所以小晶粒只有沿其相反方向择优生长成柱状晶。

在柱状晶区,柱状晶粒彼此间的界面比较平直,气泡缩孔很少,组织比较致密。但当沿不同方向生长的两组柱状晶相遇时,会形成柱晶间界。柱晶间界是杂质、气泡、缩孔较密集的地区,必然就是铸锭的脆弱结合面。例如,在方形铸锭中的对角线处就很容易形成脆弱界面,简称弱面。若对铸锭进行压力加工,就易于沿这些弱面形成裂纹,甚至开裂。此外,柱状晶区的性能显示各向异性,对塑性好的金属或合金,即使全部为柱状晶组织,也不会因为热轧而导致开裂;但对塑性差的金属或合金,如钢铁、镍基合金等,则应尽力避免形成发达的柱状晶区,否则很可能在热轧时开裂而产生废品。

三、中心等轴晶区

随着柱状晶的生长,锭模温度不断升高,结晶潜热不断放出,液体金属散热减慢,内部温度趋于均匀,温度梯度越来越小。由于中心部位的温度大致是均匀的,每个晶粒的成长在各方向上也是接近一致的,所以形成了等轴晶。当它们长到与柱状晶相遇时,全部液体就凝固完毕,最后形成了中心等轴晶区。

与柱状晶区相比,等轴晶区的各个晶粒在长大时彼此交叉,枝叉间的搭接牢固,晶粒彼此咬合,裂纹不易扩展,不存在明显的脆弱界面,各晶粒取向不尽相同,其性能也没有方向性。等轴晶的树枝状晶体比较发达,分枝较多,但而显微缩孔也较多,组织不够致密。但显微缩孔一般均未氧化,因此经热变形加工后,一般均可焊合,对性能影响不大。由此可见,一般的铸锭,尤其是铸件,都要求得到发达的等轴晶组织。

对于纯度较高、不含易溶杂质且塑性较好的非铁金属,如铝、铜等有色金属及其合金,有时为了获得较致密的铸锭,希望增大柱状晶区的宽度。在某些场合下,如要求零件沿着某一方向具有较优越的性能,可使铸件全部由同一方向的柱状晶组成,这就是定向凝固工艺。例如涡轮叶片在高温工作过程中常呈晶间断裂,特别是在那些与主应力相垂直的横向晶界中发生,若采用定向凝固工艺让晶粒长成柱状晶,使叶片中的晶界与主应力相平行,则可使叶片的性能得到显著提高。

对于钢铁等许多材料的铸锭和大部分铸件来说,一般都希望得到尽可能多的等轴晶,限制柱状晶的发展,细化晶粒,是改善铸件组织,提高铸件性能的重要途径。

思考题

1. 名词解释:

合金;组元;相;相图;固溶体;金属间化合物;固溶强化;弥散强化;置换固溶体与间隙固溶体

2. 已知 A(熔点 600 ℃)与 B(500 ℃)在液态无限互溶;在固态 300 ℃时 A 溶于 B 的最大溶解度为30%,室温时为 10%,但 B 不溶于 A;在 300 ℃时,含40%B 的液态合金发生共晶反应。现要求:

(1) 作出 A-B 合金相图;

(2) 分析 20%A、45%A、80%A 等合金的结晶过程,并确定室温下的组织组成物和相组成物的相对量。

3. 某合金相图如图 2-57 所示。

(1) 试标注①~④空白区域中存在相的名称;

(2) 指出此相图包括哪几种转变类型?

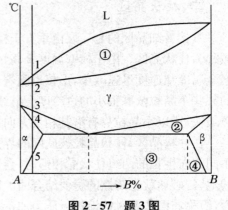

图 2-57 题 3 图

（3）说明合金Ⅰ的平衡结晶过程及室温下的显微组织。

4. 固溶体合金和共晶合金其力学性能和工艺性能各有什么特点？

5. 纯金属结晶与合金结晶有什么异同？

6. 为什么共晶线下所对应的各种非共晶成分的合金也能在共晶温度发生部分共晶转变呢？

7. 根据 Fe-Fe_3C 相图，计算：

（1）室温下，含碳 0.6% 的钢中珠光体和铁素体各占多少？

（2）室温下，含碳 1.2% 的钢中珠光体和二次渗碳体各占多少？

（3）铁碳合金中，二次渗碳体和三次渗碳体的最大百分含量。

8. 根据 Fe-Fe_3C 相图，说明产生下列现象的原因：

（1）含碳量为 1.0% 的钢比含碳量为 0.5% 的钢硬度高；

（2）在室温下，含碳 0.8% 的钢其强度比含碳 1.2% 的钢高；

（3）在 1 100 ℃，含碳 0.4% 的钢能进行锻造，含碳 4.0% 的生铁不能锻造。

第三章　钢的热处理

热处理是将金属或合金在固态下进行加热、保温和冷却，以改变其整体或表面组织，从而获得所需性能的一种工艺。

热处理在零件生产工艺流程中占有重要位置，是零件改性的重要手段。热处理的目的：一是改善零件的工艺性能，为零件的各种加工工艺作组织和性能的准备；二是强化金属材料，充分发挥其内部性能潜力，提高或改善零件的使用性能。因此，热处理在机械行业中被广泛的应用，例如：汽车、拖拉机行业中需要进行热处理的零件占 70%～80%；机床行业中占 60%～70%；轴承及各种模具则达到 100%。在工业领域，机械、冶金、交通、能源、航空航天、建筑、化工、电子等行业都离不开热处理。

根据热处理的目的和零件在生产工艺流程中的位置不同，热处理工艺可分为预先热处理和最终热处理。预先热处理主要是为零件的最终热处理作组织准备或改善零件的工艺性能，通常在零件的加工工艺流程中处于机械加工前；最终热处理是为了满足零件的使用性能要求，以达到保证零件质量，通常在零件的加工工艺流程中处于机械加工后。例如，某钢制零件的生产工艺路线为：铸造或锻造──→预先热处理（退火或正火）──→机械加工──→最终热处理（淬火＋回火）──→磨削加工。

根据应用特点，常用的热处理工艺大致可分为以下四大类：

（1）整体热处理　指对工件进行穿透性加热，以改善整体的组织和性能的热处理工艺，又分为退火、正火、淬火、回火、水韧处理、固溶处理和时效等。

（2）表面热处理　指仅对工件表层进行热处理，以改变其组织和性能的工艺，又分为表面淬火、物理气相沉积、化学气相沉积、等离子化学气相沉积等四类。

（3）化学热处理　指将工件置于一定温度的活性介质中保温，使一种或几种元素渗入它的表层，以改变其化学成分、组织和性能的热处理工艺，根据渗入成分的不同又分为渗碳、碳氮共渗、渗氮、氮碳共渗、渗其他金属或非金属、多元共渗、溶渗等。

（4）其他热处理　包括可控气氛热处理、真空热处理和形变热处理等。

尽管热处理的种类很多，但任何一种热处理工艺都是由加热、保温、冷却三个基本阶段组成的，图 3-1 即为最基本的热处理加工曲线。因此，要了解各种热处理方法对金属材料组织和性能的改变情况，必须首先研究其在加热和冷却过程中的相变规律，这也是钢的热处理工艺的基础之一。

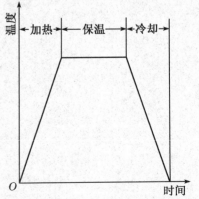

图 3-1　热处理工艺曲线示意图

第一节 钢的热处理基础

一、钢的相变点(临界温度)

相变点是指金属或合金在加热或冷却过程中发生相变的温度,又称临界点。

根据 $Fe-Fe_3C$ 相图可知,钢在缓慢加热或冷却过程中,在 PSK 线(A_1 线)、GS 线(A_3 线)和 ES 线(A_{cm} 线)上都要发生组织转变,因此,任一成分碳钢的固态组织转变的相变点,都可由这三条线来确定,而该线上的相变点,则相应地用 A_1 点、A_3 点和 A_{cm} 点表示。

但是,$Fe-Fe_3C$ 相图上反映出的相变点 A_1、A_3 和 A_{cm} 是平衡条件下的固态相变点,即在非常缓慢加热或冷却条件下钢发生组织转变的温度。在实际生产中,加热速度和冷却速度都比较快,故其相变点在加热时要高于平衡相变点,在冷却时要低于平衡相变点,且加热和冷却的速度越大,其相变点偏离得越大。为了区别于平衡相变点,通常用 Ac_1、Ac_3、Ac_{cm} 表示钢在实际加热条件下的相变点,而用 Ar_1、Ar_3、Ar_{cm} 表示钢在实际冷却条件下的相变点,如图 3-2 所示。因此,在生产中要根据零件的实际处理状况,了解零件的相变点,从而制定正确的热处理工艺。一般热处理手册中相变点的数值都是以 $30\sim50$ ℃/h 加热或冷却速度所测得的结果,以供参考。

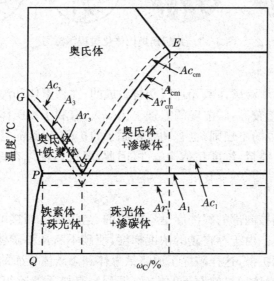

图 3-2 钢在加热和冷却时的相变临界点

二、钢在加热时的转变

任何成分的碳钢加热到 Ac_1 线以上时,都将发生珠光体向奥氏体的转变,把钢加热到相变点以上获得奥氏体组织的过程称为"奥氏体化",加热的目的就是使钢获得奥氏体组织,并利用加热规范控制奥氏体晶粒大小。钢只有处在奥氏体状态下才能通过不同的冷却方式转变为不同的组织,从而获得所需的性能。

（一）奥氏体化过程及影响因素

1. 奥氏体的形成

下面以共析钢为例来说明奥氏体化的过程。室温组织为珠光体的共析钢加热至 Ac_1 以上时，将形成奥氏体，这一转变过程可表示为：

$$
\underset{\substack{0.02\%C \\ \text{体心立方晶格}}}{F} \quad + \quad \underset{\substack{6.69\%C \\ \text{复杂晶格}}}{Fe_3C} \quad \xrightarrow{Ac_1} \quad \underset{\substack{0.8\%C \\ \text{面心立方晶格}}}{A}
$$

可见，这一转变是由化学成分、晶体结构都不相同的两相组织，转变为另一成分和晶体结构的单相固溶体。研究表明，由于新形成的奥氏体和原来的铁素体以及渗碳体的含碳量和晶体结构相差很大，因而奥氏体的形成是一个铁素体到奥氏体的点阵重构、渗碳体的溶解以及碳在奥氏体中扩散的过程。奥氏体的形成符合一般的规律，即通过形核长大完成的。

整个奥氏体的形成过程分为四个阶段，即：晶核形成、晶核长大、残余渗碳体的溶解和奥氏体成分的均匀化，如图 3-3 所示。

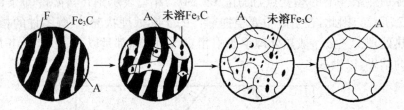

图 3-3 共析钢奥氏体化过程示意图

（1）奥氏体晶核的形成

珠光体是由铁素体和渗碳体两相片层交替组成的，在铁素体和渗碳体两相交界处，原子排列处于过渡状态，能量较高，碳浓度的差别也比较大，有利于奥氏体形成时碳原子的扩散。此外，由于界面原子排列的不规则，也有利于铁原子的扩散，导致晶格的改组重建，这样为奥氏体晶核的形成提供了能量、浓度和结构条件，因此，奥氏体优先在铁素体和渗碳体的界面处形核。

（2）奥氏体的长大

刚形成的奥氏体晶核内部的碳浓度是不均匀的，与渗碳体相接的界面上碳浓度大于与铁素体相接的界面浓度。由于存在碳的浓度梯度，使碳不断从渗碳体界面通过奥氏体晶核向低浓度的铁素体界面扩散，这样破坏了原来铁素体和渗碳体界面的碳浓度关系，为维持原界面的碳浓度关系，铁素体通过铁原子的扩散（短程），晶格不断改组为奥氏体，而渗碳体则通过碳的扩散，不断溶入奥氏体中，结果奥氏体晶粒不断向铁素体和渗碳体两边长大，直至铁素体全部转变为奥氏体为止。

（3）残留渗碳体的溶解

由于渗碳体的晶格结构和含碳量与奥氏体的差别远大于铁素体与奥氏体的差别。所以铁素体优先转变为奥氏体后，还有一部分渗碳体残留下来，被奥氏体包围，这部分残余的渗碳体在保温过程中，通过碳的扩散继续溶于奥氏体，直至全部消失。

（4）奥氏体均匀化

渗碳体刚刚全部溶解时,奥氏体中原先属于渗碳体的部位含碳较高,属于铁素体的部位含碳较低,因而,奥氏体中碳成分不均匀,只有继续延长保温时间,通过碳原子的扩散,才能使奥氏体的含碳量逐渐均匀。

所以热处理的保温阶段,不仅是为了使零件热透和相变完全,而且是为了获得成分均匀的奥氏体,以使冷却后能得到良好的组织和性能。

对于亚共析钢与过共析钢,若加热温度没有超过 Ac_3 或 Ac_{cm},而在稍高于 Ac_1 停留,只能使原始组织中的珠光体转变为奥氏体,而共析铁素体或二次渗碳体仍将保留。只有进一步加热至 Ac_3 或 Ac_{cm} 以上并保温足够时间,才能得到单相的奥氏体。

2. 影响奥氏体形成的因素

(1)加热温度

随着加热温度的升高,原子扩散能力增强,特别是碳在奥氏体中的扩散能力增强。同时 $Fe-Fe_3C$ 相图中 GS 线和 SE 线间的距离加大,即增大了奥氏体中的碳浓度梯度,这些都将加速奥氏体的形成。

(2)加热速度

在实际热处理中,加热速度越快,产生的过热度就越大,转变的温度范围也越宽,形成奥氏体所需的时间也越短。

(3)钢的成分

随碳含量升高,铁素体和渗碳体相界面增多,有利于加速奥氏体的形成;钢中加入合金元素,并不改变奥氏体形成的基本过程,但会显著影响其形成速度。因为合金元素能改变钢的临界点,并影响碳的扩散速度,且它自身也存在扩散和重新分布的过程,所以合金钢的奥氏体形成速度一般比碳钢慢,尤其高合金钢,奥氏体化温度比碳钢要高,保温时间也较长。

(4)原始组织

钢成分相同时,组织中珠光体越细,则奥氏体形成速度越快,层片状珠光体比粒状珠光体更容易形成奥氏体。

(二)奥氏体晶粒大小及其控制

1. 奥氏体晶粒度

晶粒度是指多晶体内的晶粒大小,常用晶粒度等级来表达。按晶粒大小,晶粒度等级分为 00、0、1~10 共 12 级,晶粒越细,晶粒度等级数越大。在生产中,将金相组织放大 100 倍后,与标准晶粒等级图片进行比较来确定,其中,1~4 级为粗晶粒度,5~8 级为细晶粒度,超过 8 级为超细晶粒度,如图 3-4 所示。

钢的晶粒度可分为本质晶粒度、起始晶粒度和实际晶粒度。本质晶粒度是指将钢加热到 930 ℃±10 ℃,保温 3~8 h,然后冷却至室温所获得的奥氏体的晶粒大小,反映奥氏体有无明显的长大能力,而不反映实际晶粒的大小。有些钢的奥氏体晶粒度随加热温度升高会迅速长大,这种钢称为本质粗晶粒钢;有些钢的奥氏体晶粒不容易长大,只有加热到更高的温度时,晶粒才会迅速长大,这种钢称为本质细晶粒钢。如图 3-5 所示。一般沸腾钢为本质粗晶粒钢,镇静钢为本质细晶粒钢,需热处理的零件尽量选用本质细晶粒钢。起始晶粒度是指在临界温度以上,奥氏体形成刚刚完成,其晶粒边界刚刚接触时的晶粒大小。实际晶粒度是指在具体加热条件下获得的奥氏体晶粒的大小,它直接影响热处理后的性能。

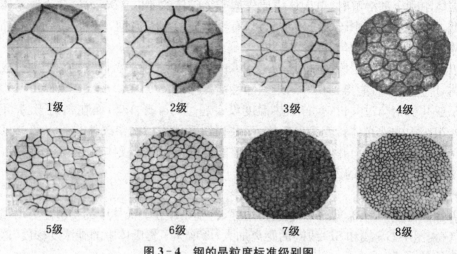

图 3-4　钢的晶粒度标准级别图

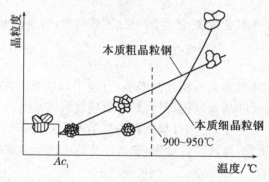

图 3-5　钢的本质晶粒度示意图

2. 奥氏体晶粒大小的控制

奥氏体实际晶粒细小时,冷却后转变产物的组织也细小,其强度与塑性韧性都较高,冷脆转变温度也较低,所以,生产中除了考虑钢的成分、冶炼条件外,如何控制好加热参数,以便获得细小而均匀的奥氏体晶粒是保证热处理产品质量的关键之一。主要考虑以下几点:

（1）加热温度

加热温度越高,晶粒长大速度越快,奥氏体晶粒也越粗大,故为了获得细小的奥氏体晶粒,热处理时必须规定合适的加热温度范围,一般为相变点上某一适当温度。

（2）保温时间

钢加热时,随保温时间的延长,晶粒不断长大,但其长大速度越来越慢,且不会无限制地长大下去。所以延长保温时间比升高加热温度对晶粒长大的影响要小得多。确定保温时间时,除考虑相变需要外,还需要考虑工件穿透加热的需要。

（3）加热速度

加热速度越快,奥氏体化的实际温度越高,奥氏体的形核率大于长大速率,所以可获得细小的起始晶粒。故生产中常用快速加热和短时保温的方法来细化晶粒,如高频淬火就是利用这一原理来获得细晶粒的。

三、钢的冷却及组织转变

冷却过程是钢热处理的关键工序,它决定着钢在冷却后的组织和性能。在实际生产中,钢在热处理时采用的冷却方式通常有等温冷却和连续冷却。其工艺曲线如图 3-6 所示。为了指导生产,人们通过实验的方法获得钢的奥氏体冷却时组织转变规律,并绘制成为奥氏体等温冷却转变曲线图和连续冷却转变曲线图,借助这些冷却转变曲线图,可确定奥氏体在何种冷却条件下转变成何种组织,以获得某种性能,从而为正确制定热处理工艺奠定了理论依据。

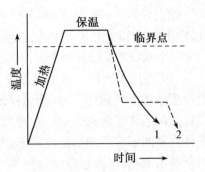

图 3-6 两种冷却方式示意图

(一)过冷奥氏体的等温转变(TTT 曲线)

奥氏体在 A_1 点以下处于不稳定状态,必然要发生相变。但过冷到 A_1 以下的奥氏体并不是立即发生转变,而是要经过一个孕育期后才开始转变。这种在孕育期内暂时存在的、处于不稳定状态的奥氏体称为"过冷奥氏体"。

研究过冷奥氏体在不同温度下进行等温转变的重要工具是过冷奥氏体等温转变图或称等温转变曲线,因为其形状像英文字母"C",所以又称 C 曲线。它表明了过冷奥氏体在不同过冷温度下的等温过程中,转变温度、转变时间与转变产物量之间的关系,也称 TTT 曲线,它的建立是利用过冷奥氏体转变产物的组织形态和性能的变化来测定的。

下面以共析钢的过冷奥氏体等温转变图(见图 3-7)为例进行分析。

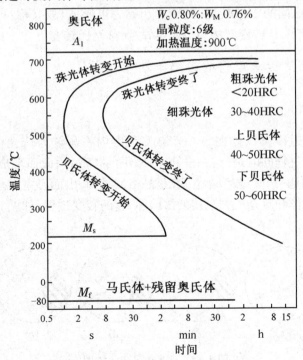

图 3-7 共析钢的奥氏体等温转变曲线

（1）由过冷奥氏体开始转变点连接起来的线称为转变开始线；由过冷奥氏体转变结束点连接起来的线称为转变结束线。

最上面的水平线为 A_1，即 $Fe-Fe_3C$ 相图中的 A_1 线，表示奥氏体与珠光体的平衡温度。因此，图中在 A_1 以上是奥氏体的稳定区；A_1 线以下，转变开始线以左是过冷奥氏体区，A_1 线以下、转变结束线以右是转变产物区；转变开始线和结束线之间是过冷奥氏体和转变产物共存区。

（2）过冷奥氏体在各个温度下等温转变时，都要经过一段孕育期。金属及合金在一定过冷度条件下等温转变时，等温停留开始至相变开始的时间称为孕育期，以转变开始线与纵坐标之间的水平距离表示。孕育期越长，过冷奥氏体越稳定，反之则越不稳定。所以过冷奥氏体在不同温度下的稳定性是不同的。开始时，随着过冷度（ΔT）的增大，孕育期与转变结束时间逐渐缩短，但当过冷度达到某一值后，孕育期与转变结束时间却都随过冷度的增大而逐渐加长，所以曲线呈"C"状。

在奥氏体等温转变图上孕育期最短的地方，表示过冷奥氏体最不稳定，它的转变速度最快，该处称为奥氏体等温转变图"鼻尖"，对共析钢而言，其"鼻尖"温度约为 550 ℃。而在靠近 A_1 和 M_s 处的孕育期较长，过冷奥氏体较稳定，转变速度也较慢。

（3）在奥氏体等温转变图下部的 M_s 水平线，表示钢经奥氏体化后以大于或等于马氏体临界冷却速度淬火冷却时奥氏体开始向马氏体转变的温度（对于共析钢，约为 230 ℃），称为钢的上马氏体点或马氏体转变开始点；其下面还有一条表示过冷奥氏体停止向马氏体转变的 M_f 水平线，称为钢的下马氏体点或马氏体转变终止点，一般在室温下，M_s 与 M_f 线之间为马氏体与过冷奥氏体共存区。

因此，在三个不同的温度区，共析钢的过冷奥氏体可发生三种不同的转变：① A_1 至奥氏体等温转变图鼻尖区间的高温转变，其转变产物为珠光体，故又称珠光体转变；② 奥氏体等温转变图鼻尖至 M_s 区间的中温转变，其转变产物为贝氏体，故又称贝氏体转变；③ 在 M_s 线以下区间的低温转变，其转变产物为马氏体，故又称马氏转变。

（二）过冷奥氏体转变产物的组织与性能

1. 珠光体转变

（1）转变过程

珠光体转变是指过冷奥氏体在 $A_1 \sim 550$ ℃范围内将分解为珠光体类型组织的转变。它的形成伴随着两个过程同时进行：一是铁、碳原子的扩散，由此而形成高碳的渗碳体和低碳的铁素体，所以，这是一个扩散型相变；二是晶格的重构，由面心立方晶格的奥氏体转变为体心立方晶格的铁素体和复杂立方晶格的渗碳体，它的转变过程（如图 3-8）是一个在固态下形核和长大的过程。

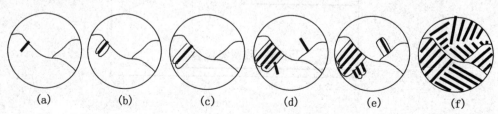

（a）　　　（b）　　　（c）　　　（d）　　　（e）　　　（f）

图 3-8　珠光体形成示意图

当奥氏体过冷到 Ar_1 温度时，由于能量、成分、结构的起伏，导致在奥氏体晶界处形成薄片状的渗碳体核心，渗碳体的含碳量为 6.69%，它必须依靠其周围奥氏体不断地供应碳原子而向奥氏体晶内长大，与此同时，它周围的奥氏体的含碳量不断降低，为铁素体的形核创造了有利条件，铁素体晶核便在渗碳体两侧形成，这样就形成了一个珠光体晶核。由于铁素体的溶碳量很低，约为 0.02%，其长大过程中必将过剩的碳排出来，使相邻奥氏体中的含碳量增高，这又为产生新的渗碳体片创造了条件。随着渗碳体片的不断长大，又产生新的铁素体片。如此反复进行，一个珠光体晶核就长大为一个珠光体领域。当一个珠光体晶核向奥氏体晶粒内部长大时，同时又有新的珠光体晶核形成并长大，每个晶核都长大成为一个珠光体领域，直到各个珠光体领域彼此相碰，这时奥氏体完全消失，转变完成。在这一转变过程中既有碳原子的扩散又有铁原子的扩散。

（2）组织与性能特征

珠光体片层的粗细与等温转变温度密切相关。当温度在 $A_1 \sim 650\ ℃$ 范围内时，形成片层较粗的珠光体，通常所说的珠光体就指这一类，用"P"表示，如图 3-9(a)，其片层形貌在 500 倍光学显微镜下就能分辨出来。在 $650 \sim 600\ ℃$ 温度范围内形成层片较细的珠光体，称为索氏体，用"S"表示，如图 3-9(b)，要在 $800 \sim 1\,000$ 倍的光学显微镜下才能分辨清楚。在 $600 \sim 550\ ℃$ 温度范围内形成片层极细的珠光体，称为屈氏体，用"T"表示，如图 3-9(c)，它只有在电子显微镜下才能观察清楚。

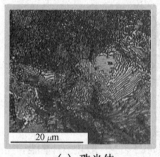  

（a）珠光体　　　　　　（b）索氏体　　　　　　（c）屈氏体

图 3-9　珠光体组织示意图

显然，温度越低，珠光体的层片愈细，片间距也就愈小（这里的片间距是指珠光体中相邻两片渗碳体间的平均距离），珠光体的强度和硬度就越高，同时塑性和韧性也有所增加。表 3-1 列出了共析钢的珠光体转变产物的形成温度、层片间距和硬度值。

表 3-1　珠光体转变组织特征与性能

组织名称	形成温度/℃	片间距/nm	金相显微组织特征	硬度
珠光体（P）	$A_1 \sim 650$	$150 \sim 450$	在 $400 \sim 500$ 倍金相显微镜下可观察到铁素体和渗碳体的片层状组织	$170 \sim 200$ HBW
索氏体（S）	$600 \sim 650$	$80 \sim 150$	在 $800 \sim 1\,000$ 倍以上的显微镜下才能分清片层状，在低倍下片层模糊不清	$25 \sim 35$ HRC
托氏体（T）	$550 \sim 600$	$30 \sim 80$	用光学显微镜观察时呈黑色团状，只有在电子显微镜下才能看出层状组织	$35 \sim 40$ HRC

这是因为珠光体的基体相是铁素体,很软,易变形,而渗碳体片和铁素体片的相界面阻碍铁素体变形,从而提高了强度和硬度。珠光体片间距愈小,相界面积愈大,强化作用愈大,因而强度和硬度升高,同时,由于此时渗碳体片较薄,易随铁素体一起变形而不脆断,因此细片珠光体又具有较好的韧性和塑性。

2. 贝氏体转变

(1) 转变过程

将奥氏体过冷到 $550\sim230\ ℃(M_s点)$ 温度范围内发生贝氏体转变,其转变产物叫做贝氏体,用"B"表示,贝氏体是由过饱和的铁素体和渗碳体组成的混合物。和珠光体转变不同,由于贝氏体转变温度低,因此在贝氏体转变过程中只有碳原子的扩散,没有铁原子的扩散发生,所以,贝氏体转变是一个半扩散型相变,其转变过程也是在固态下形核和长大的过程。

奥氏体转变为贝氏体时,先沿奥氏体晶界析出过饱和的铁素体,由于碳处于过饱和状态,有从铁素体中脱溶向奥氏体方向扩散的倾向。

随着密排的铁素体条伸长和变宽,生长着的铁素体中碳原子不断地通过界面而排除到其周围的奥氏体中,导致条间的奥氏体中的碳原子不断富集,当其浓度足够高时,便在条间沿条的长轴方向析出碳化物,形成上贝氏体组织(图 3 - 10)。

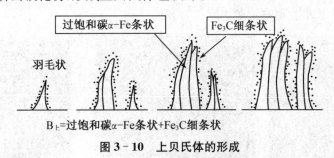

图 3 - 10　上贝氏体的形成

对于下贝氏体的形成:由于其在较大的过冷度下形成,碳原子的扩散能力降低,尽管初生的下贝氏体中的铁素体固溶有较多的碳原子,但碳原子的迁移都没能越过铁素体片的范围,只好在片内沿一定晶面偏聚,并沿与片的长轴成 $55°\sim65°$ 夹角方向沉淀出碳化物粒子,进而形成下贝氏体(图 3 - 11)。

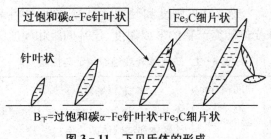

图 3 - 11　下贝氏体的形成

(2) 组织特征与性能

上贝氏体在显微镜下呈羽毛状(图 3 - 12),它是由许多互相平行的过饱和铁素体片和分布在片间的断续、细小的渗碳体组成的混合物,用"$B_上$"表示。其硬度较高,可达 40~

45 HRC,但由于其铁素体片较粗,因此塑性和韧性较差,在生产中应用较少。

图 3 - 12　上贝氏体

图 3 - 13　下贝氏体

下贝氏体的形成温度在 350 ℃ $\sim M_s$,下贝氏体在光学显微镜下呈黑色针叶状(图 3 - 13),在电镜下观察是由针叶状的铁素体和分布在其上的极为细小的渗碳体粒子组成的。极易腐蚀,故呈黑色针叶状。下贝氏体中的铁素体也是一种过饱和的铁素体,且碳的过饱和度大于上贝氏体。下贝氏体用"B_F"表示,其硬度更高,可达 50~60 HRC。因其铁素体针叶较细,故其塑性和韧性较好。

下贝氏体具有高强度、高硬度、高塑性和高韧性,即具有良好的综合力学性能。因此,生产中有时对中碳合金钢和高碳合金钢采用"等温淬火"方法获得下贝氏体,以提高钢的强度、硬度、韧性和塑性,其原因就在于此。

3. 马氏体转变

马氏体是碳在 α - Fe 中的过饱和固溶体,具有体心正方晶格,用"M"表示。马氏体转变温度低,铁原子和碳原子都不能扩散,属于非扩散型相变,转变前后新相与母相的成分相同,即马氏体的含碳量与高温奥氏体的含碳量相同。如:共析钢奥氏体中含碳量 0.8%,转变成的马氏体的含碳量也是 0.8%。

通常铁素体在室温的含碳量小于 0.002%,当奥氏体由面心立方转变为马氏体改组为体心立方时,多余的碳并不以渗碳体形式析出,而仍保留在体心立方晶格的 C 轴上,成为过饱和的固溶体,并使其 C 轴伸长,其余两个 a 轴缩短,因而将 α - Fe 的体心立方晶格变成为体心正方晶格。

c/a 称为马氏体的正方度,其值大于1,马氏体中含碳量愈高,c/a 的数值就越大。

大量碳原子的过饱和造成晶格的畸变,使塑性变形的抗力增加。另外,由于马氏体的比容比奥氏体大,当奥氏体转变成马氏体时发生体积膨胀,产生较大的内应力,引起塑性变形和加工硬化。因此,马氏体具有高的强度和硬度。

(1)马氏体的转变过程

马氏体转变是在 $M_s \sim M_f$ 温度范围内进行的。

当奥氏体过冷到 M_s 点时,便有第一批马氏体针叶沿奥氏体晶界形核并迅速向晶内长大,由于长大速度极快,它们很快横贯整个奥氏体晶粒或很快彼此相碰而立即停止长大,必须降低温度,才能有新的马氏体针叶形成。如此不断连续冷却便有一批又一批的马氏体针叶不断形成。随温度降低,马氏体的数量不断增多,直至马氏体转变终了温度 M_f 点,转变结束,但此时并不可能获得100%马氏体,总有部分奥氏体被保留下来,这部分奥氏体称为残余奥氏体,用 γ' 或 A′ 表示,可见残余奥氏体就是马氏体转变后剩余的奥氏体,室温下不再发生相变;而过冷奥氏体则是未发生相变,随时间的延长会发生相变的奥氏体。

对于 M_s 和 M_f 点的温度,实验表明:M_s 和 M_f 与冷却速度无关,而奥氏体的成分对其有显著影响,含碳量增加,M_s 及 M_f 点降低,当奥氏体中含碳量超过 0.5% 时,M_f 点便下降到室温以下,而一般的淬火操作均是冷却到室温,高于 M_f 点,必然保留一定量的残余奥氏体。

此外,奥氏体中的合金元素也会明显降低其 M_s 和 M_f 点,从而增加淬火后的残余奥氏体量。

(2) 马氏体的组织形态

马氏体的组织形态主要有两种类型,即板条状马氏体和片状马氏体。淬火钢中究竟形成何种形态马氏体,主要与钢的碳含量有关,一般当 ω_c 小于 0.30% 时,钢中马氏体形态几乎全为板条状马氏体;ω_c 大于 1.0% 时则几乎全为片状马氏体;$\omega_c = 0.30\% \sim 1.0\%$ 时为板条状马氏体和片状马氏体的混合组织,随碳含量的升高,淬火钢中板条状马氏体的含量下降,片状马氏体的含量上升。

板条状马氏体在光学显微镜下是一束束大致相同、且几乎平行排列的细板条组织。马氏体之间的角度较大,如图 3-14(a)所示。高倍透射电镜观察表明,在板条状马氏体内有大量位错缠结的亚结构,所以板条状马氏体也称为位错马氏体。

片状马氏体在光学显微镜下呈针状或双凸透镜状。相邻的马氏体片一般互不平行,而是呈一定角度排列,如图 3-14(b)所示。高倍透射电镜观察表明,马氏体片内藕大量细小的孪晶亚结构,所以,片状马氏体也称为孪晶马氏体。

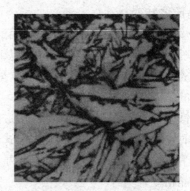

（a）板条状马氏体　　　　　　　　（a）片叶状马氏体

图 3-14　马氏体的形态

(3) 马氏体的性能

奥氏体向马氏体转变,导致其结构发生显著变化(如图 3-15),从而使性能发生改变,马氏体的性能取决于马氏体的碳含量与组织形态。

① 强度与硬度　主要取决马氏体的碳含量(如图 3-16)。随马氏体中碳含量的升高,强度与硬度随之升高,特别是在碳含量较低时,这种作用较明显,但 ω_c 大于 0.6% 时,这种作用则不明显,曲线趋于平缓。

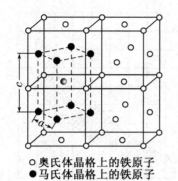

○ 奥氏体晶格上的铁原子
● 马氏体晶格上的铁原子

图 3-15 奥氏体向马氏体转变
晶格改组示意图

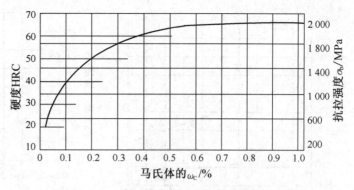

图 3-16 马氏体硬度、强度与溶碳量的关系

② 塑性与韧性　一般认为马氏体硬而脆,塑性与韧性很差,其实这是片面的认识。马氏体的塑性与韧性同样受碳含量的影响,随马氏体中碳含量的升高,塑性与韧性急剧下降,而低碳板条马氏体具有良好的塑性与韧性,是一种强韧性很好的组织,而且有较高的断裂韧度和低的冷脆转变温度,所以其应用日益广泛。

③ 比容　钢中不同组织的比容是不同的,其中马氏体比容最大,奥氏体最小,珠光体居中,所以奥氏体转变为马氏体时,必然伴随体积膨胀而产生内应力。马氏体中含碳量越高,正方度越大,晶格畸变程度加剧,比容也越大,故产生的内应力也越大,这就是高碳钢淬火易裂的原因。但生产中也利用这一效应,使淬火零件表层产生残留压应力,以提高其疲劳强度。

(4) 马氏体转变的特点

马氏体转变也是形核、长大的过程,但有下列特点:

① 无扩散性　珠光体、贝氏体转变都是扩散型相变,马氏体转变则是在极大的过冷度下进行的,转变时,只发生 γ-Fe$\longrightarrow$$\alpha$-Fe 的晶格改组,而奥氏体中的铁、碳原子都不能进行扩散,所以是无扩散型相变。

② 转变速度极快　马氏体形成时一般不需要孕育期,马氏体量的增加不是靠已形成的马氏体片的长大,而是靠新的马氏体片的不断形成。

③ 变温转变　当过冷奥氏体以大于 V_k 冷却速度过冷到 M_s 时,就开始奥氏体向马氏体的转变,随着温度的下降,马氏体量的上升,当温度下降到 M_f 时,奥氏体向马氏体的转变结束。在 $M_s \sim M_f$ 之间等温,马氏体的量并不明显增加。

④ 转变的不完全性　马氏体点(M_s 与 M_f)的位置主要取决于奥氏体的成分。奥氏体中的碳含量对 M_s、M_f 的影响(如图 3-17 所示)。奥氏体的碳含量越高,M_s 与 M_f 越低,当奥氏体中的 ω_c 大于 0.5% 时,M_f 已低于室温,这时,奥氏体即使冷到室温也不能完全转变为马氏体。

残留奥氏体的量随奥氏体中碳含量的上升而上升(如图 3-18)。一般中、低碳钢淬火到室温后,仍有 1%~2% 的残留奥氏体;而高碳钢淬火到室温后,仍有 10%~15% 的残留奥氏体。即使把奥氏体过冷到 M_f 以下,仍不能得到 100% 的马氏体,总有少量的残留奥氏体,这就是马氏体转变的不完全性。

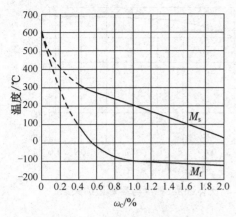

图 3-17 奥氏体的碳含量对
M_s 和 M_f 的影响

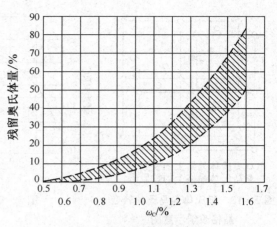

图 3-18 碳含量对残留
奥氏体量的影响

残留奥氏体不仅降低了淬火钢的硬度和耐磨性,而且在工件的长期使用过程中,残留奥氏体还会发生转变,使工件形状尺寸精度降低。所以,对某些高精度的工件,如精密量具、精密丝杠、精密轴承等,为保证它们在试用期间的精度,生产中可将淬火工件冷至室温后,再随即放到 0 ℃以下的介质中冷却,以最大限度地消除残余奥氏体,达到提高硬度、耐磨性与尺寸稳定性的目的,这种处理称为"冷处理"。

(三)影响奥氏体等温转变图的因素

奥氏体等温转变图的位置和形状与奥氏体的稳定性及分解特性有关,其影响因素主要有奥氏体的成分和加热条件。

1. 奥氏体成分

(1)碳含量 随着奥氏体中碳含量的增加,奥氏体的稳定性增大,奥氏体等温转变图的位置向右移。对于过共析钢,加热到 Ac_1 以上某一温度时,随钢中碳含量的增多,奥氏体碳含量并不增高,而未溶渗碳体量增多,因为它们能作为结晶核心,促进奥氏体分解,所以奥氏体等温转变图左移。过共析钢只有在加热到 Ac_{cm} 以上,渗碳体完全溶解时,碳含量的增加才能使奥氏体等温转变图右移,而在正常热处理条件下不会达到这样高的温度。因此,在一般热处理条件下,随碳含量的增加,亚共析钢的奥氏体等温转变图右移,过共析钢的奥氏体等温转变图左移。

(2)合金元素 除 Co 外,所有合金元素的溶入均增大奥氏体的稳定性,使奥氏体等温转变图右移,不形成碳化物的元素,如 Si、Ni、Cu 等,只能使奥氏体等温转变图的位置右移,不改变其形状;Cr、Mo、W、V、Ti 等碳化物形成元素则不仅使奥氏体等温转变图右移,而且使形状发生变化,产生两个"鼻子",整个奥氏体等温转变图分裂成珠光体转变和贝氏体转变两部分,其间出现一个过冷奥氏体的稳定区(如图 3-19)。

需要说明的是,合金元素只有融入奥氏体中才会增大过冷奥氏体的稳定性。而未溶的合金碳化物因有利于过冷奥氏体的分解反而降低过冷奥氏体的稳定性。

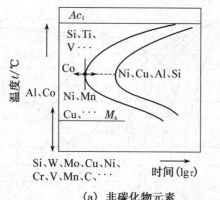
(a) 非碳化物元素

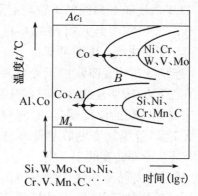
(b) 碳化物元素

图 3-19 合金元素对奥氏体等温转变图的影响

2. 加热条件

奥氏体化温度越高,保温时间越长,则形成的奥氏体晶粒越粗大,奥氏体的成分越均匀,从而增加奥氏体的稳定性,使奥氏体等温转变图向右移。反之,奥氏体转化温度越低,保温时间越短,则奥氏体晶粒越细,其成分越不均匀,未溶第二相越多,奥氏体越不稳定,使奥氏体等温转变图左移。

(四) 过冷奥氏体连续冷却转变曲线

1. CCT 曲线分析

生产中大多数情况下奥氏体为连续冷却转变,所以钢的连续冷却转变曲线(或 CCT 曲线)更有实际意义。为此,将钢加热到奥氏体状态,以不同速度冷却,测出其奥氏体转变开始点和终了点的温度和时间,并标在温度-时间(对数)坐标系中,分别连结开始点和终了点,即可得到连续冷却转变曲线(如图 3-20)。图中,P_s 线为过冷奥氏体转变为珠光体的开始线,P_f 线为转变终了线,两线之间为转变的过渡区。KK' 线为转变的中止线,当冷却到达此线时,过冷奥氏体中止转变。

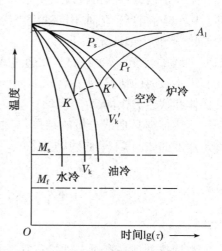

图 3-20 共析钢 CCT 曲线

由图可知,共析钢以大于 V_k 的速度冷却时,由于遇不到珠光体转变线,得到的组织为马氏体,这个冷却速度称为上临界冷却速度,V_k 愈小,钢越易得到马氏体。冷却速度小于 V_k' 时,钢将全部转变为珠光体,V_k' 称为下临界冷却速度,V_k' 愈小,退火所需的时间愈长。冷却速度处于 $V_k \sim V_k'$ 之间(例如油冷)时,在到达 KK' 线之前,奥氏体部分转变为珠光体,从 KK' 线到 M_s 点,剩余的奥氏体停止转变,直到 M_s 点以下时,才开始转变为马氏体,过 M_f 点后马氏体转变完成。

2. CCT 曲线和 C 曲线的比较与应用

如图 3 - 21，实线为共析钢的 C 曲线，虚线为 CCT 曲线。由图可知：

（1）连续冷却转变曲线位于等温转变曲线的右下方，表明连续冷却时，奥氏体完成珠光体转变的温度要低，时间要长。根据实验，等温转变的临界冷却速度大约为连续冷却转变的 1.5 倍。

（2）连续冷却转变曲线中没有奥氏体转变为贝氏体的部分，所以共析碳钢在连续冷却时得不到贝氏体组织，贝氏体组织只能在等温处理时得到。

（3）过冷奥氏体连续冷却转变产物不可能是单一、均匀的组织。

（4）连续冷却转变曲线可直接用于制定热处理工艺规范，但由于等温转变

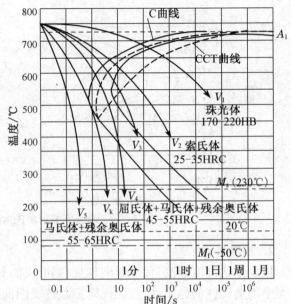

图 3 - 21　CCT 曲线和 C 曲线的比较

曲线比较容易测定，也能较好地说明连续冷却时的组织转变，所以应用都很广泛，而后者应用更多些。

例如，图 3 - 21 中，V_1、V_2、V_3、V_4 和 V_5 为共析钢的五种连续冷却速度的冷却曲线。V_1 相当于在炉内冷却时的情况（退火），与 C 曲线相交在 700～650 ℃范围内，转变产物为珠光体。V_2 和 V_3 相当于两种不同速度空冷时的情况（正火），与 C 曲线相交于 650～600 ℃范围内，转变产物为细珠光体（S 和 T）。V_4 相当于油冷时的情况（油中淬火），在达到 550 ℃以前与 C 曲线的转变开始线相交，并通过 M_s 线，转变产物为屈氏体、马氏体和残余奥氏体。V_5 相当于水冷时的情况（水中淬火），不与 C 曲线相交，直接通过 M_s 线冷至室温，转变产物为马氏体和残余奥氏体。

上述根据 C 曲线分析的结果，与根据 CCT 曲线分析的结果是一致的（见图 3 - 21 中各冷却速度曲线与 CCT 曲线的关系）。

第二节　钢的整体热处理

整体热处理是指对工件进行穿透性加热，以改善整体的组织和性能的热处理工艺，又分为退火、正火、淬火、回火、水韧处理、固溶处理和时效等。

一、退火

退火是将金属或合金加热到适当温度，保持一定时间，然后缓慢冷却，以获得接近平衡态组织的热处理工艺。其主要目的如下：

（1）调整硬度以便进行切削加工。经适当退火后，可使工件硬度调整到 170～250 HBS，该硬度值具有最佳的切削加工性能。

（2）减轻钢的化学成分及组织的不均匀性（如偏析等），以提高工艺性能和使用性能。

（3）消除残余内应力（或加工硬化），可减少工件后续加工中的变形和开裂。

（4）细化晶粒，改善高碳钢中碳化物的分布和形态，为淬火做好组织准备。

退火工艺种类很多，常用的有完全退火、等温退火、球化退火、扩散退火、去应力退火及再结晶退火等。各种不同退火的加热温度范围及工艺曲线如图3-22所示，它们有的加热到临界点以上，有的加热到临界点以下。对于加热温度在临界点以上的退火工艺，其质量主要取决于加热温度、保温时间、冷却速度及等温温度等。对于加热温度在临界点以下的退火工艺，其质量主要取决于加热温度的均匀性。

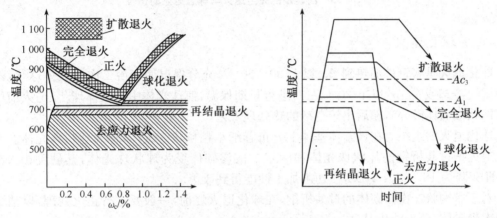

图3-22　钢的退火与正火工艺参数

（一）完全退火

完全退火是将亚共析钢加热到Ac_3以上30~50 ℃，保温一定时间后随炉缓慢冷却或埋入石灰和砂中冷却，以获得接近平衡组织的一种热处理工艺，又称为重结晶退火。它主要用于亚共析钢，其主要目的是细化晶粒、均匀组织、消除内应力、降低硬度和改善钢的切削加工性能。低碳钢和过共析钢不宜采用完全退火。低碳钢完全退火后硬度偏低，不利于切削加工；过共析钢完全退火，加热温度在Ac_{cm}以上，会有网状二次渗碳体沿奥氏体晶界析出，造成钢的脆化。

（二）等温退火

等温退火是将钢件或毛坯加热到高于Ac_3（含碳0.3%~0.8%亚共析钢）以上30~50 ℃或Ac_1（含碳0.8%~1.2%过共析钢）以上10~20 ℃的温度，保温适当时间后较快地冷却到珠光体区的某一温度，并保持等温，使奥氏体转变为珠光体组织，然后缓慢冷却的热处理工艺。

完全退火所需时间很长，特别是对于某些奥氏体比较稳定的合金钢，往往需要几十小时，为了缩短退火时间，可采用等温退火。图3-23为高速钢的完全退火与等温退火的比较，可见等温退火所需时间比完全退火缩短很多。等温退火的等温温度（Ar_1以下某一温度）应根据组织和性能的要求由被处理钢的C曲线来确定。温度越高则珠光体组织越多，钢的硬度越低；反之，则硬度越高。

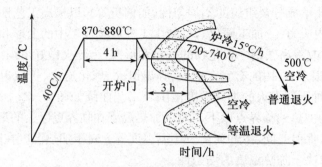

图 3-23　高速钢的完全退火与等温退火的比较

（三）球化退火

球化退火是将钢件加热到 Ac_1 以上 20～30 ℃，充分保温使未溶二次渗碳体球化，然后随炉缓慢冷却或在 Ar_1 以下 20 ℃左右进行长期保温，使珠光体中渗碳体球化（退火前用正火将网状渗碳体破碎），随后出炉空冷的热处理工艺。

球化退火的组织为在铁素体基体上分布着细小颗粒状渗碳体，称为球状珠光体。通过球化退火把过共析钢的片状珠光体和网状二次渗碳体变为球状珠光体，其硬度由 240～270 HBS 降为 187～207 HBS，使切削加工性能得到改善。

对于有网状二次渗碳体的过共析钢，在球化退火之前，一般要进行正火处理，以消除网状二次渗碳体，便于球化退火。

球化退火主要用于共析钢和过共析钢，如工具钢、滚动轴承钢等，其主要目的在于降低硬度，改善切削加工性能，并为以后的淬火做组织准备。

近年来，球化退火也应用于亚共析钢而取得较好效果，并有利于冷变形加工。

（四）扩散退火

扩散退火（或均匀化退火）是将钢锭、铸钢件或锻坯加热到略低于固相线的温度，长时间保温，然后缓慢冷却，以消除化学成分和组织不均匀现象的一种热处理工艺。扩散退火加热温度为 Ac_3 以上 150～250 ℃（通常为 1 100～1 200 ℃），具体加热温度视钢种及偏析程度而定，保温时间一般为 10～15 h。

扩散退火后钢的晶粒非常粗大，需要再进行完全退火或正火。由于高温扩散退火生产周期长、消耗能量大、生产成本高，所以一般不轻易采用。

（五）去应力退火

去应力退火是将钢件加热到低于 Ac_1 的某一温度（一般为 500～650 ℃），保温，然后随炉冷却，从而消除冷加工以及铸造、锻造和焊接过程中引起的残余内应力而进行的热处理工艺。去应力退火能消除内应力约 50%～80%，不引起组织变化。还能降低硬度，提高尺寸稳定性，防止工件的变形和开裂。

二、正火

将钢件加热到 Ac_3（对于亚共析钢）和 Ac_{cm}（对于过共析钢）以上 30～50 ℃，保温适当时间后,在自由流动的空气中均匀冷却,得到珠光体类组织(一般为索氏体)的热处理称为正火。对于某些合金钢(如 18CrMnTi 钢),由于钢中含有碳化物形成元素,为了能较快地溶入奥氏体,故加热到 Ac_3 以上 100～150 ℃进行正火称为高温正火。

（一）正火与退火的区别

(1) 正火的冷却速度较退火快,得到的珠光体组织的片层间距较小,珠光体更为细薄,目的是使钢的组织正常化,所以亦称正常化退火。例如,含碳小于 0.4% 时,可用正火代替完全退火。

(2) 正火和完全退火相比,能获得更高的强度和硬度。

(3) 正火生产周期较短,设备利用率较高,节约能源,成本较低,因此得到了广泛的应用。

（二）正火在生产中的应用

(1) 作为最终热处理

① 对于普通结构钢零件,如含碳 0.4%～0.7%,并且机械性能要求不是很高时,可以正火作为最终热处理。

② 为改善一些钢种的板材、管材、带材和型钢的机械性能,可将正火作为最终热处理。

③ 对某些大型、重型钢件或形状复杂、截面有急剧变化的钢件,若采用淬火的急冷处理工艺将发生严重变形或开裂,在保证性能的前提下可用正火代替淬火。

(2) 作为预先热处理

① 截面较大的合金结构钢件,在淬火或调质处理(淬火加高温回火)前常进行正火,以消除魏氏组织和带状组织,并获得细小而均匀的组织。

② 对于过共析钢可减少二次渗碳体量,并使其不形成连续网状,为球化退火做组织准备。

③ 对于大型锻件和较大截面的钢材,可先正火而为淬火做好组织准备。

(3) 改善切削加工性能

低碳钢或低碳合金钢退火后硬度太低,不便于切削加工。正火可提高其硬度,改善其切削加工性能。

(4) 改善和细化铸件的铸态组织。

三、淬火

淬火是将钢件加热到 Ac_3 或 Ac_1 以上某一温度,保持一定时间后以适当速度冷却,获得马氏体或下贝氏体组织的热处理工艺。它是强化钢材最重要的热处理手段。

淬火的目的是获得马氏体或下贝氏体组织,提高硬度、强度及耐磨性,随后再配合适当的回火,以满足零件的使用性能要求。例如:提高工具、轴承等的硬度和耐磨性;提高弹簧的弹性极限;提高轴类零件的综合力学性能等。

（一）钢的淬火工艺

1. 淬火温度的选择

如图 3-24 所示。亚共析钢的淬火温度为 $Ac_3+30\sim50\ ^\circ\!C$。亚共析钢必须加热到 Ac_3 以上，否则淬火组织中会保留自由铁素体，使其硬度降低。共析钢和过共析钢的淬火温度为 $Ac_1+30\sim50\ ^\circ\!C$。过共析钢加热到 Ac_1 以上时，组织中会保留少量二次渗碳体，而有利于钢的硬度和耐磨性，并且，由于降低了奥氏体中的碳含量，可以改变马氏体的形态，从而降低马氏体的脆性，此外，还可减少淬火后残余奥氏体的量。如果淬火温度太高时，则形成粗大的马氏体，使力学性能恶化，同时也增大淬火应力，使变形和开裂倾向增大。

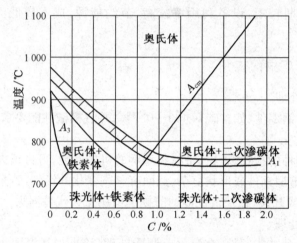

图 3-24　钢的淬火温度范围

对于合金钢，由于大多数合金元素有阻碍奥氏体晶粒长大的作用，所以淬火温度可以稍微提高一些，以利于合金元素的溶解和均匀化。

2. 加热时间的确定

加热时间包括升温和保温两个阶段。通常以装炉后炉温达到淬火温度所需时间为升温阶段，并以此作为保温时间的开始；保温阶段是指钢件烧透并完成奥氏体化所需的时间。

加热时间受钢件成分、尺寸、形状、装炉量、加热炉类型、炉温和加热介质等因素的影响，可根据热处理手册中介绍的经验公式来估算，也可由实验来确定。

3. 淬火冷却介质

加热至奥氏体状态的钢件必须在冷速大于临界冷却速度的情况下才能得到预期的马氏体组织，即希望在 C 曲线"鼻尖"附近的冷速愈大愈好，但在 M_s 点以下，为了减少因马氏体形成而造成的组织应力，又希望冷速尽量小一些，这样既能保证钢件淬上火，又不致引起太大的变形，但至今还未找到这样理想的冷却介质。

常用的冷却介质是水和油

（1）水在 $650\sim550\ ^\circ\!C$ 范围冷却能力较大，在 $300\sim200\ ^\circ\!C$ 范围也较大，因此易造成零件的变形和开裂，这是它的最大缺点。提高水温能降低 $650\sim550\ ^\circ\!C$ 范围的冷却能力，但对 $300\sim200\ ^\circ\!C$ 的冷却能力几乎没有影响。这既不利于淬硬，也不能避免变形，所以淬火用水的温度控制在 $30\ ^\circ\!C$ 以下。但水既经济又可循环使用，因此水在生产上主要用于形状简单、截面较大的碳钢零件的淬火。水中加入某些物质如 NaCl、NaOH、Na_2CO_3 和聚乙烯醇等，能改变其冷却能力以适应一定淬火用途的要求。

（2）淬火用油为各种矿物油（如锭子抽、变压器油等）。它的优点是在 300～200 ℃ 范围冷却能力低，有利于减少钢件的变形和开裂；缺点是在 650～550 ℃ 范围冷却能力也低，不利于钢件的淬硬，所以油一般作为合金钢的淬火介质。另外，油温不能太高，以免其粘度降低，流动性增大而提高冷却能力；油超过燃点易引起着火；油长期使用会老化，应注意维护。

（二）淬火方法

常用的淬火方法有单介质淬火、双介质淬火、分级淬火和等温淬火等，如图 3-25 所示。

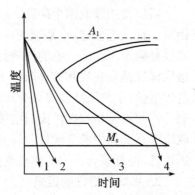

图 3-25　不同淬火方法示意图

1. 单介质淬火法

钢件奥氏体化后，在一种介质中冷却，如图 3-25 曲线 1 所示。淬透性小的钢件在水中淬火；淬透性较大的合金钢件及尺寸很小的碳钢件（直径小于 3～5 mm）在油中淬火。

单介质淬火法操作简单，易实现机械化，应用较广。缺点是水淬变形开裂倾向大；油淬冷却速度小，淬透直径小，大件淬不硬。

2. 双介质淬火法

钢件奥氏体化后，先在一种冷却能力较强的介质中冷却，冷却到 300 ℃ 左右后，再淬入另一种冷却能力较弱的介质中冷却。例如，先水淬后油冷，先水冷后空冷，等等。这种淬火操作如图 3-25 曲线 2 所示。

双介质淬火的优点是马氏体转变时产生的内应力小，减少了变形和开裂的可能性。缺点是操作复杂，要求操作人员有实践经验。

3. 分级淬火法

钢件奥氏体化后，迅速淬入稍高于 M_s 点的液体介质（盐浴或碱浴）中，保温适当时间，待钢件内外层都达到介质温度后出炉空冷，操作如图 3-25 曲线 3 所示。

分级淬火能有效地减少热应力和相变应力，降低工件变形和开裂的倾向，所以可用于形状复杂和截面不均匀的工件的淬火。但受熔盐冷却能力的限制，它只能处理小件（碳钢件直径小于 10～12 mm；合金钢件直径小于 20～30 mm），常用于刀具的淬火。

4. 等温淬火法

钢件奥氏体化后，置于淬火温度稍高于 M_s 点的熔炉中，保温足够长的时间，直至奥氏体完全转变为下贝氏体，然后出炉空冷，操作如图 3-25 曲线 4 所示。

等温淬火的优点是淬火应力与变形极小，与回火马氏体相比，在碳含量相近、硬度相当时，下贝氏体组织具有较高的塑性和韧性。适用于各种高中碳钢和低合金钢制作的，要求变形小且高韧性的小型复杂零件，如弹簧、螺栓、小齿轮、轴及丝锥等。其缺点是生产周期长，生产效率低。

（三）钢的淬透性与淬硬性

1. 淬透性和淬硬性的概念

淬透性是指钢在淬火时获得淬硬层的能力。淬硬层一般规定为工件表面至半马氏体（马氏体量占 50%）之间的区域，它的深度叫淬硬层深度。不同的钢在同样的条件下淬硬层深不同，说明不同的钢淬透性不同，淬硬层较深的钢淬透性较好。

淬硬性是指钢以大于临界冷却速度冷却时，获得的马氏体组织所能达到的最高硬度。钢的淬硬性主要决定于马氏体的含碳量，即取决于淬火前奥氏体的含碳量。

需要特别强调两个问题，一是钢的淬透性与具体工件的淬透层深度的区别。淬透性是钢的一种工艺性能，也是钢的一种属性，对于一种钢在一定的奥氏体化温度下淬火时，其淬透性是确定不变的。钢的淬透性的大小用规定条件下的淬透层深度表示。而具体工件的淬透层深度是指在实际淬火条件下得到的半马氏体区至工件表面的距离，是不确定的，它受钢的淬透性、工件尺寸及淬火介质的冷却能力等诸多因素的影响。二是淬透性与淬硬性的区别。淬硬性是指钢在淬火时的硬化能力，用淬火后马氏体所能达到的最高硬度表示，它主要取决于马氏体中的含碳量。淬透性和淬硬性并无必然联系，如过共析碳钢的淬硬性高，但淬透性低；而低碳合金钢的淬硬性虽然不高，但淬透性很好。

2. 影响淬透性的因素

钢的淬透性取决于 V_k，而 V_k 取决于 C 曲线的位置。C 曲线越靠右，V_k 越小，意味着越容易得到马氏体。主要影响因素：

（1）含碳量

钢中含碳量越接近共析成分，其奥氏体等温转变图越靠右，V_k 越小，淬透性越好（如图 3-26）。即亚共析钢的淬透性随着含碳量的增加而增加，过共析钢的淬透性随着含碳量的增加而减小。

（2）合金元素

合金元素是影响淬透性的主要因素。除 Co 外，大多数合金元素溶于奥氏体后，降低了 V_k，使得奥氏体等温转变图右移，提高钢的淬透性。

（3）奥氏体化条件

提高奥氏体化温度，使奥氏体晶粒长大，成分均匀化，从而减少珠光体的形核率，降低钢的 V_k，增加淬透性。

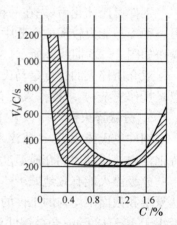

图 3-26　钢中碳含量对临界冷却速度的影响

（4）钢的未溶第二相

钢中未溶入奥氏体的碳化物、氮化物以及其他非金属夹杂物，可以成为奥氏体分解的非自发核心，使得 V_k 增大，从而降低淬透性。

3. 淬透性对热处理后力学性能的影响

淬透性对钢的力学性能的影响很大，如将淬透性不同的两种钢制成直径相同的轴进行调质处理，比较它们的力学性能可以发现，虽然硬度相同，但其他性能有显著区别，如图 3-27 所示，淬透性高的，其力学性能沿着截面是均匀分布的，而淬透性低的，心部力学性能低，韧性更低。这是因为，淬透性高的钢调质后其组织由表及里都是回火索氏体，有较高的韧性,而淬透性低的钢,心部为片状索氏体,韧性较低。因此,设计人员必须对钢的淬透性有所了解,以便能够根据工件的工作条件和性能进行合理选材,制订热处理工艺,以提高工件的使用性能。

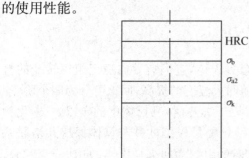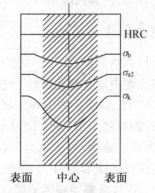

图 3 - 27　淬透性不同的钢调质后机械性能

4. 淬透性的应用

淬透性的应用具有两个方面含义:一是合理选材;二是为制定热处理工艺提供依据。

为保证工件淬火时得到完全马氏体组织,一般要求选用的钢有足够的淬透性。如淬透性不同的钢棒淬火并高温回火后的力学性能:完全淬透的钢高温回火后,其力学性能沿截面是均匀的;淬透性低的钢心部未能淬透,则心部的力学性能特别是冲击韧性较低。对同一成分钢,选用冷却能力强的淬火介质可以使钢件表面温度快速降低,淬硬深度增加。但温度梯度增大,增加了工件变形和开裂的倾向。因此在实际淬火操作中,常需要采用较缓和的冷却介质,如油或空气流等,这就要求钢具有高的淬透性。能在空气中冷却形成马氏体的钢称为空淬钢,如一些高合金模具钢。某些情况下又不要求工件完全淬透,如工具和有些机器部件往往希望高疲劳强度或耐磨的硬表面,将表面层淬成马氏体而心部不淬透,使表面层中产生压应力,有利于防止疲劳裂纹的形成并阻止其扩展。

选材的一般规律:

(1) 表面和心部力学性能一致的零件,即要求表面和心部组织一致,如螺栓、连杆、锻模、弹簧、锤杆(承受拉压载荷),选用淬透性高的钢。

(2) 表面和心部力学性能不一致的零件,通常是要求表面强度硬度高、心部塑性韧性好,即要求组织不一致,如轴类零件、冷镦模具、齿轮,可选用淬透性低的钢。

(3) 焊接件,选用淬透性低的钢。在此基础上,还需考虑尺寸效应。

淬透性是钢的一个重要的热处理工艺性能,它是根据使用性能合理选择钢材和正确制定热处理工艺的重要依据。

四、回火

钢(尤其是中碳和高碳钢)淬火态的特征是强度硬度高,但很脆,残余内应力大,组织不稳定,必须经过回火处理才能使用。回火是紧接淬火后的一道工序,也是最后一道热处理工序,是决定工件使用状态下组织和性能及使用寿命的一道关键工序。

回火是把淬火后的钢件再加热到 A_1 以下某一温度,保温一定时间,然后冷却到室温的热处理工艺。回火的目的:一是要降低淬火钢的脆性和内应力,防止变形或开裂;二是要调整和稳定淬火钢的结晶组织以保证工件不再发生形状和尺寸的改变;三是要通过适当的回火来获得所要求的强度、硬度和韧性,以满足各种工件的不同使用性能要求,淬火钢经回火后,其硬度随回火温度的升高而降低,

(一)淬火钢的回火转变过程

共析钢淬火后得到的是不稳定的马氏体和残余奥氏体,它们有着向稳定组织转变的自发倾向。回火加热能促进这种自发的转变过程。随回火温度的提高,回火可分为四个阶段。

第一阶段(200 ℃以下)马氏体分解　在200 ℃以下加热时,马氏体中的碳以 ε-碳化物的形式析出,而使过饱和度减小,正方度降低。ε-碳化物是极细的并与母体保持共格联系的薄片,晶格结构为正交晶格,分子式为 $Fe_{24}C$。这时的组织为回火马氏体,如图 3-28(a)。回火马氏体仍保持原马氏体形态,其上分布有细小的 ε-碳化物,此时钢的硬度变化不大,但由于 ε-碳化物的析出,晶格畸变程度下降,内应力有所减小。

第二阶段(200~300 ℃)残余奥氏体分解　马氏体不断分解为回火马氏体,体积缩小,降低了对残余奥氏体的压力,使其在此温度区内转变为下贝氏体。残余奥氏体从200 ℃开始分解,到300 ℃基本完成,由于得到的下贝氏体量并不多,所以这个阶段的组织仍主要是回火马氏体。这一阶段,虽然马氏体继续分解为回火马氏体会降低钢的硬度,但由于原来比较软的残留奥氏体转变为较硬的下贝氏体,因此,钢的硬度降低并不显著,屈服强度反倒略有上升。

第三阶段(250~400 ℃)回火屈氏体的形成　马氏体和残余奥氏体在250 ℃以下分解形成 ε-碳化物和较低过饱和度的 α 固溶体后,继续升高温度时,因碳原子的扩散析出能力增大,过饱和固溶体很快转变成铁素体;同时亚稳定的 ε-碳化物也逐渐转变为稳定的渗碳体,并与母相失去共格联系,使淬火时晶格畸变所保存的内应力大大消除。此阶段到400 ℃时基本完成,其所形成的尚未再结晶的铁素体和细粒状渗碳体的混合物叫做回火屈氏体,如图 3-28(b)。此时,淬火应力大部分消除,钢的硬度、强度降低,塑性、韧性上升。

　　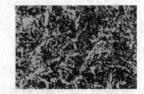　　

（a）回火马氏体　　　　　（b）回火屈氏体　　　　　（c）回火索氏体

图 3-28　回火组织

第四阶段(400 ℃以上)碳化物的聚集长大　回火屈氏体中的 α 固溶体已恢复为平衡碳浓度的铁素体,但此铁素体仍保留着原马氏体的针状外形,并且针状晶体内位错密度很高。所以与塑性变形的金属相似,针状铁素体基体在回火加热过程中,也会发生回复和再结晶过程。开始回复的温度不易测出,但高于400 ℃时,回复已很明显。随着回火温度的继续升高,逐渐发生再结晶过程,最后形成位错密度较低的等轴晶粒的铁素体基体。与此同时,渗碳体粒子不断聚集长大,约400 ℃时聚集球化,600 ℃以上时迅速粗化。如此所形成的多边形铁素体和粒状渗碳体的混合物就叫做回火索氏体,如图 3-28(c)。这时,钢的强度、硬度

进一步下降,塑性、韧性进一步上升。

（二）回火的分类和应用

根据工件的不同性能要求,按其回火温度的范围,可将回火大致分为以下三种:

（1）低温回火（150～250 ℃） 低温回火获得的组织为回火马氏体,回火钢的硬度为58～64 HRC,其目的是在尽可能保持高硬度、高耐磨性的同时降低淬火应力和脆性。适用于高碳钢和合金钢制作的各类刀具、模具、滚动轴承、渗碳及表面淬火的零件。如 T12 钢锉刀采用 760 ℃水淬＋200 ℃回火。

工程上对于精密量具、轴承等零件,在淬火及低温回火后常在 100～150 ℃下保温几十小时,以尽可能稳定回火马氏体和残余奥氏体,减少在最后冷加工工序中形成的附加应力,从而达到稳定尺寸和防止变形的目的。这种低温下长时间保温的热处理称为稳定化处理。

（2）中温回火（350～500 ℃） 中温回火获得的组织为回火屈氏体,回火后钢的硬度为35～50 HRC。中温回火的目的是为了获得较高的弹性极限和屈服强度,同时改善塑性和韧性。适用于各种弹簧及锻模,如 65 钢弹簧采用 840 ℃油淬＋480 ℃回火。

（3）高温回火（500～650 ℃） 高温回火获得的组织为回火索氏体,回火后钢的硬度为25～35 HRC,习惯上将淬火及高温回火的复合热处理工艺称为调质处理。高温回火的目的是在降低强度、硬度及耐磨性的前提下,大幅度提高塑性、韧性,得到较好的综合力学性能。适用于各种重要的中碳钢结构零件,特别是在交变载荷工作下的连杆、螺栓、齿轮及轴类等,如 45 钢小轴采用 830 ℃水淬＋600 ℃回火。也可作为某些精密零件如量具、模具等的预备热处理。应当指出,钢经正火和调质处理后的硬度值很接近,但由于调质后不仅硬度高,而且塑性和韧性更显著地超过了正火状态。所以,重要的结构零件一般都进行调质处理。

从图 3-29 中可以发现,在 250～400 ℃间回火时,冲击韧性明显下降,这种脆化现象称为钢的第一类回火脆性,又称为低温回火脆性或不可逆回火脆性。几乎所有的钢都存在这类脆性。产生的主要原因是,在 250 ℃以上回火时,碳化物薄片沿板条马氏体的板条边界或针状马氏体的孪晶带和晶界析出,破坏了马氏体之间的连接,降低了韧性和晶界的断裂强度。

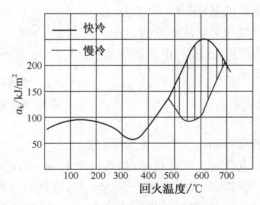

图 3-29 钢的韧性与回火温度的关系

为了防止这类脆性,一般是不在该温度范围内回火,或采用等温淬火处理。钢中加入少量硅,可使此脆化温区提高。

第三节　钢的表面热处理

一些在弯曲、扭转、冲击载荷、磨擦条件区工作的齿轮等机器零件，它们要求具有表面硬、耐磨，而心部韧，能抗冲击的特性，仅从选材方面去考虑是很难达到此要求的。如用高碳钢，虽然硬度高，但心部韧性不足，若用低碳钢，虽然心部韧性好，但表面硬度低，不耐磨，所以工业上广泛采用表面热处理来满足上述要求。

表面热处理是对钢的表面加热、冷却而不改变其成分的热处理工艺。按照加热方式，有感应加热、火焰加热、激光加热、电接触加热和电解加热等表面热处理，最常用的是前三种。

一、感应加热表面淬火

（一）感应加热的基本原理

感应线圈中通以交流电时，在其内部和周围产生一个与电流相同频率的交变磁场。若把工件置于磁场中，它在交变磁场的作用下产生与感应线圈内电流频率相同、方向相反的感应电流，这个电流在工件内自成回路，称为"涡流"，它使电能变为热能将工件加热。"涡流"在工件内部分布不均匀，主要是集中于工件的表面层。因钢具有电阻，在工件表面层集中电流的作用下使表面层迅速被加热，在几秒钟内可使温度升高到 $800\sim1\,000\,℃$，而心部温度仍接近于室温。加入交变电流的频率越高，感应电流越集中工件表面，而心部的电流密度几乎等于零，这种现象称为交流电的集肤效应。这就是高频感应电流能使表面层加热的依据，图 3-30 表示工件与感应器的位置及工件截面上电流密度的分布。

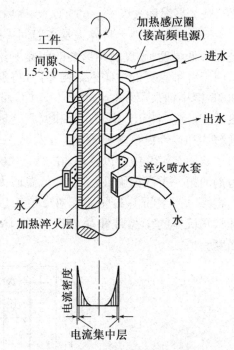

图 3-30　感应加热淬火示意图

电流透入工件表层的深度，主要与电流频率有关，对于碳钢，存在以下关系：

$$\delta=\frac{500}{\sqrt{f}}$$

式中：δ 为电流透入深度（mm）；f 为电流频率（Hz）。

可见，电流频率愈高，电流透入深度愈小，加热层也愈薄。因此，通过频率的选定，可以得到不同的淬硬层深度。例如，要求淬硬层 $2\sim5$ mm 时，适宜的频率为 $2\,500\sim8\,000$ Hz，可采用中频发电机或可控硅变频器；对于淬硬层为 $0.5\sim2$ mm 的工件，可采用电子管式高频电源，其常用频率为 $200\sim300$ kHz；频率为 50Hz 的工频发电机，适于处理要求 $10\sim15$ mm 以上淬硬层的工件。

（二）感应加热的分类

根据电流频率的不同,感应加热可分为:高频感应加热(常用工作频率为 200～300 kHz),适用于中小型零件,如小模数齿轮;中频感应加热(常用工作频率为 2 500～8 000 Hz),适用于大中型零件,如直径较大的轴和大中型模数的齿轮;工频感应加热(50 Hz),适用于大型零件,如直径大于 300 mm 的轧辊及轴类零件等。

（三）感应加热适用的钢种

表面淬火一般用于中碳钢和中碳低合金钢,如 45 钢、40Cr 钢、40MnB 钢等。这类钢经预先热处理(正火或调质)后表面淬火,心部保持较高的综合力学性能,而表面具有较高的硬度(>50 HRC)和耐磨性。高碳钢也可表面淬火,主要用于受较小冲击和交变载荷的工具、量具等。

（四）表面淬火的工艺路线

为保证工件淬火后表面获得均匀细小的马氏体并减小淬火变形,改变心部的力学性能及可加工性。感应淬火前工件需进行预备热处理,重要件采用调质,非常重要件采用正火。

工件在感应淬火后需进行 180～200 ℃的低温回火处理,以降低内应力和脆性,获得回火马氏体组织。回火方法有炉中加热回火、感应加热回火和自回火,生产中常采用"自回火"的方法,即当淬火冷却至 200 ℃时停止喷水,利用工件余热进行回火。

感应加热淬火的常用工艺路线为:锻造→退火或正火→粗机械加工→调质或正火→精机械加工→感应加热淬火→低温回火→磨削。

（五）感应加热表面淬火的特点

高频感应加热时相变速度极快,一般只需几秒或几十秒钟。与一般淬火相比,其组织和性能有以下特点:

(1) 高频感应加热时,钢的奥氏体化是在较大的过热度(Ac_3 以上 80～150 ℃)下进行的,因此晶核多,且不易长大,淬火后组织为细隐晶马氏体。表面硬度高,比一般淬火高 2～3 HRC,而且脆性较低。

(2) 表面层淬得马氏体后,由于体积膨胀在工件表层造成较大的残余压应力,显著提高工件的疲劳强度。小尺寸零件可提高 2～3 倍,大件也可提高 20%～30%。

(3) 因加热速度快,没有保温时间,工件的氧化脱碳少。另外,由于内部未加热,工件的淬火变形也小。

(4) 加热温度和淬硬层厚度(从表面到半马氏体区的距离)容易控制,便于实现机械化和自动化。

由于以上特点,感应加热表面淬火在热处理生产中得到了广泛的应用。其缺点是设备昂贵,形状复杂的零件处理比较困难。

二、火焰加热表面淬火

火焰加热表面淬火是用乙炔-氧或煤气-氧混合气体燃烧的火焰,喷射至零件表面上,使它快速加热,当达到淬火温度时立即喷水冷却,从而获得预期的硬度和淬硬层深度的一种表面淬火方法。火焰加热常用的装置如图 3-31 所示。

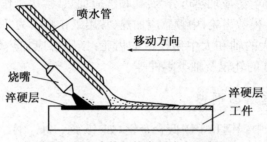

喷水管

移动方向

烧嘴

淬硬层

淬硬层

工件

图 3-31　火焰加热表面淬火示意图

火焰表面淬火零件的选材,常用中碳钢如 35 钢、45 钢以及中碳合金结构钢如 40Cr、65Mn 等,如果含碳量太低,则淬火后硬度较低;碳和合金元素含量过高,则易淬裂。火焰表面淬火法还可用于对铸铁件如灰铸件、合金铸铁进行表面淬火。火焰表面淬火的淬硬层深度一般为 2~6 mm,若要获得更深的淬硬层,往往会引起零件表面严重的过热,且易产生淬火裂纹。

由于火焰表面淬火方法简便,无需特殊设备,可适用于单件或小批量生产的大型零件和需要局部淬火的工具或零件,如大型轴类、大模数齿轮、锤子等。但火焰表面淬火较易过热,淬火质量往往不够稳定,工作条件差,因此限制了它在机械制造业中的广泛应用。

三、激光加热表面淬火

激光加热表面淬火是利用高功率密度的激光束扫描工件表面,将其迅速加热到钢的相变点以上,然后依靠零件本身的传热,来实现快速冷却淬火。

激光淬火的硬化层较浅,通常为 0.3~0.5 mm。采用 4 kW~5 kW 的大功率激光器,能使硬化层深度达 3 mm。由于激光的加热速度特快,工件表层的相变是在很大过热度下进行的,因而形核率高。同时由于加热时间短,碳原子的扩散及晶粒的长大受到限制,因而得到不均匀的奥氏体细晶粒,冷却后转变成隐晶或细针状马氏体。激光淬火比常规淬火的表面硬度高 15%~20% 以上,可显著提高钢的耐磨性。另外,表面淬硬层造成较大的压应力,有助于其疲劳强度的提高。

由于激光聚焦深度大,在离焦点 75 mm 范围内的能量密度基本相同,所以激光处理对工件的尺寸及表面平整度没有严格要求,能对形状复杂的零件(例如有拐角、沟槽、盲孔的零件)进行处理。激光淬火变形非常小,甚至难以检查出来,处理后的零件可直接送装配线。另外,激光加热速度极快,表面无需保护,靠自激冷却而不用淬火介质,工件表面清洁,有利于环境保护。同时工艺操作简单,也便于实现自动化。由于具有上述一系列优点,激光表面淬火二十多年来发展十分迅速,已在机械制造生产中取得了成功的应用。但设备昂贵,大规模应用受到限制。

第四节　钢的化学热处理

化学热处理是将工件置于特定介质中加热和保温,使一种或几种元素渗入工件表面,以改变表层化学成分、组织和性能的热处理工艺。化学热处理不仅能够提高钢件表面硬度,耐磨性以及疲劳极限,而且还能提高零件的抗腐蚀性、抗氧化性,以代替昂贵的合金钢。因此,近年来化学热处理发展迅速。

化学热处理的基本过程大致为:加热——将工件加热到一定温度使之有利于吸收渗入元素活性原子;分解——由化合物分解或离子转变而得到渗入元素活性原子;吸收——活性原子被吸附并溶入工件表面形成固溶体或化合物;扩散——渗入原子在一定温度下,由表层向内部扩散形成一定深度的扩散层。

化学热处理方法可分为渗碳、渗氮、渗硼、渗铬、渗铝、渗硫、渗硅及碳氮共渗。其中,渗碳、碳氮共渗可提高钢的硬度、耐磨性及疲劳性能;渗氮、渗硼、渗铬使工件表面特别硬,可显著提高耐磨性和耐蚀性;渗铝可提高耐热抗氧化性;渗硫可提高减磨性;渗硅可提高耐酸性等。在机械制造业中,最常用的是渗碳、渗氮和碳氮共渗及氮碳共渗。

一、钢的渗碳

渗碳是将钢件放入渗碳介质中加热、保温,以使碳原子渗入钢件表层的化学热处理工艺。其目的是使工件表面具有高的硬度和耐磨性,而心部仍保持一定强度和较高的韧性。主要用于表面受严重磨损并在较大冲击载荷、交变载荷下工作的零件,如齿轮、活塞销、套筒及要求很高的喷油嘴偶件等。

(一)渗碳方法

根据渗碳剂的状态不同,渗碳方法可分为三种:固体渗碳、液体渗碳和气体渗碳。其中液体渗碳应用极少而气体渗碳应用最广泛。

1. 气体渗碳

气体渗碳是指工件在含碳的气体中进行渗碳的工艺。目前国内应用较多的是滴注式渗碳,即将煤油、甲苯、丙酮等有机液体渗碳剂直接滴入炉内裂解成富碳气氛,进行气体渗碳。图 3-32 所示为井式炉中的气体渗碳示意图,其过程为:将工件装在密封的渗碳炉中,加热到 900～950 ℃,向炉内滴入煤油等有机液体,在高温下分解成 CO、CO_2、H_2 及 CH_4 等气体组成的渗碳气氛,与工件接触时,便在工件表面进行下列反应,生成活性碳原子,随后,活性碳原子被工件表面吸收而溶入奥氏体中,并向内部扩散而形成一定深度的渗碳层。

$$2CO \longrightarrow [C] + CO_2$$

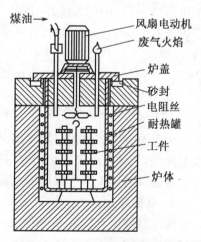

图 3-32　井式气体渗碳示意图

$$CH_4 \longrightarrow [C] + 2H_2$$

$$CO + H_2 \longrightarrow [C] + H_2O$$

气体渗碳的优点是:生产率高,劳动条件好,渗碳过程容易控制,容易实现机械化、自动化,适用于大批量生产。

2. 固体渗碳法

如图 3‑33,将工件置于四周填满固体渗碳剂的箱中,用盖和耐火泥将箱密封后,送入炉中,加热至渗碳温度(900~950 ℃),保温一定时间出炉,取出渗碳零件,进行淬火+低温回火热处理。

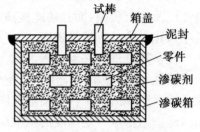

图 3‑33　固体渗碳示意图

固体渗碳剂通常是由碳粒与碳酸盐($BaCO_3$ 或 Na_2CO_3)混合组成。在加热时,固体渗碳剂分解而形成 CO,其反应式如下:

$$BaCO_3(Na_2CO_3) \longrightarrow BaO(Na_2O) + CO_2$$

$$CO_2 + C(碳粉) \rightarrow 2CO$$

在渗碳温度下,CO 是不稳定的,它在钢表面发生 $2CO \longrightarrow CO_2 + [C]$ 反应,提供活性碳原子溶解于高温奥氏体,然后向钢的内部扩散而进行渗碳。与气体渗碳法比较,固体渗碳法的渗碳速度慢,生产率低,劳动条件差,质量不易控制,但固体渗碳法的设备简单,容易操作,故在中、小型工厂中仍普遍采用。在大量生产时则大多采用气体渗碳法。

(二)渗碳工艺

渗碳工艺参数包括渗碳温度和渗碳时间等。

奥氏体的溶碳能力较大,因此渗碳加热到 Ac_3 以上,温度愈高,渗碳速度愈快,渗层愈厚,生产率也愈高。为了避免奥氏体晶粒过于粗大,渗碳温度一般采用 900~950 ℃。

渗碳时间则取决于对渗层厚度的要求。在 900~950 ℃温度下,每保温 1 h,厚度约增加 0.2~0.3 mm。

低碳钢渗碳后缓冷下来的显微组织是表层为珠光体和二次渗碳体,心部为原始亚共析钢组织(P+F),中间为过渡组织。一般规定,从表面到过渡层的一半处为渗碳层厚度。当渗碳温度为 900~950 ℃时,在一般渗碳气氛条件下,渗碳层厚度(δ)主要决定于保温时间(τ)。即:

$$\delta = K\sqrt{\tau} \quad (K \text{ 为常数,可由实验确定})$$

(三)渗碳后的热处理

为了充分发挥渗碳层的作用,使渗碳件表面获得高硬度和高耐磨性,心部保持足够的强度和韧性,工件在渗碳后必须进行热处理(淬火+低温回火)。

渗碳件的淬火方法有如下三种:

1. 直接淬火

即工件渗碳直接淬火(如图 3‑34(a))或预冷到 830~850 ℃后淬火(如图 3‑34(b))。这种方法一般适用于气体或液体渗碳,固体渗碳时较难采用。

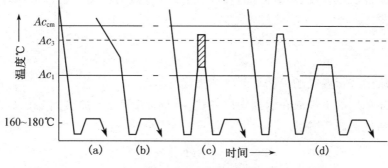

图 3-34　渗碳后热处理示意图

直接淬火具有生产效率高、工艺简单、成本低、减少工件变形及氧化脱碳等优点。但是，由于渗碳温度高、时间长，容易发生奥氏体晶粒长大，因而可能导致粗大的淬火组织及表层残余奥氏体量较多，影响工件的韧性和耐磨性。所以，直接淬火只适用于本质细晶粒钢或性能要求较低的零件。

2. 一次淬火

即在渗碳件缓慢冷却之后，重新加热淬火。与直接淬火相比，一次淬火可使钢的组织得到一定程度的细化。对于心部性能要求较高的工件，淬火温度应略高于心部成分的 Ac_3；对于心部强度要求不高，而要求表面有较高硬度和耐磨性的工件，淬火温度应略高于 Ac_1；对介于两者之间的渗碳件，要兼顾表层与心部的组织及性能，淬火温度可选在 $Ac_1 \sim Ac_3$ 之间，如图 3-34(c)所示。

3. 两次淬火

即渗碳后缓冷，然后进行两次加热淬火，以使工件的表面和心部都能获得较高的力学性能。第一次淬火加热温度在 Ac_3 以上 30～50 ℃，目的是细化心部组织并消除表层网状渗碳体。第二次淬火加热温度在 Ac_1 以上 30～50 ℃，目的是使表层获得极细的马氏体和均匀分布的细粒状二次渗碳体，如图 3-34(d)。两次淬火工艺复杂，生产率低，成本高，且会增大工件的变形及氧化与脱碳，因此现在生产上很少采用。

不论采用哪种方法淬火，渗碳件在最终淬火后都应进行低温回火(150～200 ℃)。渗碳钢经淬火和低温回火后，表层硬度可达 60HRC 以上，耐磨性好，疲劳强度高。心部的性能取决于钢的淬透性。心部未淬透时，为 F+P 组织，硬度较低，塑性、韧性较好；心部淬透时，为低碳 M 或 M+T 组织，硬度较高，具有较高的强度和韧性。

渗碳工件经淬火+低温回火后的表面组织为针状回火马氏体+碳化物+少量残留奥氏体，其硬度为 58～64 HRC，而心部则随钢的淬透性而定。对于低碳钢，如 15 钢、20 钢，其心部组织为铁素体+珠光体，硬度相当于 10～15 HRC；对于低碳合金钢，如 20CrMnTi，心部组织为回火低碳马氏体+铁素体，硬度为 35～45 HRC。

渗碳工件的一般工艺路线为：锻造→正火→机械加工→渗碳→淬火+低温回火→精加工。

二、钢的渗氮

渗氮是指在一定温度下使活性氮原子渗入工件表面的化学热处理工艺，也称为氮化。

其目的是提高工件表面硬度、耐磨性、耐腐性、热硬性及疲劳强度。目前应用较多的有气体渗氮和离子渗氮。

（一）气体渗氮

在气体介质中进行渗氮的工艺称为气体渗氮。

把已脱脂净化后的工件放在渗氮炉内加热，并通入氨气，当加热到 380 ℃以上，氨即可按下式分解出活性氮原子[N]：

$$2NH_3 \longrightarrow 3H_2 + 2[N]$$

活性氮原子[N]被工件表面吸收并溶入表面，在保温过程中逐渐向里扩散，形成一定深度的渗氮层。

由于氮在铁素体中有一定的溶解能力，无需加热到高温，所以，常用的气体渗氮温度为 550～570 ℃，远低于渗碳温度。渗氮时间则取决于渗层厚度，一般渗氮层的深度为 0.4～0.6 mm，渗氮时间约需 20～50 h，故气体渗氮的生产周期比较长。

为保证渗氮零件的质量，渗氮零件需选用含与氮亲合力大的 Al、Cr、Mo、Ti、V 等合金元素的合金钢。如 38CrMoAlA、35CrAlA、38CrMo 等。

渗氮前需进行调质处理，以改善机械加工性能，并获得均匀的回火索氏体组织，保证较高的强度和韧性。

渗氮零件的一般工艺路线为：锻造→正火→粗加工→调质→精加工→去应力→粗磨→渗氮→精磨或研磨。

渗氮零件的设计技术要求应注明渗氮层深度、表面硬度、渗氮部位、心部硬度等，对于零件上不需渗氮的部位镀锡或镀铜保护，或增加加工余量，渗氮后去除。

与渗碳相比，气体渗氮有以下特点：

（1）变形很小。由于渗氮温度低，且渗氮后又不需进行任何其他热处理，一般只需要精磨或研磨、抛光即可。

（2）高硬度、高耐磨性。这是由于钢经过渗氮后，表面形成一层极硬的合金氮化物层，使渗氮层的硬度高达 1 000～1 100 HV，而且在 600～650 ℃下保持不下降。

（3）疲劳极限高。由于渗氮层的体积增大造成工件表面产生残留应压力，可使疲劳极限提高 15%～35%。

（4）高的耐蚀性能。这是由于渗氮层表面是由致密的耐蚀的氮化物组成，使工件在水、过热的蒸汽和碱性溶液中都很稳定。

（5）生产周期长，成本高。

由于渗氮零件的这些性能特点，它主要应用于在交变载荷下工作并要求耐磨的重要结构零件，如高速传动的精密齿轮、高速柴油机曲轴、高精度机床主轴及在高温下工作的耐热、耐蚀、耐磨零件，如齿轮套、阀门、排气阀等。

（二）离子渗氮

在一定真空度下的渗氮气氛中，利用工件（阴极）和阳极之间产生的辉光放电进行渗氮的工艺称为离子渗氮。所以，也称为辉光离子渗氮。

离子渗氮的基本工艺过程为:将工件置于离子渗氮炉中,将真空度抽到 $1.33\sim13.3$ Pa, 慢慢通入氨气使气压维持在 $1.33\times(10^2\sim10^3)$ 之间,以工件为阴极,炉壁为阳极,通过 $400\sim750$ V高压电,氨气被电离成氨和氢的正离子和电子,这时阴极(工件)表面形成一层紫色辉光,具有高能量的氨离子以很大的速度轰击工件表面,将离子的动能转化为热能,使工件表面温度升高到所需的渗氮温度($500\sim650$ ℃);同时氮离子在阴极上夺取电子后,还原成氮原子而渗入工件表面,并向里扩散形成渗氮层。在氮离子轰击工件表面的同时,还能产生阴极溅射效应而溅射出铁离子,铁离子形成氮化铁(FeN)附在工件表面,在高温和离子轰击的作用下,依次分解为 Fe_2N,Fe_3N,Fe_4N,并放出氮原子向工件内部扩散,形成渗氮层。随着时间的延长,渗氮层逐渐加深。

离子渗氮的主要特点:

(1)渗氮速度快,生产周期短。以 38CrMoAlA 渗氮为例,要达到 $0.53\sim0.7$ mm 深的渗层,气体渗氮需 50 h,而离子渗氮只需 $15\sim20$ h。

(2)渗氮层质量好。由于阴极溅射有抑制生成脆性层的作用,所以,渗氮层韧性和疲劳强度得到了明显的提高。

(3)工件变形小。由于阴极溅射效应使工件尺寸有减少,可抵消氮化物形成而引起的尺寸增大,故特别适用于处理精密零件和复杂零件,如 38CrMoAlA 钢制成的长 $900\sim1\,000$ mm、外径 27 mm 的螺杆,渗氮后弯曲变形小于 5 μm。

(4)对材料的适应性强。对于一些含 Cr 的合金钢(如不锈钢),表面有一层稳定致密的钝化膜将阻止氮的渗入,但离子渗氮的阴极溅射能有效地去除这层钝化膜,克服了气体渗氮的局限性。因此,渗氮用钢、碳钢、合金钢和铸铁都能进行离子渗氮,但专用渗氮钢(38CrMoAlA)效果最佳。

目前,离子渗氮主要存在设备投资高,温度分布不均,测温困难和操作要求严格等问题,使适用性受到限制。

三、钢的碳氮共渗

碳氮共渗就是向钢件表层同时渗入碳原子和氮原子的化学热处理工艺,也称为氰化处理。目前碳氮共渗方法有两种,即气体碳氮共渗和液体碳氮共渗。液体碳氮共渗因使用的介质氰盐有剧毒,污染环境,应用受到限制,目前应用较广泛的碳氮共渗工艺是中温气体碳氮共渗和低温气体碳氮共渗。其中低温气体碳氮共渗是以渗氮为主,因渗层硬度提高不多,故又称为软氮化。这里仅简单介绍中温气体碳氮共渗。

中温气体碳氮共渗是将钢件放入密封炉罐内加热到 $820\sim860$ ℃,并向炉内滴入煤油或其他渗碳剂,同时通入氨气。在高温下共渗剂分解出活性碳原子和氮原子,被工件表面吸收并向内层扩散,形成一定共渗层。在钢的碳氮共渗温度下,保温时间主要取决于要求的渗层深度,例如一般零件保温 $4\sim6$ h,渗层深度可达 $0.5\sim0.8$ mm。

和渗碳件一样,中温气体碳氮共渗后的零件经淬火加低温回火后,共渗层组织为细小的针片状马氏体、适量的粒状碳氮化合物和少量残余奥氏体。

在渗层含碳量相同的情况下,碳氮共渗件比渗碳件具有更高的表面硬度、耐磨性、抗蚀性、弯曲强度和接触疲劳强度。但耐磨性和疲劳强度低于渗氮件。

中温气体碳氮共渗和渗碳相比,具有处理温度低、速度快、生产效率高、变形小等优点,得到了越来越广泛的应用。但由于它的渗层较薄,主要只用于形状复杂、要求变形小、受力不大的小型耐磨零件。碳氮共渗不仅适用于渗碳钢,也可用于中碳钢和中碳合金钢。

第五节　热处理新技术简介

先进热处理技术是指通过采用新的加热方法、新的冷却方法以及新的对加热和冷却过程的控制方法而开发出的现代热处理工艺技术。主要表现为:真空热处理、可控气氛热处理、形变热处理等少氧或无氧化技术成为热处理技术发展主流;研究加热技术的同时,对冷却过程模拟,可控冷却技术的研究开发与应用取得了长足进展;计算机和 IT 技术使传统热处理技术现代化;清洁、节能和环保型热处理技术备受重视,成为热处理行业可持续发展的热点。现对先进热处理技术做简单介绍如下。

一、可控气氛热处理

向炉内通入一种或几种成分的气体,通过对这些气体成分的控制,使工件在热处理过程中不发生氧化和脱碳的热处理工艺,称为可控气氛热处理。一般可控气源由 CO、H_2、N_2 及微量的 CO_2、H_2O 与 CH_4 等气体组成,适当调节混合气体的成分,可以控制气氛的性质,达到无氧化脱碳缺陷及渗碳等目的。

在少品种、大批量生产中,可控气氛热处理可对碳素钢和一般合金结构钢进行光亮淬火、光亮退火、渗碳淬火、碳氮共渗淬火、气体氮碳共渗处理。

可控气氛热处理的应用有以下一系列技术经济优点:

(1) 能减少或避免钢件在加热过程中氧化和脱碳,改善热处理后的表面质量,提高零件的耐磨性、抗疲劳性和使用寿命;

(2) 可实现光亮热处理,保证工件的尺寸精度;

(3) 可进行控制表面碳浓度的渗碳和碳氮共渗,可使已脱碳的工件表面复碳;

(4) 可进行穿透渗碳处理,例如,某些形状复杂且要求高弹性或高强度的工件,用高碳钢制造加工困难,可用低碳钢冲压成形,然后进行穿透渗碳,以代替高碳钢。这样可以大大革新加工程序。

可控气氛主要有四大类:放热式、吸热式、氨分解式、滴注式。

(1) 放热式气氛　用煤气或丙烷等与空气按一定比例混合后进行的放热反应而形成,主要用于防止加热时的氧化,如低、中碳钢的光亮退火或光亮淬火等。

(2) 吸热式气氛　用煤气、天燃气或丙烷等与空气按一定比例混合后,通入发生器进行吸热反应而形成,主要用于防止加热时的氧化、脱碳,或用于渗碳处理。如工件的光亮退火、光亮淬火、渗碳、碳氮共渗等。

(3) 氨分解气氛　将氨气加热分解为氮和氢,一般用来代替价格昂贵的纯氢作为保护气氛。主要用于含铬较高的合金钢的光亮退火、光亮淬火和钎焊等。

(4) 滴注式气氛　用液体有机化合物(如甲醇、乙醇、丙酮、甲酰胺、三乙醇胺等)混合滴入炉内所得到的气氛称为滴注式气氛。它容易获得,只需在原有的井式炉、箱式炉或连续炉上稍加改造即可使用。主要用于渗碳、碳氮共渗、保护气氛淬火和退火等。

我国在掌握和推广可控气氛过程中,在解决气氛问题上走过了漫长的道路。最早的吸热式气氛发生炉主要用液化气,即纯度较高的丙烷或丁烷。近几年已证实,我国的天然气资源丰富,为用甲烷制备吸热式气氛创造了良好的条件。

二、真空热处理

真空热处理是在 $1.33\sim1.33\times10^{-2}$ Pa 真空介质中加热,不仅可实现钢件的无氧化、无脱碳,而且还可以实现生产的无污染和工件的少畸变。因此,它还属于清洁和精密生产技术范畴。这种热处理可使钢脱氧和净化,获得光亮的表面,并可显著提高耐磨性和疲劳极限。此外,工件畸变小是真空热处理的一个非常重要的优点,据国外经验,工件真空热处理的畸变量仅为盐浴加热淬火的三分之一。

(一)真空热处理的优点

(1)可以减少变形。在真空中加热,升温速度很慢,工件截面温差很小,所以处理时变形较小。

(2)可以减少和防止氧化。真空中氧的分压很低,金属的氧化受到抑制。实践证明,在 13.3 Pa 的真空度下,金属的氧化速度极慢。在 1.33×10^{-3} Pa 的真空度下,可以实现无氧化加热。

(3)可以净化表面。在高真空中,表面的氧化物发生分解,工件可得到光亮的表面。另外,工件表面的油污属于碳氢氧的化合物,在真空中加热时分解为水蒸气、二氧化碳等气体,被真空泵抽出。洁净光亮的表面不仅美观,而且对提高耐磨性、疲劳强度等都有明显的效果。

(4)脱气作用。溶解在金属中的气体,在真空中长时间加热时,会不断逸出并由真空泵抽出。真空热处理的去气作用,有利于改善钢的韧性,提高工件的使用寿命。

除了上述优点以外,真空热处理还可以减少或省去清洗和磨削加工工序,改善劳动条件,实现自动控制。

(二)真空热处理的应用

(1)真空退火 利用真空无氧化加热的效果进行光亮退火,主要用于冷拉钢丝的中间退火、不锈钢的退火及有色金属的退火等。

(2)真空淬火 真空淬火已广泛应用于各种钢的淬火处理,大大提高了工件的性能,特别是高合金工具钢,大多数工模具钢目前都可采取在真空中加热,然后在气体中冷却淬火的方式。为了使工件表面和内部都获得满意的力学性能,必须采取真空高压气淬技术。目前国际上真空气淬的气压已从 0.2 MPa、0.6 MPa 提高到 $1\sim2$ MPa 甚至 3 MPa。

(3)真空渗碳 真空渗碳是实现高温渗碳最可靠的方式。工件在真空中加热并进行气体渗碳,称为真空渗碳,也叫低压渗碳。与传统渗碳方法相比,真空渗碳温度高(1 000 ℃),可显著缩短渗碳时间,且渗层均匀,碳浓度变化平缓,表面光洁。

三、激光热处理

激光束的穿透能力强,在工业上的应用越来越广,激光热处理就是其中一种。

1. 激光热处理技术原理

激光热处理就是利用高功率密度的激光束对金属进行表面处理的方法,用激光束把金属表面加热到仅低于熔点的临界转变温度,使其表面迅速奥氏体化,然后急速自冷淬火,此时,金属表面迅速被强化,即发生了激光相变硬化。

2. 特点

高速加热,高速冷却,获得的组织细密,硬度高,耐磨性能好;淬火部位可获得较大的残留压应力,有助于提高疲劳性能;还可以进行局部选择性淬火,通过对多光斑尺寸的控制,更适合其他热处理方法无法胜任的不通孔、深沟、微区、夹角和刀具刃口等局部区域的硬化;激光可以远距离传送,可以实现一台激光器多工作台同时使用,采用计算机编程实现对激光热处理工艺过程的控制和管理,实现生产过程的自动化。

3. 应用

随着大功率CO_2激光器的发展,用激光就可以实现各种形式的表面处理,许多汽车关键件,如缸体、缸套、曲轴、凸轮轴、排气门、阀座、摇臂、铝活塞环槽等几乎都可以采用激光热处理。美国通用汽车公司用十几台千瓦级CO_2激光器,对转向器壳内壁局部硬化,日产3万套,提高功效四倍;我国采用大功率CO_2激光器对汽车发动机缸孔内壁进行强化处理,可延长发动机大修里程到15 km以上;激光热处理过的缸体、缸套淬硬带的耐磨性大幅度提高,未淬硬带可增加储油,改善润滑性能。

四、形变热处理

形变热处理是将材料塑性变形与热处理有机地结合起来,同时发挥材料形变强化和相变强化作用的综合热处理工艺。这种方式不仅可以获得比普通热处理更优异的强韧化效果,而且能省去热处理时重新加热的工序,简化生产流程,节约能源,具有较高的经济效益。

钢的形变热处理强韧化的原因可分为三个方面:

(1)形变热处理在塑性变形过程中细化了奥氏体晶粒,从而使热处理后得到细小的马氏体组织。

(2)奥氏体在塑性变形时形成大量的位错,并成为马氏体转变核心,促使马氏体转变量增多并细化,同时又产生了大量新的位错,使位错的强化效果更显著。

(3)形变热处理中,高密度位错为碳化物析出的高弥散度提供有利条件,产生碳化物弥散强化作用。

形变热处理的方式很多,根据形变与相变的相互关系,有相变前形变、相变中形变和相变后形变三种基本类型。现仅介绍相变前形变的高温形变热处理和低温形变热处理。

(一)高温形变热处理

高温形变热处理是将钢加热到稳定的奥氏体区域,进行塑性变形,然后立即进行淬火和回火(见图3-35)。这种工艺的要点是,在稳定的奥氏体状态下形变时,为了保留形变强化的效果,应尽可能避免发生奥氏体再结晶的软化过程,所以形变后应立即快速冷却。

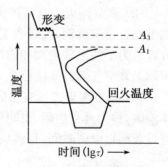

图3-35 高温形变热处理
工艺曲线示意图

高温形变热处理和普通热处理相比,不但能提高钢的强度,而且能显著提高钢的塑性和韧性(强度可提高 10%～30%,塑性可提高 40%～50%),使钢的综合力学性能得到明显的改善。另外,由于钢件表面有较大的残余压应力,还可使疲劳强度显著提高。高温形变热处理质量稳定,工艺简单,还减少了工作的氧化、脱碳和变形,适用于形状简单的零件或工具的热处理,如连杆、曲轴、模具和刀具等。

(二) 中温形变热处理

中温形变热处理是将钢加热到稳定的奥氏体状态后,迅速冷却到过冷奥氏体的亚稳区进行塑性变形,然后淬火和回火(见图 3－36)。具体工艺参数根据钢种和性能要求的不同有所差异。

这种方法和普通热处理相比,强化效果非常显著。淬透性好的中碳合金钢经中温形变热处理后,可大大提高强度而不降低塑性,甚至略有提高。此外,还可提高钢的回火稳定性和疲劳强度。

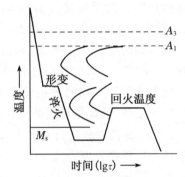

图 3－36　中温形变热处理
工艺曲线示意图

中温形变热处理要求钢有高的淬透性(即过冷奥氏体的亚稳区较大、较宽),以使在形变时不产生非马氏体转变。

中温形变热处理的形变温度较低,因此形变速度要快,压力加工设备的功率要大。这种方法的强化效果虽好,但因工艺实施较难,目前仅用于强度要求很高的弹簧钢丝、轴承等小型零件及刀具等。

(三) 低温形变热处理

低温形变热处理是将工件加热到奥氏体区后急冷至形成珠光体与贝氏体温度范围内(在 450～600 ℃热浴中冷却),立即对过冷奥氏体进行塑性变形(变形量一般为 70%～80%),然后再进行淬火和回火。此工艺与普通淬火比较,在保持塑性、韧性不降低的情况下,可大幅度地提高钢的强度、疲劳强度和耐磨性,特别是强度,可提高 300 MPa～1 000 MPa。因此,它主要用于要求高强度和高耐磨性的零件和工具,如飞机起落架、高速刀刃、模具和重要的弹簧等。

此外,这种方法要求钢材具有较高的淬透性和较长的孕育期,如合金钢、模具钢。由于变形温度较低,要求变形速度快,故需用功率大的设备进行塑性变形。

思考题

1. 再结晶和重结晶有何不同?
2. 说明共析钢 C 曲线各个区、各条线的物理意义,并指出影响 C 曲线形状和位置的主要因素。
3. 何谓钢的临界冷却速度? 它的大小受哪些因素影响? 它与钢的淬透性有何关系?
4. 亚共析钢热处理时快速加热可显著地提高屈服强度和冲击韧性,是何道理?

5. 加热使钢完全转变为奥氏体时,原始组织是粗粒状珠光体为好,还是以细片状珠光体为好? 为什么?

6. 简述各种淬火方法及其适用范围。

7. 马氏体的本质是什么? 它的硬度为什么很高? 是什么因素决定了它的脆性?

8. 淬透性和淬透层深度有何联系与区别? 影响钢件淬透层深度的主要因素是什么?

9. 分析图 3-37 的实验曲线中硬度随碳含量变化的原因。图中曲线 1 为亚共析钢加热到 Ac_3 以上,过共析钢加热到 Ac_{cm} 以上淬火后,随钢中碳含量的增加钢的硬度变化曲线;曲线 2 为亚共析钢加热到 Ac_3 以上,过共析钢加热到 Ac_1 以上淬火后,随钢中碳含量的增加钢的硬度变化曲线;曲线 3 表示随碳含量增加,马氏体硬度的变化曲线。

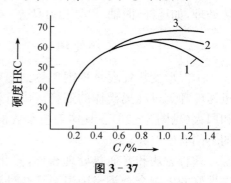

图 3-37

10. 共析钢加热到相变点以上,用图 3-38 所示的冷却曲线冷却,各应得到什么组织? 各属于何种热处理方法?

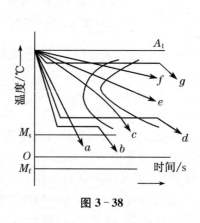

图 3-38

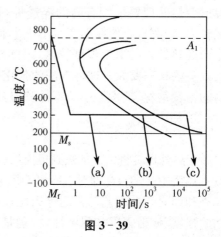

图 3-39

11. T12 钢加热到 Ac_1 以上,用图 3-39 所示各种方法冷却,分析其所得到的组织。

12. 正火与退火的主要区别是什么? 生产中应如何选择正火与退火?

13. 确定下列钢件的退火方法,并指出退火目的及退火后的组织:

(1) 经冷轧后的 15 钢板,要求降低硬度;(2) ZG35 的铸造齿轮;(3) 锻造过热的 60 钢锻坯。

14. 说明直径为 10 mm 的 45 钢试样经下列温度加热、保温并在水中冷却得到的室温组织:700 ℃,760 ℃,840 ℃,1 100 ℃。

15. 指出下列工件的淬火及回火温度,并说出回火后获得的组织。

(1) 45 钢小轴(要求综合机械性能好);(2) 60 钢弹簧;(3) T12 钢锉刀。

16. 用 T10 钢制造形状简单的车刀,其工艺路线为:锻造→热处理→机加工→热处理→磨加工。

(1) 写出其中热处理工序的名称及作用;(2) 制定最终热处理(即磨加工前的热处理)

的工艺规范,并指出车刀在使用状态下的显微组织和大致硬度。

17. 低碳钢(0.2%C)小件经 930 ℃、5 h 渗碳后,表面碳含量增至 1.0%,试分析以下处理后表层和心部的组织:

(1)渗碳后慢冷;(2)渗碳后直接水淬并低温回火;(3)由渗碳温度预冷到 820 ℃,保温后水淬,再低温回火;(4)渗碳后慢冷至室温,再加热到 780 ℃,保温后水淬,再低温回火。

18. 调质处理后的 40 钢齿轮,经高频加热后的温度分布如图 3 - 40 所示,试分析高频加热水淬后,轮齿由表面到中心各区(Ⅰ、Ⅱ、Ⅲ)的组织变化。

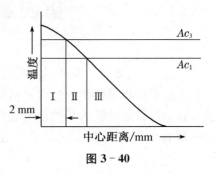

图 3 - 40

第四章　黑色金属材料

工业中应用最广泛的金属材料是钢铁。机械制造工业上把金属材料分为两大部分：钢铁材料——铁和以铁为基的合金（钢、铸铁和铁合金），即黑色金属材料；非铁金属材料——钢铁材料以外的所有金属及其合金（硬质合金、高温合金等特殊合金除外），即有色金属材料。

本章主要介绍常用钢铁材料的分类、牌号、化学成分、力学性能和应用范围。

第一节　概　述

以铁和碳为主要组成的铁碳合金，其工程性能比较优越，价格便宜，是工程上应用最多的材料。

一、钢的分类

钢是碳的质量分数 ω_c 不大于 2.11%，并可能含有其他元素的铁碳合金（在个别钢中，如高铬钢，其 ω_c 可超过 2.11%）。钢的种类很多，常用分类方法如下：

按化学成分分为：碳素钢（简称碳钢）、合金钢；

按品质分为：普通、优质、高级优质；

按用途分为：结构、工具、特殊性能、专业用钢；

按冶炼方法分为：平炉、转炉、电炉钢；

按脱氧程度和浇铸制度分为：沸腾、镇静和半镇静钢；

按金相组织分类为：退火状态的钢、正火状态的钢、无相变或部分发生相变的钢。

其中碳素钢按碳的质量分数又可分为低碳钢（$\omega_c < 0.25\%$）、中碳钢（$\omega_c = 0.25\% \sim 0.60\%$）、高碳钢（$\omega_c > 0.60\%$）；按钢的冶金质量和钢中有害杂质元素硫、磷的质量分数分普通质量钢（$\omega_s = 0.035\% \sim 0.050\%$，$\omega_p = 0.035\% \sim 0.045\%$）、优质钢（$\omega_s$、$\omega_p$ 均 $\leqslant 0.035\%$）、高级优质钢（$\omega_s = 0.020\% \sim 0.030\%$，$\omega_p = 0.025\% \sim 0.030\%$）；合金钢按合金元素总的质量分数分为低合金钢（$\omega_{Me} < 5\%$）、中合金钢（$\omega_{Me} = 5\% \sim 10\%$）、高合金钢（$\omega_{Me} > 10\%$）；按钢中主要合金元素种类不同，又可分为锰钢、铬钢、硼钢、铬镍钢、铬锰钢等；按正火后组织分铁素体钢、奥氏体钢、莱氏体钢等。

二、我国钢号表示方法

钢的牌号简称钢号，是对每一种具体钢产品所取的名称，是人们了解钢的一种共同语言。我国的钢号表示方法根据国家标准《钢铁产品牌号表示方法》（GB/T221—2000）中规定,并于 2000 年 11 月 1 日开始实施。

产品牌号的表示,一般采用汉语拼音字母、化学元素符号和阿拉伯数字相结合的方法表示。即:

(1) 钢号中化学元素采用国际化学符号表示,例如 Si、Mn、Cr 等,混合稀土元素用"RE"(或"Xt")表示。

(2) 产品名称、用途、冶炼和浇注方法等,一般采用汉语拼音的缩写字母表示。

(3) 钢中主要化学元素含量(%)采用阿拉伯数字表示。

采用汉语拼音字母表示产品名称、用途、特性和工艺方法时,一般从代表产品名称的汉语拼音中选取第一个字母。当和另一个产品所选用的字母重复时,可改用第二个字母或第三个字母,或同时选取两个汉字中的第一个拼音字母。

暂时没有可采用的汉字及汉语拼音的,采用符号为英文字母。

三、我国钢号表示方法的分类说明

(一) 碳素结构钢和低合金高强度结构牌号表示方法

碳素结构钢和低合金高强度结构钢通常分为通用钢和专用钢两大类。牌号表示方法,由钢的屈服点或屈服强度的汉语拼音字母、屈服点或屈服强度数值、钢的质量等级等部分组成,还有的钢加脱氧程度,实际是四个部分组成。

(1) 通用结构钢采用代表屈服点的拼音字母"Q"、屈服点数值(单位为 MPa)和质量等级(A、B、C、D、E)、脱氧方法(F、b、Z、TZ)等符号,按顺序组成牌号。例如:碳素结构钢牌号表示为:Q235A－F,Q235BZ;低合金高强度结构钢牌号表示为:Q345C,Q345D。

Q235BZ 表示屈服点值≥235 MPa,质量等级为 B 级的镇静碳素结构钢。

Q235 和 Q345 这两个牌号是工程用钢最典型,生产和使用量最大,用途最广泛的牌号,这两种牌号几乎世界各国都有。

碳素结构钢的牌号组成中,镇静钢符号"Z"和特殊镇静钢符号"TZ"可以省略,例如:质量等级分别为 C 级和 D 级的 Q235 钢,其牌号表示应为 Q235CZ 和 Q235DTZ,但可以省略为 Q235C 和 Q235D。

低合金高强度结构钢有镇静钢和特殊镇静钢,但牌号尾部不加写表示脱氧方法的符号。

(2) 专用结构钢一般采用代表钢屈服点的符号"Q"、屈服点数值和代表产品用途的符号等表示,例如:压力容器用钢牌号表示为 Q345R;耐候钢其牌号表示为 Q340NH;Q295HP 为焊接气瓶用钢牌号;Q390g 锅炉用钢牌号;Q420q 桥梁用钢牌号。

(3) 根据需要,通用低合金高强度结构钢的牌号也可以采用两位阿拉伯数字(表示平均含碳量,以万分之几计)和化学元素符号,按顺序表示;专用低合金高强度结构钢的牌号,也可以采用两位阿拉伯数字(表示平均含碳量,以万分之几计)和化学元素符号,以及代表产品用途的符号,按顺序表示。

(二) 优质碳素结构钢和优质碳素弹簧钢牌号表示方法

优质碳素结构钢采用两位阿拉伯数字(以万分之几计表示平均含碳量)或阿拉伯数字和元素符号及规定的符号组合成牌号。

（1）沸腾钢和半镇静钢，在牌号尾部分别加符号"F"和"b"。例如：平均含碳量为0.08％的沸腾钢，其牌号表示为"08F"；平均含碳量为0.10％的半镇静钢，其牌号表示为"10b"。

（2）镇静钢一般不标符号。例如：平均含碳量为0.45％的镇静钢，其牌号表示为"45"。

（3）较高含锰量的优质碳素结构钢，在表示平均含碳量的阿拉伯数字后加锰元素符号。例如：平均含碳量为0.50％，含锰量为0.70％～1.00％的钢，其牌号表示为"50Mn"。

（4）高级优质碳素结构钢，在牌号后加符号"A"。例如：平均含碳量为0.45％的高级优质碳素结构钢，其牌号表示为"45A"。

（5）特级优质碳素结构钢，在牌号后加符号"E"。例如：平均含碳量为0.45％的特级优质碳素结构钢，其牌号表示为"45E"。

优质碳素弹簧钢牌号的表示方法与优质碳素结构钢牌号表示方法相同（65、70、85、65Mn钢在GB/T1222和GB/T699两个标准中同时分别存在）。

（三）合金结构钢牌号表示方法

合金结构钢牌号采用阿拉伯数字和标准的化学元素符号表示。

用两位阿拉伯数字表示平均含碳量（以万分之几计），放在牌号头部。

合金元素含量表示方法为：平均含量小于1.50％时，牌号中仅标明元素，一般不标明含量；平均合金含量为1.50％～2.49％、2.50％～3.49％、3.50％～4.49％、4.50％～5.49％……时，在合金元素后相应写成2、3、4、5……。

例如：碳、铬、锰、硅的平均含量分别为0.30％、0.95％、0.85％、1.05％的合金结构钢，当S、P含量分别≤0.035％时，其牌号表示为"30CrMnSi"。

高级优质合金结构钢，在牌号尾部加符号"A"。例如："30CrMnSiA"。

特级优质合金结构钢，在牌号尾部加符号"E"。例如："30CrMnSiE"。

专用合金结构钢牌号应在牌号头部（或尾部）加代表产品用途的符号。例如，铆螺专用的30CrMnSi钢，钢号表示为ML30CrMnSi。

（四）易切削钢牌号表示方法

易切削钢采用标准化学元素符号、其他符号和阿拉伯数字表示，阿拉伯数字表示平均含碳量（以万分之几计）。

（1）加硫易切削钢和加硫、磷易切削钢，在符号"Y"和阿拉伯数字后不加易切削元素符号。

例如：平均含碳量为0.15％的易切削钢，其牌号表示为"Y15"。

（2）较高含锰量的加硫或加硫、磷易切削钢，在符号"Y"和阿拉伯数字后加锰元素符号。例如：平均含碳量为0.40％，含锰量为1.20％～1.55％的易切削钢，其牌号表示为"Y40Mn"。

（3）含钙、铅等易切削元素的易切削钢，在符号"Y"和阿拉伯数字后加易切削元素符号。例如："Y15Pb"、"Y45Ca"。

（五）非调质机械结构钢牌号表示方法

非调质机械结构钢，在牌号头部分别加符号"YF"和"F"表示易切削非调质机械结构钢和热锻用非调质机械结构钢，牌号表示方法的其他内容与合金结构钢相同。例如："YF35V"、"F45V"。

（六）工具钢牌号表示方法

工具钢分为碳素工具钢、合金工具钢和高速工具钢三类。

1. 碳素工具钢

采用标准化学元素符号及规定的符号和阿拉伯数字表示，阿拉伯数字表示平均含碳量（以千分之几计）。

（1）普通含锰量碳素工具钢，在工具钢符号"T"后为阿拉伯数字。例如：平均含碳量为0.80％的碳素工具钢，其牌号表示为"T8"。

（2）较高含锰量的碳素工具钢，在工具钢符号"T"和阿拉伯数字后加锰元素符号。例如："T8Mn"。

（3）高级优质碳素工具钢，在牌号尾部加"A"。例如："T8MnA"。

2. 合金工具钢和高速工具钢

合金工具钢、高速工具钢牌号表示方法与合金结构钢牌号表示方法相同。采用标准规定的合金元素符号和阿拉伯数字表示，但一般不标明平均含碳量数字，例如：平均含碳量为1.60％，含铬、钼、钒含量分别为11.75％、0.50％、0.22％的合金工具钢，其牌号表示为"Cr12MoV"；平均含碳量为0.85％，含钨、钼、铬、钒含量分别为6.00％、5.00％、4.00％、2.00％的高速工具钢，其牌号表示为"W6Mo5Cr4V2"。

若平均含碳量小于1.00％时，可采用一位阿拉伯数字表示含碳量（以千分之几计）。例如：平均含碳量为0.80％，含锰量为0.95％，含硅量为0.45％的合金工具钢，其牌号表示为"8MnSi"。

低铬（平均含铬量＜1.00％）合金工具钢，在含铬量（以千分之几计）前加数字"0"。例如：平均含铬量为0.60％的合金工具钢，其牌号表示为"Cr06"。

（七）塑料模具钢牌号表示方法

塑料模具钢牌号除在头部加符号"SM"外，其余表示方法与优质碳素结构钢和合金工具钢牌号表示方法相同。例如：平均含碳量为0.45％的碳素塑料模具钢，其牌号表示为"SM45"；平均含碳量为0.34％，含铬量为1.70％，含钼量为0.42％的合金塑料模具钢，其牌号表示为"SM3Cr2Mo"。

（八）轴承钢牌号表示方法

轴承钢分为高碳铬轴承钢、渗碳轴承钢、高碳铬不锈轴承钢和高温轴承钢等四大类。

（1）高碳铬轴承钢，在牌号头部加符号"G"，但不标明含碳量。铬含量以千分之几计，其他合金元素按合金结构钢的合金含量表示。例如：平均含铬量为1.50％的轴承钢，其牌号表示为"GCr15"。

（2）渗碳轴承钢，采用合金结构钢的牌号表示方法，另在牌号头部加符号"G"。例如："G20CrNiMo"。

高级优质渗碳轴承钢，在牌号尾部加"A"。例如："G20CrNiMoA"。

（3）高碳铬不锈轴承钢和高温轴承钢，采用不锈钢和耐热钢的牌号表示方法，牌号头部不加符号"G"。例如：高碳铬不锈轴承钢"9Cr18"和高温轴承钢"10Cr14Mo"。

（九）不锈钢和耐热钢的牌号表示方法

不锈钢和耐热钢牌号采用标准规定的合金元素符号和阿拉伯数字表示，切削不锈钢、易切削耐热钢在牌号头部加"Y"。

一般用一位阿拉伯数字表示平均含碳量（以千分之几计）。合金元素含量表示方法同合金结构钢。例如：平均含碳量为 0.20%，含铬量为 13% 的不锈钢，其牌号表示为"2Cr13"；含碳量上限为 0.08%，平均含铬量为 18%，含镍量为 9% 的铬镍不锈钢，其牌号表示为"0Cr18Ni9"；含碳量上限为 0.12%，平均含铬量为 17% 的加硫易切削铬不锈钢，其牌号表示为"Y1Cr17"；平均含碳量为 1.10%，含铬量为 17% 的高碳铬不锈钢，其牌号表示为"11Cr7"；含碳量上限为 0.03%，平均含铬量为 19%，含镍量为 10% 的超低碳不锈钢，其牌号表示为"03Cr19Ni10"；含碳量上限为 0.01%，平均含铬量为 19%，含镍量为 11% 的极低碳不锈钢，其牌号表示为"01Cr19Ni11"。

国内现行不锈耐热钢标准是参照 JIS 标准修订的，但不锈耐热钢牌号表示方法与日本等国的标准不同。我国是用合金元素和平均含碳量表示，日本是用表示用途的字母和阿拉伯数字表示。例如不锈钢牌号 SUS202、SUS316、SUS430，S—steel（钢），U—use（用途），S—stainless（不锈钢）。例如耐热钢牌号，SUH309、SUH330、SUH660，H—Heatresistins。牌号中不同数字表示各种不同类型的不锈耐热钢。日本表示不锈耐热钢各类不同产品，是在牌号后加上相应的字母，例如不锈钢棒 SUS - B，热轧不锈钢板 SUS - HP，耐热钢棒 SUHB，耐热钢板 SUHP。英国、美国等西方国家，不锈耐热钢牌号表示方法与日本基本一致，主要是用阿拉伯数字表示，而且表示的数字是相同的，即牌号是相同的。因为日本的不锈耐热钢是采用美国的。

（十）焊接用钢牌号表示方法

焊接用钢包括焊接用碳素钢、焊接用合金钢和焊接用不锈钢等，其牌号表示方法是在各类焊接用钢牌号头部加符号"H"。例如："H08"、"H08Mn2Si"、"H1Cr18Ni9"。

高级优质焊接用钢，在牌号尾部加符号"A"。例如："H08A"、"08Mn2SiA"。

（十一）电工用硅钢

钢号由数字、字母和数字组成。

无取向和取向硅钢的字母符号分别为"W"和"Q"。

厚度放在前头，字母符号放在中间，铁损数值放在后头，例如 30Q113。取向硅钢中，高磁感的字母符号"G"与"Q"放在一起，例如 30QG113。

字母之后的数字表示铁损值（W/kg）的 100 倍。

字母"G"者，表示在高频率下检验的；未加"G"者，表示在频率为 50 Hz 下检验的。

30Q113 表示电工用冷轧取向硅钢产品在 50 Hz 时的最大单位重量铁损值为 1.13 W/kg。

冷轧硅钢表示方法与日本标准(JISC2552—86)一致,只是字母符号不同,例如取向硅钢牌号 27Q140,与之相对应的 JIS 牌号为 27G140,30QG110 与之相应的 JIS 牌号为 30P110 (G:表示普通材料,P:表示高取向性)。无取向硅钢牌号 35W250,与之相应的 JIS 牌号为 35A250。

四、钢铁中的杂质元素及其作用

钢铁成分中的主要组元是铁和碳,但在冶炼过程中,还会带入一定量的 Si、Mn、P、S、非金属夹杂物及氧、氮、氢等气体。这些非有意加入或保留的元素,称之为杂质。这些常存杂质元素对钢的性能都有一定的影响。

(一) Si、Mn 的影响

Si 可改善钢质,还可溶入铁素体,显著提高钢的强度和硬度,但含量较高时,会使钢的塑性和韧性下降;Mn 可防止形成 FeO,减轻 S 的有害作用,强化铁素体,增加珠光体相对量,使组织细化,提高钢的强度。Si 和 Mn 在一定含量范围内是有益元素,但是,作为少量杂质存在时对钢的力学性能的影响并不显著。

(二) S、P 的影响

在固态下,S 在钢中主要以 FeS 的形态存在,会使得钢在 1 100℃左右的高温下进行变形加工时沿着晶界开裂(称之为热裂);P 在固态下可溶入铁素体中,使钢的强度、硬度提高,并提高铁液的流动性,但在室温下使钢的塑性、韧性显著下降,在低温时更为严重(称之为冷脆)。磷的存在也使焊接性能变坏。S 和 P 的含量必须严格控制,它是衡量钢的质量等级的指标之一。

(三) 气体元素的影响

钢中的气体指钢中的氢气和氮气,它不仅降低钢的机械性能,而且是形成裂纹、皮下气泡、中心疏松等缺陷的主要原因。氢气还是产生白点的主要因素,为此把气体含量降到最低限度,是提高钢质量、降低成本的重要内容。

气体元素在钢中产生的缺陷有:

(1) 中心孔隙和显微孔隙:钢在凝固时气体产生偏析,由凝固的边缘析出到中心部分,浓度逐渐增大,促进了中心孔隙和显微孔隙的形成。

(2) 发纹:轧制、锻造时钢中的小气孔和孔隙未被焊合而拉长所呈现的缺陷。

(3) 机械性能差:主要是降低塑性和韧性。

(4) 白点:含氢高是产生白点的主要原因。此外,含 Ti、V、Cr、B 等元素的合金钢中易产生氮化物的夹杂。

钢中气体含量决定于炉气中的水分和氮的分压力、冶炼时间、炉渣性质和冶炼过程中的脱碳速度。

五、钢的合金化

在冶炼钢的过程中有目的地加入一些元素，这些元素称为合金元素。常用的合金元素有：锰（$\omega_{Mn}>1\%$）、硅（$\omega_{Si}>0.5\%$）、铬、镍、钼、钨、钒、钛、锆、铝、钴、硼、稀土（RE）等。

钢中加入合金元素能改变钢的组织结构和力学性能，同时也能改变钢的相变点和合金状态图。合金元素在钢中的作用十分复杂，本节主要分析合金元素对钢中基本相、铁碳合金相图和热处理的影响。主要合金元素对钢的性能影响见表 4-1 和表 4-2。

表 4-1　主要合金元素对钢的性能影响

元素名称	强度	弹性	冲击韧度	屈服点	硬度	伸长率	断面收缩率	低温韧性	高温强度	耐磨性	被切削性	锻压性	渗碳性能	渗氮性能	抗氧化性	耐蚀性	冷却速度
Mn①	+	+	O	+	+	O	O	O	O	— —	—	+	O	O	O	·	—
Mn②	+	·	·	—	— — —	+++	O	·	·	·	·	— — — —	·	— —	·	·	—
Cr	++	+	—	++	++	—	·	·	+	·	·	—	++	++	— — —	+++	— —
Ni①	+	+	O	+	+	O	O	++	·	·	·	·	·	·	·	·	·
Ni②	+	·	+++	+	—	— —	+++	++	++	·	+	·	·	·	·	++	·
Si	+	+++	—	++	+	—	·	·	·	+	—	—	—	—	—	—	—
Cu	+	+	O	++	+	O	O	·	·	·	O	·	·	·	·	O	·
Mo	+	·	·	·	·	·	·	++	++	·	·	·	+++	++	++	·	—
Co	+	·	·	+	+	·	·	++	+++	O	·	·	·	·	·	·	++
V	+	·	·	+	+	·	·	·	·	·	·	·	++++	·	·	·	—
W	+	·	O	+	+	·	·	+++	+++	— —	— —	·	++	·	—	·	— —
Al	+	·	·	·	·	·	·	·	·	·	·	·	+++	—	·	·	·
Ti	+	·	·	·	·	·	·	+	+	·	·	·	+	+	+	·	·
S	·	·	—	·	·	·	·	·	·	+++	— — —	·	·	·	·	·	·
P	+	·	— — —	+	·	·	— —	·	·	++	·	·	·	·	·	·	·

注："+"表示提高，"—"表示降低，"O"表示没有影响，"·"表示影响情况尚不清楚，多个"+"或"—"表示提高或降低的强烈程度；① 表示在珠光体钢中；② 表示在奥氏体钢中。

表 4-2　主要合金元素对钢性能影响的有关说明

元素名称	对性能主要影响
Al	主要作用为细化晶粒和脱氧，在渗氮钢中能促成渗氮层，含量高时，能提高高温抗氧化性，耐 H_2S 气体的腐蚀作用，固溶强化作用大，提高耐热合金的热强性，有促使石墨化倾向
B	微量硼能提高钢的淬透性，但随钢中碳含量的增加，淬透性的提高逐渐减弱以致完全消失
Co	有固溶强化作用，使钢具有红硬性，提高高温性能、抗氧化和耐腐蚀性，为高温合金及超硬高速钢的重要合金元素，提高钢的 M_s 点，降低钢的淬透性
Cr	提高钢的淬透性，并有二次硬化作用，增加高碳钢的耐磨性，含量超过 12% 时，使钢具有良好的高温抗氧化性和耐氧化性介质腐蚀作用，提高钢的热强性，是不锈耐酸钢及耐热钢的主要合金元素，但含量高时易产生脆性

(续表)

元素名称	对性能主要影响
Cu	含量低时,作用和镍相似,含量较高时,对热变形加工不利,如超过 0.30% 时,在热变形加工时导致高温铜脆现象,含量高于 0.75% 时,经固溶处理和时效后可产生时效强化作用。在低碳合金钢中,特别是与磷同时存在时,可提高钢的抗大气腐蚀性,2%~3% 的铜在不锈钢中可提高对硫酸、磷酸及盐酸等的抗腐蚀性及对应力腐蚀的稳定性
Mn	降低钢的下临界点,增加奥氏体冷却时的过冷度,细化珠光体组织以改善其力学性能,为低合金钢的重要合金元素,能明显提高钢的淬透性,但有增加晶粒粗化和回火脆性的不利倾向
Mo	提高钢的淬透性,含量 0.5% 时,能降低回火脆性,有二次硬化作用。提高热强性和蠕变强度,含量 2%~3% 时,提高抗有机酸及还原性介质腐蚀能力
N	有不明显的固溶强化及提高淬透性的作用,提高蠕变强度,与钢中其他元素化合,有沉淀硬化作用,表面渗氮,提高硬度及耐磨性,增加抗蚀性,在低碳钢中,残余氮会导致时效脆性
Nb	固溶强化作用很明显,提高钢的淬透性(溶于奥氏体时),增加回火稳定性,有二次硬化作用,提高钢的强度、冲击韧性,当含量高时(大于碳含量的 8 倍),使钢具有良好的抗氢性能,并提高热强钢的高温性能(蠕变强度等)
Ni	提高塑性及韧性(提高低温韧性更明显),改善耐蚀性能,与铬、钼联合使用,提高热强性,是热强钢及不锈耐酸钢的主要合金元素之一
P	固溶强化及冷作硬化作用很好,与铜联合使用,提高低合金高强度钢的耐大气腐蚀性能,但降低其冷冲压性能,与硫、锰联合使用,改善切削性,增加回火脆性及冷脆敏感性
Pb	改善切削加工性能
RE	包括镧系元素及钇和钪等 17 个元素,有脱气、脱硫和消除其他有害杂质作用,改善钢的铸态组织,0.2% 的含量可提高抗氧化性、高温强度及蠕变强度,增加耐蚀性
S	改善切削性能。产生热脆现象,恶化钢的质量,硫含量高,对焊接性产生不好影响
Si	常用的脱氧剂,有固溶强化作用,提高电阻率,降低磁滞损耗,改善磁导率,提高淬透性,抗回火性,对改善综合力学性能有利,提高弹性极限,增加自然条件下的耐蚀性。含量较高时,降低焊接性,且易导致冷脆。中碳钢和高碳钢易于在回火时产生石墨化
Ti	固溶强化作用强,但降低固溶体的韧性,固溶于奥氏体中提高钢的淬透性,但化合钛却降低钢的淬透性。改善回火稳定性,并有二次硬化作用,提高耐热钢的抗氧化性和热强性,如蠕变和持久强度,且改善钢的焊接性能
V	固溶于奥氏体中可提高钢的淬透性,但化合状态存在的钒,会降低钢的淬透性,增加钢的回火稳定性,并有很强的二次硬化作用,固溶于铁素体中有极强的固溶强化作用。细化晶粒以提高低温冲击韧性,碳化钒是最硬耐磨性最好的金属碳化物,明显提高工具钢的寿命,提高钢的蠕变和持久强度,钒、碳含量比超过 5.7 时,可大大提高钢抗高温高压氢腐蚀的能力,但会稍微降低高温抗氧化性
W	有二次硬化作用,使钢具有红硬性,提高耐磨性,对钢的淬透性、回火稳定性、力学性能及热强性的影响均与钼相似,稍微降低钢的抗氧化性
Zr	锆在钢中作用与铌、钛、钒相似,含量小时,有脱氧、净化和细化晶粒的作用,提高钢的低温韧性,消除时效现象,提高钢的冲压性能

（一）合金元素在钢中存在形式

1. 溶于铁中形成固溶体

绝大多数合金元素都或多或少地溶于铁素体中，形成合金铁素体。

合金元素溶入铁素体后，引起铁素体晶格畸变，另外合金元素还易分布在晶格缺陷处，使位错移动困难，从而提高了钢的塑性变形抗力，产生固溶强化，使铁素体的强度、硬度提高，但塑性、韧性都有下降趋势。

硅、锰能显著提高铁素体强度、硬度，但当 $\omega_{si} > 0.6\%$、$\omega_{Mn} > 1.5\%$ 时，将降低其韧性。而铬、镍这两种元素，在适当范围内（$\omega_{Cr} \leqslant 2\%$，$\omega_{Ni} \leqslant 5\%$），不但可提高铁素体的硬度，而且能提高其韧性。为此，在合金结构钢中，为了获得良好的强化效果，对铬、镍、硅和锰等合金元素要控制在一定含量范围内。

2. 形成合金碳化物

钒、铌、钽、锆、钛为强碳化物形成元素；铬、钼、钨为中等强度碳化物形成元素；锰和铁为弱碳化物形成元素。

钢中形成的合金碳化物的类型主要有：合金渗碳体和特殊碳化物。

合金渗碳体较渗碳体略为稳定，硬度也较高，是一般低合金钢中碳化物的主要存在形式。特殊碳化物是与渗碳体晶格完全不同的合金碳化物。特殊碳化物特别是间隙相碳化物，比合金渗碳体具有更高的熔点、硬度和耐磨性，并且更为稳定，不易分解。

合金碳化物的种类、性能和在钢中分布状态会直接影响到钢的性能及热处理时的相变。

（二）合金元素对 Fe-Fe₃C 相图的影响

钢中加入合金元素后，对铁碳合金相图的相区、相变温度、共析成分等都有影响。

1. 改变了奥氏体区的范围

铜、锰、镍等这类合金元素使 A_3、A_1 温度下降，GS 线向左下方移动，随着锰、镍含量的增大，会使相图中奥氏体区一直延展到室温下。因此，它在室温的平衡组织是稳定的单相奥氏体，这种钢称奥氏体钢，如图 4-1(a)所示。

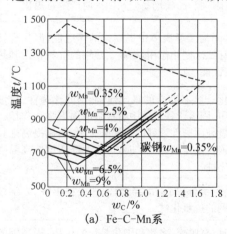
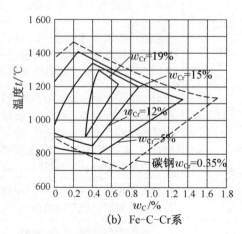

(a) Fe-C-Mn系   (b) Fe-C-Cr系

图 4-1　合金元素对 Fe-Fe₃C 相图中奥氏体区的影响

铝、铬、钼、钨、钒、硅、钛等,这类合金元素使 A_3 和 A_1 温度升高,GS 线向左上方移动,如图 4-1(b)所示。随着钢中这类元素含量的增大,可使相图中奥氏体区消失,此时,钢在室温下的平衡组织是单相的铁素体,这种钢称为铁素体钢。

2. 改变 Fe-Fe₃C 相图 S、E 点位置

大多数合金元素均能使 S 点、E 点左移。共析钢中碳的质量分数就不是 $\omega_c=0.77\%$,而是 $\omega_c<0.77\%$。出现共晶组织的最低碳的质量分数不再是 $\omega_c=2.11\%$,而是 $\omega_c<2.11\%$。

例如,含 $\omega_c=0.4\%$ 的碳钢原属亚共析钢,当加入 $\omega_{Cr}=12\%$ 后就成了共析钢。又如含 $\omega_c=0.7\%\sim0.8\%$ 的高速钢,由于大量合金元素的加入,在铸态组织中出现合金莱氏体,这种钢称为莱氏体钢。

(三)合金元素对钢的热处理影响

1. 合金元素对钢加热时转变影响

由于合金元素的扩散速度很缓慢,因此对于合金钢应采取较高的加热温度和较长的保温时间,以保证合金元素溶入奥氏体并使之均匀化,从而充分发挥合金元素的作用。

当合金元素形成碳化物,这些特殊碳化物在高温下比较稳定,不易溶于奥氏体,并以细小质点的形式弥散地分布在奥氏体晶界上,机械地阻碍奥氏体晶粒长大。因此,使得钢在高温下较长时间的加热仍能保持细晶粒组织,这是合金钢的一个重要特点。

2. 合金元素对钢冷却转变的影响

(1)合金元素对过冷奥氏体等温转变的影响

除钴外,大多数合金元素溶入奥氏体后降低了原子扩散速度,使奥氏体稳定性增加,从而使 C 曲线右移。含有这类元素的低合金钢,其 C 曲线形状与碳钢相似,只有一个鼻尖,如图 4-2(a)所示。当强碳化物形成元素溶入奥氏体后,由于它们对推迟珠光体转变与贝氏体转变的作用不同,使 C 曲线出现两个鼻尖,曲线分解成珠光体和贝氏体两个转变区,而两区之间,过冷奥氏体有很大的稳定性,如图 4-2(b)所示。

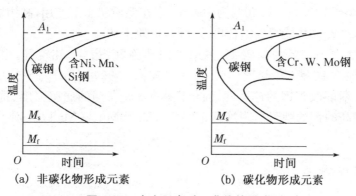

图 4-2　合金元素对 C 曲线的影响

由于合金元素使 C 曲线右移,故降低了钢的马氏体临界冷却速度,增大了钢的淬透性。

(2)合金元素对过冷奥氏体向马氏体转变的影响

除钴、铝外,大多数合金元素溶入奥氏体后,使马氏体转变温度 M_s 和 M_f 降低,其中铬、镍、锰作用较强。M_s 越低，则淬火后钢中残余奥氏体的数量就越多。

（3）合金元素对淬火钢回火转变的影响

钢在回火时抵抗硬度下降的能力，称回火稳定性。淬火时溶于马氏体的合金元素，回火时有阻碍马氏体分解和碳化物聚集长大的作用，使回火硬度降低过程变缓，从而提高钢的回火稳定性。由于合金钢的回火稳定性比碳钢高，若要得到相同的回火硬度时，则合金钢的回火温度就比同样碳的质量分数的碳钢要高，回火时间也长。而当回火温度相同时，合金钢的强度、硬度都比碳钢高。

一些含有钨、钼、钒的合金钢，经高温奥氏体充分均匀化并淬火后，在 500～600 ℃回火时会从马氏体中析出特殊碳化物，析出的碳化物高度弥散分布在马氏体基体上，使钢的硬度反而有所提高，这就形成了二次硬化。二次硬化实质是一种弥散硬化。另外，由于特殊碳化物的析出，使残余奥氏体中碳及合金元素浓度降低，提高了 M_s 温度，故在随后冷却时就会有部分残余奥氏体转变为马氏体，这也是在回火时钢的硬度提高而产生二次硬化的原因。二次硬化现象对需要较高红硬性的工具钢（如高速钢）具有重要意义。

第二节　结构钢

结构钢是指符合特定强度和可成形性等级的钢。可成形性以抗拉试验中断后伸长率表示。结构钢一般用于承载等用途，在这些用途中钢的强度是一个重要设计标准。结构钢可以细分为：合金结构钢、碳素结构钢、耐热结构钢等。

优质碳素结构钢和普通碳素结构钢相比，硫、磷及其他非金属夹杂物的含量较低。根据含碳量和用途的不同，这类钢大致又分为三类：

（1）碳含量小于 0.25% 为低碳钢，其中尤以含碳低于 0.10% 的 08F、08Al 等，由于具有很好的深冲性和焊接性而被广泛地用作深冲件如汽车、制罐等，20G 则是制造普通锅炉的主要材料，此外，低碳钢也广泛地作为渗碳钢，用于机械制造业。

（2）碳含量小于 0.25%～0.60% 为中碳钢，多在调质状态下使用，制作机械制造工业的零件。调质 HRC 22～34，能得到综合机械性能，也便于切削。

（3）碳含量大于 0.6% 为高碳钢，多用于制造弹簧、齿轮、轧辊等，根据含锰量的不同，又可分为普通含锰量（0.25%～0.8%）和较高含锰量（0.7%～1.0% 和 0.9%～1.2%）两钢组。锰能改善钢的淬透性，强化铁素体，提高钢的屈服强度、抗拉强度和耐磨性。通常在含锰高的钢的牌号后附加标记"Mn"，如 15Mn、20Mn 以区别于正常含锰量的碳素钢。

一、碳素结构钢

碳素结构钢的硫、磷含量较多，但由于冶炼容易，工艺性好，价格便宜，在力学性能上一般能满足普通机械零件及工程结构件的要求，因此用量很大，约占钢材总量的 70%。表 4-3 为碳素结构钢的牌号、化学成分、力学性能及应用。

表 4 - 3　（普通）碳素结构钢的力学性能及应用

牌号	等级	化学成分/%			脱氧方法	力学性能			应用举例
		w_c	w_s	w_p		σ_S(MPa)	σ_b(MPa)	δ_5(%)	
Q195	—	0.06~0.12	≤0.050	≤0.045	F、b、Z	195	315~390	33	塑性好。用于承载不大的桥梁建筑等金属构件,也在机械制造中用作铆钉、螺钉、垫圈、地脚螺栓、冲压件及焊接件等
Q215	A	0.09~0.15	≤0.050	≤0.045	F、b、Z	215	335~410	31	
	B		≤0.045						
Q235	A	0.14~0.22	≤0.050	≤0.045	F、b、Z	235	375~460	26	强度较高,塑性也较好。用于承载较大的金属构件等,也可制作转轴、心轴、拉杆、摇杆、吊钩、螺栓、螺母等。Q235C、D 可用作重要焊接结构件
	B	0.12~0.20	≤0.045						
	C	≤0.18	≤0.040	≤0.040	Z				
	D	≤0.17	≤0.035	≤0.035	TZ				
Q255	A	0.18~0.28	≤0.050	≤0.045	Z	255	410~510	24	强度更高,可制作链、销、转轴、轧辊、主轴、链轮等承受中等载荷的零件
	B		≤0.045						
Q275	—	0.28~0.38	≤0.050	≤0.045	Z	275	490~610	20	

　　碳素结构钢一般以热轧空冷状态供应。其中牌号 Q195 与 Q275 碳素结构钢是不分质量等级的,出厂时既保证力学性能,又保证化学成分。而 Q215、Q235、Q255 牌号的碳素结构钢,当质量等级为"A"、"B"级时,只保证力学性能,化学成分可根据需方要求作适当调整;而 Q235 的"C"、"D"级,则力学性能和化学成分都应保证,D 级(w_s≤0.035%,w_p≤0.035%)质量等级最高,达到了碳素结构钢的优质级。

　　Q195 钢的碳的质量分数很低,塑性好。常用作螺钉、螺母及各种薄板,也可用来代替优质碳素结构钢 08 或 10 钢,制造冲压件、焊接结构件。

　　Q275 钢强度较高,可代替 30 钢、40 钢用于制造较重要的某些零件,以降低原材料成本。

　　优质碳素结构钢 S、P 含量较低,非金属夹杂物也较少,因此机械性能比碳素结构钢优良,被广泛用于制造机械产品中较重要的结构钢零件,为了充分发挥其性能潜力,一般都是在热处理后使用。

　　优质碳素结构钢的牌号、化学成分、力学性能和用途见表 4 - 4。

表 4 - 4　优质碳素结构钢的力学性能和用途

钢号	含碳量/%	力学性能						应用举例
		σ_b/MPa	σ_S/MPa	δ_5/%	ψ/%	HBS		
						热轧	退火	
						不大于		
10	0.07~0.14	335	205	31	55	137	—	钢板、钢带、钢丝、型材等
20	0.17~0.24	410	245	25	55	156	—	拉杆、轴套、螺钉、渗碳件(如链条、齿轮)

（续表）

钢号	含碳量/%	力学性能						应用举例
		σ_b /MPa	σ_S /MPa	δ_5 /%	ψ %	HBS		
						热轧	退火	
						不大于		
45	0.42~0.50	600	355	16	40	229	197	蒸气涡轮机、压缩机、泵的运动零件以及齿轮、轴、活塞等
65	0.62~0.70	695	410	10	30	255	229	用于制造弹簧圈、轴、轧辊及钢丝绳等
20Mn	0.17~0.24	430	275	24	50	197	—	应用范围基本等同于相对应的普通锰含量钢，但因淬透性和强度高，可用于制作截面尺寸较大或强度要求较高的零件
45Mn	0.42~0.50	620	375	15	40	241	217	
65Mn	0.62~0.70	735	430	9	30	285	229	

08F、10F 钢的碳的质量分数低，塑性好，焊接性能好，主要用于制造冲压件和焊接件。

15、20、25 钢属于渗碳钢，这类钢强度较低，但塑性和韧性较高，焊接性能及冷冲压性能较好，可以制造各种受力不大，但要求高韧性的零件，此外还可用作冷冲压件和焊接件。渗碳钢经渗碳、淬火＋低温回火后，表面硬度可达 HRC 60 以上，耐磨性好，而心部具有一定的强度和韧性，可用来制作要求表面耐磨并能承受冲击载荷的零件。

30、35、40、45、50、55 钢属于调质钢，经淬火＋高温回火后，具有良好的综合力学性能，主要用于要求强度、塑性和韧性都较高的机械零件，如轴类零件，这类钢在机械制造中应用最广泛，其中以 45 钢更为突出。

60、65、70 钢属于弹簧钢，经淬火＋中温回火后可获得高的弹性极限、高的屈强比，主要用于制造弹簧等弹性零件及耐磨零件。

优质碳素结构钢中较高锰的一组牌号（15Mn～70Mn），其性能和用途与普通锰的一组对应牌号相同，但其淬透性略高。

二、低合金结构钢

（一）低合金高强度结构钢

低合金高强度结构钢是结合我国资源条件发展起来的钢种，是在含碳量 $w_c \leqslant 0.20\%$ 的碳素结构钢基础上，加入少量的合金元素发展起来的，强度高于碳素结构钢。它是低碳结构钢，合金元素总量在 3% 以下，钢中除含有一定量硅或锰基本元素外，还含有其他适合我国资源情况的元素。如钒（V）、铌（Nb）、钛（Ti）、铝（Al）、钼（Mo）、氮（N）和稀土（RE）等微量元素。低合金高强度结构钢同碳素结构钢相比有较高强度，足够的塑性、韧性，良好的焊接工艺性能，较好的耐腐蚀性和低的冷脆转变温度，使用寿命长、应用范围广、比较经济等优点。该钢多轧制成板材、型材、无缝钢管等，被广泛用于桥梁、船舶、锅炉、车辆及重要建筑结构中。

低合金高强度结构钢牌号由代表屈服点的汉语拼音字母（Q）、屈服极限数值、质量等级符号（A、B、C、D、E）三个部分按顺序排列。例如 Q390A，表示屈服强度 $\sigma_s = 390\ N/mm^2$、质量等级为 A 的低合金高强度结构钢。

为保证有良好的塑性与韧性，良好的焊接性能和冷成形性能，低合金高强度结构钢中碳的质量分数一般均较低，大多数为 $\omega_c = 0.16\% \sim 0.20\%$。

合金元素的主要作用是：加入锰（为主加元素）、硅、铬、镍元素为强化铁素体；加入钒、铌、钛、铝等元素为细化铁素体晶粒；合金元素使 S 点左移，增加珠光体数量；加入碳化物形成元素（钒、铌、钛）及氮化物形成元素（铝），使细小化合物从固溶体中析出，产生弥散强化作用。

低合金高强度结构钢可按屈服极限分 $295\ N/mm^2$、$345\ N/mm^2$、$390\ N/mm^2$、$420\ N/mm^2$、$460\ N/mm^2$ 五个强度等级，其中 $295 \sim 390\ N/mm^2$ 级的应用最广。它们的牌号、化学成分、力学性能及用途见表 4-5。

低合金高强度结构钢大多数是在热轧、正火状态下使用，其组织为铁素体＋少量珠光体。对 Q420、Q460 的 C、D、E 级钢也可先淬成低碳马氏体，然后进行高温回火以获得低碳回火索氏体组织，从而获得良好的力学性能。其中 Q345 钢的应用最广泛。我国的南京长江大桥、内燃机车机体、万吨巨轮及压力容器、载重汽车大梁等都采用 Q345 钢制造。2008年北京奥运会所建的国家体育馆用 Q460E-Z35 制造，国家游泳中心用 Q420C 制造。

（二）合金渗碳钢

合金渗碳钢主要用来制造工作中承受较强烈的冲击作用和磨损条件下的渗碳零件。例如，制作承受动载荷和重载荷的汽车变速箱齿轮、汽车后桥齿轮和内燃机里的凸轮轴、活塞销等。

这类钢经渗碳、淬火和低温回火后表面具有高的硬度和耐磨性，心部具有较高的强度和足够韧性。

合金渗碳钢中碳的质量分数一般为 $\omega_c = 0.10\% \sim 0.25\%$，以保证渗碳零件心部具有良好的塑性和韧性。碳素渗碳钢的淬透性低，热处理对心部的性能改变不大，加入合金元素可提高钢的淬透性，改善心部性能。常用的合金元素有铬、镍、锰和硼等，其中以镍的作用最好。为了细化晶粒，还加入少量阻止奥氏体晶粒长大的强碳化物形成元素，如钛、钒、钼等，它们形成的碳化物在高温渗碳时不溶解，有效地抑制渗碳时的过热现象。

为了保证渗碳零件表面得到高硬度和高耐磨性，大多数合金渗碳钢采用渗碳后淬火＋低温回火。

钢经渗碳后，表层碳的质量分数为 $0.85\% \sim 1.05\%$，经淬火和低温回火后，表层组织由合金渗碳体、回火马氏体及少量残余奥氏体组成，硬度可达 HRC 58～64，而心部的组织与钢的淬透性及零件的截面有关。当全部淬透时是低碳回火马氏体，硬度可达 HRC 40～48。

下面以 20CrMnTi 钢制造的汽车变速齿轮为例，说明其生产工艺路线和热处理工艺方法。

生产工艺路线：下料→锻造→等温正火→机械加工→渗碳＋淬火＋回火→喷丸→磨削→检验。

表4-5 低合金高强度结构钢性能及用途举例(摘自 GB/T1591—1994)

钢号	化学成分 ω/%							厚度或直径/mm	机械性能				旧钢号	应用举例
	C	Mn	Si	V	Nb	Ti	其他		σ_s/MPa	σ_b/MPa	δ_5/%	A_{kv}(20 ℃)/J		
Q295	≤0.16	0.80~1.50	≤0.55	0.02~0.15	0.015~0.060	0.02~0.20		<16 16~35 35~50	≥295 ≥275 ≥255	390~570	23	34	09MnV 09MnNb 09Mn2 12Mn	桥梁、车辆、容器、油罐
Q345	0.18~0.20	1.00~1.60	≤0.55	0.02~0.15	0.015~0.060	0.02~0.20		<16 16~35 35~50	≥345 ≥325 ≥295	470~630	21~22	34	12MnV 14MnNb 16Mn 18Nb 16MnRE	桥梁、车辆、船舶、压力容器、建筑结构
Q390	≤0.20	1.00~1.60	≤0.55	0.02~0.20	0.015~0.060	0.02~0.20	Cr≤0.30 Ni≤0.70	<16 16~35 35~50	≥390 ≥370 ≥350	490~650	19~20	34	15MnV 15MnTi 16MnNb	桥梁、船舶、起重设备、压力容器
Q420	≤0.20	1.00~1.70	≤0.55	0.02~0.20	0.015~0.060	0.02~0.20	Cr≤0.40 Ni≤0.70	<16 16~35 35~50	≥420 ≥400 ≥380	520~680	18~19	34	15MnVN 14Mn VTi-RE	桥梁、高压容器、大型船舶、电站设备、管道
Q460	≤0.20	1.00~1.70	≤0.55	0.20~0.20	0.015~0.060	0.02~0.20	Cr≤0.70 Ni≤0.70	<16 16~35 35~50	≥460 ≥440 ≥420	550~720	17	34		中温高压容器(<120 ℃)、钢炉、化工、石油高压厚壁容器(<100 ℃)

热处理技术要求:渗碳层厚度 1.2～1.6 mm,表层碳的质量分数为 $\omega_c=1.0\%$,齿顶硬度 HRC 58～60,心部硬度 HRC 30～45。

(三) 合金调质钢

合金调质钢指调质处理后使用的合金结构钢,其基本性能是具有良好的综合力学性能。合金调质钢广泛用于制造一些重要零件,如机床的主轴、汽车底盘的半轴、柴油机连杆螺栓等。

合金调质钢碳的质量分数一般为 $\omega_c=0.25\%～0.50\%$。碳的质量分数过低不易淬硬,回火后达不到所需要的强度;如果碳的质量分数过高,则零件韧性较差。

合金调质钢的主加元素有铬、镍、锰、硅、硼等,以增加淬透性、强化铁素体;钼、钨的主要作用是防止或减轻第二类回火脆性,并增加回火稳定性;钒、钛的作用是细化晶粒。

合金调质钢在锻造后为了改善切削加工性能应采用完全退火作为预先热处理。最终热处理采用淬火后进行 500～650 ℃的高温回火,以获得回火索氏体,使钢件具有较高的综合力学性能。

(四) 合金弹簧钢

弹簧是机器、车辆和仪表及生活中的重要零件,主要在冲击、振动、周期性扭转和弯曲等交变应力下工作,弹簧工作时不允许产生塑性变形,因此要求制造弹簧的材料具有较高的强度。

合金弹簧钢的碳的质量分数一般为 $\omega_c=0.5\%～0.7\%$,碳的质量分数过高时,塑性和韧性差,疲劳强度下降。常加入以硅、锰为主的合金元素,提高钢的淬透性和强化铁素体。

根据弹簧尺寸的不同,成形与热处理方法也有不同。

1. 热成形弹簧钢

弹簧丝直径或弹簧钢板厚度大于 10～15 mm 的螺旋弹簧或板弹簧,采用热态成形,成形后利用余热进行淬火,然后中温回火(350～500 ℃)处理,得到回火屈氏体,具有高的弹性极限、高的屈强比,硬度一般为 HRC 42～48。弹簧经热处理后,一般还要进行喷丸处理,使表面强化,并在表面产生残余应力,以提高其疲劳强度。

2. 冷成形弹簧钢

对于钢丝直径小于 8～10 mm 的弹簧,常用冷拉弹簧钢丝冷卷成形。钢丝在冷拔过程中,首先将盘条坯料加热至奥氏体组织后(Ac_3 以上 80～100 ℃),再在 500～550 ℃的铅浴或盐浴中等温转变获得索氏体组织,然后经多次冷拔,得到均匀的所需直径和具有冷变形强化效果的钢丝。

冷拉钢丝在拉制过程中已被强化,所以在冷卷成型后,不必再作淬火处理,只须在200～300 ℃进行一次去应力退火,以消除在冷拉、冷卷过程中产生的应力并稳定弹簧尺寸。常用合金弹簧钢的牌号有 60Si2Mn、60Si2CrVA 和 50CrVA。合金弹簧钢主要用于制造各种弹性元件,如在汽车、拖拉机、坦克、机车车辆上制作减震板弹簧和螺旋弹簧,大炮的缓冲弹簧,钟表的发条等。

常用合金渗碳钢、合金调质钢、合金弹簧钢的牌号、热处理特点、力学性能及用途见表 4-6。

表 4 – 6　部分合金结构钢的牌号、热处理特点、力学性能及用途

类别	钢号（试样毛坯尺寸/mm）	热处理	机械性能（不小于）				用途举例
			σ_s /MPa	σ_b /MPa	δ_5 /%	A_k /J	
渗碳钢	20Cr (15)	渗碳＋淬火＋低温回火	540	835	10	47	齿轮、小轴、活塞销、蜗杆
	20CrMnTi (15)	渗碳＋淬火＋低温回火	850	1 080	10	55	主传动齿轮、活塞销、凸轮
	20MnVB (15)	渗碳＋淬火＋低温回火	885	1 080	10	55	替代 20CrMnTi
调质钢	40Cr (25)	淬火＋高温回火	785	980	9	47	重要齿轮、轴、曲轴、连杆
	30CrMnSi (25)	淬火＋高温回火	885	1 080	10	39	高速齿轮、轴、离合器零件
	38CrMoAl (30)	淬火＋高温回火	835	980	14	71	高级氮化用钢、蜗杆、阀门
	40MnVB (25)	淬火＋高温回火	785	980	10	47	替代 40Cr 钢
弹簧钢	50Mn2 (25)	淬火＋中温回火	785	930	9	39	截面＜ϕ12 mm 螺旋、板弹簧、ϕ20～25 mm 弹簧
	55Si2Mn	淬火＋中温回火	1 200	1 300	$\delta_{10,6}$	—	工作温度低于 230 ℃
	60Si2Mn	淬火＋中温回火	1 200	1 300	$\delta_{10,6}$	—	工作温度低于 230 ℃
	50CrVA (25)	淬火＋中温回火	1 130	1 280	10	—	ϕ30～50 mm 弹簧

第三节　工具钢

　　工具钢是用以制造切削刀具、量具、模具和耐磨工具的钢。工具钢具有较高的硬度和在高温下能保持高硬度的红硬性，以及高的耐磨性和适当的韧性。工具钢一般分为碳素工具钢、合金工具钢和高速工具钢。

一、碳素工具钢

　　碳素工具钢的碳的质量分数为 $\omega_c=0.65\%\sim1.35\%$，分优质碳素工具钢与高级优质碳素工具钢两类。此类钢在机械加工前一般进行球化退火，组织为铁素体基体＋细小均匀分布的粒状渗碳体，硬度≤HBS217。作为刃具，最终热处理为淬火＋低温回火，组织为回火

马氏体＋粒状渗碳体＋少量残余奥氏体。其硬度可达 HRC 60～65,耐磨性和加工性都较好,价格又便宜,生产上得到广泛应用。

碳素工具钢的缺点是红硬性差,当刃部温度高于 250 ℃时,其硬度和耐磨性会显著降低。此外,钢的淬透性也低,并容易产生淬火变形和开裂。因此,碳素工具钢大多用于制造刃部受热程度较低的手用工具和低速、小进给量的机用工具,亦可制作尺寸较小的模具和量具。

碳素工具钢的牌号、成分及用途列于表 4-7。

表 4-7 碳素工具钢的牌号、化学成分及用途

牌号	化学成分 $\omega_{Me}/\%$			退火状态 HBS 不大于	试样淬火[①] HRC 不小于	用途举例
	C	Si	Mn			
T7 T7A	0.65～0.74	≤0.35	≤0.40	187	800～820 ℃ 水 62	承受冲击,韧性较好,硬度适当的工具,如扁铲、手钳、大锤、旋具、木工工具
T8 T8A	0.75～0.84	≤0.35	≤0.40	187	780～800 ℃ 水 62	承受冲击,要求较高硬度的工具,如冲头、压缩空气工具、木工工具
T8Mn T8MnA	0.80～0.90	≤0.35	0.40～0.60	187	780～800 ℃ 水 62	同 T8,但淬透性较大,可制断面较大的工具
T9 T9A	0.85～0.94	≤0.35	≤0.40	192	760～780 ℃ 水 62	韧性中等,硬度高的工具,如冲头、木工工具、凿岩工具
T10 T10A	0.95～1.04	≤0.35	≤0.40	197	760～780 ℃ 水 62	不受剧烈冲击、高硬度耐磨的工具,如车刀、刨刀、冲头、丝锥、钻头、手锯条、小型冷冲模
T11 T11A	1.05～1.14	≤0.35	≤0.40	207	760～780 ℃ 水 62	不受剧烈冲击、高硬度耐磨的工具,如车刀、刨刀、冲头、丝锥、钻头、手锯条
T12 T12A	1.15～1.24	≤0.35	≤0.40	207	760～780 ℃ 水 62	不受冲击,要求高硬度高耐磨的工具,如锉刀、刮刀、精车刀、丝锥、量具
T13 T13A	1.25～1.35	≤0.35	≤0.40	217	760～780 ℃ 水 62	同 T12,要求更耐磨的工具,如刮刀、剃刀

① 淬火后硬度不是指用途举例中各种工具的硬度,而是指碳素工具钢材料在淬火后的最低硬度。

二、合金工具钢

合金工具钢的编号方法与合金结构钢的区别仅在于:当 $\omega_c<1\%$ 时,用一位数字表示碳的质量分数的千倍;当碳的质量分数≥1%时,则不予标出。例如 Cr12MoV 钢,其平均碳的

质量分数为 $\omega_c=1.45\%\sim1.70\%$，所以不标出；Cr 的平均质量分数为 12%，Mo 和 V 的质量分数都是小于 1.5%。又如 9SiCr 钢，其平均 $\omega_c=0.9\%$，平均 $\omega_{Cr}<1.5\%$。不过高速工具钢例外，其平均碳的质量分数无论多少均不标出。因合金工具钢及高速工具钢都是高级优质钢，所以它的牌号后面也不必再标"A"。

合金工具钢按用途分为合金刃具钢、合金模具钢、合金量具钢。

（一）合金刃具钢

刃具钢是用来制造各种切削刀具的钢，如车刀、铣刀、钻头等，提出如下的性能要求：高的硬度、高耐磨性、高的红硬性（红硬性是指钢在高温下保持高硬度的能力）、一定的韧性和塑性。

1. 低合金刃具钢

为了保证高硬度和耐磨性，低合金刃具钢的碳的质量分数为 $\omega_c=0.75\%\sim1.45\%$，加入的合金元素硅、铬、锰可提高钢的淬透性；硅、铬还可以提高钢的回火稳定性，使其一般在 $300\,^\circ\mathrm{C}$ 以下回火后硬度仍保持 HRC 60 以上，从而保证一定的红硬性。钨在钢中可形成较稳定的特殊碳化物，基本上不溶于奥氏体，能使钢的奥氏体晶粒保持细小，增加淬火后钢的硬度，同时还提高钢的耐磨性及红硬性。

常用低合金刃具钢的牌号、成分、热处理及用途见表 4-8。

表 4-8　常用低合金刃具钢的牌号、成分、热处理及用途

牌号	化学成分 $\omega_{Me}/\%$					试样淬火		退火状态 HBS 不小于	用途举例
	C	Si	Mn	Cr	其他	淬火温度/℃	HBC 不小于		
Cr06	$1.30\sim$ 1.45	$\leqslant0.40$	$\leqslant0.40$	$0.50\sim$ 0.70	—	$780\sim$ 810 水	64	$241\sim$ 187	锉刀、刮刀、刻刀、刀片、剃刀、外科医疗刀具
Cr2	$0.95\sim$ 1.10	$\leqslant0.40$	$\leqslant0.40$	$1.30\sim$ 1.65	—	$830\sim$ 860 油	62	$229\sim$ 179	车刀、插刀、铰刀、冷轧辊等
9SiCr	$0.85\sim$ 0.95	$1.20\sim$ 1.60	$0.30\sim$ 0.60	$0.95\sim$ 1.25	—	$830\sim$ 860 油	62	$241\sim$ 197	丝锥、板牙、钻头、铰刀、齿轮铣刀、小型拉刀、冷冲模等
8MnSi	$0.75\sim$ 0.85	$0.30\sim$ 1.60	$0.80\sim$ 1.10			$800\sim$ 820 油	60	$\leqslant229$	多用作木工凿子、锯条或其他工具
9Cr2	$0.85\sim$ 0.95	$\leqslant0.40$	$\leqslant0.40$	$1.30\sim$ 1.70		$820\sim$ 850 油	62	$217\sim$ 179	尺寸较大的铰刀、车刀等刃具、冷轧辊、冷冲模与冲头、木工工具等
W	$1.05\sim$ 1.25	$\leqslant0.40$	$\leqslant0.40$	$0.010\sim$ 0.30	W$0.80\sim$ 1.20	$800\sim$ 830 水	62	$229\sim$ 187	低速切削硬金属刃具，如麻花钻、车刀和特殊切削工具

刃具毛坯经锻造后的预先热处理为球化退火,最终热处理采用淬火＋低温回火,组织为细回火马氏体＋粒状合金碳化物＋少量残余奥氏体,硬度一般为 HRC 60～65。

2. 高速钢

高速钢是一个红硬性、耐磨性较高的高合金工具钢,它的红硬性高达 600 ℃,可以进行高速切削,故称为高速钢。高速钢具有高的强度、硬度、耐磨性及淬透性。

高速钢的成分特点是含有较高的碳和大量形成碳化物的元素钨、钼、铬、钒、钴、铝等,碳的质量分数为 $\omega_c = 0.70\% \sim 1.60\%$,合金元素总量 $\omega_{Me} > 10\%$。

碳的质量分数高的原因在于通过碳与合金元素作用形成足够数量的合金碳化物,同时还能保证有一定数量的碳溶于高温奥氏体中,以使淬火后获得高碳马氏体,保证高硬度和高耐磨性以及良好的红硬性。

钨、钼是提高红硬性的主要元素。在高速钢退火状态下主要以各种特殊碳化物的形式存在。在淬火加热时,一部分碳化物溶入奥氏体,淬火后形成含有大量钨、钼的马氏体组织,这种合金马氏体组织具有很高的回火稳定性。在 560 ℃ 左右回火时,会析出弥散的特殊碳化物,造成二次硬化。未溶的碳化物则能阻止加热时奥氏体晶粒长大,使淬火后得到的马氏体晶粒非常细小(隐针马氏体)。

在淬火加热时,铬的碳化物几乎全部溶于奥氏体中,增加奥氏体的稳定性,从而明显提高钢的淬透性,使高速工具钢在空冷条件下也能形成马氏体组织。但铬的含量过高会使 M_s 点下降,残余奥氏体量增加,降低钢的硬度并增加回火次数,所以铬的含量在高速钢中为 $\omega_{Cr} \approx 4\%$。

由于高速工具钢含有大量合金元素,故铸态组织出现莱氏体,属于莱氏体钢。其中共晶碳化物呈鱼骨状且分布很不均匀,造成强度及韧性下降。这些碳化物不能用热处理来消除,必须通过高温轧制及反复锻造将其击碎,并使碳化物呈小块状均匀分布在基体上。因此,高速工具钢锻造的目的不仅仅在于成形,更重要的是打碎莱氏体中粗大的碳化物。

因高速工具钢的奥氏体稳定性很好,经锻造后空冷,也会发生马氏体转变。为了改善其切削加工性能,消除残余内应力,并为最终热处理做组织准备,必须进行退火。通常采用等温球化退火(即在 830～880 ℃ 范围内保温后,较快地冷却到 720～760 ℃ 范围内等温),退火后组织为索氏体及粒状碳化物,硬度为 HBS 207～255。

高速钢的红硬性主要取决于马氏体中合金元素的含量,即加热时溶入奥氏体中的合金元素量。对 W18Cr4V 钢,随着加热温度升高,溶入奥氏体中的合金元素量增加,为了使钨、钼、钒等元素尽可能多地溶入奥氏体,提高钢的红硬性,其淬火温度应高一些(为 1 270～1 280 ℃)。但加热温度过高时,奥氏体晶粒粗大,剩余碳化物聚集,使钢性能变坏,故高速工具钢的淬火加热温度一般不超过 1 300 ℃。高速工具钢的淬火方法常用油淬空冷的双介质淬火法或马氏体分级淬火法。淬火后的组织是隐针马氏体、粒状碳化物及 20%～25% 的残余奥氏体。

为了消除淬火应力,减少残余奥氏体量,稳定组织,提高力学性能指标,淬火后必须进行回火。在 560 ℃ 左右的回火过程中,由马氏体中析出高度弥散的钨、钒的碳化物,使钢的硬度明显提高;同时残余奥氏体中也析出碳化物,使其碳和合金元素含量降低,M_s 点上升,在回火冷却过程中残余奥氏体转变成马氏体使硬度提高达到 HRC 64～66,形成"二次硬化"。

由于 W18Cr4V 钢在淬火状态约有 20%～25% 的残余奥氏体,一次回火难于全部消除,经三次回火后即可使残余奥氏体减至最低量(第一次回火 1 h 降到 10% 左右,第二次回火后降到 3%~5%,第三次回火后降到最低量 1%~2%)。

高速钢正常淬火、回火后组织为极细小的回火马氏体+较多的粒状碳化物及少量残余奥氏体,其硬度为 HRC 63~66。

我国常用的高速工具钢有三类,见表 4-9。

表 4-9　常用高速工具钢的牌号、成分、热处理、硬度及热硬性

| 种类 | 牌号 | 化学成分 ω_{Me}/% | | | | | | 热处理 | | | 红硬性 HRC |
		C	Cr	W	Mo	V	其他	淬火温度/℃	回火温度/℃	回火后硬度/HRC	
钨系	W18Cr4V	0.70~0.80	3.80~4.40	17.50~19.00	≤0.30	1.00~1.40		1 270~1 285	550~570	63	61.5~62
钨钼系	CW6Mo5Cr4V2	0.95~1.05	3.80~4.40	5.50~6.75	4.50~5.50	1.75~2.20		1 190~1 210	540~560	65	—
	W6Mo5Cr4V2	0.80~0.90	3.80~4.40	5.50~6.75	4.50~5.50	1.75~2.20		1 210~1 230	540~560	64	60~61
	W6Mo5Cr4V3	1.00~1.10	3.75~4.50	5.00~6.75	4.75~5.50	2.80~3.30		1 200~1 240	540~560	64	64
	W9Mo3Cr4V	0.77~0.85	3.80~4.40	8.50~9.50	2.70~3.30	1.30~1.70		1 210~1 230	540~560	64	—
超硬系	W18Cr4V2Co8	0.75~0.85	3.75~5.00	17.50~19.00	0.50~1.25	1.80~2.40	Co:7.00~9.50	1 270~1 290	540~560	65	64
	W6Mo5Cr4V2Al	1.05~1.20	3.80~4.40	5.50~6.75	4.50~5.50	1.75~2.20	Al:0.80~1.20	1 230~1 240	540~560	65	65

W18Cr4V 是钨系高速工具钢,其热硬性较高,过热敏感性较小,磨削性好,但碳化物较粗大,热塑性差,热加工废品率较高。W18Cr4V 钢适用于制造一般的高速切削刃具,但不适合作薄刃的刃具。

(二)合金模具钢

根据工作条件的不同,模具钢又可分为冷作模具钢和热作模具钢。

1. 冷作模具钢

冷作模具钢在工作时,由于被加工材料的变形抗力比较大,模具的工作部分承受很大的压力、弯曲力、冲击力及摩擦力。因此,冷作模具的正常报废原因一般是磨损,也有因断裂、崩力和变形超差而提前失效的。

冷作模具钢与刃具钢相比有许多共同点。要求模具有高的硬度和耐磨性、高的抗弯强度和足够的韧性,以保证冲压过程的顺利进行,其不同之处在于模具形状及加工工艺复杂,而且摩擦面积大,磨损可能性大,所以修磨起来困难。因此要求具有更高的耐磨性,模具工

作时承受冲压力大。又由于形状复杂易于产生应力集中,所以要求具有较高的韧性;模具尺寸大、形状复杂。所以要求较高的淬透性、较小的变形及开裂倾向性。总之,冷作模具钢在淬透性、耐磨性与韧性等方面的要求要比刃具钢要高一些。而在红硬性方面却要求较低或基本上没要求(因为是冷态成形),所以也相应形成了一些适于做冷作模具用的钢种,例如,发展了高耐磨、微变形冷作模具用钢及高韧性冷作模具用钢等。冷作模具钢用于制造在室温下使金属变形的模具,如冷冲模、冷镦、拉丝、冷挤压模等。它们在工作时承受高的压力、摩擦与冲击,因此冷作模具要求具有:高的硬度和耐磨性、较高强度、足够韧性和良好的工艺性。

常用来制作冷作模具的合金工具钢中有一部分为低合金工具钢,如 CrWMn、9CrWMn、9Mn2V 以及 9SiCr、Cr2、9Cr2 等。对尺寸比较大、工作载荷较重的冷作模具应采用淬透性比较高的低合金工具钢制造。对于尺寸不很大但形状复杂的冷冲模,为减少变形也应使用此类钢制造。

对于要求热处理变形小的大型冷作模具采用高碳高铬模具钢(Cr12、Cr12MoV)。Cr12 型钢中主要的碳化物是 $(Cr、Fe)_7C_3$,这些碳化物在高温加热淬火时大量溶于奥氏体,增加钢的淬透性。Cr12 型钢缺点是碳化物多而且分布不均匀,残余奥氏体含量也高,强度、韧性大为降低。

在 Cr12 钢基础上加入钼、钒后,除了可以进一步提高钢的回火稳定性,增加淬透性外,还能细化晶粒,改善韧性,所以 Cr12MoV 钢性能优于 Cr12 钢。

含有钼、钒的高碳高铬钢在 500 ℃左右回火后产生二次硬化。因此具有高的硬度和耐磨性。

以 Cr12 和 Cr12MoV 为代表详细比较。

Cr12 为高碳、高铬类型莱氏体钢,具有较好的淬透性和良好的耐磨性。由于钢中碳质量分数最高可达 2.30%,从而钢变得硬而脆,所以冲击韧性较差,几乎不能承受较大的冲击荷载,易脆裂,而且易形成不均匀的共晶碳化物。用于制造受冲击荷载较小,且要求高耐磨性的冷冲模和冲头,剪切硬且薄的金属的冷切剪刃、钻套、量规、拉丝模、压印模、搓丝板、拉延模和螺丝滚模等。

Cr12MoV 为高碳、高铬类型莱氏体钢,具有良好的淬透性,截面尺寸在 400 mm 以下可以完全淬透,且具有很高的耐磨性,淬火时体积变化小。其碳含量比 Cr12 钢低很多,且加入了钼、钒,因此,钢的热加工性能、冲击韧性和碳化物分布都得到了明显改善。用于制造断面较大、形状复杂、耐磨性要求高、承受较大冲击负荷的冷作模具,如冷切剪刀、切边模、滚边模、量规、拉丝模、搓丝板、螺纹滚模、形状复杂的冲孔凹模、钢板深拉伸模,以及要求高耐磨的冷冲模和冲头等。

常用冷作模具钢性能比较见表 4-10。

表 4-10 常用冷作模具钢性能比较

钢号	工作硬度 /HRC	耐磨性	韧度	淬火 不变形性	淬硬深度	可加工性	脱碳 敏感性
Cr12	58~64	好	差	好	深	较差	较小
Cr12MoV	55~63	好	较差	好	深	较差	较小
9Mn2V	58~62	中等	中等	较好	较浅	较好	较大

（续表）

钢号	工作硬度/HRC	耐磨性	韧度	淬火不变形性	淬硬深度	可加工性	脱碳敏感性
CrWMn	58～62	中等	中等	中等	较浅	中等	较大
9SiCr	57～62	中等	中等	中等	较浅	中等	较大
Cr4W2MoV	58～62	较好	较差	中等	深	较差	中等
6W6Mo5Cr4V2	56～62	较好	较好	中等	深	中等	中等
W18Cr4V2	60～65	好	较差	中等	深	较差	小
W6Mo5Cr4V2	58～64	好	中等	中等	深	较差	中等
CrW2Si	54～58	较好	较好	中等	深	中等	中等
T10A	56～62	较差	中等	较差	浅	好	大
9SiCr	58～62	中等	中等	较差	较浅	中等	大
Cr2	58～62	中等	中等	中等	较浅	较好	较大
7Cr7Mo2V2Si	57～62	较好	较好	中等	深	较差	较小
5CrNiMo	47～51	中等	好	较好	较深	好	中等
60Si2Mn	47～51 57～61	中等	中等	较差	较深	较好	极大
65Mn	47～51 57～61	中等	中等	较差	较深	较好	极大
40Cr	45～50	差	中等	中等	中等	好	小

2. 热作模具钢

热作模具钢是用来制作加热的固态金属或液态金属在压力下成形的模具。前者称为热锻模或热挤压模，后者称为压铸模。

由于模具承受载荷很大，要求强度高。模具在工作时往往还承受很大冲击，所以要求韧性好，即要求综合力学性能好，同时又要求有良好的淬透性和抗热疲劳性。

常用热作模具钢的牌号、化学成分、热处理及硬度见表4-11。

（1）热锻模具钢

热锻模具钢包括锤锻模用钢以及热挤压、热镦模及精锻模用钢。一般碳的质量分数为 $\omega_c = 0.4\% \sim 0.6\%$，以保证淬火及中、高温回火后具有足够的强度与韧性。

热锻模经锻造后需进行退火，以消除锻造内应力，均匀组织，降低硬度，改善切削加工性能。加工后通过淬火、中温回火，得到主要是回火屈氏体的组织，硬度一般为 HRC 40～50 来满足使用要求。

常用的热锻模具钢牌号是 5CrNiMo、5CrMnMo。5CrNiMo 钢具有良好韧性、强度、耐磨性和淬透性。5CrNiMo 钢是世界通用的大型锤锻模用钢，适于制造形状复杂的、受冲击载荷重的大型及特大型的锻模。5CrMnMo 钢以锰代镍，适于制造中型锻模。

表 4 - 11　常用热作模具钢的牌号、化学成分、热处理及硬度

| 牌号 | 化学成分 ω_{Me} /% | | | | | | | | 交货状态 HBS | 试样淬火 | |
	C	Si	Mn	Cr	W	Mo	V	其他		淬火温度/℃	HRC⩾
5CrMnMo	0.50~0.60	0.25~0.60	1.20~1.60	0.60~0.90	—	0.15~0.30	—	—	241~197	820~850 油	60
5CrNiMo	0.50~0.60	⩽0.40	0.50~0.80	0.50~0.80	—	0.15~0.30	—	1.40~1.80	241~197	830~860 油	60
3Cr2W8V	0.30~0.40	⩽0.40	⩽0.40	2.20~2.70	7.50~9.00	—	0.20~0.50	—	255~207	1 075~1 125 油	60
5Cr4Mo3SiMnVAl	0.47~0.57	0.80~1.10	0.80~1.10	3.80~4.30	—	2.80~3.40	0.80~1.20	0.30~0.70	⩽255	1 090~1 120 油	60
4CrMnSiMoV	0.35~0.45	0.80~1.10	0.80~1.10	1.30~1.50	—	0.40~0.60	0.20~0.40	—	241~197	870~930 油	60
4Cr5MoSiV	0.33~0.43	0.80~1.20	0.20~0.50	4.75~5.50	—	1.10~1.60	0.30~0.60	—	⩽235	790 预热,1000（盐浴）或 1 010（炉控气氛）加热,保温 5~15 min 空冷,550 回火	
4Cr5MoSiV1	0.32~0.45	0.80~1.20	0.20~0.50	4.75~5.50	—	1.10~1.75	0.80~1.20	—	⩽235		

热作模具钢中的 4CrMnSiMoV 钢具有良好的淬透性,故尺寸较大的模具空冷也可得到马氏体组织,并具有较好的回火稳定性和良好的力学性能,其抗热疲劳性及较高温度下的强度和韧性接近 5CrNiMo 钢,因此在大型锤锻模和水压机锻造用模上,4CrMnSiMoV 钢可以代替 5CrNiMo 钢。

铬系热模具钢 4Cr5MoSiV、4Cr5MoSiV1,可用于制作尺寸不大的热锻模、热挤压模具、高速精锻模具、锻造压力机模具等。5Cr4Mo3SiMnVA1 为冷热兼用的模具钢,可用其制作压力机热压冲头及凹模,寿命较高。

(2) 压铸模钢

压铸模工作时与炽热金属接触时间较长,要求有较高的耐热疲劳性,较高的导热性,良好的耐磨性和必要的高温力学性能。此外,还需要具有抗高温金属液的腐蚀和金属液的冲刷能力。

常用压铸模钢是 3Cr2W8V 钢,具有高的热硬性、高的抗热疲劳性。这种钢在 $600\sim650\ ℃$ 下强度可达 $\sigma_b = 1\ 000\sim1\ 200\ N/mm^2$,淬透性也较好。

近年来,铝镁合金压铸模用钢还可用铬系热模具钢 4Cr5MoSiV 及 4Cr5MoSiV1,其中用 4Cr5MoSiV1 钢制作的铝合金压铸模具,寿命要高于 3Cr2W8V 钢。

(三) 合金量具钢

量具钢是用于制造游标卡尺、千分尺、量块、塞规等测量工件尺寸的工具用钢。

量具在使用过程中与工件接触,受到磨损与碰撞,因此要求工作部分应有高硬度(HRC 58~64)、高耐磨性、高的尺寸稳定性和足够的韧性。

合金工具钢 9Mn2V、CrWMn 以及 GCr15 钢,由于淬透性好,用油淬造成的内应力比水淬的碳钢小,低温回火后残余内应力也较小;同时合金元素使马氏体分解温度提高,因而使组织稳定性提高,故在使用过程中尺寸变化倾向较碳素工具钢小。因此要求高精度和形状复杂的量具,常用合金工具钢制造。

量具的最终热处理主要是淬火、低温回火,以获得高硬度和高耐磨性。对于高精度的量具,为保证尺寸稳定,在淬火与回火之间进行一次冷处理(-70~-80 ℃),以消除淬火后组织中的大部分残余奥氏体。对精度要求特别高的量具,在淬火、回火后还需进行时效处理。时效温度一般为 120~130 ℃,时效时间 24~36 h,以进一步稳定组织,消除内应力。量具在精磨后还要进行 8 h 左右的时效处理,以消除精磨中产生的内应力。

第四节　滚动轴承钢

滚动轴承钢是制造各种滚动轴承的滚珠、滚柱、滚针的专用钢。滚动轴承在工作中需承受很高的交变载荷,滚动体与内外圈之间的接触应力大,同时又工作在润滑剂介质中,因此,滚动轴承钢具有高的抗压强度和抗疲劳强度,有一定的韧性、塑性、耐磨性和耐蚀性,钢的内部组织、成分均匀,热处理后有良好的尺寸稳定性。常用的滚动轴承钢有 GCr6、GCr9、GCr15 等。也可作其他用途,如形状复杂的工具、冷冲模具、精密量具以及要求硬度高、耐磨性高的结构零件。

为了满足轴承在不同工作情况下的使用要求,还发展了特殊用途的轴承钢,如制造轧钢机轴承用的耐冲击渗碳轴承钢、航空发动机轴承用的高温轴承钢和在腐蚀介质中工作的不锈轴承钢等。

现代的滚动轴承钢可分为高碳铬轴承钢、渗碳铬轴承钢、不锈轴承钢和高温轴承钢四大类。在轴承制造工业中应用面广、使用量大的是高碳铬轴承钢。高的纯洁度和良好的均匀组织是轴承钢的主要质量指标,因此对轴承钢中的非金属夹杂物和碳化物不均匀性等,都在钢材标准中根据不同使用条件,规定了合格级别。一般的轴承用钢是高碳低铬钢,属过共析钢,是轴承钢中主要强化元素。轴承钢含碳量一般较高,使用状态主要以隐晶针和细晶针状马氏体为基体,在组织中保留一定数量的淬火未溶碳化物,以提高钢的耐磨性。而适当降低钢中的含碳量,可增加合金元素在基体中的溶解度,虽减少淬火未溶碳化物数量,但提高了钢的淬透性和接触疲劳强度;反之,增加含碳量则有利于钢的耐磨性。因此轴承钢中的含碳量根据不同的用途来确定。铬是形成碳化物的主要元素。高碳铬钢在各种热处理状态下都形成 M_3C 型碳化物(M 表示金属)。铬可提高钢的力学性能、淬透性和组织均匀性,还能增加钢的耐蚀能力。钢中含铬量一般不超过 2.0%,钼能取代钢中的铬,在增加钢的淬透性上,钼比铬强,所以发展了高淬透性的含钼高碳铬轴承钢。硅、锰在轴承钢中能提高淬透性。硅、锰的典型钢号为 GCr15SiMn。锰还可和钢中的硫生成稳定的 MnS,硫化物常能包围氧化物,形成以氧化物为核心的复合夹杂物,减轻氧化物对钢的危害作用。

滚动轴承钢的热处理包括预先热处理(球化退火)和最终热处理(淬火＋低温回火)。

球化退火的目的是获得粒状珠光体组织,以降低锻造后钢的硬度,有利于切削加工,并为淬火作好组织上准备。淬火与低温回火是决定轴承钢最终性能的重要热处理工序,淬火温度应严格控制在(840 ± 10)℃的范围内,回火温度一般为 $150\sim160$ ℃。

轴承钢淬火、回火后的组织为极细回火马氏体和分布均匀的细小碳化物以及少量的残余奥氏体,回火后硬度为 HRC $61\sim65$。

轴承钢锭一般要在 $1\,200\sim1\,250$ ℃高温下进行长时间扩散退火,以改善碳化物偏析。热加工时要控制炉内气氛,钢坯加热温度不宜过高,保温时间不宜过长,以免发生严重脱碳。终轧(锻)温度通常在 $800\sim900$ ℃之间,过高易出现粗大网状碳化物,过低易形成轧(锻)裂纹。轧(锻)材成品应快冷至 650 ℃,以防止渗碳体在晶界上呈网状析出,有条件时可采用控制轧制工艺。

对于精密轴承,由于低温回火不能完全消除残余应力和残余奥氏体。因此为了稳定尺寸,可在淬火后立即进行冷处理($-60\sim-80$ ℃),以减少残余奥氏体量,然后再进行低温回火和磨削加工,最后再进行一次稳定尺寸的稳定化处理(在 $120\sim130$ ℃保温 $10\sim20$ h)。

综上所述,铬轴承钢制造轴承生产工艺路线一般如下:

下料→锻造→球化退火→机械加工→淬火＋低温回火→磨削加工→成品

常用滚动轴承钢的牌号、成分、热处理和主要用途见表 4-12。

表 4-12　常用滚动轴承钢的牌号、化学成分、热处理及用途

牌号	化学成分 ω_{Me} /%						热处理			用途举例
	C	Cr	Mn	Si	S	P	淬火温度 /℃	回火温度 /℃	回火后硬度 /HRC	
GCr9	1.00~1.10	0.90~1.20	0.25~0.45	0.15~0.35	≤0.020	≤0.027	810~830	150~170	62~66	直径 10~20 mm 的滚珠、滚柱及滚针
GCr15	0.95~1.05	1.40~1.65	0.25~0.45	0.15~0.35	≤0.020	≤0.027	825~845	150~170	62~66	壁厚<12 mm、外径<250 mm 的套圈，直径为 15~50 mm 的钢球
GCr15-SiMn	0.95~1.05	1.40~1.65	0.95~1.25	0.45~0.75	≤0.020	≤0.027	820~840	150~170	≥62	壁厚≥12 mm、外径>250 mm 的套圈，直径>50 mm 的钢球

第五节　特殊性能钢

特殊性能钢是指具有特殊的物理、化学性能的钢。用来制造除要求具有一定的机械性能外，还要求具有特殊性能的零件。其种类很多，机械制造中主要使用不锈耐酸钢、耐热钢、耐磨钢。不锈耐酸钢包括不锈钢与耐酸钢。能抵抗大气腐蚀的钢称为不锈钢。而在一些化学介质（如酸类等）中能抵抗腐蚀的钢称为耐酸钢。

这类钢牌号前面数字表示碳质量分数的千倍。例如 3Cr13 钢，表示平均 ω_c =0.3%，平均 ω_{Cr} =13%。当碳的质量分数 ω_c ≤0.03% 或 ω_c ≤0.08% 时，则在牌号前面分别冠以"00"或"0"表示，例如 00Cr17Ni14Mo2，0Cr19Ni9 钢等。

一、不锈钢

在腐蚀性介质中具有抗腐蚀能力的钢，一般称为不锈钢。

（一）金属腐蚀

腐蚀通常可分为化学腐蚀和电化学腐蚀两种类型。化学腐蚀指金属与周围介质发生纯化学作用的腐蚀，在腐蚀过程中没有微电流产生，例如钢的高温氧化、脱碳等。电化学腐蚀指金属在大气、海水及酸、碱、盐类溶液中产生的腐蚀，在腐蚀过程中有微电流产生。在这两种腐蚀中，危害最大的是电化学腐蚀。

大部分金属的腐蚀都属于电化学腐蚀。

为了提高钢的抗电化学腐蚀能力，主要采取以下措施：

（1）提高基体电极电位。例如当 ω_{Cr} >11.7% 时，使绝大多数铬都溶于固溶体中，使基体电极电位由 -0.56 V 跃增为 +0.20 V，从而提高抗电化学腐蚀的能力。

（2）减少原电池形成的可能性，使金属在室温下只有均匀单相组织。例如铁素体钢、奥

氏体钢。

（3）形成钝化膜。在钢中加入大量合金元素，使金属表面形成一层致密的氧化膜（如 Cr_2O_3 等），使钢与周围介质隔绝，提高抗腐蚀能力。

（二）常用不锈钢

目前常用的不锈钢，按其组织状态主要分为马氏体不锈钢、铁素体不锈钢和奥氏体不锈钢三大类，其牌号、成分、热处理及用途见表 4-13。

表 4-13　常用的不锈钢类型、牌号、成分、性能及用途

类别	钢号	化学成分/%			机械性能				用途
		C	Cr	其他	σ_s /MPa	σ_b /MPa	δ /%	硬度	
马氏体钢	1Cr13	≤0.15	11.50~ 13.50	—	≥420	≥600	≥25	≥ 159HB	汽轮机叶片、水压机阀门、螺栓、螺母等抗弱腐蚀介质并承受冲击的零件
	4Cr13	0.36~ 0.45	16.00~ 18.00	—				≥ 50HRC	作耐磨的零件，如热油泵轴、阀门零件、轴承、弹簧以及医疗器械
铁素体钢	1Cr17	≤0.12	16~18	—	≥250	≥400	≥20	—	硝酸工厂、食品工厂设备零件
	1Cr28	≤0.15	27~30	—	≥300	≥450	≥20	—	制浓硝酸设备零件
奥氏体钢	1Cr18Ni9	≤0.14	17~19	Ni：8~12	≥220	≥550	≥45	—	制耐硝酸、有机酸、盐、碱、溶液腐蚀的设备
	1Cr18Ni9Ti	≤0.12	17~19	Ni 8~12 Ti：0.8~5	≥200	≥550	≥40	—	作焊芯、抗磁仪表、医疗器械、耐酸容器、输送管道

1. 马氏体不锈钢

常用马氏体不锈钢碳的质量分数为 $\omega_c = 0.1\% \sim 0.4\%$，铬的含量为 $\omega_{Cr} = 11.50\% \sim 14.00\%$，属铬不锈钢，通常指 Cr13 型不锈钢。淬火后能得到马氏体，故称为马氏体不锈钢。它随着钢中碳的质量分数的增加，钢的强度、硬度、耐磨性提高，但耐蚀性下降。为了提高耐蚀性，一般不锈钢的碳的质量分数 $\omega_c \leqslant 0.4\%$。

碳的质量分数较低的 1Cr13 和 2Cr13 钢，具有良好的抗大气、海水、蒸汽等介质腐蚀的能力，塑性、韧性很好，适用于制造在腐蚀条件下工作、受冲击载荷的结构零件，如汽轮机叶片、各种阀、机泵等。这两种钢常用热处理方法为淬火后高温回火，得到回火索氏体组织。

碳的质量分数较高的 3Cr13、7Cr17 钢，经淬火后低温回火，得到回火马氏体和少量碳化物，硬度可达 HRC50 左右。用于制造医疗手术工具、量具、弹簧、轴承及弱腐蚀条件下工

作而要求高硬度的耐蚀零件。

2. 铁素体不锈钢

典型牌号有 1Cr17、1Cr17Mo 等。常用的铁素体不锈钢中，$\omega_c \leqslant 0.12\%$，$\omega_{Cr} = 12\% \sim 13\%$，这类钢从高温到室温，其组织均为单相铁素体组织，所以在退火和正火状态下使用，不能利用热处理来强化。其耐蚀性、塑性、焊接性均优于马氏体不锈钢，但强度比马氏体不锈钢低，主要用于制造耐蚀零件，广泛用于硝酸和氮肥工业中。

3. 奥氏体不锈钢

这类钢一般铬的含量为 $\omega_{Cr} = 17\% \sim 19\%$，镍的含量为 $\omega_{Ni} = 8\% \sim 11\%$，故简称 18-8 型不锈钢。其典型牌号有 0Cr19Ni9、1Cr18Ni9、0Cr18Ni11Ti、00Cr17Ni14Mo2 钢等。这类钢中碳的质量分数不能过高，否则易在晶间析出碳化物 $(Cr、Fe)_{23}C_6$ 引起晶间腐蚀，使钢中铬量降低产生贫铬区，故其碳的质量分数一般控制在 $\omega_c = 0.10\%$ 左右，有时甚至控制在 0.03% 左右。有晶间腐蚀的钢，稍受力即沿晶界开裂或粉碎。

这类钢在退火状态下呈现奥氏体和少量碳化物组织，碳化物的存在，对钢的耐腐蚀性有很大损伤，故采用固溶处理方法来消除。固溶处理是把钢加热到 1 100 ℃ 左右，使碳化物溶解在高温下所得到的奥氏体中，然后水淬快冷至室温，即获得单相奥氏体组织，提高钢的耐蚀性。

由于铬镍不锈钢中铬、镍的含量高，且为单相组织，故其耐蚀性高。它不仅能抵抗大气、海水、燃气的腐蚀，而且能抗酸的腐蚀，抗氧化温度可达 850 ℃，具有一定的耐热性。铬镍不锈钢没有磁性，故用它制造电器、仪表零件不受周围磁场及地球磁场的影响；又由于塑性很好，可以顺利进行冷、热压力加工。

4. 奥氏体-铁素体双相不锈钢

兼有奥氏体和铁素体不锈钢的优点，并具有超塑性。奥氏体和铁素体组织各约占一半的不锈钢。在含碳较低的情况下，Cr 含量在 18% ~ 28%，Ni 含量在 3% ~ 10%。有些钢还含有 Mo、Cu、Si、Nb、Ti、N 等合金元素。该类钢兼有奥氏体和铁素体不锈钢的特点，与铁素体相比，塑性、韧性更高，无室温脆性，耐晶间腐蚀性能和焊接性能均显著提高，同时还保持有铁素体不锈钢的 475 ℃ 脆性以及导热系数高，具有超塑性等特点。与奥氏体不锈钢相比，强度高且耐晶间腐蚀和耐氯化物应力腐蚀有明显提高。双相不锈钢具有优良的耐腐蚀性能，也是一种节镍不锈钢。

二、耐热钢

耐热钢是抗氧化钢和热强钢的总称。

钢的耐热性包括高温抗氧化性和高温强度两方面的综合性能。高温抗氧化性是指钢在高温下对氧化作用的抗力；而高温强度是指钢在高温下承受机械载荷的能力，即热强性。因此，耐热钢既要求高温抗氧化性能好，又要求高温强度高。

在钢中加入铬、硅、铝等合金元素，它们与氧亲和力大，优先被氧化，形成一层致密、完整、高熔点的氧化膜 $(Cr_2O_3、Fe_2SiO_4、Al_2O_3)$，牢固覆盖于钢的表面，可将金属与外界的高温氧化性气体隔绝，从而避免进一步被氧化。

钢铁材料在高温下除氧化外其强度也大大下降，这是由于随温度升高，金属原子间结合力减弱，特别当工作温度接近材料再结晶温度时，也会缓慢地发生塑性变形，且变形量随时间的延长而增大,最后导致金属破坏,这种现象称为蠕变。

为了提高钢的高温强度,在钢中加入铬、钼、锰、铌等元素,可提高钢的再结晶温度。在钢中加入钛、铌、钒、钨、钼以及铝、硼、氮等元素,形成弥散相来提高高温强度。

常用耐热钢的牌号及用途见表4-14。

表4-14 常用耐热钢的牌号及用途

钢号	适用温度范围及其主要用途
00Cr12	抗氧化温度600~700 ℃,用作高温高压阀体、燃烧器
0Cr13Al	适用温度范围700~800 ℃,燃汽轮机压缩机叶片
1Cr17	在900 ℃以下温度抗氧化,用作炉用高温部件、喷嘴
1Cr12	在600~700 ℃温度范围内具有一定的抗氧化性和较高的高温强度,可用于汽轮机叶片、喷嘴、锅炉燃烧器阀门的高温部件
1Cr13	抗氧化温度700~800 ℃,其用途与1Cr12钢相同
0Cr18Ni9 1Cr18Ni9Ti	抗氧化温度870 ℃以下,可用作锅炉受热面管子、加热炉零件、热交换器、马弗炉、转炉、喷嘴
0Cr18Ni10Ti 0Cr18Ni11Nb	在400~900 ℃温度范围内抗高温腐蚀氧化,可用于工作温度850 ℃以下的管件
0Cr23Ni13	抗氧化温度直至980 ℃,用于燃烧器火管、汽轮机叶片,加热炉体,甲烷变换装置,高温分离装置
0Cr25Ni20	抗氧化温度直至1 035 ℃,用于加热炉部件;工作温度950 ℃以下的输气系统部件
0Cr17Ni12Mo2 0Cr19Ni13Mo2	抗氧化温度不低于870 ℃,工作温度600~750 ℃的化工、炼油热交换器管子、炉用管件
0Cr17Ni7Al	工作温度550 ℃以下的高温承载部件

三、耐磨钢

耐磨钢是指在冲击和磨损条件下使用的高锰钢。

高锰钢的主要成分是 $\omega_c=0.9\%\sim1.5\%$,$\omega_{Mn}=11\%\sim14\%$。经热处理后得到单相奥氏体组织,由于高锰钢极易冷变形强化,使切削加工困难,故基本上是铸造成形后使用。

高锰钢铸件的牌号,前面的"ZG"代表"铸钢"二字汉语拼音字首,其后是化学元素符号"Mn",随后数字"13"表示锰的平均质量分数的百倍(即平均 $\omega_{Mn}=13\%$),最后的一位数字1、2、3、4表示顺序号。如ZGMn13-1,表示1号铸造高锰钢,其碳的质量分数最高($\omega_c=1.00\%\sim1.50\%$);而4号铸造高锰钢ZGMn13-4,碳的质量分数低($\omega_c=0.90\%\sim1.20\%$)。高锰钢铸件的牌号、化学成分、力学性能及用途见表4-15。

表 4-15　高锰钢铸件的牌号、化学成分、热处理、力学性能及用途

牌　号	化学成分 ω_{Me} / %					热处理（水韧处理）		力学性能				用途举例
	C	Si	Mn	S	P	淬火温度 /℃	冷却介质	σ_b / /N·mm^{-2}	δ_5/%	A_K/J	HBS	
								不小于			不大于	
ZGMn13-1	1.00~1.50	0.30~1.00	11.00~14.00	≤0.050	≤0.090	1 060~1 100	水	637	20	—	229	用于结构简单、要求以耐磨为主的低冲击铸件，如衬板、齿板、辊套、铲齿等
ZGMn13-2	1.00~1.40	0.30~1.00	11.00~14.00	≤0.050	≤0.090	1 060~1 100	水	637	20	118	229	
ZGMn13-3	0.90~1.30	0.30~0.80	11.00~14.00	≤0.050	≤0.080	1 060~1 100	水	686	25	118	229	用于结构复杂、要求以韧性为主的高冲击铸件，如覆带板等
ZGMn13-4	0.90~1.20	0.30~0.80	11.00~14.00	≤0.050	≤0.070	1 060~1 100	水	735	35	118	229	

注：牌号、化学成分、热处理、力学性能摘自 GB5680—85《高锰钢铸件技术条件》。

高锰钢由于铸态组织是奥氏体＋碳化物，而碳化物的存在要沿奥氏体晶界析出，降低了钢的韧性与耐磨性，所以必须进行水韧处理。所谓"水韧处理"，是将高锰钢铸件加热到1 000~1 100 ℃，使碳化物全部溶解到奥氏体中，然后在水中急冷，防止碳化物析出，获得均匀的、单一的过饱和单相奥氏体组织。这时其强度、硬度并不高，而塑性、韧性却很好（$\sigma_b \geqslant$ 637~735 N/mm^2，$\delta_5 \geqslant 20\% \sim 35\%$，硬度≤HBS 229，$A_k \geqslant 118$ J）。但是，当工作中受到强烈的冲击或较大压力时，表面因塑性变形会产生强烈的冷变形强化，从而使表面层硬度提高到HBW 500~550，因而获得高的耐磨性，而心部仍然保持着原来奥氏体所具有的高的塑性与韧性，能承受冲击。当表面磨损后，新露出的表面又可在冲击和磨损条件下获得新的硬化层。因此，这种钢具有很高的耐磨性和抗冲击能力。但要指出，这种钢只有在强烈冲击和磨损下工作才显示出高的耐磨性，而在一般机器工作条件下高锰钢并不耐磨。

高锰钢被用来制造在高压力、强冲击和剧烈摩擦条件下工作的抗磨零件，如坦克和矿山拖拉机履带板，破碎机颚板、挖掘机铲齿、铁道道岔及球磨机衬板等。

第六节　铸钢与铸铁

一、铸钢

铸钢是用以浇注铸件的钢，铸造合金的一种。铸钢分为铸造碳钢、铸造低合金钢和铸造特种钢三类。

（1）铸造碳钢　以碳为主要元素并含有少量其他元素的铸钢。随着含碳量的增加，铸造碳钢的强度增大，硬度提高。铸造碳钢具有较高的强度、塑性和韧性，成本较低，在重型机

械中用于制造承受大负荷的零件,如轧钢机机架、水压机底座等;在铁路车辆上用于制造受力大又承受冲击的零件如摇枕、侧架、车轮和车钩等。

(2) 铸造低合金钢 含有锰、铬、铜等合金元素的铸钢,合金元素总量一般小于 5%,具有较大的冲击韧性,并能通过热处理获得更好的机械性能。铸造低合金钢比碳钢具有较优的使用性能,能减小零件质量,提高使用寿命。

(3) 铸造特种钢 为适应特殊需要而炼制的合金铸钢,品种繁多,通常含有一种或多种的高量合金元素,以获得某种特殊性能。例如,含锰 11%～14% 的高锰钢能耐冲击磨损,多用于矿山机械、工程机械的耐磨零件;以铬或铬镍为主要合金元素的各种不锈钢,用于在有腐蚀或 650 ℃ 以上高温条件下工作的零件,如化工用阀体、泵、容器或大容量电站的汽轮机壳体等。

其牌号用"ZG"代表铸钢二字汉语拼音首位字母,后面第一组数字为屈服强度(单位 N/mm²),第二组数字为抗拉强度(单位 N/mm²)。例如 ZG200 - 400,表示屈服强度 σ_s(或 $\sigma_{0.2}$)≥200 N/mm²,抗拉强度 σ_b≥400 N/mm² 的铸造碳钢件。

铸造碳钢一般用于制造形状复杂、机械性能要求比铸铁高的零件,例如水压机横梁、轧钢机机架、重载大齿轮等,这种机件,用锻造方法难以生产,用铸铁又无法满足性能要求,只能用碳钢采用铸造方法生产。

铸造碳钢中碳的质量分数过高则塑性差,易产生裂纹。一般工程用铸造碳钢件的牌号、成分和力学性能见表 4 - 16。

表 4 - 16 一般工程用铸造碳钢件的牌号、成分和力学性能

| 牌 号 | 主要化学成分 ω_{Me}/% | | | | 室温力学性能≥ | | | | |
	C	Si	Mn	P	S	σ_s 或 $\sigma_{0.2}$ /N·mm⁻²	σ_b /N·mm⁻²	δ/%	ψ/%	A_{KV}/J
ZG200 - 400	0.20	0.50	0.80	0.04		200	400	25	40	47
ZG230 - 450	0.30	0.50	0.90	0.04		230	450	22	32	35
ZG270 - 500	0.40	0.50	0.90	0.04		270	500	18	25	27
ZG310 - 570	0.50	0.60	0.90	0.04		310	570	15	21	24
ZG340 - 640	0.60	0.60	0.90	0.04		340	640	10	18	16

铸造碳钢的特性及用途举例:

ZG200 - 400 有良好的塑性、韧性和焊接性能。用于制作承受载荷不大,要求韧性的各种机械零件,如机座、变速箱壳等。

ZG230 - 450 有一定的强度和较好的塑性、韧性,焊接性能良好,切削加工性尚可。用于制作承受载荷不大,要求韧性的各种机械零件,如砧座、外壳、轴承盖、底板、阀体、犁柱等。

ZG270 - 500 有较高的强度和较好的塑性,铸造性能良好,焊接性能尚好,切削加工性佳,用途广泛,用于制作轧钢机机架、轴承座、连杆、箱体、缸体等。

ZG310 - 570 强度和切削加工性良好,塑性和韧性较低,用于制作承受载荷较高的各种机械零件,如大齿轮、缸体、制动轮、辊子等。

ZG340 - 640 有高的强度、硬度和耐磨性,切削加工性中等,焊接性能较差,流动性好,

裂纹敏感性较大,可用制作齿轮、棘轮等。

二、铸铁

铸铁是 $\omega_c \geqslant 2.11\%$ 的铁碳合金,合金中含有较多的硅、锰等元素,使碳在铸铁中大多数以石墨形式存在。铸铁具有优良的铸造性能、切削加工性、减摩性与消震性和低的缺口敏感性,而且熔炼铸铁的工艺与设备简单、成本低。目前,铸铁仍然是工业生产中最重要的工程材料之一。

(一) 铸铁的分类

1. 按碳存在的形式分类

(1) 灰铸铁 碳全部或大部分以游离态石墨的形式存在,断口呈黑灰色。

(2) 白口铸铁 少量碳溶入铁素体,其余的碳以渗碳体的形式存在,断口呈亮白色。

(3) 麻口铸铁 碳以石墨和渗碳体的混合形式存在,断口呈黑白相间的麻点。

2. 灰口铸铁按石墨的形态分类

(1) 普通灰铸铁 石墨呈片状。

(2) 蠕墨铸铁 石墨呈蠕虫状。

(3) 可锻铸铁 石墨呈棉絮状。

(4) 球墨铸铁 石墨呈球状。

3. 按化学成分分类

(1) 普通铸铁 如普通灰铸铁、蠕墨铸铁、可锻铸铁、球墨铸铁;

(2) 合金铸铁 又称为特殊性能铸铁,如耐磨铸铁、耐热铸铁、耐蚀铸铁等。

(二) 铸铁的石墨化过程

铸铁中石墨的形成过程称为石墨化过程。铸铁组织形成的基本过程就是铸铁中石墨的形成过程。因此,了解石墨化过程的条件与影响因素对掌握铸铁材料的组织与性能是十分重要的。

由于铸铁是种含碳量较高的铁碳合金,其中的碳能以石墨或渗碳体两种独立形式存在,因而其结晶过程按铸铁双重相图进行。碳存在形式有三种:① 以溶解状态存在。碳能有限溶解在铁液和固溶体中,并随温度下降而析出高碳相。② 以石墨结晶形式存在。石墨的晶格属六方晶格,如图 4-3 所示,每层基面上碳原子排列成六方形,原子间距为 1.421 nm,每个原子与相邻三个原子由共价键牢固地连接在一起。铸铁中的石墨并非纯碳而是溶有极少量铁和其他元素。铸铁中的石墨是分散度很大的片状结晶。如铁液冷却较慢,铸铁中含促进石墨化元素较多,则铸铁中的碳

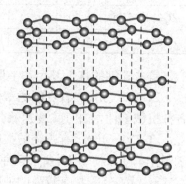

图 4-3 石墨的晶体结构

将会以石墨的形式存在。③ 以渗碳体状态存在。如结晶时冷却速度较快,铸铁中促进石墨化的元素又少,则碳将会与铁化合成间隙化合物渗碳体(Fe_3C),渗碳体为白亮色,性极硬而脆。渗碳体在温度适合的条件下,又可分解析出石墨,$Fe_3C \rightarrow 3Fe + 石墨\ C$。渗碳体分解在

铸铁一次结晶和二次结晶时都能发生。铸铁中的碳有时也会与其他合金元素形成一些复杂的碳化物。

根据 Fe-C 合金双重状态图,如图 4-4 所示。铸铁的石墨化过程可分为三个阶段:

第一阶段石墨化 铸铁液体结晶出一次石墨(过共晶铸铁)和在 1 154 ℃（$E'C'F'$ 线）通过共晶反应形成共晶石墨。

$$L_{C'} \longrightarrow A_{F'} + G_i（共晶）$$

第二阶段石墨化 在 1 154 ℃～738 ℃温度范围内奥氏体沿 $E'S'$ 线析出二次石墨。

第三阶段石墨化 在 738 ℃（$P'S'K'$ 线）通过共析反应析出共析石墨。

$$A_{F'} \longrightarrow F_{P'} + G（共晶）$$

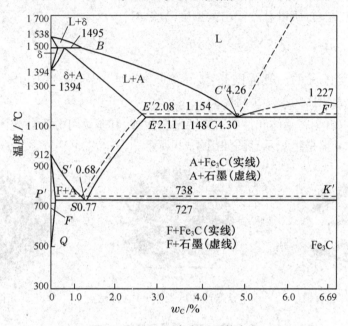

图 4-4 Fe-C 合金双重状态图

铸铁的组织取决于石墨化进行的程度,若要获得所需要的组织,关键在于控制石墨化进行的程度。实践证明,铸铁化学成分、铸铁结晶的冷却速度及铁水的过热和静置等诸多因素都影响石墨化和铸铁的显微组织。

1. 化学成分的影响

铸铁中常见的 C、Si、Mn、P、S 中,C、Si 是强烈促进石墨化的元素,S 是强烈阻碍石墨化的元素。实际上各元素对铸铁的石墨化能力的影响极为复杂。其影响与各元素本身的含量以及是否与其他元素发生作用有关,如 Ti、Zr、B、Ce、Mg 等都阻碍石墨化,但若其含量极低（如 $w_{B,Ce} < 0.01\%$，$w_{Ti} < 0.08\%$）时,它们又表现出有促进石墨化的作用。

2. 冷却速度的影响

一般来说,铸件冷却速度越缓慢,就越有利于按照 Fe-G 稳定系状态图进行结晶与转变,充分进行石墨化;反之则有利于按照 Fe-Fe₃C 亚稳定系状态图进行结晶与转变,最终获得白口铸铁。尤其是在共析阶段的石墨化,由于温度较低,冷却速度增大,原子扩散困难,所以通常情况下,共析阶段的石墨化难以充分进行。

铸铁的冷却速度是一个综合的因素,它与浇注温度、传型材料的导热能力以及铸件的壁厚等因素有关,而且通常这些因素对两个阶段的影响基本相同。

提高浇注温度能够延缓铸件的冷却速度,这样既促进了第一阶段的石墨化,也促进了第二阶段的石墨化。因此,提高浇注温度在一定程度上能使石墨粉化,也可增加共析转变。

3. 铸铁的过热和高温静置的影响

在一定温度范围内,提高铁水的过热温度,延长高温静置的时间,都会导致铸铁中的石墨基体组织的细化,使铸铁强度提高。进一步提高过热度,铸铁的成核能力下降,因而使石墨形态变差,甚至出现自由渗碳体,使强度反而下降,因而存在一个"临界温度"。临界温度的高低,主要取决于铁水的化学成分及铸件的冷却速度。一般认为普通灰铸铁的临界温度约在 1 500～1 550 ℃左右,所以总希望出铁温度高些。

(三)灰口铸铁

灰口铸铁化学成分的一般范围是:$\omega_c = 2.5\% \sim 4.0\%$,$\omega_{Si} = 1.0\% \sim 2.2\%$,$\omega_{Mn} = 0.5\% \sim 1.3\%$,$\omega_s \leqslant 0.15\%$,$\omega_p \leqslant 0.3\%$。

灰口铸铁组织由金属基体和片状石墨两部分组成,其基体可分为珠光体、珠光体＋铁素体、铁素体三种。其显微组织示意图如图 4-5 所示。

(a)铁素体＋片状石墨　　(b)铁素体和珠光体＋片状石墨　　(c)珠光体＋片状石墨

图 4-5　普通灰铸铁

1. 灰口铸铁的性能

灰口铸铁的力学性能主要取决于基体组织和石墨存在形式,灰口铸铁中含有比钢更多的硅、锰等元素,这些元素可溶于铁素体而使基体强化,因此,其基体的强度与硬度不低于相应的钢。但由于片状石墨的强度、塑性、韧性几乎为零,所以铸铁的抗拉强度、塑性、韧性比钢低。石墨片越多,尺寸越粗大,分布越不均匀,铸铁的抗拉强度和塑性就越低。灰口铸铁的抗压强度、硬度与耐磨性,由于石墨存在对其影响不大,故灰口铸铁的抗压强度较好。为了提高灰铸铁的力学性能,生产上常采用孕育处理。它是在浇注前往铁液中加入少量孕育剂(硅铁或硅钙合金),使铁液在凝固时产生大量的人工晶核,从而获得细晶粒珠光体基体加上细小均匀分布的片状石墨的组织。经孕育处理后的铸铁称为孕育铸铁。

孕育铸铁具有较高的强度和硬度,具有断面缺口敏感性小的特点,因此孕育铸铁常作为力学性能要求较高,且断面尺寸变化大的大型铸件,如机床床身等。

灰口铸铁具有良好的铸造性能、切削加工性、减摩性和消震性,铸铁对缺口的敏感性较低。

2. 灰口铸铁的牌号和应用

灰口铸铁的牌号、力学性能和应用举例见表 4-17。其中 HT 表示"灰铁"二字的汉语拼音的字首,后面三位数字表示最小抗拉强度值。

表 4-17 灰铸铁的牌号、力学性能及用途(摘自 GB9439—88)

牌号	铸件级别	铸件壁厚 /mm	铸件最小抗拉强度 $\sigma_b/N \cdot mm^{-2}$	适用范围及举例
HT100	铁素体灰铸铁	2.5～10	130	低载荷和不重要零件,如盖、外罩、手轮、支架、重锤等
		10～20	100	
		20～30	90	
		30～50	80	
HT150	珠光体+铁素体灰铸铁	2.5～10	175	承受中等应力(抗弯应力小于 100 N/mm^2)的零件,如支柱、底座、齿轮箱、工作台、刀架、端盖、阀体、管路附件及一般无工作条件要求的零件
		10～20	145	
		20～30	130	
		30～50	120	
HT200	珠光体	2.5～10	220	承受较大应力(抗弯应力小于 300 N/mm^2)和较重要零件,如气缸体、齿轮、机座、飞轮、床身、缸套、活塞、刹车轮、联轴器、齿轮箱、轴承座、液压缸等
		10～20	195	
		20～30	170	
		30～50	160	
HT250	灰铸铁	4.0～10	270	
		10～20	240	
		20～30	220	
		30～50	200	
HT300	孕育铸铁	10～20	290	承受高弯曲应力(小于 500 N/mm^2)及抗拉应力的重要零件,如齿轮、凸轮、车床卡盘、剪床和压力机的机身、床身、高压油压缸、滑阀壳体等
		20～30	250	
		30～50	230	
HT350		10～20	340	
		20～30	290	
		30～50	260	

(四)球墨铸铁

球墨铸铁的化学成分与灰铸铁相比,其特点是碳、硅的质量分数高,而锰的质量分数较低,对硫和磷的限制较严,并含有一定量的稀土和镁,一般情况下 $\omega_C = 3.6\% \sim 4.0\%$,$\omega_{Si} = 2.0\% \sim 3.2\%$。锰有去硫、脱氧的作用,并可稳定和细化珠光体。对珠光体基体 $\omega_{Mn} = 0.5\% \sim 0.7\%$,对铁素体基体 $\omega_{Mn} < 0.6\%$。硫、磷都是有害元素,一般 $\omega_S < 0.07\%$,$\omega_P \leqslant$

0.1%。

球墨铸铁的组织是在钢的基体上分布着球状石墨。球墨铸铁在铸态下,其基体是有不同数量铁素体、珠光体,甚至有渗碳体同时存在的混合组织,故生产中需经不同热处理以获得不同的组织。生产中常有铁素体球墨铸铁、珠光体＋铁素体球墨铸铁、珠光体球墨铸铁和下贝氏体球墨铸铁。其显微组织示意图如4－6所示。

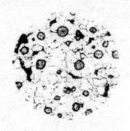 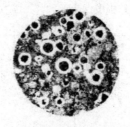 

(a) 铁素体＋球状石墨　　　(b) 铁素体和珠光体＋球状石墨　　　(c) 珠光体＋球状石墨

图 4－6　球墨铸铁

1. 球墨铸铁的性能

由于球墨铸铁中石墨呈球状,对金属基体的割裂作用较小,使球墨铸铁的抗拉强度、塑性和韧性、疲劳强度高于其他铸铁,球墨铸铁有一个突出优点是其屈强比较高,因此对于承受静载荷的零件,可用球墨铸铁代替铸钢。

球墨铸铁的力学性能比灰口铸铁高,而成本却接近于灰口铸铁,并保留了灰口铸铁的优良铸造性能、切削加工性、减摩性和缺口不敏感等性能。因此它可代替部分钢做较重要的零件,对实现以铁代钢,以铸代锻起重要的作用,具有较大的经济效益。

2. 球墨铸铁的牌号和应用

我国国家标准中列了八个球墨铸铁的牌号,见表4－18。牌号由 QT 与两组数字组成,其中 QT 表示"球铁"二字汉语音的字首,第一组数字代表最低抗拉强度值,第二组数字代表最低伸长率。

表 4－18　球墨铸铁的牌号、力学性能及用途(摘自 GB1348—88)

牌号	基体组织	力学性能				用途举例
		σ_b /N·mm^{-2}	$\sigma_{0.2}$ /N·mm^{-2}	δ/%	HBS	
		不小于				
QT400～18	铁素体	400	250	18	130～180	承受冲击、振动的零件,如汽车、拖拉机的轮毂、驱动桥壳、减速器壳、拨叉、农机具零件,中低压阀门,上、下水及输气管道,压缩机上高低压气缸,电机机壳,齿轮箱,飞轮壳等
QT400～15	铁素体	400	250	15	130～180	
QT400～10	铁素体	450	310	10	160～210	

(续表)

牌号	基体组织	力学性能				用途举例
		σ_b /N·mm^{-2}	$\sigma_{0.2}$ /N·mm^{-2}	δ/%	HBS	
		不小于				
QT500～07	铁素体＋珠光体	500	320	7	170～230	机器座架、传动轴、飞轮、电动机架、内燃机的机油泵齿轮、铁路机车车辆轴瓦等
QT600～03	珠光体＋铁素体	600	370	3	190～270	载荷大、受力复杂的零件，如汽车、拖拉机的曲轴、连杆、凸轮轴、气缸套，部分磨床、铣床、车床的主轴、轧钢机轧辊、大齿轮，小型水轮机主轴，气缸体，桥式起重机大小滚轮等
QT700～02	珠光体	700	420	2	225～305	
QT800～02	珠光体或回火组织	800	480	2	245～33	
QT900～02	贝氏体或回火马氏体	900	600	2	280～360	高强度齿轮，如汽车后桥螺旋锥齿轮、大减速器齿轮，内燃机曲轴，凸轮轴等

（五）可锻铸铁

可锻铸铁又俗称为马铁。可锻铸铁实际上是不能锻造的。

可锻铸铁的组织是钢的基体上分布着团絮状的石墨，有铁素体可锻铸铁（黑心可锻铸铁）和珠光体可锻铸铁两种。显微组织示意图如图4-7所示。

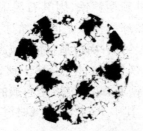

（a）铁素体＋团絮状石墨　　　（b）珠光体＋团絮状石墨

图 4-7　可锻铸铁

表4-19列出了我国常用可锻铸铁的牌号、性能及用途。其牌号由"KTH"或"KTZ"与两组数字表示。其中"KT"表示"可锻"二字的汉语拼音字首；"H"和"Z"分别表示"黑"和"珠"的汉语拼音的字首；牌号后边第一组数字表示最小抗拉强度值，第二组数字表示最小伸长率。

表 4-19 可锻铸铁的牌号、力学性能及用途(摘自 GB9440—88)

种类	牌号	试样直径/mm	力学性能				用途举例
			σ_b /N·mm^{-2}	$\sigma_{0.2}$ /N·mm^{-2}	δ/%	HBS	
			不小于				
黑心可锻铸铁	KTH300-06	12 或 15	300		6	不大于 150	弯头、三通管件、中低压阀门等
	KTH330-08		330		8		扳手、犁刀、犁柱、车轮壳等
	KTH350-10		350	200	10		汽车、拖拉机前后轮壳、减速器壳、转向节壳、制动器及铁道零件等
	KTH370-12		370		12		
珠光体可锻铸铁	KTZ450-06	12 或 15	450	270	6	150~200	载荷较高和耐磨损零件,如曲轴、凸轮轴、连杆、齿轮、活塞环、轴套、耙片、万向接头、棘轮、扳手、传动链条等
	KTZ550-04		550	340	4	180~250	
	KTZ650-02		650	430	2	210~260	
	KTZ700-02		700	530	2	240~290	

可锻铸铁的力学性能优于灰口铸铁,并接近于同类基体的球墨铸铁。但与球墨铸铁相比,具有铁水处理简易、质量稳定、废品率低等优点。故生产中,常用可锻铸铁制作一些截面较薄而形状较复杂、工作时受震动而强度、韧性要求较高的零件,因为这些零件若用灰铸铁制造,则不能满足力学性能要求;若用铸钢制造,则因其铸造性能较差,质量不易保证。

(六)蠕墨铸铁

蠕墨铸铁是 20 世纪 70 年代发展起来的一种新型铸铁,因其石墨很像蠕虫而命名。蠕墨铸铁的力学性能介于相同基体组织的灰铸铁和球墨铸铁之间,它的抗拉强度、屈服点、伸长率、疲劳强度均优于灰铸铁,接近于铁素体球墨铸铁;而铸造性能、减震能力、导热性、切削加工性均优于球墨铸铁,与灰铸铁相近。蠕墨铸铁是将蠕化剂(稀土镁钛合金、稀土镁钙合金、镁钙合金等)置于浇包内的一侧,另一侧冲入铁液、蠕化剂熔化而成的。

蠕墨铸铁的牌号由 RuT 与一组数字表示。其中 RuT 表示"蠕铁"二字汉语拼音的字首,后面三位数字表示其最小抗拉强度值,见表 4-20。

蠕墨铸铁主要用于制造气缸盖、气缸套、钢锭模、液压件等零件。

表 4-20 蠕墨铸铁的牌号、力学性能及用途

牌号	力学性能				用途举例
	σ_b /N·mm^{-2}	$\sigma_{0.2}$ /N·mm^{-2}	δ/%	HBS	
	不小于				
RuT260	260	195	3	121~195	汽车后桥,弹簧支架,低压阀门,管接头,汽车凸轮轴等

（续表）

牌号	力学性能				用途举例
	σ_b /N·mm⁻²	$\sigma_{0.2}$ /N·mm⁻²	δ/%	HBS	
	不小于				
RuT300	300	240	1.5	140～217	排气管,变速箱体,汽缸盖,液压件,纺织机零件,钢锭模等
RuT340	340	270	1.0	170～249	重型机床件,大型齿轮箱体、盖、座,飞轮,起重机卷筒等
RuT380	380	300	0.75	193～274	活塞环,汽缸套,制动盘,钢珠研磨盘,吸淤泵体等
RuT420	420	335	0.75	200～280	

思考题

1. 合金钢和碳素钢相比,具有哪些特点?

2. 在合金钢中,常加入的合金元素有哪些? 非碳化物形成合金元素有哪些? 碳化物形成合金元素有哪些? 扩大 A 相的合金元素有哪些? 缩小 A 相区的合金元素有哪些?

3. 合金元素对淬火钢的回火转变有何影响?

4. 为什么合金钢的淬透性比碳素钢高? 试比较 20CrMnTi 与 T10 钢的淬透性和淬硬性。

5. 为什么同样碳含量的合金钢比碳素钢奥氏体化加热温度高?

6. 有一根 $\phi30$ mm 的轴,受中等的交变载荷作用,要求零件表面耐磨,心部具有较高的强度和韧性,供选择的材料有 16Mn、20Cr、45 钢、T8 钢和 Cr12 钢。要求:① 选择合适的材料;② 编制简明的热处理工艺路线;③ 指出最终组织。

7. W18Cr4V 钢淬火温度为什么要选 1 275 ℃±5 ℃? 淬火后为什么要经过三次 560 ℃回火? 回火后的组织是什么? 回火后的组织与淬火组织有什么区别? 能否用一次长时间回火代替三次回火?

8. 为什么轴承钢要具有较高的碳含量? 在淬火后为什么需要冷处理?

9. 如何提高钢的耐蚀性? 不锈钢的成分有何特点?

10. ZGM13 - 4 钢为什么具有优良的耐磨性和良好的韧性?

11. 在工厂中经常切削铸铁件和碳素钢件,请问何种材料硬质合金刀片适合切削铸铁?

12. 说明下列钢号属于何种钢? 数字的含意是什么? 主要用途是什么?

T8、16Mn、20CrMnTi、ZGMn13 - 2、40Cr、GCr15、60Si2Mn、W18Cr4V、1Cr18Ni9Ti、1Cr13、Cr12MoV、12CrMoV、5CrMnMo、38CrMoAl、9CrSi、Cr12、3Cr2W8、4Cr5W2VSi、15CrMo、60 钢、CrWMn、W6M05Cr4V2。

13. 试总结铸铁石墨化的条件和过程。

14. 试述各类铸铁性能及用途。与钢比较优缺点各是什么?

15. 为什么球墨铸铁可以代替钢制造某些零件？

16. 合金铸铁的突出特性是什么？

17. 识别下列铸铁牌号：HT150、HT300、KTH300 - 06、KTZ450 - 06、KTB380 - 12、QT400 - 18、QT600 - 03、RuT260、MQTMn6。

18. 铸铁的力学性能取决于什么？

19. 灰铸铁为什么不进行整体淬火处理？

第五章　有色金属材料

有色金属材料,即指铁、铬、锰三种金属以外的所有金属,是金属材料的一类,主要有铜、铝、铅和镍等。其耐腐蚀性在很大程度上决定于其纯度。加入其他金属后,一般其力学性能增高,耐腐蚀性则降低。冷加工可提高其强度,但会降低其塑性。有色金属分为重金属、轻金属、贵金属、半金属和稀有金属五类,按其生产及应用分为:

(1) 有色冶炼产品　指以冶炼方法得到的各种纯有色金属或合金产品。

(2) 有色加工产品(或称变形合金)　指以机械加工方法生产出来的各种管、棒、线、型、板、箔、条、带等有色半成品材料。

(3) 铸造有色合金　指以铸造方法,用有色金属材料直接浇铸形成的各种形状的机械零件。

(4) 轴承合金　专指制作滑动轴承、轴瓦的有色金属材料。

(5) 硬质合金　指以难熔硬质金属化合物(如碳化钨、碳化钛)作基体,以钴、铁或镍作黏结剂,采用粉末冶金法(也有铸造的)制作而成的一种硬质工具材料。其特点是具有比高速工具钢更好的红硬性和耐磨性,如钨钴合金、钨钴钛合金和通用硬质合金等。

(6) 焊料　焊料是指焊接金属制件时所用的有色合金。

(7) 金属粉末　指粉状的有色金属材料,如镁粉、铝粉、铜粉等。

第一节　铝及其合金

近五十年来,铝已成为世界上最为广泛应用的金属之一。在建筑业上,由于铝在空气中的稳定性和阳极处理后的极佳外观而受到很大应用;在航空及国防军工部门也大量使用铝合金材料;在电力输送上则常用高强度钢线补强的铝缆;集装箱运输、日常用品、家用电器、机械设备等都需要大量的铝。

一、工业纯铝

纯铝为面心立方晶格,无同素异构转变,呈银白色。塑性好($\psi \approx 80\%$)、强度低($\sigma_b = 80 \text{ MPa} \sim 100 \text{ MPa}$),一般不能作为结构材料使用,可经冷塑性变形使其强化。铝的密度较小(约 $2.7 \times 10^3 \text{ kg/m}^3$),仅为铜的三分之一;熔点 660 ℃;磁化率低,接近非磁材料;导电导热性好,仅次于银、铜、金而居第四位。铝在大气中其表面易生成一层致密的 Al_2O_3 薄膜而阻止进一步的氧化,故抗大气腐蚀能力较强。

根据上述特点,纯铝主要用于制作电线、电缆,配制各种铝合金以及制作要求质轻、导热或耐大气腐蚀但强度要求不高的器具。

纯铝中含有铁、硅等杂质,随着杂质含量的增加,其导电性、导热性、抗大气腐蚀性及塑性将下降。

工业纯铝分为未加压力加工产品(铝锭)和压力加工产品(铝材)两种。按 GB1196—88 规定,铝锭的牌号有 A199.7、A199.6、A199.5、A199、A198 五种。铝的质量分数不低于 99.0%的铝材为纯铝,按 GB/T16474—1996 规定,铝材的牌号有 1070A、1060、1050A、1035、1200 等(即化学成分近似于旧牌号 L1、L2、L3、L4、L5),牌号中数字越大,表示杂质的含量越高。

二、铝合金分类

由于纯铝的强度低,向铝中加入硅、铜、镁、锌、锰等合金元素制成的铝合金,具有较高的强度,并且还可用变形或热处理方法,进一步提高其强度。故铝合金可作为结构材料制造承受一定载荷的结构零件。

根据铝合金的成分及工艺特点,可分为变形铝合金和铸造铝合金两类。铝合金的一般分类如图 5-1 所示,凡位于 D 左边的合金,在加热时能形成单相固溶体组织,这类合金塑性较高,适于压力加工,故称为变形铝合金。合金成分位于 D 以右的合金,都具有低熔点共晶组织,流动性好,塑性低,适于铸造而不适于压力加工,故称为铸造铝合金。对于形变铝合金来说,位于 F 点左边的合金,其固溶体的成分不随温度的变化而变化,故不能用热处理强化,称为不能热处理强化的铝合金。成分在 F 与 D 点之间的合金,其固溶体成分随温度的变化而改变,可用热处理来强化,故称为能热处理强化铝合金。

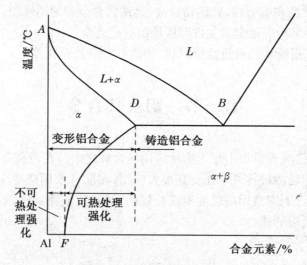

图 5-1　铝合金分类示意图

三、铝合金的热处理

当铝合金加热到 α 相区,保温后在水中快速冷却,其强度和硬度并没有明显升高,而塑性却得到改善,这种热处理称为固溶热处理。由于固溶热处理后获得的过饱和固溶体是不稳定的,有分解出强化相过渡到稳定状态的倾向。如在室温放置相当长的时间,强度和硬度会明显升高,而塑性明显下降。

固溶处理后铝合金的强度和硬度随时间而发生显著提高的现象,称为时效强化或沉淀硬化。在室温下进行的时效为自然时效,在加热条件下进行的时效为人工时效。

在不同温度下进行人工时效时,其效果也不同,时效温度愈高,时效速度愈快,但其强化效果愈低。

铝合金之所以产生时效强化,是由于铝合金在淬火时抑制了过饱和固溶体的分解过程。这种过饱和固溶体极不稳定,必然要分解。在室温与加热条件下都可以分解,只是加热条件下的分解进行得更快而已。

四、变形铝合金

常用变形铝合金的牌号、成分、力学性能见表 5-1。

表 5-1 常用变形铝合金的牌号、成分、力学性能(摘自 GB/T16474—1996)

新牌号	旧牌号	化学成分 $\omega_{Me}/\%$					直径及板厚/mm	供应状态	试样状态	力学性能	
		Cu	Mg	Mn	Zn	其他				σ_b /N·mm^{-2}	$\delta_{10}/\%$
5A05	LF5	0.10	4.8~5.5	0.30~0.60	0.20	—	$\phi \leqslant 200$	B,R	B,R	265	15
3A21	LF21	0.20	—	1.0~1.6	—		所有	B,R	B,R	<167	20
2A01	LY1	2.2~3.0	0.20~0.50	0.20	0.10	Ti0.15	—	—	BM,B,CZ	—	—
2A11	LY11	3.8~4.8	0.40~0.80	0.40~0.80	0.30	Ti0.15	>2.5~4.0	Y	M,CZ	<235 373	12 15
2A12	LY12	3.8~4.9	1.2~1.8	0.30~0.90	0.30	Ti0.15	>2.5~4.0	Y	M,CZ	≤216 456	14 8
7A04	LC4	1.4~2.0	1.8~2.8	0.20~0.60	5.0~7.0	Cr0.10~0.25	0.50~4.0	Y	M	245	10
							>2.5~4.0	Y	CS	490	7
							ϕ20~100	B,R	B,CS	549	6
2A12	LD2	0.20~0.6	0.45~0.90	或 Cr0.15~0.35	—	Si0.5~1.2 Ti0.15	ϕ20~150	R,B,CZ	B,CS	304	8
2A50	LD5	1.8~2.6	0.40~0.8	0.40~0.80	0.30	Si0.7~1.2 Ti0.15	ϕ20~150	R,B,CZ	B,CS	382	10

变形铝合金按其主要性能特点可分为防锈铝、硬铝、超硬铝与锻铝等。通常加工成各种规格的型材(板、带、线、管等)产品供应。

变形铝合金牌号用（GB/T16474—1996 规定）2×××～8×××系列表示。牌号第一位数字表示组别，按铜、锰、硅、镁、镁和硅、锌、其他元素的顺序来确定合金组别；牌号第二位的字母表示原始合金的改型情况，如果牌号第二位的字母是 A，表示为原始合金，如果是 B～Y 的其他字母，则表示为原始合金的改型合金；牌号的最后两位数字没有特殊意义，仅用来区分同一组中不同的铝合金。

防锈铝合金属于热处理不能强化的铝合金，常采用冷变形方法提高其强度。主要有 Al－Mn、Al－Mg 合金。这类铝合金具有适中的强度、优良的塑性和良好的焊接性，并具有很好的抗蚀性，故称为防锈铝合金，常用于制造油罐、各式容器和防锈蒙皮等。常用牌号有 5A05 等。

其他两类都属于热处理能强化的铝合金，其中硬铝属于 Al－Cu－Mg 系，超硬铝属于 Al－Cu－Mg－Zn 系。硬铝和超硬铝在固溶处理后，可进行人工时效或自然时效，时效后强度很高，其中超硬铝的强化作用最为强烈。这两类铝合金的耐蚀性较差，为了提高铝合金的耐蚀性，常采用包铝法（即包一层纯铝）。牌号 2A01 硬铝有很好的塑性，大量用于制造铆钉。飞机上常用铆钉的硬铝牌号为 2A10，它比 2A01 铜的含量稍高，镁的含量低，塑性好，且孕育期长，又有较高的抗剪强度。牌号 2A11 硬铝既有相当高的硬度又有足够的塑性，在仪器、仪表及飞机制造中获得广泛的应用。牌号为 7A04 超硬铝，多用于制造飞机上受力大的结构零件，如起落架、大梁等。

锻铝合金大多是 Al－Mg－Si－Cu 系，含合金元素较少，有良好的热塑性和耐蚀性，适于用压力加工来制造各种零件，有较高的机械性能。一般锻造后再经固溶处理和时效处理。常用牌号有 2A50、2A70 等。

五、铸造铝合金

铸造铝合金中有一定数量的共晶组织，故具有良好的铸造性能，但塑性差，常采用变质处理和热处理的办法提高其机械性能。铸造铝合金可分为 Al－Si 系、Al－Cu 系、Al－Mg 系和 Al－Zn 系四大类，其牌号、成分、机械性能及用途见表 5－2。

铸造铝合金代号用"ZL"（铸铝）及三位数字表示。第一位数字表示合金类别（如 1 表示铝-硅系，2 表示铝-铜系，3 表示铝-镁系，4 表示铝-锌系等）；后两位数字为顺序号，顺序号不同，化学成分不同。

表 5－2　常用铸造铝合金的牌号、成分、性能及用途

类别	牌号	化学成分/%（余量为 Al）						机械性能（不低于）			用途
		Si	Cu	Mg	Mn	Zn	Ti	σ_b /MPa	δ /%	HBS	
铝硅合金	ZL101	6.0～8.0		0.2～0.4				200	1	60	形状复杂的砂型、金属型、压力铸造零件，飞机、仪器零件，抽水机壳体，工作温度小于 185 ℃的汽化器

（续表）

类别	牌号	化学成分/%（余量为 Al）						机械性能（不低于）			用途
		Si	Cu	Mg	Mn	Zn	Ti	σ_b /MPa	δ /%	HBS	
铝铜合金	ZL201		4.5～5.3		0.6～1.0		0.15～0.35	330	4	90	在 175 ℃～300 ℃以下工作的砂型铸造零件，如支臂、挂架梁、汽缸头、活塞等
铝镁合金	ZL301			9.5～11.5				280	10	60	在大气和海水中工作的零件，承受大的振动载荷，工作温度不超过 150 ℃
铝锌合金	ZL401	6.0～8.0		0.1～0.3		9.0～13.0		195	1.5	80	压力铸造零件，工作温度不超过 200 ℃，结构形状复杂的汽车、飞机零件

（一）Al‑Si 系合金

Al‑Si 系铸造铝合金又称硅铝明，是铸造铝合金中应用最广泛的一类。这种合金流动性好，熔点低，热裂倾向小，耐蚀性和耐热性好，易气焊，但粗大的硅晶体严重降低合金的机械性能。因此生产中常采用"变质处理"提高合金的力学性能，即在浇注前往合金溶液中加入 2/3NaF＋1/3NaCl 混合物的变质剂（加入量为合金质量的 2%～3%），变质剂中钠能促进硅形核，并阻碍其晶体长大，因此合金的性能显著提高。ZL102 经变质处理后，其机械性能由 σ_b＝140 MPa 提高到 σ_b＝180 MPa，δ＝3% 提高到 δ＝8%。

为提高硅铝明的强度，常加入能产生时效强化的 Cu、Mg、Mn 等合金元素制成特殊硅铝明，这类合金除变质处理外，还可固溶时效处理，进一步强化合金。

（二）其他铸造铝合金

Al‑Cu 铸造铝合金耐热性好，但由于其铸造性能不好，有热裂和疏松倾向，耐蚀性差，比强度低于一般优质硅铝明，故有被其他铸造铝合金取代的趋势。常用牌号有 ZL201、ZL202。

Al‑Mg 铸造铝合金耐蚀性好，强度高，密度小（为 2.55×10^3 kg/m³），但其铸造性能差，耐热性差，熔铸工艺复杂，时效强化效果小，常用牌号有 ZL301、ZL302。

Al‑Zn 铸造铝合金铸造性能好，铸态下可自然时效，是一种铸态下高强度合金，价格是铝合金中最便宜的，但耐蚀性差，热裂倾向大，有应力腐蚀断裂倾向，密度大，常用牌号有 ZL401、ZL402。

第二节 铜及其合金

几乎在所有的机器中都可以找到铜制品部件。除了电机、电路、油压系统、气压系统和控制系统中大量用铜以外,用黄铜和青铜制造的传动件和固定件种类繁多,如齿轮、蜗轮、蜗杆、联结件、紧固件、扭拧件、螺钉、螺母等,比比皆是。几乎在所有做机械相对运动的部件之间,都要使用减磨铜合金制作的轴承或轴套,特别是万吨级的大型挤压机、锻压机的缸套、滑板几乎都用青铜制成,铸件重量可达数吨。许多弹性元件,几乎都选用硅青铜和锡青铜作为材料。焊接工具、压铸模具等更离不开铜合金。

汽车用铜每辆 $10\sim21$ kg,随汽车类型和大小而异,对于小轿车约占自重的 $6\%\sim9\%$ 。铜和铜合金主要用于散热器、制动系统管路、液压装置、齿轮、轴承、刹车摩擦片、配电和电力系统、垫圈以及各种接头、配件和饰件等,其中用铜量比较大的是散热器。现代的管带式散热器,用黄铜带焊接成散热器管子,用薄的铜带折曲成散热片。

一、工业纯铜

铜是贵重有色金属,是人类应用最早和最广的一种有色金属,全世界产量仅次于钢和铝。工业纯铜又称紫铜,密度为 8.96×10^3 kg/m³,熔点为 1 083 ℃。纯铜具有良好的导电、导热性,其晶体结构为面心立方晶格,因而塑性好,容易进行冷、热加工。同时纯铜有较高的耐蚀性,在大气、海水及不少酸类中皆能耐蚀。但其强度低,强度经冷变形后可以提高,但塑性显著下降。

工业纯铜按杂质含量可分为 T_1 、 T_2 、 T_3 、 T_4 四种。"T"为铜的汉语拼音字头,其数字越大,纯度越低。如 T_1 的 $\omega_{Cu}=99.95\%$,而 T_4 的 $\omega_{Cu}=99.50\%$,其余为杂质含量。纯铜一般不作结构材料使用,主要用于制造电线、电缆、导热零件及配制铜合金。

二、黄铜

黄铜是以锌为主要合金元素的铜锌合金。按化学成分分为普通黄铜和特殊黄铜两类。

普通黄铜是由铜与锌组成的二元合金。它的色泽美观,对海水和大气腐蚀有很好的抗力。当 $\omega_{Cu}<32\%$ 时为单相黄铜,单相黄铜塑性好,适宜于冷、热压力加工;当 $\omega_{Cu}\geqslant32\%$ 后,组成双相黄铜,适宜于热压力加工。

黄铜的代号用"H"(黄)汉语拼音+数字表示,数字表示铜的平均质量分数。

H80 色泽好,可以用来制造装饰品,故有"金色黄铜"之称。H70 强度高、塑性好,可用深冲压的方法制造弹壳、散热器、垫片等零件,故有"弹壳黄铜"之称。

H62、H59 具有较高的强度与耐蚀性,且价格便宜,主要用于热压、热轧零件。

为改善黄铜的某些性能,常加入少量 Al、Mn、Sn、Si、Pb、Ni 等合金元素,形成特殊黄铜。

特殊黄铜的代号是在"H"之后标以主加元素的化学符号,并在其后标以铜及合金元素的质量分数。例 HPb59-1 表示 $\omega_{Cu}=59\%$ 、 $\omega_{Pb}=1\%$,余量为 ω_{Zn} 的铅黄铜。

常用黄铜的牌号、成分、性能及用途见表 5-3 所示。表中数据摘自 GB5232—85、

GB1176—87。

表5-3 常用黄铜的牌号、成分、性能及用途

类别	代号	化学成分/%		机械性能			用途
		Cu	其他	σ_b/MPa	δ/%	HBS	
普通黄铜	H70	69～72	余量为 Zn	320	55	—	用于冲压件、冷凝器管、子弹壳、波纹管、轴套
	H62	60～63	余量为 Zn	330	49	56	用于散热器垫圈、垫片、螺钉、金属网
特殊黄铜	HPb59-1	57～60	0.8～0.9 Pb 余量为 Zn	620	5	149	具有良好切削性能，用于热冲压和切削加工零件
	ZCuAl10Fe3Mn2	64～68	9～11Al,2～4Fe 1.5～2.5Mn 余量为 Zn	540	20	—	压紧螺母、重型螺杆、轴承、轴套

三、青铜

青铜原指人类历史上应用最早的一种 Cu-Sn 合金。但逐渐地把除锌以外的其他元素的铜基合金，也称为青铜。所以青铜包含有锡青铜、铝青铜、铍青铜、硅青铜和铅青铜等。

青铜的代号为"Q（青）＋主加元素符号及其质量分数＋其他元素符号及质量分数"。铸造青铜则在代号（牌号）前加"ZCu"。

（一）锡青铜

以 Sn 为主加入元素的铜合金，我国古代遗留下来的钟、鼎、镜、剑等就是用这种合金制成的，至今已有几千年的历史，仍完好无损。

锡青铜铸造时，流动性差，易产生分散缩孔及铸件致密性不高等缺陷，但它在凝固时体积收缩小，不会在铸件某处形成集中缩孔，故适用于铸造对外形尺寸要求较严格的零件。

锡青铜的耐腐蚀性比纯铜和黄铜都高，特别是在大气、海水等环境中。抗磨性能也高，多用于制造轴瓦、轴套等耐磨零件。

常用锡青铜牌号有 QSn4-3、QSn6.5-0.1、ZCuSn10P1。

（二）铝青铜

铝青铜是以铝为主加元素的铜合金，它不仅价格低廉，且强度、耐磨性、耐蚀性及耐热性比黄铜和锡青铜都高，还可进行热处理（淬火、回火）强化。当含 Al 量小于 5％时，强度很低，塑性高；当含 Al 量达到 12％时，塑性已很差，加工困难。故实际应用的铝青铜的 ω_{Al} 一般在 5％～10％之间。当 ω_{Al}＝5％～7％时，塑性最好，适于冷变形加工；当 ω_{Al}＝10％左右时，常用于铸造。

常用铝青铜牌号有 QAl7。

铝青铜在大气、海水、碳酸及大多数有机酸中具有比黄铜和锡青铜更高的抗蚀性，因此铝青铜是无锡青铜中应用最广的一种，也是锡青铜的重要代用品，缺点是其焊接性能较差。

铸造铝青铜常用来制造强度及耐磨性要求较高的摩擦零件,如齿轮、轴套、蜗轮等。

(三) 铍青铜

铍青铜的含 Be 量很低,约 $\omega_{Be}=1.7\%\sim2.5\%$,Be 在 Cu 中的溶解度随温度而变化,故它是唯一可以固溶时效强化的铜合金,经固溶处理及人工时效后,其性能可达 $\sigma_b=1\ 200\ MPa$,$\delta=2\%\sim4\%$,330~400HBS。

铍青铜还有较高的耐蚀性和导电、导热性,无磁性。此外,有良好的工艺性,可进行冷、热加工及铸造成型。通常制作弹性元件及钟表、仪表、罗盘仪器中的零件,电焊机电极等。

常用青铜的代号、成分、性能及用途如表 5-4 所示。

表 5-4　常用青铜的代号、成分、性能及用途

类别	代号	化学成分/%		机械性能(不低于)			用　途
		主加元素	其他	σ_b/MPa	$\delta/\%$	HBS	
普通青铜	QSn4-3	Sn 3.5~4.5	Zn2.7~3.3 余量为Cu	550	4	160	弹性元件、管配件、化工机械、中耐磨、抗磁零件
	ZQSn10-1	Sn 9.0~11.0	P0.6~1.2 余量为Cu	250	5	60	重要减磨零件,如轴承、轴套、蜗轮、摩擦轮、丝杆螺母
特殊青铜	ZQAl9-4	Al 8.0~10.0	Fe2.0~4.0 余量为Cu	500	12	110	在蒸汽、海水中使用的高强度耐蚀件、螺母、涡轮、齿圈、轴承
	QBe2	Be 1.9~2.2	Ni0.2~0.5 余量为Cu	850	3	250HV	重要的弹簧、弹性元件、耐磨零件,以及高压、高速、高温下工作的轴承

第三节　钛及其合金

钛及其合金具有质量轻、比强度高、良好的耐蚀性。钛及其合金还有很高的耐热性,实际应用的热强钛合金工作温度可达 400~500 ℃,因而钛及其合金已成为航空、航天、机械工程、化工、冶金工业中不可缺少的材料。但由于钛在高温中异常活泼,熔点高,熔炼、浇注工艺复杂且价格昂贵,成本较高,因此使用受到一定限制。

一、纯钛

纯钛是灰白色轻金属,密度为 4.507 g/cm³,熔点为 1 688 ℃,固态下有同素异晶转变,在 882.5 ℃以下为 α-Ti(密排六方晶格),882.5 ℃以上为 β-Ti(体心立方晶格)。

纯钛的牌号为 TA0、TA1、TA2、TA3。TA0 为高纯钛,仅在科学研究中应用,其余三种均含有一定量的杂质,称工业纯钛。

纯钛焊接性能好、低温韧性好、强度低、塑性好,易于冷压力加工。

二、钛合金

钛合金可分为三类:α钛合金、β钛合金和(α+β)钛合金。我国的钛合金牌号是以 TA、TB、TC 后面附加顺序号表示,常用的钛合金牌号、化学成分、力学性能,见表 5-5。

表 5-5 常用的钛合金牌号、化学成分、力学性能

类型	合金牌号	化学成分	状态	室温化学性能,不小于				高温化学性能		
				σ_b /MPa	δ /%	ψ /%	α_k /J·cm^{-2}	试验温度 /℃	瞬时强度 σ/MPa	持久强度 σ/MPa
α 钛合金	TA4	Ti-3Al	退火	450	25	50	80	—	—	—
	TA5	Ti-4Al-0.005B		700	15	40	60	—	—	—
	TA6	Ti-5Al		700	10	27	30	350	430	400
	TA7	Ti-5Al-2.5Sn		800	10	27	30	350	500	450
	TA8	Ti-5Al-2.5Sn-3Cu-1.5Zr		1 000	10	25	20~30	500	700	500
β 合钛金	TB1	Ti-3Al-8Mo-11Cr	淬火 + 时效	1 300	5	—	15			
	TB2	Ti-5Mo-5V-3Cr-3Al		1 400	7	10	15			
α + β 钛合金	TC1	Ti-2Al-1.5Mn	退火	600	15	30	45	350	350	350
	TC2	Ti-3Al-1.5Mn		700	12	30	40	350	430	400
	TC4	Ti-6Al-4V		950	10	30	40	400	530	580
	TC6	Ti-6Al-1.5Cr-2.5Mo-0.5Fe-0.3Si		950	10	23	30	450	600	500
	TC9	Ti-6.5Al-3.5Mo-2.5Sn-0.3Si Ti-6Al-6V-2Sn-0.5Cu-0.5Fe		1 140	9	25	30	500	850	620
	TC10			1 150	12	30	40	400	850	800

(一)α钛合金

由于 α钛合金的组织全部为 α固溶体,因此组织稳定,抗氧化性和抗蠕变性好,焊接性能也很好。室温强度低于 β钛合金和(α+β)钛合金,但高温(500~600 ℃)强度比后两种钛合金高。α钛合金不能热处理强化,主要是用固溶强化来提高其强度。

TA7 是常用的 α钛合金,该合金有较高的室温强度、高温强度和优良的抗氧化性及耐蚀性,并具有很好的低温性能,适宜制作使用温度不超过 500 ℃ 的零件。如导弹的燃料罐、超音速飞机的涡轮机匣等。

(二)β钛合金

β钛合金具有较高的强度,优良的冲压性,但耐热性差,抗氧化性能低。当温度超过 700 ℃时,合金很容易受大气中的杂质气体污染。它的生产工艺复杂,且性能不太稳定,因而限制了它的使用。β钛合金可进行热处理强化,一般可用淬火和时效强化。

TB1 是应用最广泛的 β 钛合金,淬火后容易得到介稳定的单相 β 组织,这时该合金具有良好的冷成形性能。该合金使用温度在 350 ℃以下,多用于制造飞机结构件和紧固件。

(三)α＋β 钛合金

α＋β 钛合金室温组织为 α＋β,它兼有 α 钛合金和 β 钛合金两者的优点,强度高、塑性好,耐热性高,耐蚀性和冷热加工性及低温性能都很好,并可以通过淬火和时效进行强化,是钛合金中应用最广的合金。

TC4 是用途最广的合金,退火状态具有较高的强度和良好的塑性($\sigma_b=950$ MPa,$\delta=10\%$),经淬火和时效处理后其强度可提高至 1 190 MPa。该合金还具有较高的抗蠕变能力、低温韧度及良好的耐蚀性,因此常用于制造 400 ℃以下和低温下工作的零件。如飞机发动机压气机盘和叶片,压力容器等。

第四节　滑动轴承合金

滑动轴承合金是指制造滑动轴承中的轴瓦及内衬的合金。工业上应用的轴承合金很多,常用的有锡基、铅基、铜基和铝基轴承合金等。

一、对轴承合金的性能要求

当轴承支撑着轴进行工作时,由于轴的旋转,使轴和轴瓦之间产生强烈的摩擦,因轴价格较贵,更换困难,为了减少轴承对轴颈的磨损,确保机器的正常运转,轴承合金应具有以下性能:

(1) 具有足够的强度和硬度,以承受较高的周期性载荷;

(2) 塑性和韧性好,以保证轴承与轴的配合良好,并耐冲击和振动;

(3) 与轴之间有良好的磨合能力及较小的摩擦系数,并能保留润滑油,减少磨损;

(4) 有良好的导热性和抗蚀性;

(5) 有良好的工艺性,容易制造且价格低廉。

为了满足上述要求,轴承合金的组织应该是在软的基体上分布着硬的质点,当轴工作时,软的基体很快磨凹下去,而硬的质点凸出于基体上,支撑着轴所施加的压力,减小轴与轴瓦的接触面,且凹下去的基体可以储存润滑油,从而减小轴与轴颈间的摩擦系数,同时偶然进入外来硬物也被压入软基体中,不致于擦伤轴。软的基体还能承受冲击与振动并使轴与轴瓦很好地磨合。属于这类组织的有锡基和铅基轴承合金。

对高转速、高载荷轴承,强度是首要问题,轴承合金可以采取硬基体(其硬度低于轴颈硬度)上分布软质点的组织来提高单位面积上的承载能力,属于这类组织的轴承合金有铜基及铝基轴承合金。这种组织具有较大的承载能力,但磨合能力差。

最常用的轴承合金是锡基或铅基轴承合金,亦称"巴氏合金",其牌号、成分、机械性能及用途见表 5-6。

表 5-6　铸造轴承合金牌号、化学成分、机械性能及用途举例

类别	牌号	化学成分 ω_{Me}/%					硬度HBS（不小于）	用途举例
		Sb	Cu	Pb	Sn	杂质		
锡基轴承合金	ZSnSb12Pb10Cu4	11.0～13.0	2.5～5.0	9.0～11.0	余量	0.55	29	一般发动机的主轴承，但不适于高温工作
	ZSnSb11Cu6	10.0～12.0	5.5～6.5	—	余量	0.55	27	1 500 kW 以上蒸汽机、370 kW 涡轮压缩机，涡轮泵及高速内燃机轴承
	ZSnSb8Cu4	7.0～8.0	3.0～4.0	—	余量	0.55	24	一般大机器轴承及高载荷汽车发动机的双金属轴承
	ZSnSb4Cu4	4.0～5.0	4.0～5.0	—	余量	0.50	20	涡轮内燃机的高速轴承及轴承衬
铅基轴承合金	ZPbSb16Sn16Cu2	15.0～17.0	1.5～2.0	余量	15.0～17.0	0.6	30	110～880 kW 蒸汽涡轮机，150～750 kW 电动机和小于 1 500 kW 起重机及重载荷推力轴承
	ZPbSb15Sn5Cu3Cd2	14.0～16.0	2.5～3.0	Cd1.75～2.25As0.6～1.0余量 Pb	5.0～6.0	0.4	32	船舶机械、小于 250 kW 电动机、抽水机轴承
	ZPbSb15Sn10	14.0～16.0	—	余量	9.0～11.0	0.5	24	中等压力的机械，也适用于高温轴承
	ZPbSb15Sn5	14.0～15.5	0.5～1.0		4.0～5.5	0.75	20	低速、轻压力机械轴承
	ZPbSb10Sn6	9.0～11.0	—		5.0～7.0	0.75	18	重载荷、耐蚀、耐磨轴承

二、锡基轴承合金

锡基及铅基轴承合金的牌号为"Z＋基体元素＋主加元素及含量＋辅加元素及含量"，其中"Z"为"铸"字汉语拼音字首。例如 ZSnSb11Cu6 为铸造锡基轴承合金，基体元素为锡，主加元素为锑，辅加元素为 Cu，其中 $\omega_{Sb}=11\%$，$\omega_{Cu}=6\%$，其余为 ω_{Sn}。

锡基轴承合金膨胀系数小，减摩性好，并具有良好的导热性、塑性和耐蚀性，适于制造汽车、拖拉机、汽轮机等高速轴瓦，但其疲劳强度差。锡是稀缺元素应尽量少用。

为了提高锡基轴承合金的强度和寿命，可以把它用离心浇注法镶铸在钢质轴瓦上，形成薄而均匀的一层内衬，这步工艺称为"挂衬。"

三、铅基轴承合金

铅基轴承合金的硬度、强度和韧性比锡基轴承合金低，但由于价格便宜，铸造性能好，常

作低速、低负荷的轴承使用。如汽车、拖拉机的曲轴轴承及电动机轴承等。

四、铜基轴承合金

铜基轴承合金有铅青铜(如 ZCuPb30)、锡青铜(如 ZCuSn10Pb1)。

铅青铜 ZCuPb30 具有高的疲劳强度和承载能力,优良的耐磨性、导热性和低的摩擦系数,能在较高温度(250 ℃)下正常工作,因此可以制造承受高载荷、高速度的重要轴承,如航空发动机、高速柴油机等的轴承。铅青铜的强度较低,因此也需在钢瓦上挂衬,制成双金属轴承。

锡青铜 ZCuSn10Pb1 能承受较大的载荷,广泛用于中等速度及受较大的固定载荷的轴承,如电动机、泵、金属切削机床的轴承。

五、铝基轴承合金

铝基轴承合金是一种新型减摩材料,具有密度小,导热性好,疲劳强度高和耐蚀性好等优点,并且原料丰富,价格低廉。但其膨胀系数大,运转时容易与轴咬合。常用的铝基轴承合金有如下两类。

(1) 铝锑镁轴承合金

该合金与 08 钢板一起热轧成双金属轴承,生产工艺简单,成本低廉,并具有良好的疲劳强度和耐磨性,但承载能力不大。

(2) 铝锡轴承合金

这种合金也以 08 钢为衬背、轧制成双合金带。它具有较高的疲劳强度和较好的耐热性、耐磨性及耐蚀性。生产工艺简单,成本低。目前用它代替其他轴承合金,广泛应用于汽车、拖拉机和内燃机车等。

第五节   硬质合金与粉末冶金

1923 年,德国的施勒特尔往碳化钨粉末中加进 10%～20%的钴作粘结剂,发明了碳化钨和钴的新合金,硬度仅次于金刚石,这是世界上人工制成的第一种硬质合金。用这种合金制成的刀具切削钢材时,刀刃会很快磨损,甚至刃口崩裂。1929 年美国的施瓦茨科夫在原有成分中加进了一定量的碳化钨和碳化钛的复式碳化物,改善了刀具切削钢材的性能。中国硬质合金工业是 20 世纪 50 年代末期开始形成的,60～70 年代中国硬质合金工业得到了迅速发展,90 年代初中国硬质合金总生产能力达 6 000 t,硬质合金总产量达 5 000 t,仅次于俄罗斯和美国,居世界第 3 位。

近年来,通过不断引进国外先进技术与自主开发创新相结合,中国粉末冶金产业和技术都呈现出高速发展的态势,是中国机械通用零部件行业中增长最快的行业之一,每年全国粉末冶金行业的产值以 35%的速度递增。全球制造业正加速向中国转移,汽车行业、机械制造、金属行业、航空航天、仪器仪表、五金工具、工程机械、电子家电及高科技产业等迅猛发展,为粉末冶金行业带来了不可多得的发展机遇和巨大的市场空间。另外,粉末冶金产业被中国列入优先发展和鼓励外商投资项目,发展前景广阔。

一、硬质合金

硬质合金是以一种或几种难熔、高硬度的金属碳化物（如 WC、TiC 等）粉末为主要成分，以铁族元素（常用钴、镍）作粘结剂，经粉末冶金方法生产的一种多相组合材料。硬质合金具有硬度高、耐磨、强度和韧性较好、耐热、耐腐蚀等一系列优良性能，特别是它的高硬度和耐磨性，即使在 500 ℃的温度下也基本保持不变，在 1 000 ℃时仍有很高的硬度。硬质合金广泛用作刀具材料，如车刀、铣刀、刨刀、钻头、镗刀等，用于切削铸铁、有色金属、塑料、化纤、石墨、玻璃、石材和普通钢材，也可以用来切削耐热钢、不锈钢、高锰钢、工具钢等难加工的材料。其切削速度比高速钢可提高 4～7 倍，刀具寿命可提高 5～80 倍。由于硬质合金的硬度高，脆性大，不能进行机械加工，故常将其制成一定形状的刀片，镶焊在刀体上使用。现在新型硬质合金刀具的切削速度等于碳素钢的数百倍。

常用硬质合金按成分与性能的特点可分为三类，其类别、牌号、主要成分及性能特点见表 5-7。

表 5-7　常用硬质合金的牌号、化学成分、机械性能

类别	ISO代号		牌号	化学成分 ω_B/%				物理、力学性能		
				WC	TiC	TaC	Co	密度 ρ/g·cm^{-3}	HBA	σ_b/MPa
									不小于	
钨钴类硬质合金	红色	K01	YG3X	96.5	—	<0.5	3	15.0～15.3	91.5	1 079
		K20	YG6	94.0	—	—	6	14.6～15.0	89.5	1 422
		K10	YG6X	93.5	—	<0.5	6	14.6～15.0	91.0	1 373
		K30	YG8	92.0	—	—	8	14.5～14.9	89.0	1 471
			YG8N	91.0	—	1	8	14.5～14.9	89.5	1 471
		—	YG11C	89.0	—	—	11	14.0～14.4	86.5	2 060
		—	YG15	85.0	—	—	15	13.0～14.2	87	2 060
		—	YG4C	96.0	—	—	4	14.9～15.2	89.5	1 422
		—	YG6A	92.0	—	2	6	14.6～15.0	91.5	1 373
		—	YG8C	92.0	—	—	8	14.5～14.9	88.0	1 716
钨钛钴类硬质合金	P蓝色	P30	YT5	85.0	5	—	10	12.5～13.2	89.5	1 373
		P10	YT15	79.0	15	—		11.0～11.7	91.0	1 150
		P01	YT30	66.0	30	—		9.3～9.7	92.5	883
通用硬质合金	M黄色	M10	YW1	84～85	6	3～4	6	12.6～13.5	91.5	1 177
		M20	YW2	82～83	6	3～4	8	12.4～13.5	90.5	1 324

（一）钨钴类硬质合金

钨钴类硬质合金的主要化学成分为碳化钨及钴，其牌号用"硬"、"钴"两字的汉语拼音的

字首"YG"加数字,数字表示钴的质量分数。钴含量越高,合金的强度、韧性越好;钴含量越低,合金的硬度越高、耐热性越好。例如 YG6 表示钨钴类硬质合金 ω_{Co}＝6％,余量为碳化钨。这类合金也可以用代号"K"来表示,并采用红色标记。

(二) 钨钴钛类硬质合金

钨钴钛类硬质合金的主要成分为碳化钨、碳化钛和钴。其牌号用"硬"、"钛"两字的汉语拼音的字首"YT"加数字,数字表示碳化钛的质量分数。例如 YT15 表示碳化钛硬质合金 ω_{TiC}＝15％,余量为碳化钨和钴。这类合金也可用代号"P"表示,并采用蓝色标记。

YT 类硬度合金由于碳化钛加入,具有较高的硬度与耐磨性。同时,由于这类合金表面会形成一层氧化钛薄膜,切削时不易粘刀,故有较高的红硬性,但强度和韧性比 YG 类硬质合金低。因此,YG 类硬质合金适于加工脆性材料(如铸铁等),而 YT 类硬质合金适于加工塑性材料(如钢等)。同一类硬质合金中,钴的含量较高适于制造粗加工的刀具;反之,则适于制造精加工的刀具。

(三) 通用硬质合金

它是以碳化钽(TaC)或碳化铌(NbC)取代 YT 类硬质合金的一部分 TiC。通用硬质合金兼有上述两类合金的优点,应用广泛,因此通用硬质合金又称"万能硬质合金"。其牌号用"硬"、"万"两字的汉语拼音的字首"YW"加数字表示,其中数字无特殊意义,仅表示该合金的序号。它也可以用代号"M"表示,并采用黄色标记。

近些年来,用粉末冶金法又生产了一种新型硬质合金——钢结硬质合金。它是以一种或几种碳化物(如 TiC 和 WC)为硬化相,以碳钢或合金钢(高速钢或铬相钢)粉末为粘结剂(基体),经配料、混合、压制、烧结而成粉末冶金材料。钢结硬质合金坯料与钢一样,可以锻造、热处理、切削加工、焊接。它在淬火与低温回火后硬度可达相当于 HRC 70,具有高耐磨性、抗氧化、耐腐蚀等优点。用作刀具时,钢结硬质合金的寿命与 YG 类硬质合金差不多,大大超过合金工具钢。由于它可以切削加工,故适于制造各种形状复杂的刀具、模具和耐磨零件。

二、粉末冶金

粉末冶金是制取金属或用金属粉末(或金属粉末与非金属粉末的混合物)作为原料,经过成形和烧结,制造金属材料、复合以及各种类型制品的工艺技术。粉末冶金法与生产陶瓷有相似的地方,因此,一系列粉末冶金新技术也可用于陶瓷材料的制备。由于粉末冶金技术的优点,它已成为解决新材料问题的钥匙,在新材料的发展中起着举足轻重的作用。我们常见的机加工刀具、五金磨具,很多就是粉末冶金技术制造的。

我国粉末冶金行业已经经过了多年的高速发展,但与国外的同行业仍存在以下几方面的差距:企业多,规模小,经济效益与国外企业相差很大;产品交叉,企业相互压价,竞争异常激烈;多数企业缺乏技术支持,研发能力落后,产品档次低,难以与国外竞争;再投入缺乏;工艺装备、配套设施落后;产品出口少,贸易渠道不畅。

粉末冶金具有独特的化学组成和机械、物理性能,而这些性能是用传统的熔铸方法无法获得的。运用粉末冶金技术可以直接制成多孔、半致密或全致密材料和制品,如含油轴承、齿轮、凸轮、导杆、刀具等，是一种少无切削工艺。

粉末冶金技术可以最大限度地减少合金成分偏聚，消除粗大、不均匀的铸造组织。在制备高性能稀土永磁材料、稀土储氢材料、稀土发光材料、稀土催化剂、高温超导材料、新型金属材料（如 Al‑Li 合金、耐热 Al 合金、超合金、粉末耐蚀不锈钢、粉末高速钢、金属间化合物高温结构材料等）具有重要的作用。

可以制备非晶、微晶、准晶、纳米晶和超饱和固溶体等一系列高性能非平衡材料，这些材料具有优异的电学、磁学、光学和力学性能。

可以容易地实现多种类型的复合，充分发挥各组元材料各自的特性，是一种低成本生产高性能金属基和陶瓷复合材料的工艺技术。

可以生产普通熔炼法无法生产的具有特殊结构和性能的材料和制品，如新型多孔生物材料，多孔分离膜材料、高性能结构陶瓷磨具和功能陶瓷材料等。

可以实现近净形成形和自动化批量生产，从而，可以有效地降低生产的资源和能源消耗。

可以充分利用矿石、尾矿、炼钢污泥、轧钢铁鳞、回收废旧金属作原料，是一种可有效进行材料再生和综合利用的新技术。

粉末冶金的生产过程包括：

（1）生产粉末

粉末的生产过程包括粉末的制取、粉料的混合等步骤。为改善粉末的成型性和可塑性通常加入汽油、橡胶或石蜡等增塑剂。

（2）压制成型

粉末在 500 MPa～600 MPa 压力下，压成所需形状。

（3）烧结

在保护气氛的高温炉或真空炉中进行。烧结不同于金属熔化，烧结时至少有一种元素仍处于固态。烧结过程中粉末颗粒间通过扩散、再结晶、熔焊、化合、溶解等一系列的物理化学过程，成为具有一定孔隙度的冶金产品。

（4）后处理

一般情况下，烧结好的制件可直接使用。但对于某些尺寸要求精度高并且有高的硬度、耐磨性的制件还要进行烧结后处理。后处理包括精压、滚压、挤压、淬火、表面淬火、浸油及熔渗等。

粉末冶金材料广泛应用于汽车、摩托车、纺织机械、工业缝纫机、电动工具、五金工具、电器、工程机械等各种粉末冶金（铁铜基）零件。其主要分类为：粉末冶金多孔材料、粉末冶金减摩材料、粉末冶金摩擦材料、粉末冶金结构零件、粉末冶金工模具材料、粉末冶金电磁材料和粉末冶金高温材料等。

近年来，通过不断引进国外先进技术与自主研发创新相结合，中国粉末冶金产业和技术都呈现出高速发展的态势，是中国机械通用零部件行业中增长最快的行业之一，每年全国粉末冶金行业的产值以 35％的速度递增。

全球制造业正加速向中国转移，汽车行业、机械制造、金属行业、航空航天、仪器仪表、五金工具、工程机械、电子家电及高科技产业等迅猛发展，为粉末冶金行业带来了不可多得的发展机遇和巨大的市场空间。另外，粉末冶金产业被中国列入优先发展和鼓励外商投资项目,发展前景广阔。

思考题

1. 根据铝合金分类示意图,说明铝合金是如何分类的?
2. 形变铝合金分为哪几类? 主要性能特点是什么? 并简述铝合金强化的热处理方法。
3. 铜合金分为哪几类? 举例说明黄铜的代号、化学成分、力学性能及用途。
4. 钛合金分为哪几类? 简述钛合金的热处理。
5. 滑动轴承合金必须具备哪些特性? 常用滑动轴承合金有哪些?
6. 指出下列合金的名称、化学成分、主要特性及用途。

    LF21 LFII   ZL102   ZL401 LD5 H68   HPb59 - 1   HSi80 - 3

    ZCuZn40Mn2   QA119 - 2   ZCuSn1OP1   ZSnSb12Pb1OCu4   TA7

第六章　其他工程材料

除了金属材料,还有许多在工程中使用的其他工程材料。其他工程材料几乎包括了除金属以外的所有材料,通常也称为非金属材料。工程上常用的非金属材料主要包括高分子材料、陶瓷材料和复合材料,还有一些新型工程材料。

随着现代科学技术的不断发展和工程需要的不断提高,对材料的要求也越来越高,不但要求生产更多具有高强度和特殊性能的金属材料,而且要求迅速发展更多的非金属材料。非金属材料由于具有金属材料所没有的某些性能,如绝缘性、高弹性、耐高温、抗腐蚀、高硬度和低密度等,在现代工程中逐渐取代某些金属材料,得到了越来越广泛的应用,已经开始向传统的金属材料发出挑战。至 20 世纪 70 年代中期,全世界高分子材料和钢产量的体积就已经相等,并且此趋势日益增长。陶瓷材料作为一种高温结构材料,因其特殊性能,也得到了广泛的研究和应用。而复合材料作为一种新型的、有发展前途的材料,可以根据人们的要求来改善材料的性能,使其兼有各组成材料的优点,从而最有效地利用材料。本章主要介绍在机械零件和工程结构中常用的高分子材料、陶瓷材料、复合材料和新型工程材料。

第一节　高分子材料

高分子材料是指相对分子量很大(在 5 000 以上)的化合物,即高分子化合物组成的一类材料的总称。一些常见的高分子材料的相对分子质量是很大的,如橡胶相对分子质量为10 万左右,聚乙烯相对分子质量在几万至几百万之间。高分子可分为天然高分子和人工合成高分子,如天然橡胶和棉花等都属于天然高分子。人工合成高分子材料主要包括合成树脂(塑料)、合成橡胶和化学纤维,也称为三大合成材料,其中合成树脂的产量最大,应用最广。此外,大多数涂料和粘合剂的主要成分也是人工合成高分子。高分子材料是以天然和人工合成的高分子化合物为基础的一类非金属材料。它的化学组成并不复杂,每个大分子都由一种或几种较简单的低分子化合物重复连接(聚合)而成,故又称聚合物或高聚物。目前,高分子材料如塑料、橡胶、合成纤维等发展十分迅速,已成为一个品种繁多的庞大的工业分支,而且具有广阔的应用前景。本节主要介绍高分子材料的成分、结构与性能之间的关系,以及塑料、橡胶、纤维和胶粘剂的结构、性能特点和应用。

一、概述

通过前面的学习知道,金属材料的性能是由它的成分和组织结构决定的,同样,对非金属材料也不例外,它的性能特点仍然是由其化学成分和组织结构决定的。只有了解其化学成分、结构与性能之间的关系,掌握它们的本质特点和内在联系,才能合理选择和正确使用。

（一）高分子材料的组成

高分子化合物的相对分子质量虽然很大,但其化学组成并不复杂,通常由大量的大分子构成,而大分子是由一种或多种低分子化合物通过聚合连接起来的链状或网状的分子。由于分子的化学组成及聚集状态不同,故形成性能各异的高聚物。通常把组成高分子化合物的简单低分子化合物叫做单体,构成聚合物的重复结构单元称为链节,链节的重复数目称为聚合度。例如聚氯乙烯分子是 n 个氯乙烯分子打开双键,彼此以共价键连接起来而形成的链状大分子,可以用下式表示:

$$n(CH_2\!=\!CHCl) \xrightarrow{\text{聚合}} \leftarrow CH_2\!-\!CHCl \rightarrow_n$$

其单体为[$CH_2\!=\!CHCl$],链节为$\leftarrow CH_2\!-\!CHCl\rightarrow$。由低分子化合物组成的纯物质(单体)总有确定而且均一的相对分子质量,而高分子化合物则是长度不同(聚合度不同)、相对分子质量不同、化学组成相同的同系高分子混合物,即高分子化合物总是由不同大小的高分子组成,这一现象称为高分子化合物相对分子质量的多分散性。高分子化合物的平均相对分子质量及相对分子质量分布宽窄(分散性大小),对高分子化合物的物理和力学性能有很大影响。

（二）高分子材料的合成

高分子化合物的合成是指把低分子化合物聚合起来形成高分子化合物的过程,该反应称为聚合反应。显然,聚合度越大,高分子材料的相对分子质量也就越大。聚合反应分为加成聚合反应(简称加聚)和缩合聚合反应(简称缩聚)。

1. 加聚反应

由不饱合单体借助于引发剂,在热、光或辐射的作用下活化产生自由基,不饱和键打开,相互加成而连接成大分子链,这种反应称为加聚反应。加聚反应是由一种或多种单体相互加成而生成聚合物的反应,其产物称为加聚物。加聚的低分子化合物都是含双键的有机化合物,如烯烃和二烯烃等,在加热、光照或化学处理的引发作用下,产生游离基,双键打开,互相连接形成加成反应,如此继续下去,则连成一条大分子链。加聚反应是目前高分子合成工业的基础,工业上 80% 的高聚物利用加聚反应制备,如聚烯烃塑料、合成橡胶等。加聚反应的特点是:一旦开始,就迅速连续进行,不停留在反应的中间阶段,直到形成最后产品;链节与单体的化学结构相同,没有低分子物质产生,而且生成的聚合物和原料具有相同的化学组成,其相对分子量为低分子化合物相对分子质量的整数倍。整个反应过程可分为链的引发、链的增长、链的终止和链的转移四个阶段。如聚氯乙烯是由氯乙烯单体聚合而成的,氯乙烯单体在化学引发剂的作用下,双键打开,逐个连接起来,形成一条大分子链,成为聚氯乙烯高分子化合物。由一种单体进行的加聚反应称为均聚反应,简称均聚,所得产物叫做均聚物(如聚氯乙烯);由两种或两种以上单体进行的加聚反应,称为共聚反应,所得的产物称为共聚物(如 ABS 塑料)。均聚物应用广,产量也很大,但受结构限制,性能的开发受到影响。共聚物则通过单体的改变,可以改进聚合物的性能,并保持各单体的优越性能,创造出新品种。正因为共聚物能把两种或多种自聚的特性综合到一种聚合物中来,所以共聚物有非金属的"合金"之称。

2. 缩聚反应

由含有两种或两种以上官能团的单体互相缩合聚合生成高聚物的反应称为缩聚反应。可以发生化学反应的官能团有羟基(—OH)、羧基(—COOH)、氨基(—NH₂)等。缩聚反应过程中,会析出水、氨、醇、氯化氢等小分子物质。缩聚反应与加聚反应不同:加聚反应是连锁反应,有链增长过程,一次形成最后产物,不能得到中间产物,而缩聚反应则是由若干聚合反应构成,是逐步进行的,可以停留在某阶段上,获得中间产物。如酚醛树脂、环氧树脂、有机硅树脂等;缩聚产物聚合物的化学组成与所用单体不同,而加聚反应则是相同的。若缩聚反应的单体为一种,反应称为均缩聚反应,产品为均缩聚物,如聚乙烯、聚氯乙烯、尼龙6等;若缩聚反应的单体为多种,反应称为共缩聚反应,产品为共缩聚物,如丙烯腈(A)-丁二烯(B)-苯乙烯(S)共聚物(ABS塑料)、尼龙66等。缩聚反应是制取聚合物的主要方法之一。酚醛树脂、环氧树脂、聚酰胺、有机硅树脂均是缩聚产物。缩聚反应的实施方法主要有熔融缩聚和溶液缩聚两种。在近代技术发展中,对性能要求严格和特殊的新型耐热高聚物,如聚酰亚胺、聚苯并咪唑、聚苯并恶唑等,都是由缩聚合成的。

(三)高分子化合物的结构和状态

高分子化合物的结构有两方面的含义:一是指聚合物中高分子链结构(也称为大分子链);二是指大分子的聚集态结构。

1. 高分子链结构

(1)高分子链的化学组成

高分子链的结构首先决定于其化学组成。不是所有元素都能结合成链状大分子。组成高分子链的化学元素主要是碳、氢、氧,另外还有氮、氯、氟、硼、硅、硫等元素,其中碳是形成高分子链的主要元素。

(2)高分子链的空间构型

高分子链的空间构型是指高分子链中原子或原子团在空间的排列形式,即链结构。若分子链的侧基都是氢原子时,如聚乙烯分子链,因氢原子沿主链的排列方式只有一种,所以只有一种链结构。即

$$-\overset{\overset{\displaystyle H}{|}}{\underset{\underset{\displaystyle H}{|}}{C}}-\overset{\overset{\displaystyle H}{|}}{\underset{\underset{\displaystyle H}{|}}{C}}-\overset{\overset{\displaystyle H}{|}}{\underset{\underset{\displaystyle H}{|}}{C}}-\overset{\overset{\displaystyle H}{|}}{\underset{\underset{\displaystyle H}{|}}{C}}-\overset{\overset{\displaystyle H}{|}}{\underset{\underset{\displaystyle H}{|}}{C}}-\overset{\overset{\displaystyle H}{|}}{\underset{\underset{\displaystyle H}{|}}{C}}-$$

若分子链的侧基中有其他原子或原子团,则可能的排列方式将不只一种。以乙烯类聚合物为例,这类聚合物的分子通式可以写成

$$\left[\begin{array}{c} -\overset{\overset{\displaystyle H}{|}}{\underset{\underset{\displaystyle H}{|}}{C}}-\overset{\overset{\displaystyle H}{|}}{\underset{\underset{\displaystyle R}{|}}{C^*}}- \end{array}\right]_n$$

式中:R表示其他原子或原子团,即为不对称取代基;C*即为带有不对称取代基的碳原子。

化学成分相同而不对称取代基沿分子主链排列位置不同时就具有不同链结构,称为立体异构(类似于金属中的同素异构)。图6-1为乙烯类聚合物常见的三种立体异构。取代

基 R 有规则地位于碳链平面同一侧,称为全同立构,如图 6-1(a);取代基 R 交替排列在碳链平面两侧,称为间同立构,如图 6-1(b);取代基 R 无规则地排列在碳链平面两侧,称为无规立构,如图 6-1(c)。

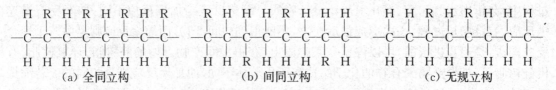

(a) 全同立构   (b) 间同立构   (c) 无规立构

图 6-1　乙烯类聚合物的立体异构

此外,根据单体聚合成链的连接顺序,还可有不同的排列方法,例如上述乙烯类聚合物在全同立构中还有头-尾相接的顺式结构

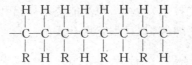

或尾-尾相接的反式结构

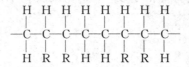

由此可见,聚合物的分子链中如果有不对称取代基,就可能有不同的链结构。分子链的空间构型对聚合物的性能有显著影响。成分相同的聚合物,全同立构和间同立构者容易结晶,具有较好的性能,其硬度、密度和软化温度都较高,而无规立构者不容易结晶,性能较差,易软化。

共聚物的链结构更加复杂。两种单体合成的共聚物,如图 6-2 所示,可能有下列四种链结构:① 无规共聚。两种单体的链节无规则地键接起来的结构。② 交替共聚。两种单体的链节沿聚合物主链有规则地交替键接起来的结构。③ 嵌段共聚。两种单体的链节分别键接成均聚链段沿聚合物主链无规则地键接起来的结构。④ 接枝共聚。由一种单体的链节键接成聚合物分子的主链,由另一种单体的链节键接成侧链,相互键接起来形成主侧链成分不相同的带支链的结构。

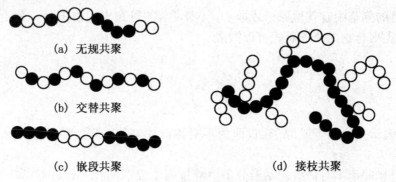

(a) 无规共聚

(b) 交替共聚

(c) 嵌段共聚

(d) 接枝共聚

图 6-2　共聚物的链结构

（3）高分子链的形态

高分子链的形态指大分子的内部结构，即高分子链中原子或基团间的几何排列形态。高分子链可呈现不同的几何形状，主要有线型、支链线型和体型（或网型）三类，如图 6-3 所示。

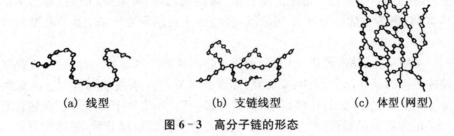

(a) 线型　　　　　(b) 支链线型　　　　　(c) 体型（网型）

图 6-3　高分子链的形态

① 线型分子链

线型结构由许多链节以共价键连接成线型长链分子，其分子直径不足 1 nm，而长度可达几百甚至上千纳米，像一条长线。线型高分子的分子间没有化学键结合，在受热或受力的作用下，分子间可互相移动而发生流动。因此线型高聚物可以溶解在某些溶剂中，加热可熔融，可制成纤维和薄膜。

② 支链线型

支链线型是在主链两侧以共价键连接长短不一的支链。支链线型高分子的性能与线形高分子的性能相似，但由于支链的存在，使得分子与分子之间堆砌不紧密，增加了分子之间的距离，使分子之间的作用力减少，分子链容易卷曲，从而提高了高聚物的弹性和塑性，降低了结晶度、成形加工温度和强度。

③ 体型（或网型）分子链

体型结构的大分子链节相互交联，呈立体网状形态。体型分子链构成的高聚物称为体型高聚物，又称为热固性高聚物，具有不溶、不熔的特性，例如酚醛塑料、环氧树脂、硫化橡胶等，这类材料一般具有较高的强度和耐热性及化学稳定性。

分子链的形态对聚合物性能有显著影响。线型和支链线型分子链构成的聚合物统称线型聚合物，具有高弹性和热塑性，即可以通过加热和冷却的方法使其重复地软化（或熔化）和硬化（或固化），故又称为热塑性聚合物，例如涤纶、尼龙、有机玻璃和生橡胶等；网型分子链构成的聚合物称为体型（或网型）聚合物，具有较高的强度和热固性，即加热加压成型固化后，不能再加热熔化或软化，故又称为热固性聚合物，例如酚醛塑料、环氧树脂、硫化橡胶等。线型结构和体型结构在一定条件下可以转化，即线型大分子转化为体型大分子，这种现象称为固化或交联，属不可逆变化，如在合成橡胶的生产过程中，控制不当时将发生过度交联，从而破坏了橡胶的高弹性，又如有些聚合物的老化就是在环境的影响下分子链发生交联的结果，它使聚合物丧失弹性，变硬、变脆。

2. 高分子化合物的聚集态结构

前面讨论的均是单个大分子的结构与形态，而高分子材料是高聚物大分子的聚集态，材料的许多性能与高聚物的聚集态结构有着密切关系。聚合物的聚集态结构指其大分子链的几何排列和堆列结构。聚合物的大分子排列通常有晶态和非晶态之分，在特定的条件下还会呈现液晶态和取向态。

（1）晶态和非晶态结构

我们通常把大分子链规整有序排列的聚合物称为结晶型聚合物，把杂乱无章排列的称为无定形（又称作非晶态或玻璃态）聚合物。线型聚合物可在一定条件下形成晶态或部分晶态，而体型聚合物都是非晶态。常见的聚乙烯、聚四氟乙烯、聚酰胺（尼龙）等属于结晶型聚合物；有机玻璃、聚苯乙烯等分子排列杂乱，像线团一样纠缠在一起，属于典型的非晶态聚合物。

如图6-4所示，结晶高聚物内，大分子作有规则排列的区域，称为晶区。在晶区内长链大分子（往往是链的某些部分）可以按折叠、伸展和螺旋等方式做规则排列。高聚物除晶区之外，大分子均处于无序状态，这些区域称为"非晶区"。高聚物中每个分子既包含着规则部分（晶区），又包含着不规则部分（非晶区）。晶区部分所占的质量分数（或体积分数），称为结晶度。高聚物的结晶度变化范围很宽，一般为30%～90%，特殊情况下可达98%。和金属不同的是，聚合物不存在完全晶态的聚合物，在高聚物内既有晶区又有非晶区，而且晶区和非晶区比整个大分子链要小的多，所以每一个聚合物分子都可以同时穿过几个晶区和非晶区。高聚物"结晶"与"晶区"的概念与低分子化合物及金属的晶体的概念是有本质区别的，金属晶体结构示意图如图6-5所示，其各质点（分子、原子、离子等）均在空间固定点上作有规则的排列。

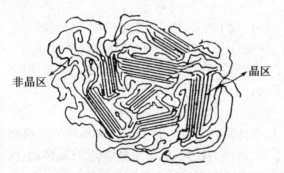 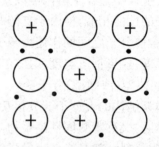

图6-4 高聚物晶区与非晶区结构示意图　　图6-5 金属晶体结构示意图

高聚物的结晶度对其性能有重要影响。晶态高聚物由于结晶使大分子链规则而紧密，分子间引力大，分子链运动困难，故其熔化温度、密度、强度、刚度、耐热性和抗溶性高；非晶态高聚物，由于分子链无规则排列，分子链的活动能力大，故其弹性、伸长率和韧性等性能好。

高聚物的结晶倾向主要与其结构和形态有关，高聚物的化学结构越简单，则越容易结晶。线型分子链比支链线型分子链易结晶，体型分子链不易结晶，一般为非晶态；分子链越短，越易结晶；由一种单体组成且侧基小的分子链容易结晶，而由几种单体组成又带庞大侧基，或对称性差的，不容易结晶。例如聚乙烯、聚四氟乙烯及聚酰胺（尼龙）等属晶态或部分晶态聚合物；有机玻璃及聚苯乙烯为非晶态聚合物。此外，温度、冷却速度和拉伸应力都对高聚物的结晶有一定影响。在实际生产中控制上述影响结晶的诸因素，可以得到不同聚集态的高聚物，满足所需性能要求。

（2）液晶态和取向态结构

液晶态是介于晶态和液态之间的热力学稳定相态。其物理状态为液体，又具有晶体的有序性。液晶有许多特殊的性质，如有些液晶具有灵敏的电响应特性和光学特性，广泛应用于显示技术中。取向态结构在外力作用下，卷曲的大分子链沿外力方向平行排列而形成定向结构，有单轴（一个方向）和双轴（相互垂直两个方向）两种取向。取向态聚合物呈现明显的各向异性，材料的强度大大增加。取向对聚合物的光学性质、热性质等也会产生影响。

3. 聚合物的力学状态

聚合物特有的大分子链结构和热运动特点，决定了其具有与低分子物质不同的变形规律和力学性能。在恒定载荷作用下，其变形和温度有密切关系，这是由于聚合物在不同温度范围内具有不同的力学状态。因此，了解聚合物的力学状态及其特点是必要的。

（1）线形非晶态聚合物的力学状态

对尺寸确定的高聚物试样施以一定的外力，并以一定的温度升温，可得到材料的形变-温度曲线，如图 6-6 所示。图中 T_x 为脆化温度，T_g 为玻璃化温度，T_f 为粘流温度，T_d 为分解温度。聚合物在不同温度下存在三种力学状态，即玻璃态、高弹态和粘流态。

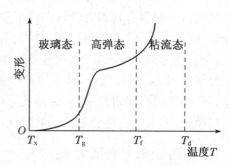

图 6-6 线形非晶态聚合物
形变-温度曲线示意图

① 玻璃态。在温度 T_g 以下曲线基本上是水平的，变形量小，而弹性模量较高，高聚物较刚硬，处于所谓玻璃态。由于温度低，分子运动能量低，链段不能运动，大分子链的构象不能改变，只有大分子链中的原子在原平衡位置作轻微振动。聚合物的力学性能与低分子固体材料相似，在外力作用下只能发生少量弹性变形（<1%），而且应力和应变的关系符合虎克定律。处于玻璃态的聚合物具有较好的力学强度，在这种状态下使用的材料是塑料和纤维。T_g 为聚合物呈现玻璃态的最高温度，称为玻璃化温度；T_x 为脆化温度，当温度低于 T_x 时，在外力作用下，大分子链断裂，聚合物变脆，大分子的柔性消失，失去其使用价值。

② 高弹态。高聚物表现为柔软而富有弹性，具有橡胶的特性，处于所谓高弹态或橡胶态。在外力作用下，其宏观弹性变形量可达 100%～1 000%。外力去除后分子链又逐渐地回缩到原来的卷曲状态，弹性变形逐渐消失。在此状态下，分子运动能量增加，通过单键的内旋转使链段不断运动，改变分子链的构象，由蜷曲变为伸展状。处于高弹态的聚合物受力时产生很大的弹性变形，且这种变形的回复不是瞬时完成的，而是随时间逐渐变化。高弹态是聚合物所独有的状态，在室温下处于高弹态的聚合物可以作为弹性材料使用。例如，经硫化处理的橡胶。

③ 粘流态。由于温度较高，分子热运动加剧，在外力作用下大分子链间可以相对滑动，高聚物开始产生粘性流动，处于所谓粘流态。此时变形已变为不可逆。T_f 为由高弹态到粘流态的转变温度，是指整个大分子链能开始运动的温度，称为粘流温度。而 T_d 为聚合物的分解温度，当温度升高达到 T_d 时，聚合物大分子链的化学键将被破坏而发生分解。当聚合物处于粘流态时，可通过喷丝、吹塑、注射、挤压、模铸等方式制造各种形状的零件、型材、纤维和薄膜等制品。

聚合物在室温下处于玻璃态的称为塑料，处于高弹态的称为橡胶，处于粘流态的则是流动树脂。作为塑料使用的聚合物，其 T_g 越高越好，这样可在较高温度下仍保持玻璃态；而作为橡胶使用的聚合物，则要求 T_g 越低越好，这样可在较低温度时仍不失去弹性。

（2）其他类型聚合物的力学状态

① 线性晶态与部分线性晶态聚合物力学状态。线性晶态聚合物结晶区存在的最高温度称为熔点 T_m，在 T_g 与 T_m 之间时，为类似玻璃态的硬结晶态，与低分子晶体材料一样，没有高弹态。对于部分晶态的线型聚合物，非晶态区在 T_g 温度以上和晶态区在 T_m（结晶区熔化的温度）温度以下存在一种既韧又硬的皮革态，此时，非晶态区处于高弹态，具有柔韧性，晶态区则具有较高的强度和硬度，两者复合构成皮革态。因此，结晶度对其力学状态和性能有显著影响。

② 体型非晶态聚合物的力学状态。由于体型非晶态聚合物具有网状分子链，其交联化学键的密度对聚合物的力学状态有重要影响。若交联点密度较小，两个交联点之间的链段较长，则柔性好，链段仍可运动，具有高弹态、弹性好，如轻度硫化的橡胶；若交联点密度很大，交联点之间的链段较短，则链段运动困难，此时材料的 $T_g = T_f$，高弹态消失，聚合物就与低分子非晶态（如玻璃）一样，其性能硬而脆，如酚醛塑料。聚合物的力学状态除受化学成分、分子链结构、相对分子量、结晶度等内在因素影响外，对应力、温度、环境介质等外界条件也很敏感，因而其性能会发生明显变化，这在使用聚合物材料时应予以足够重视。

二、高分子材料的性能

高分子材料与一般低分子化合物相比，在聚集状态、组织结构上有很大的不同，因而在性能上具有一系列的特征。

（一）力学性能

1. 低强度

高聚物的抗拉强度平均为 100 MPa 左右，是其理论值的 1/200。因为高聚物中分子链排列不规则，内部含有大量杂质、空穴、微裂纹，所以高分子材料的强度比金属低得多，但因其密度小，所以其比强度并不比金属低。

2. 高弹性和低弹性模量

高弹性和低弹性模量是高分子材料所特有的性能。即弹性变形大，弹性模量小，而且弹性随温度升高而增大。橡胶是典型的高弹性材料，其弹性变形率为 100%～1 000%（一般金属材料仅为 0.1%～1.0%）。

3. 粘弹性

高分子材料的高弹性变形不仅和外加应力有关，还和受力变形的时间有关，即变形与外力的变化不是同步的，有滞后现象，且高聚物的大分子链越长，受力变形时用于调整大分子链构象所需的滞后时间也就越长，这种变形滞后于受力的现象称为粘弹性。高聚物的粘弹性表现为蠕变、应力松弛、内耗三种现象：① 蠕变是指在应力保持恒定情况下，应变随时间的增长而增加的现象。金属在高温才发生明显蠕变，而聚合物在室温下就有明显蠕变。蠕变温度低是聚合物的一大缺点，当载荷大时甚至发生蠕变断裂。② 应力松弛是指在应变保持恒定条件下，应力随时间延长而逐渐衰减的现象，如连接管道的法兰盘中间的硬橡胶密封垫片,经一定时间后由于应力松弛而失去密封性。③ 内耗指在交变应力下出现的粘弹性现象。在交变应力作用下,处于高弹态的聚合物,当其变形速度跟不上应力变化速度时,会出现滞后现象。由于重复加载,就会出现上一次变形尚未来得及恢复,又施加上了另一载荷,因此造成分子间的摩擦,变成热能,产生所谓内耗。滞后及内耗的存在将导致聚合物升温并加速其老化,影响聚合物的稳定性和使用安全性。例如内耗引起汽车橡胶轮胎发热,易导致爆胎,引发交通事故。但内耗却能吸收振动波,这又是聚合物作减震元件所必需的性能。

4. 耐磨性

高聚物的硬度比金属低,但耐磨性比金属好,尤其塑料更为突出,塑料的磨擦系数小而且有些塑料本身就有润滑性能,并且能在不允许油润滑的干摩擦条件下使用,这是金属材料无法比拟的。而橡胶则相反,其磨擦系数大,适合于制造要求较大摩擦系数的耐磨零件,如汽车轮胎等。

5. 韧性

高聚物的韧性用冲击韧度表示。各类高聚物的冲击韧度相差很大,脆性高聚物的冲击韧度值一般都小于 $0.2\,\text{J/cm}^2$,韧性高聚物的冲击韧度值一般都大于 $0.9\,\text{J/cm}^2$。

（二）物理、化学性能

1. 高绝缘性

高分子化合物以共价键结合,没有自由电子,不能电离,故其导电能力低,介电常数小,即绝缘性好。因此,高分子材料是电力电子工业中的重要绝缘材料。

2. 低耐热性

耐热性是指材料在高温下长期使用保持性能不变的能力,由于高分子材料中的高分子链在受热过程中容易发生链移动或整个分子链移动,导致材料软化或熔化,使性能变坏,因而耐热性差。

3. 低导热性

固体的导热性与其内部的自由电子、原子、分子的热运动有关。高分子材料内部无自由电子,而且分子链相互缠绕在一起,受热时不易运动,故导热性差,约为金属的 $1/100\sim1/1\,000$。但在有些情况下,导热性差又是优点,例如机床塑料手柄、汽车塑料方向盘握感良好,塑料和橡胶热水袋可以保温,火箭、导弹可用纤维增强塑料作隔热层等。

4. 高热膨胀性

高分子材料的线膨胀系数大,为金属的 $3\sim10$ 倍。这是由于受热时,分子间的缠绕程度降低,分子间结合力减小,分子链柔性增大,故加热时高分子材料产生明显的体积和尺寸的变化。因此,在使用带有金属嵌件或与金属件紧密配合的塑料或橡胶制品时,常因线膨胀系数相差过大而造成开裂、脱落和松动等,需要在设计制造时予以注意。

5. 高化学稳定性

高聚物中没有自由电子,不会受电化学腐蚀。其强大的共价键结合使高分子不易遭破坏,又由于高聚物的分子链是纠缠在一起的,许多分子链的基团被包在里面,纵然接触到能与其分子中某一基团起反应的试剂时,也只有露在外面的基团才比较容易与试剂起化学反应,所以高分子材料的化学稳定性好,在酸、碱等溶液中表现出优异的耐腐蚀性能,如聚四氟乙烯在浓酸、浓碱中化学稳定性非常好,甚至在"王水"中也不受腐蚀。

6. 老化

所谓"老化"是指聚合物在长期储存和使用过程中,由于受氧、光、热、机械力、水汽及微生物等外部因素的作用,性能逐渐恶化,直至丧失使用价值的现象,如变硬、变脆、变软或发粘等。这些性能的衰退现象是不可逆的。

造成老化的原因主要是在各种外因的作用下,引起大分子链的交联或分解,交联结果使高聚物变硬、变脆、开裂,分解的结果是使高聚物的强度、熔点、耐热性、弹性降低,出现软化、发粘、变形等现象。

防老化的措施有:① 表面防护,在表面涂镀一层金属或防老化涂料,以隔离或减弱外界老化因素的作用;② 改进高聚物的结构,减少大分子链结构中的某些薄弱环节,提高其稳定性,推迟老化过程;③ 加入防老化剂,使大分子链上的活泼基团钝化,变成比较稳定的基团,以抑制链式反应的进行。

(三)成型性能

高分子材料具有良好的可加工性,尤其在加温加压下可塑成型性能极为优良,可以制成各种形状的制品,也可以通过铸造、冲压、焊接、粘接和切削加工等方法制成各种制品。高聚物的成型性能有流动性、收缩性和熔体弹性等。

1. 流动性

即高聚物熔体受力变形和流动的性能。良好的流动性使高聚物易于充满模具型腔,但流动性过大时易产生溢料、飞边等缺陷。

2. 收缩性

高聚物在凝固和冷却过程中,体积和尺寸缩小的现象。高聚物的收缩不仅影响制品精度,还会使制品出现缩孔、凹陷和翘曲变形等缺陷。由成型收缩引起的线尺寸变化率称为成型收缩率,一般为1%~5%。

3. 熔体弹性

高分子粘流过程中伴随着可逆的高弹形变,这是高聚物熔体区别于小分子流体的重要特点之一。高聚物熔体的弹性流变效应主要有法向应力效应(包轴现象)、巴拉斯效应(挤出胀大)及熔体破裂现象。

三、常用高分子材料

按照高分子材料的性能和用途,合成高分子主要可以分为塑料、橡胶、纤维三大类,常称之为三大合成材料。此外,聚合物也可以作为粘合剂和涂料来使用,也有人将它们单独列为两类,所以按聚合物的应用分类应包括上述五大类合成材料。

(一)塑料

1. 塑料的组成

塑料是一类以天然或合成树脂为主要成分,在一定温度、压力下可塑制成型,并在常温下能保持其形状不变的材料。塑料几乎占全部三大合成材料的68%,同时它也是最主要的工程结构材料。塑料是高分子材料在一定温度区间内以玻璃态状态使用时的总称。因此塑料材料在一定温度下可变为橡胶态;而在另外的一些条件下又可变为纤维材料。塑料中能够代替金属作为工程结构材料应用的称为工程塑料。工程塑料都是以有机合成树脂为主要成分,加入其他添加剂制成的。

合成树脂是塑料的主要成分,含量占 40%～100%,它决定塑料的主要性能,并起粘结作用,故绝大多数塑料都以相应的树脂来命名。合成树脂靠聚合反应获得,性能与天然树脂相似,通常为粘稠状液体或固体,无一定熔点,受热时软化或呈熔融状。

工程塑料中的添加剂都是以改善材料的某种性能而加入的。添加剂的作用和类型主要包括:① 改善塑料工艺性能。如增塑剂、固化剂、发泡剂和催化剂等。其中增塑剂是改善高分子材料可塑性和柔软性,使其易于成型;固化剂则是促进塑料受热交联反应使其由线型结构变为体型结构,使其尽快达到形状尺寸和性能的最终稳定化作用(如环氧树脂加入乙二胺即为此类);而催化剂也是加速成型过程中材料的结构转变过程;发泡剂则是为了获得比表面积大的泡沫高分子材料而加入的。② 改善使用性能。如稳定剂、填充剂、润滑剂、着色剂、阻燃剂、静电剂等,主要用于改善塑料的某些使用性能而加入。如填充剂提高强度,改善某些特殊性能并降低成本;稳定剂则是起防止使用过程中老化的作用;润滑剂是为了防止塑料在成形过程中产生粘模,便于脱模;而着色剂、阻燃剂也都有着各自的使用性能需求。

2. 塑料的分类

(1) 按热性能分类

① 热塑性塑料 该类材料加热后软化或熔化,冷却后硬化成型,且这一过程可反复进行,具有可塑性和重复性。常用的材料有:聚乙烯、聚丙烯、ABS 塑料等。

② 热固性塑料 材料成型后,受热不变形软化,但当加热至一定温度则会分解,故只可一次成型或使用,如环氧树脂等材料。

(2) 按使用性能分

① 工程塑料 可用作工程结构或机械零件的一类塑料,它们一般有较好的、稳定的机械性能,耐热耐蚀性较好,且尺寸稳定性好。如 ABS、尼龙、聚甲醛等。

② 通用塑料 主要用于日常生活用品的塑料。其产量大、成本低、用途广,占塑料总产量的 3/4 以上。

③ 特种塑料 具有某些特殊的物理化学性能的塑料,如耐高温、耐蚀等性能。其产量少、成本高,只用于特殊场合,如聚四氟乙烯的润滑、耐蚀和电绝缘性。

3. 常用的工程塑料

(1) 聚乙烯(PE) 聚乙烯产品相对密度小($0.91～0.98 \text{ g/cm}^3$),无毒、无味、耐低温、耐腐蚀、电绝缘性好。高压聚乙烯质软,主要用于制造薄膜;低压聚乙烯质硬,可用于制造一些零件。聚乙烯产品缺点是:强度、刚度、硬度低;蠕变大,耐热性差,易燃烧,抗老化性能较差。但若通过辐射处理,使分子链间适当交联,其性能会得到一定的改善。聚乙烯用途广泛,可用作日用制品、薄膜、包装材料,也可用于工业化工管道、储槽、阀门、各种异型材、齿轮、轴承等。

(2) 聚氯乙烯(PVC) 聚氯乙烯是最早使用的塑料产品之一,应用十分广泛,具有较高的强度和刚性、良好的绝缘性、阻燃性和耐化学腐蚀性。它是由乙烯气体和氯化氢合成氯乙烯再聚合而成。较高温度的加工和使用时会有少量的分解,产物为有毒的氯化氢及氯乙烯,因此产品中常加入增塑剂和碱性稳定剂抑制其分解。增塑剂用量不同可将其制成硬质品(板、管)和软质品(薄膜、日用品)。PVC 使用温度一般在 $-15～55 \, ℃$,缺点是耐热性差,抗冲击强度低,还有一定的毒性。当然若用共聚和混合法改进,也可制成用于食品和药品包装的无毒聚氯乙烯产品。

（3）聚苯乙烯（PS）　该类塑料的产量仅次于 PE、PVC。聚苯乙烯是无毒、无味、无色的透明状固体,吸水性低,电绝缘性良好,同时具有良好的加工性能。聚苯乙烯常用于电器零件,其发泡材料相对密度低达 $0.33\ g/cm^3$,是良好的隔音、隔热和防震材料,广泛用于仪器包装和隔热。其中还可加入各种颜色的填料制成色彩鲜艳的制品,用于制造玩具及日常用品。聚苯乙烯的缺点是脆性大、耐热性差,但常将聚苯乙烯与丁二烯、丙烯腈、异丁烯、氯乙烯等共聚使用,使材料的冲击性能、耐热耐蚀性大大提高,可用于耐油的机械零件、仪表盘、罩、接线盒和开关按钮等。

（4）聚丙烯（PP）　聚丙烯相对密度小（$0.9\sim0.91\ g/cm^3$）,是塑料中最轻的。聚丙烯是无毒、无味、半透明蜡状固体,其力学性能如强度、刚度、硬度、弹性模量等都优于低压聚乙烯（PE）;它具有优良的耐热性,在无外力作用时,加热至 150 ℃不变形,因此它是常用塑料中唯一能经受高温消毒的产品;此外,还有优良的电绝缘性。其主要的缺点是:粘合性、染色性和印刷性差;低温易脆化、易燃,且在光热作用下易变质。PP 具有好的综合机械性能,故常用来制造各种机械零件、化工管道、容器;因其无毒及可消毒性,故可用于药品的包装。

（5）聚酰胺（PA）　聚酰胺的商品名称是尼龙或锦纶,它是以线性晶态聚酰胺树脂为基础的塑料,是目前机械工业中应用比较广泛的一种工程热塑性塑料。聚酰胺的机械强度高、耐磨、自润滑性好,而且耐油耐蚀、消音减震。缺点是耐热性不高,工作温度不超过 100 ℃,蠕变值也较大;导热性差,约为金属的 1‰;吸水性大,会导致性能和尺寸改变。聚酰胺主要用于制造小型零件,代替有色金属及其合金,广泛用于制造机械、化工、电气零部件。

（6）聚甲醛（POM）　聚甲醛是高密度高结晶性的线型聚合物,是继尼龙之后投入工业生产的一种高强度工程塑料,按分子链结构特点又分为均聚甲醛和共聚甲醛。聚甲醛价格低廉,综合性能较好,但热稳定性和耐候性差,大气中易老化,遇火燃烧。目前广泛用于汽车、机床、化工、仪表等工业中。

（7）聚碳酸酯（PC）　聚碳酸酯是一种以线性部分晶态聚碳酸酯树脂为基的塑料,品种较多。工程上用的是芳香族聚碳酸酯,产量仅次于尼龙。PC 的化学稳定性很好,能抵抗日光雨水和气温变化的影响;它透明度高,成型收缩小,因此制件尺寸精度高。广泛用于机械、仪表、电讯、交通、航空、照明和医疗机械等工业。

（8）ABS 塑料　ABS 塑料是由丙烯腈（A）、丁二烯（B）和苯乙烯（S）三种组元共聚而成,三组元单体可以任意比例混合,同时兼有三种组元的特性。由于 ABS 为三元共聚物,丙烯腈使材料耐蚀性和硬度提高,丁二烯提高其柔顺性,而苯乙烯具有良好的热塑加工性,因此 ABS 是"坚韧、质硬且刚性"的材料。ABS 由于其低成本和良好的综合性能,且易于加工成型和电镀防护,因此在机械、电器和汽车等工业有着广泛的应用。

（9）聚四氟乙烯（PTFE 或 F4）　聚四氟乙烯是含氟塑料的一种,为线性晶态高聚物,具有极好的耐高、低温性和耐磨蚀等性能。PTFE 几乎不受任何化学药品的腐蚀,即使在高温、强酸（甚至王水）、强碱及强氧化环境中也能保持稳定,故有"塑料王"之称;其熔点为327 ℃,能在 $-180\sim220$ ℃范围内保持性能的长期稳定性;其摩擦系数小,只有 0.04,具有极好的自润滑性;在极潮湿的环境中也保持良好的电绝缘性。缺点是强度、硬度较低,加热后粘度大,加工成型性较差,只能用冷压烧结方法成型。在高于 390 ℃工作时将分解出有毒气体,应予注意。PTFE 主要用于化工管道、泵、电器设备、隔离防护层等方面。在医疗方面,由于没有生理副作用,可用它制作代用血管、人工心肺装置等。

(10) 聚甲基丙烯酸甲酯(PMMA) 俗称有机玻璃,是目前最好的透明有机物,透光率92%,超过了普通玻璃(88%);且其力学性能好、冲击韧性高、耐紫外线和防老化性能好,同时密度低(1.18 g/cm³),易于加工成型。缺点是硬度低、耐磨擦性、耐有机溶剂腐蚀性、耐热性、导热性差,使用温度不能超过 80 ℃。主要用于制造各种窗体、罩及光学镜片和防弹玻璃等零部件。

(11) 酚醛塑料(PF) 由酚类或醛类经缩聚反应而制成的树脂称为酚醛树脂。根据不同的性能要求加入不同的填料,便制成各种酚醛塑料。酚醛塑料属于热固性塑料,具有优异的耐热、绝缘、化学稳定和尺寸稳定性,较高的强度、硬度和耐磨性,其抗蠕变性能优于许多热塑性工程塑料,广泛用于机械电子、航空、船舶工业和仪表工业中,如高频绝缘件、耐酸耐碱耐霉菌件及水润滑轴承;其缺点是质脆、耐光性差、在阳光下易变色,多为黑色、棕色或墨绿色。

(12) 环氧塑料(EP) 环氧塑料是在非晶态环氧树脂中加入固化剂(胺类和酸酐类)后形成的热固性塑料。具有强度高、耐热性、耐腐蚀性及加工成型性优良的特点;缺点是成本高,所用固化剂有毒。由于成形工艺好,主要用于制作塑料模具、船体、电气、电子元件。环氧树脂对各种工程材料都有突出的粘附力,是极其优良的粘结剂,有"万能胶"之称,广泛用于各种结构粘结剂和制成各种复合材料,如玻璃钢等。表 6-1 为常用工程塑料的性能。

表 6-1 常用工程塑料的性能

类别	名称	代号	密度 /g·cm⁻³	抗拉强度 /MPa	抗压强度 /MPa	吸水率 /%,24 h	缺口冲击韧性 /J·cm⁻²	使用温度 /℃
热塑性塑料	聚乙烯	PE	0.91~0.98	14~40	—	—	1.6~5.4	−70~100
	聚氯乙烯	PVC	1.2~1.6	35~63	56~91	0.07~0.4	0.3~1.1	−15~55
	聚苯乙烯	PS	1.02~1.11	42~56	98	0.03~0.1	1.37~2.06	−30~75
	聚丙烯	PP	0.9~0.91	30~39	39~56	0.03~0.04	0.5~1.07	−35~120
	聚酰胺	PA	1.04~1.15	47~83	55~120	0.39~2.0	0.3~2.68	<100
	聚甲醛	POM	1.41~1.43	62~70	110~125	0.22~0.25	0.65~0.88	−40~100
	聚碳酸酯	PC	1.18~1.2	66~70	83~88		6.5~7.5	−100~130
	ABS 塑料	ABS	1.05~1.08	21~63	18~70	0.2~0.3	0.6~5.2	−40~90
	聚砜	PSF	1.24	85	87~95	0.12~0.22	0.69~0.79	−100~174
	聚四氟乙烯	PTFE	2.1~2.2	14~15	42	<0.005	1.6	−180~220
	有机玻璃	PMMA	1.18	60~70	—		1.2~1.3	−60~80
热固性塑料	酚醛塑料	PF	1.24~2.0	32~63	80~210	0.01~1.2	0.06~2.17	<150
	环氧塑料	EP	1.1	15~70	54~210	0.03~0.20	0.44	−80~155

4. 常用塑料的成型及加工方法

（1）成型方法

塑料的成型方法很多，常用的有注射、挤出、吹塑、浇铸、模压成型等。根据所用的材料及制品的要求选用不同的成型方法。

① 注射成型。亦称注塑成型，是热塑性塑料或流动性较大的热固性塑料的主要成型方法之一，通常在塑料注射机上进行，它是将塑料原料在注射机料筒内加热熔化，通过推杆或螺杆向前推压至喷嘴，迅速注入封闭模具内，冷却后即得塑料制品。注射成型法成型周期短，适应性强，生产效率高，能生产形状复杂、薄壁、嵌有金属或非金属的塑料制品。

② 挤出成型。亦称挤塑成型，是热塑性塑料中主要的成型方法之一，是所有加工方法中产量最大的一种。塑料原料在挤出机内受热熔化的同时通过螺杆向前推压至机头，通过不同形状和结构的口模连续挤出，获得不同形状的型材，如管、棒、带、丝、板及各种异型材，还可用于电线、电缆的塑料包覆层等。挤压成型法效率高，可自动化连续生产，但此方法生产的制品尺寸公差较大。

③ 吹塑成型。吹塑成型只限于热塑性塑料的成型加工。将熔融态的塑料坯通过挤出机或注射机挤出后，置于模具内，用压缩空气将此坯料吹胀，使其紧贴模内壁成型而获得中空制品。该工艺主要用于各种包装容器和管式膜的制造。

④ 浇铸成型。浇铸成型适用于热固性塑料，也可用于热塑性塑料。其成型工艺类似于金属铸造，在液态树脂中加入适量固化剂，然后浇入模具腔中。在常压或低压及常温或适当加热条件下固化成型。此法主要用于生产大型制品，设备简单，但生产率低。

⑤ 模压成型。模压成型是塑料加工中古老而常用的方法，将塑料原料放入成型模加热熔化，通过压力机对模具加压，使塑料充满整个型腔，同时发生交联反应而固化，脱模后即得压塑制品。模压成型主要用于热固性塑料，如酚醛塑料。此方法适用于形状复杂或带有复杂嵌件的制品，生产率低，模具成本较高。

除了上述成型方法外，还有真空成型、冷压烧结成型、压延成型及涂布成型等。

（2）加工方法

塑料制品可以进行二次加工，主要方法有机械加工、接合及表面处理。

① 机械加工。塑料可进行各种机械加工，由于塑料强度低、弹性大、导热性差，塑料切削加工时刀刃应锋利，刀具的前角与后角要大，切削速度要快，切削量要小，装夹不宜过紧，冷却要充分。

② 接合。塑料零件的接合可以像金属焊接一样，将小的零件组合成大而复杂的零件。塑料之间以及塑料与其他材料之间的连接，除用一般机械连接外，主要有热熔粘结、溶剂粘结和胶粘结。

③ 表面处理。为了达到提高塑料零件的耐腐蚀性、表面硬度、耐磨性、绝缘性等目的，在塑料表面加上一层覆盖层，以达到与周围介质隔离的目的，称为表面处理。主要有表面喷涂、电镀、镀膜、彩印等。

5. 典型塑料零件的选材

塑料在工业上的应用比金属材料历史要短得多，因此，塑料的选材原则、方法与过程可以参照金属材料的做法。根据各种塑料的使用和工艺性能特点，结合具体的塑料零件结构设计，进行合理选材，尤其应注意工艺和试用试验结果，综合评价，最后确定选材方案。以下介绍几种工程上常用零件的塑料选材。

（1）一般结构件 包括各类机械上的外壳、手柄、手轮、支架、仪器仪表的底座、罩壳、盖板等，这些构件使用时负荷小，通常只要求一定的机械强度和耐热性，因此，一般选用价廉、成型性好的塑料，如聚乙烯、聚氯乙烯、聚苯乙烯、聚丙烯、ABS等。常与热水蒸汽接触或稍大的壳体构件等要求较高刚性的零件，可选用聚碳酸酯、聚砜等；要求透明的零件可选用有机玻璃、聚苯乙烯或聚碳酸酯等；要求表面处理的零件可选用 ABS 等。

（2）普通传动零件 包括机器上的齿轮、凸轮、蜗轮等，这类零件要求有较高的强度、韧性、耐磨性和耐疲劳性及尺寸稳定性。对齿轮、凸轮、蜗轮等受力较大的零件，可选用尼龙、聚甲醛、聚碳酸酯、增强聚丙烯、夹布酚醛等，需要高的疲劳强度时选用聚甲醛，在腐蚀介质中工作的可选用聚氯醚，聚四氟乙烯充填的聚甲醛可用于有重载摩擦的场合。

（3）摩擦零件 主要包括轴承、轴套、导轨和活塞环等，这类零件要求强度一般，但要具有摩擦系数小和良好的自润滑性，要求一定的耐油性和热变形温度，可选用的塑料有低压聚乙烯、尼龙 1010、MC 尼龙、聚氯醚、聚甲醛、聚四氟乙烯。由于塑料的导热率低，线膨胀系数大，因此，只有在低负荷、低速条件下才适宜选用。

（4）耐蚀零件 主要应用在化工设备上。不同塑料品种，其耐蚀性能各不相同，因此，要依据所接触的不同介质来选择。全塑结构的耐蚀零件，还要求较高的强度和抗热变形的性能。常用耐蚀塑料有聚丙烯，硬聚氯乙烯、填充聚四氟乙烯、聚全氟乙丙烯、聚三氟氯乙烯等。还有的耐蚀工程结构采用塑料涂层结构或多种材料的复合结构，既保证了工作面的耐蚀性，又提高了支撑强度、节约了材料。如通常选用热膨胀系数小、粘附性好的树脂及其玻璃钢作衬里材料。

（5）电器零件 塑料用作电器零件，主要是利用其优异的绝缘性能（除填充导电性填料的塑料）。用于工频低压下的普通电器元件的塑料有酚醛塑料、氨基塑料、环氧塑料等；用于高压电器的绝缘材料要求耐压强度高、介电常数小、抗电晕及优良的耐候性，常用塑料有交联聚乙烯、聚碳酸酯、氟塑料和环氧塑料等；用于高频设备中的绝缘材料有聚四氟乙烯、聚全氟乙丙烯及某些纯碳氢的热固性塑料，也可选用聚酰亚胺、有机硅树脂、聚砜、聚丙烯等。

（二）橡胶

所谓橡胶是指在使用温度范围内处于高弹态的聚合物材料。

1. 橡胶的组成

橡胶制品的主要原材料是生胶、再生胶以及各种配合剂。有些制品还需用纤维或金属材料作为骨架材料。

（1）生胶和再生胶 生胶包括未加配合剂的天然橡胶和合成橡胶。再生胶是非硫化橡胶经化学、热及机械加工处理后所制得的，具有一定的可塑性，可重新硫化的橡胶材料。再生胶可部分代替生胶使用，以节省生胶、降低成本。

（2）橡胶的配合剂 橡胶中常用的配合剂包括硫化剂、硫化促进剂、防老剂、补强剂，以及软化剂、着色剂、溶剂、发泡剂、隔离剂等，品种很多，可根据橡胶制品的特殊要求进行选用。

（3）纤维和金属材料 橡胶的弹性大，强度低，因此很多橡胶制品必须用纤维材料或金属材料作骨架材料，以增大制品的机械强度，减小变形。

2. 橡胶的结构和性能

橡胶最突出的特性是高弹性,它在很高的温度范围内处于高弹态。一般橡胶在$-40\sim$80 ℃范围内具有高弹性。某些特种橡胶在-100 ℃的低温和200 ℃高温下仍保持高弹性。橡胶的高弹性与其分子结构有关。橡胶的分子链较长,呈线型结构,有较大的柔顺性。通常它们蜷曲呈线团状,受外力拉伸时,分子链伸直,外力去除后,又恢复蜷曲状,这就是橡胶具有高弹性的缘故。这种线型结构,主要存在于未硫化橡胶中。所谓硫化,就是在橡胶(亦称生胶)中加入硫化剂和其他配合剂,使线型结构的橡胶分子交联成为网状结构。这样,橡胶就具有既不溶解,也不熔融的性质,改变了橡胶因温度升高而变软发粘的缺点,同时机械性能也有所提高。因此,橡胶制品只有经硫化后才能使用,硫化后的橡胶叫做橡皮,生胶和橡皮可统称为橡胶。橡胶具有优良的伸缩性、抗撕性、耐磨性、隔音、绝缘和良好的储能能力等性能。由于橡胶具有一系列的优良性能,从而成为重要的工程材料,在国民经济各领域中获得了广泛的应用,如用于制作密封件、减震件、传动件、轮胎和电线绝缘套等。

3. 橡胶的分类

橡胶按其来源,可分为天然橡胶和合成橡胶两大类。天然橡胶是从自然界含胶植物中提取的一种高弹性物质。合成橡胶是用人工合成的方法制得的高分子弹性材料。

合成橡胶品种很多,按其性能和用途可分为通用合成橡胶和特种合成橡胶,还有热塑性弹性体。凡性能与天然橡胶相同或相近,广泛用于制造轮胎及其他大量橡胶制品的,称为通用合成橡胶,如丁苯橡胶、顺丁橡胶、氯丁橡胶、丁基橡胶等。凡具有耐寒、耐热、耐油、耐臭氧等特殊性能,用于制造特定条件下使用的橡胶制品,称为特种合成橡胶。如丁腈橡胶、硅橡胶、氟橡胶、聚氨酯橡胶等。热塑性弹性体是一种新型合成材料,也是世界化标准性环保材料。

4. 常用橡胶

(1) 天然橡胶(NR)

天然橡胶属于天然树脂,它是从橡胶树上流出的浆液,经过凝固、干燥等工序加工而成的弹性固状物。天然橡胶的主要成分是橡胶烃,它是由异戊二烯链节组成的天然高分子化合物。

天然橡胶是综合性能最好的橡胶,具有良好的弹性、较高的机械强度、自补强作用、很好的耐屈挠疲劳性能、滞后损失小、多次变形时生热低;还具有良好的耐寒性、优良的气密性、防水性、电绝缘性和绝热性能。天然橡胶的缺点是耐油性差,耐臭氧老化性和耐热氧老化性差。

天然橡胶是用途最广泛的一种通用橡胶。大量用于制造各类轮胎,各种工业橡胶制品,如胶管、胶带和工业用橡胶杂品等。此外,天然橡胶还广泛用于日常生活用品,如胶鞋、雨衣等,以及医疗卫生制品。

(2) 通用合成橡胶

① 丁苯橡胶(SBR)

丁苯橡胶是最早工业化的合成橡胶,是目前合成橡胶中产量最大、应用最广、品种较多的通用橡胶。它是以丁二烯和苯乙烯为单体共聚而成。主要品种有丁苯-10、丁苯-30、丁苯-50,其中数字表示苯乙烯在单体总量中的质量百分比,数值越大,苯乙烯含量越大,橡胶的硬度和耐磨性越高,而弹性、耐寒性越差。例如丁苯-10橡胶能耐低温,用于耐寒橡胶制品；丁苯-50橡胶多用来生产硬质橡胶工业制品、轻质海绵制品、登山鞋等。

丁苯橡胶的耐磨性、耐热性、耐油性和耐老化性均比天然橡胶好，但弹性、耐寒性、耐撕裂性和粘结性能均较天然橡胶差。丁苯橡胶成本低廉，其性能不足之处可以通过与天然橡胶并用或调整配方得到改善。因此至今仍是用量最大的通用合成橡胶，可以部分或全部代替天然橡胶，用于制造各种轮胎及其他工业橡胶制品，如胶带、胶管、胶鞋等。

② 顺丁橡胶（BR）

顺丁橡胶是顺式-1,4-聚丁二烯橡胶的简称。顺丁橡胶的弹性、耐寒性及耐疲劳性均优于天然橡胶。又由于顺丁橡胶结构规整，有一定的结晶度，所以其橡胶表面有足够的硬度，具有较好的耐磨性，是制造轮胎的优良材料。它主要的缺点是加工性能差、抗撕裂性差。主要用于制造轮胎，也可制作胶带、弹簧、减震器、耐热胶管、电绝缘制品、鞋底等。

③ 氯丁橡胶（CR）

氯丁橡胶是由氯丁二烯缩聚而成的高分子弹性体。氯丁橡胶的分子主链与天然橡胶一样，所不同的只是侧基上带有氯原子。由于这个结构上的原因，氯丁橡胶的机械性能与天然橡胶相近，耐氧、耐臭氧、耐油、耐溶剂等性能较好。它既可作为通用橡胶，又可作为特种橡胶，所以称为"万能橡胶"。氯丁橡胶还具有良好的粘结性、耐水性和气密性，其耐水性是合成橡胶中最好的，气密性比天然橡胶大5～6倍。氯丁橡胶具有优异的耐燃性，是通用橡胶中耐燃性最好的。其缺点是密度大，成本高，电绝缘性差。

氯丁橡胶主要用于耐热运输带、耐油、耐化学腐蚀胶管和容器衬里、胶辊、密封胶条以及电线、电缆的包皮等。

（3）特种合成橡胶

① 丁腈橡胶（NBR）

丁腈橡胶是以丁二烯和丙烯腈为单体共聚而制得的高分子弹性体，其中丁二烯为主要单体，丙烯腈为辅助单体。丁腈橡胶是以耐油性而著称的特种合成橡胶。

丁腈橡胶的耐热性、耐老化性、耐磨性、耐腐蚀及气密性均优于天然橡胶。但是丁腈橡胶的耐臭氧性能、电绝缘性能和耐寒性比较差。

丁腈橡胶主要用于各种耐油橡胶制品。其中丙烯腈含量高的丁腈橡胶适用于直接与油类接触的橡胶制品，如密封垫圈、输油管、化工容器衬里等。丙烯腈含量低的适用于低温耐油制品及耐油减震制品。

② 硅橡胶

硅橡胶分子主链上没有一个碳原子，只有硅氧两种原子。硅橡胶具有优异的耐气候性、耐臭氧性以及独特的耐高温与耐低温性能，有相当宽的温度使用范围，一般为－100～300 ℃，并且无味、无毒。由于分子结构规整对称，其具有优良的电绝缘性。其缺点是强度和耐磨性较差，耐酸碱性，加工性能较差，拉伸强度低，必须补强。

硅橡胶主要用于制造耐高温、低温橡胶制品，如各种垫圈、密封件、高温电线、电缆绝缘层、食品工业耐高温制品及人造心脏、人造血管等人造器官和医疗卫生材料。

③ 氟橡胶

氟橡胶是含氟单体聚合而成的高分子弹性体。以碳原子为主链，部分氢原子被氟原子所取代。C—F键的键能很高，因此氟橡胶具有很高的耐热性和耐腐蚀性。其耐热性可与硅橡胶媲美，对日光、臭氧及气候的作用十分稳定；在各种有机溶剂及腐蚀性介质（包括酸、碱、强氧化剂等)中的耐腐蚀能力居各类橡胶之首,因此是现代航空、导弹、火箭、宇宙航行等国防尖端科学技术部门及其他工业部门不可缺少的材料,可用作各种耐高温、耐特种介质腐蚀的制品。氟橡胶主要缺点是弹性和加工性能较差。

5. 热塑性弹性体

热塑性弹性体是指在高温下能塑化成形而在室温下能显示橡胶弹性的一类材料。其既具有类似于硫化橡胶的物理力学性能,又有类似于热塑性塑料的加工特性,而且加工过程中产生的边角料及废料均可重复加工使用,因此这类新型材料问世以来,引起极大重视,被称之为"橡胶的第三代",得到了迅速的发展。如聚氨酯材料,是由氨基甲酸酯经聚合而成,具有良好的耐磨性、耐油性,但耐水、酸、碱性能较差。主要用于制造胶辊、实心轮胎和耐磨制品。目前已工业化生产的有聚烯烃类、苯乙烯嵌段共聚物类、聚氨酯类和聚酯类等。

（三）纤维

纤维材料指的是在室温下分子的轴向强度很大,受力后变形较小,在一定温度范围内力学性能变化不大的聚合物材料。若以纤维的特征来概括,即为"凡是本身的长细比大于100倍的均匀线状或丝状的聚合物材料"均称纤维。纤维材料是以人工合成的高分子材料为原料加工而成的柔韧而纤细的丝状物,由一类能被高度拉伸的高聚物制成。

1. 纤维的分类

纤维分为天然纤维、人造纤维和合成纤维。

天然纤维指自然界生长或形成的纤维,包括植物纤维(天然纤维素纤维)、动物纤维(天然蛋白质纤维)和矿物纤维。

人造纤维是利用自然界的天然高分子化合物——纤维素或蛋白质作原料(如木材、棉籽绒、稻草、甘蔗渣等纤维或牛奶、大豆、花生等蛋白质),经过一系列的化学处理与机械加工而制成类似棉花、羊毛、蚕丝一样能够用来纺织的纤维,如人造棉、人造丝等。

合成纤维的化学组成和天然纤维完全不同,是从一些本身并不含有纤维素或蛋白质的物质(如石油、煤、天然气、石灰石或农副产品),加工提炼出来的有机物质,再用化学合成与机械加工的方法制成纤维,如涤纶、锦纶、腈纶、丙纶、氯纶等。

2. 常用的纤维材料

（1）聚酰胺纤维　特点是强韧、弹性高、质量轻、耐磨性好、润湿时强度下降少、染色性好、抗疲劳性好、较难起皱等。主要用于工业用布、轮胎帘子线、传动带、帐篷、绳索、渔网、降落伞、宇航飞行服等物品。

（2）聚酯纤维　它是生产量最多的合成纤维,以短纤维、纺织纱和长丝供应市场,广泛与其他纤维进行混纺。其特点是高强度、耐磨、耐蚀、弹性模量大、热变定性特别好、经洗耐穿、耐光性好,但染色性差、吸水性低、织物易起球。主要用于电动机绝缘材料、运输带、传送带、输送石油软管、水龙带、绳索、工业用布、滤布、轮胎帘子线、渔网、人造血管等。

（3）聚丙烯腈纤维(俗称腈纶)　这类纤维几乎都是短纤维,特点是质轻,保温和体积膨大性优良,强韧而富弹性,软化温度高,吸水率低,耐热性能较好,能耐酸、氧化剂、有机溶剂,但耐碱性差,染色性和纺丝性能较差。腈纶纤维蓬松柔软,保暖性好,广泛用来生产羊毛混纺及纺织品,还可用于帆布、帐篷及制备碳纤维等。

（4）玻璃纤维　这是由玻璃经高温熔化成液体并以极快速度拉制而成。其特点是具有高的抗拉强度、比重小、耐热性好、化学稳定性高,除氢氟酸、热浓磷酸和浓碱外,对所有化学介质均有良好的稳定性,弹性模量约为钢的 $1/3\sim1/6$。常见的玻璃纤维制品有玻璃布、玻璃带、玻璃绳,以及玻璃纤维带、玻璃纤维毡、无纺布等。

(5)芳香族聚酰纤维(简称芳纶) 它是以对苯二甲酰氯和对苯二胺为原料而制得,由于其大分子链中含有酰胺基和苯环,因而大分子链易于排列规整和结晶。其特点以高比强度、高比模量而著称,又称合成钢丝。特点是抗拉强度高、弹性模量高、良好的热稳定性、良好的化学稳定性(只与少数强酸、强碱发生化学反应)、良好的抗冲击性、高的疲劳寿命及抗紫外线作用。可用作高强度复合材料的增强材料,广泛用作飞机、船体的结构材料。

(6)碳纤维 碳纤维是用有机纤维(聚丙烯腈、沥青、聚丙烯和粘胶)在惰性气体中,经高温碳化而成。其特点为:与玻璃纤维比较,碳纤维的弹性模量很高,导热系数大,能导电、耐磨损,延伸率较小;其化学性能与碳相似,除会被强氧化剂氧化外,与一般酸碱不会发生化学反应;热稳定性好,在 1 500 ℃以下,其强度不下降,同时耐低温性能也很好,如在液氮温度时也不会脆化。由于碳纤维的结晶高度定向,使其纵向导热性优于横向。

(7)氯纶纤维 氯纶耐磨性、弹性、耐化学腐蚀性、耐光性、保暖性都很好,不燃烧,绝缘性好,但耐热性和染色性较差,主要用于制造针织品、衣料、毛毯、地毯、绳索、滤布、帐篷、绝缘布等。

(四)胶粘剂

胶粘剂是能把两个固体表面粘合在一起,并且在胶接面处具有足够强度的物质。

1. 胶粘剂的组成和作用

胶粘剂是以各种树脂、橡胶、淀粉等为基体材料,添加各种辅料而制成的。常用辅料有增塑剂、固化剂、填料、溶剂、稳定剂、稀释剂、偶联剂、色料等。胶粘剂分为有机和无机两种,有机胶粘剂又分为天然胶粘剂和合成胶粘剂。天然胶粘剂有骨胶、虫胶、桃胶和树脂等。目前大量使用人工合成树脂胶粘剂。合成胶粘剂具有良好的粘接强度、密封性、耐水、耐热性、化学稳定性好,不易发霉。本部分所述均为有机胶粘剂。

胶接可以部分代替铆接、焊接和螺纹联接,可以接合无法焊接的金属,还可使金属与橡胶、塑料和陶瓷等非金属材料粘合,特种胶粘剂还有密封、导电、耐高低温和导磁等特殊性能。胶粘工艺在工业生产、零件修理、堵漏和密封等方面使用越来越广泛。不同的材料需要选择不同的胶粘剂和不同的胶接工艺条件进行胶接。表 6-2 为常见的金属与非金属胶接用胶粘剂。

表 6-2 金属与非金属胶接用胶粘剂

被粘物	常用胶粘剂类型	被粘物	常用胶粘剂类型
金属-木材	环氧胶、氯丁胶、聚醋酸乙烯酯胶	金属-玻璃	环氧胶、丙烯酸酯胶
金属-织物	氯丁胶	金属-混凝土	环氧胶、聚酯胶、氯丁胶
金属-纸张	聚醋酸乙烯酯胶	金属-橡胶	氯丁胶、氰基丙烯酸酯胶
金属-皮革	氯丁胶、聚氨酯胶	金属-聚氯乙烯	聚氨酯胶、丙烯酸酯胶、氯丁胶

2. 常用胶粘剂

根据合成胶粘剂中使用的高聚物的结构和性能特点,可以把合成胶粘剂分为热固性胶粘剂、热塑性胶粘剂、橡胶类胶粘剂和复合型胶粘剂。

（1）热固性树脂胶粘剂

热固性树脂胶粘剂是以热固性树脂为基料，加入添加剂而制成，主要品种有环氧树脂胶粘剂和酚醛树脂胶粘剂。

① 环氧树脂胶粘剂俗称"万能胶"，具有很高的粘接力（超过其他胶粘剂），而且操作简便，不需外力即可粘接，有良好的耐酸、碱、油及有机溶剂的性能，但环氧胶固化后胶层较脆。改性的环氧树脂胶如环氧-聚硫、环氧-丁腈具有较高的韧性，环氧-酚醛具有较高的耐热性，环氧-缩醛具有较高的韧性和耐热性。环氧树脂胶粘剂可用于金属与金属、金属与非金属、非金属与非金属等材料的粘接，广泛应用于造船、机械修造、电讯仪表、化工、宇航等方面。

② 酚醛树脂胶粘剂具有较强的粘接能力，耐高温，但韧性低，剥离强度不高。酚醛树脂胶主要用于木材、胶合板、泡沫塑料等，也可用于胶接金属、陶瓷。改性的酚醛-丁腈胶可在-60～150 ℃使用，广泛用于机器、汽车、飞机结构部件的胶接，也可用于胶接金属、玻璃、陶瓷、塑料等材料。改性的酚醛-缩醛胶具有较高的胶接强度和耐热性，主要用于金属、玻璃、陶瓷、塑料的胶接，也可用于玻璃纤维层压板的胶接。

（2）热塑性树脂胶粘剂

热塑性树脂胶粘剂是以热塑性树脂为基料，与溶剂配制成溶液或直接通过熔化的方式制成，其典型品种为聚醋酸乙烯酯胶粘剂。聚醋酸乙烯酯胶粘剂即白胶，是以聚醋酸乙烯酯为基料，加入添加剂制得，可以将其配制成乳液胶粘剂、溶液胶粘剂或直接熔化为热熔胶。其中乳液胶粘剂胶接强度好、无毒、粘度小、价格低、不燃，但耐水性和耐热性较差。这类胶粘剂主要用于胶接木材、纤维、纸张、皮革、混凝土、瓷砖等。

（3）橡胶类胶粘剂

以氯丁橡胶、丁腈橡胶、丁基橡胶、聚硫橡胶、天然橡胶等为基料，再加入添加剂配制成胶粘剂，称为橡胶类胶粘剂。这类胶粘剂的特点是弹性好，剥离强度高。缺点是抗拉强度和抗剪强度较低，耐热性差。橡胶类胶粘剂适合于胶接柔软材料以及热膨胀系数相差较大的材料。

（4）复合型胶粘剂

复合型胶粘剂是由两种或两种以上高聚物彼此掺混或相互改性而制得的。通常在某种树脂中加入橡胶或其他树脂作为改性剂，使其性能得到很大的提高。如酚醛-聚乙烯醇缩聚胶粘剂，不仅具有酚醛树脂和聚乙烯醇缩醛树脂的优点，而且克服了酚醛树脂脆和聚乙烯醇缩醛树脂耐热性差的缺点，因而表现出良好的综合性能。这类胶粘剂的特点是粘附性强，对金属和非金属都有很好的粘附性；胶接强度高，抗冲击和耐疲劳性能好；耐大气老化和耐水性好。此外，复合型胶粘剂主要还有酚醛-丁腈橡胶、酚醛-氯丁橡胶、环氧-丁腈橡胶、环氧-酚醛、环氧-聚酰胺、环氧-聚氨酯等胶粘剂。

第二节　陶瓷材料

传统意义上的陶瓷是指陶器和瓷器，也包括玻璃、水泥、砖瓦、耐火材料、搪瓷、石膏和石灰等人造无机非金属材料。它们来源于共同的原料——天然硅酸盐材料，即含二氧化硅的化合物,如粘土、石灰石、石英、长石和砂子等。陶瓷材料具有许多优良特性,所以陶瓷不仅在生活、建筑等方面应用有悠久历史,而且还成为年轻而有良好发展前景的现代工程材料。近年来陶瓷材料发展迅速,许多新型陶瓷的成分远远超出硅酸盐的范畴,主要为高熔点的氧化物、碳化物、氮化物和硅化物等烧结材料。

随着陶瓷材料在现代工业中得到日益广泛的应用,目前已同金属材料、高分子材料合称为三大固体材料。陶瓷材料的各种特殊性能是由其化学成分、晶体结构和显微组织所决定的。本节主要介绍陶瓷的定义和分类,成分、结构与性能的关系,以及常用的工程结构陶瓷的特点与应用。

一、陶瓷材料的定义和分类

陶瓷是以天然的硅酸盐或人工合成的化合物(如氧化物、氮化物、碳化物、硅化物、硼化物、氟化物)为原料,经粉碎配制、成型和高温烧结而制成的,它是多相多晶体材料,通常有以下几种分类方法:

1. 按化学成分分类

按化学成分可将陶瓷材料分为氧化物陶瓷、碳化物陶瓷、氮化物陶瓷及其他化合物陶瓷。氧化物陶瓷种类多、应用广,常用的有 Al_2O_3、SiO_2、ZrO_2、MgO、CaO、BeO、Cr_2O_3、CeO_2、ThO_2 等。碳化物陶瓷熔点高、易氧化,常用的有 SiC、B_4C、WC、TiC 等。氮化物陶瓷常用的有 Si_3N_4、AlN、TiN、BN 等。

2. 按使用的原材料分类

按使用的原材料可将陶瓷材料分为普通陶瓷和特种陶瓷。普通陶瓷主要用天然的岩石、矿石、黏土等含有较多杂质的材料作原料,而特种陶瓷则采用化学方法人工合成高纯度或纯度可控的材料作原料。

3. 按性能和用途分类

按性能和用途可将陶瓷材料分为结构陶瓷和功能陶瓷两类。在工程结构上使用的陶瓷称为结构陶瓷;利用陶瓷特有的物理性能的陶瓷材料称为功能陶瓷,由于它们具有的物理性能差异往往很大,所以用途很广泛。

二、陶瓷材料的组成和性能

陶瓷是一种无机非金属材料,由于它的熔点高、硬度高、化学稳定性高,具有耐高温、耐腐蚀、耐磨擦、绝缘等优点,在现代工业上已得到广泛的应用。和金属材料、高分子材料一样,陶瓷材料的各种特殊性能都是由其化学组成、晶体结构、显微组织决定的。

（一）组成

陶瓷的显微组织由晶相、玻璃相和气相组成,如图 6-7 所示。各组成相的结构、数量、形态、大小及分布对陶瓷性能有显著影响。

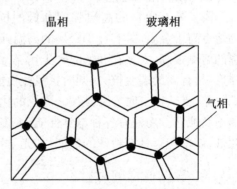

图 6-7 陶瓷显微组织示意图

陶瓷中的晶相是主要组成相,主要来源是原料中的氧化物和硅酸盐。在陶瓷中最常见的晶体结构是氧化物结构和硅酸盐结晶相,它们对陶瓷材料的强度、硬度、耐热性有决定性的影响。陶瓷中的玻璃相是一种非晶态的固体,它在烧结时,原料中的有些晶体物质如 SiO_2 已处在熔化状态,但因熔点附近粘度大,原子迁移很困难,若以较快的速度冷却到熔点以下,原子不能规则地排列成晶体而成为过冷液体,当其继续冷却到 T_g 温度时便凝固成非晶态的玻璃相。玻璃相是陶瓷材料中不可缺少的组成相,其作用是粘结分散的晶相,降低烧结温度,抑制晶相的晶粒长大和填充气孔,但玻璃相热稳定性差,强度较晶相低,所以不能多。而气相是指陶瓷孔隙中的气体(即气孔),它是陶瓷生产工艺过程中不可避免地形成并保留下来的。气孔对陶瓷性能有显著的影响,它使陶瓷密度减小,并能吸收震动,这是有利的;但它又使其强度降低,电击穿强度下降,绝缘性下降,这是不利的,因此对陶瓷中的气孔数量、形状、大小和分布应有所控制。

(二)性能

1. 力学性能

和金属相比,陶瓷的力学性能有如下特点:

(1) 高硬度 硬度是陶瓷材料的重要性能指标,大多数陶瓷材料的硬度比金属高得多,仅次于金刚石,故其耐磨性好。

(2) 高弹性模量、高脆性 图 6-8 为陶瓷与金属的室温拉伸应力-应变曲线示意图。由图看出,陶瓷在拉伸时几乎没有塑性变形,在拉应力作用下产生一定弹性变形后直接脆断,大多数陶瓷材料的弹性模量都比金属高。

(3) 低抗拉强度和较高的抗压强度 由于陶瓷内部存在大量气孔,其作用相当于裂纹,在拉应力作用下迅速扩展导致脆断,陶瓷的抗拉强度要比金属低得多,在受压时气孔等缺陷不易扩展成宏观裂纹,故其抗压强度较高。

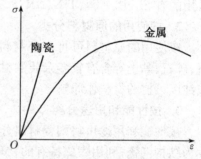

图 6-8　陶瓷与金属的拉伸
应力-应变曲线示意图

2. 物理、化学性能

陶瓷具有优良的高温强度和低的抗热震性。陶瓷的熔点高于金属,具有优于金属的高温强度。大多数金属在 1 000 ℃ 以上就丧失强度,而陶瓷的熔点很高,大多在 2 000 ℃ 以上,在高温下不仅保持高硬度,而且基本保持其室温下的强度,具有高的蠕变抗力,同时抗氧化性能好,广泛用作高温材料,但陶瓷导热性和抗热震性都较差,受热冲击时容易破裂。陶瓷的化学稳定性高,抗氧化性优良,对酸、碱、盐具有良好的耐腐蚀性。陶瓷有各种电学性能,大多数陶瓷具有高电阻率,少数陶瓷具有半导体性质。此外,许多陶瓷具有特殊的性能,如光学性能、电磁性能等。

三、常用工程陶瓷材料

1. 普通陶瓷

普通陶瓷又称传统陶瓷,原料包括粘土($Al_2O_3 \cdot 2SiO_2 \cdot 2H_2O$)、长石($K_2O \cdot Al_2O_3 \cdot$

$6SiO_2$，$Na_2O \cdot Al_2O_3 \cdot 6SiO_2$）和石英（$SiO_2$），它是以长石为溶剂，在高温下溶解一定量的粘土和石英后，经成型、烧结而成的陶瓷。其组织中主晶相为莫来石（$3Al_2O_3 \cdot 2SiO_2$），占25％～30％，次晶相为 SiO_2，玻璃相占35％～60％，气相占1％～3％。这类陶瓷加工成型性好，成本低，产量大，应用广。除日用陶瓷、瓷器外，大量用于电器、化工、建筑、纺织等工业部门，如耐蚀要求不高的化工容器、管道，供电系统的绝缘子、纺织机械中的导纱零件等。

2. 特种陶瓷

特种陶瓷材料的组成已超出传统陶瓷材料以硅酸盐为主的范围，除氧化物、复合氧化物和含氧酸盐外，还有碳化物、氮化物、硼化物、硫化物及其他盐类和单质，并由过去以块状和粉状为主的状态向着单晶化、薄膜化、纤维化和复合化的方向发展。

（1）氧化铝陶瓷

氧化铝陶瓷是以 Al_2O_3 为主要成分，含有少量 SiO_2 的陶瓷，又称高铝陶瓷。根据 Al_2O_3 含量不同分为75瓷（含75％ Al_2O_3，又称刚玉-莫来石瓷）、95瓷（95％ Al_2O_3）和99瓷（99％ Al_2O_3），后两者又称刚玉瓷。氧化铝含量提高，其性能也随之提高。

氧化铝陶瓷耐高温性能好，在氧化性气氛中可使用到1 950 ℃，被广泛用作耐火材料，如耐火砖、坩埚、热偶套管等。微晶刚玉的硬度极高，并且其红硬性达到1 200 ℃，可用于制作淬火钢的切削刀具、金属拔丝模等。氧化铝陶瓷还具有良好的电绝缘性能及耐磨性，强度比普通陶瓷高2～5倍，因此，可用于制作内燃机的火花塞，火箭、导弹的导流罩及轴承等。

（2）氮化硅（Si_3N_4）陶瓷

氮化硅是由 Si_3N_4 四面体组成的共价键固体，如图6-9所示。

氮化硅必须完全致密才能作为优质工程材料使用，因此必须进行烧结使其致密化。为达到致密，常加入一定量烧结助剂起充填作用，常用助剂为 MgO 和 Y_2O_3。烧结压力低时，所需烧结助剂量大。氮化硅的烧结工艺主要有两种，如表6-3所示。

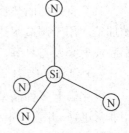

图6-9 Si_3N_4 四面体

表6-3 氮化硅的烧结工艺及特点

烧结工艺	优点	缺点
反应烧结（Si 粉成型后高温下氮化）	烧结时几乎没有收缩，能得到复杂的形状	密度低，强度低，耐蚀性差
热压烧结（单轴施压同时进行烧结）	用较少的助剂就能致密化，强度、耐蚀性最好	只能制造简单形状，烧结助剂使高温强度降低

氮化硅的强度、比强度、比模量高，反应烧结 Si_3N_4 室温抗弯强度为200 MPa，并可一直保持到1 200～1 350 ℃。热压氮化硅气孔率接近于零，其室温抗弯强度可达700 MPa～1 200 MPa，其比模量为 11.9×10^4 MPa，是钢的4倍多。氮化硅硬度很高，摩擦系数仅为0.1～0.2，相当于加油润滑的金属表面。氮化硅的热膨胀系数小，反应烧结氮化硅热膨胀系数仅为 2.53×10^{-6}/℃，其抗热震性大大高于其他陶瓷材料。氮化硅的化学稳定性高，除熔融 $NaOH$ 和 HF 外，能耐所有无机酸及某些碱溶液腐蚀。其抗氧化温度达1 000 ℃。

热压烧结氮化硅用于制造形状简单、精度要求不高的零件，如切削刀具、高温轴承等。反应烧结氮化硅强度、韧性低于热压烧结氮化硅，多用于制造形状复杂、尺寸精度要求高的零件,如泵的机械密封环(比其他陶瓷寿命高 6～7 倍)、热电偶套管、泥沙泵零件等。

氮化硅还可用于制造工作温度达 1 200 ℃ 的涡轮发动机叶片、内燃发动机零件、坩埚、火箭喷嘴、核材料的支架和隔板等。

(3) 碳化硅(SiC)陶瓷

碳化硅和氮化硅一样,都是通过键能很高的共价键结合的晶体。碳化硅是用石英砂 (SiO_2)加焦碳直接加热至高温还原而成($SiO_2 + 3C \xrightarrow{1\,900\sim2\,000\,℃} SiC + 2CO$)。

碳化硅的烧结工艺也有热压烧结和反应烧结两种。由于碳化硅表面有一层薄氧化膜,因此很难烧结,需要添加烧结助剂来促进烧结,常加的助剂有硼、碳、铝等。

碳化硅最大特点是高温强度高,在 1 400 ℃ 时抗弯强度仍保持在 500 MPa～600 MPa 的较高水平。碳化硅有很好的耐磨损、耐腐蚀、抗蠕变性能,其热传导能力很强,仅次于氧化铍陶瓷。

由于碳化硅陶瓷具有高温强度高的特点,可用于制造火箭喷嘴、浇注金属用的喉管、热电偶套管、炉管、燃气轮机叶片及轴承等,因其良好的耐磨性,可用于制造各种泵的密封圈、拉丝成型模具等。作为陶瓷发动机材料的研究也在进行。

(4) 氮化硼(BN)陶瓷

具有良好的耐热性、热稳定性、导热性、化学稳定性、自润滑性及高温绝缘性,可进行机械加工。用于制造耐热润滑剂、高温轴承、高温容器、坩埚、热电偶套管、散热绝缘材料、玻璃制品成型模及刀具等。

(5) 氧化锆陶瓷

氧化锆有多种晶型转变:立方相 $\xrightleftharpoons{2\,370\,℃}$ 四方相 $\xrightleftharpoons{1\,170}$ 单斜相。由于由四方相转变为单斜相非常迅速,并引起很大的体积变化,因而易使制品开裂。可在氧化锆中加入与它有近似结构的某些氧化物(如 CaO、MgO、Y_2O_3 等),在高温下形成立方固溶体,快冷保持到室温,这种固溶体不再发生相变,具有这种结构的氧化锆称为完全稳定氧化锆(FSZ),其力学性能低,抗热冲击性很差,可用作电介质器件或耐火材料。

如果减少加入的氧化物数量,不使全部氧化物都呈稳定的立方相,而使一部分以四方相的形式存在,由于这种含有四方相的材料只使一部分氧化锆稳定,所以称部分稳定氧化锆(PSZ)。根据添加的氧化物不同,分别称为 Ca - PSZ、Mg - PSZ、Y - TZP 等(TZP 为四方多晶氧化锆)。氧化锆中的四方相向单斜相的转变是马氏体相变,金属的马氏体相变特征可直接用于氧化锆,这种相变可通过应力诱发产生。当受到外力作用时,这种相变将吸收能量而使裂纹尖端的应力场松弛,增加裂纹扩展阻力,从而大幅度提高陶瓷材料的韧性。

部分稳定氧化锆的导热率较低(比 Si_3N_4 低 4/5),绝热性好,热膨胀系数大,接近于发动机中使用的金属,因而与金属部件连接比较容易,抗弯强度与断裂韧性高,除在常温下使用外,已成为绝热柴油机的主要候选材料,如发动机的汽缸内衬、推杆、活塞帽、阀座、凸轮、轴承等。

(6) 氧化镁、氧化钙、氧化铍陶瓷

前两者抗金属碱性熔渣腐蚀性好,但热稳定性差,MgO 高温下易挥发,CaO 易水化,可用于制造坩埚、热电偶保护套、炉衬材料等。BeO 具有优良的导热性,高的热稳定性及消散高温辐射的能力,但强度不高,可用于制造真空陶瓷、高频电炉的坩埚、有高温绝缘要求的电子元件和核反应堆用陶瓷。

（7）氮化铝陶瓷

氮化铝陶瓷主要用于半导体基板材料、坩埚、保护管等耐热材料，树脂中高导热填料等。

（8）莫来石陶瓷

莫来石陶瓷具有高的高温强度、良好的抗蠕变性能及低的热导率，主要用于1 000 ℃以上高温氧化气氛下工作的长喷嘴、炉管及热电偶套管。加 ZrO_2、SiO_2 可提高莫来石陶瓷的韧性，用作刀具材料或绝热发动机的某些零件。

（9）赛隆陶瓷

赛隆陶瓷是在 Si_3N_4 中加入一定量的 Al_2O_3、MgO、Y_2O_3 等氧化物形成的一种新型陶瓷。它具有很高的强度、优异的化学稳定性和耐磨性，耐热冲击性能较好，主要用于切削刀具、金属挤压模内衬、汽车上的针形阀、底盘定位销等。

普通陶瓷和特种陶瓷材料的种类和性能见表 6-4。

表 6-4　常用工程陶瓷的种类和性能

陶瓷种类		性 能				
		密度 /g·cm^{-3}	抗弯强度 /MPa	抗拉强度 /MPa	抗压强度 /MPa	断裂韧性 /MPa·m$^{1/2}$
普通陶瓷	普通工业陶瓷	2.2~2.5	65~85	26~36	460~680	—
	化工陶瓷	2.1~2.3	30~60	7~12	80~140	0.98~1.47
特种陶瓷	氧化铝陶瓷	3.2~3.9	250~490	140~150	1 200~2 500	4.5
	氮化硅陶瓷 反应烧结	2.20~2.27	200~340	141	1 200	2.0~3.0
	氮化硅陶瓷 热压烧结	3.25~3.35	900~1 200	150~275	—	7.0~8.0
	碳化硅陶瓷 反应烧结	3.08~3.14	530~700	—	—	3.4~4.3
	碳化硅陶瓷 热压烧结	3.17~3.32	500~1 100	—	—	—
	氮化硼陶瓷	2.15~2.3	53~109	110	233~315	—
	立方氧化锆陶瓷	5.6	180	148.5	2 100	2.4
	Y-TZP陶瓷	5.94~6.10	1 000	1 570		10~15.3
	Y-PSZ陶瓷	5.00	1 400			9
	氧化镁陶瓷	3.0~3.6	160~280	60~98.5	780	—
	氧化铍陶瓷	2.9	150~200	97~130	800~1 620	—
	莫来石陶瓷	2.79~2.88	128~147	58.8~78.5	687~883	2.45~3.43
	赛隆陶瓷	3.10~3.18	1 000			5~7

3. 金属陶瓷

金属陶瓷是金属与陶瓷组成的非均匀复合材料，具有高强度、高韧性、耐高温、耐腐蚀的特点。金属陶瓷作为工具材料和耐高温、耐热、耐蚀材料，广泛应用于机床刀具（如硬质合金）、航空涡轮喷气发动机和汽车发动机等。

金属陶瓷有氧化物基金属陶瓷和碳化物基金属陶瓷。氧化物基金属陶瓷应用最多的是氧化铝基金属陶瓷。氧化铝基金属陶瓷目前主要用作工具材料。它的特点是红硬性高（达1 200 ℃），抗氧化性好，高温强度高，与被加工金属材料的粘着倾向小，可提高加工精度和降低表面粗糙度，适用于高速切削、大管件的加工、大件的快速加工和精度要求较高的加工等。碳化物基金属陶瓷是应用最广的非氧化物基金属陶瓷，用作工具材料和耐热材料。作为工具材料使用的碳化物基金属陶瓷常被称为硬质合金。作高温结构材料使用的金属陶瓷实际应用最多的是碳化钛。它的熔点高，抗氧化能力强，硬度高，强度大，最可贵的是它的比重小，性能比较全面，可用作蜗轮喷气式发动机燃烧室、叶片、蜗轮盘，以及航空、航天装置中的耐热件。

4. 新型功能陶瓷

新型功能陶瓷材料具有特殊的物理化学性能，种类繁多，这里对其中几种作简要介绍。

（1）电子陶瓷材料

作为电子材料应用的陶瓷称为电子陶瓷，主要分装置陶瓷、导电陶瓷、介电陶瓷、压电陶瓷几大类。装置陶瓷主要用作绝缘子、电子器件支架等，这里不作介绍。

① 导电陶瓷

一般氧化物陶瓷是不导电的，但如果把某些氧化物加热，或者用其他方法激发，使外层电子获得足够的能量，足以克服原子核对它的吸引而成为自由电子，这种氧化物陶瓷就称为电子导体或半导体。常用的陶瓷导电材料有碳化硅和二硅化钼，氧化锆陶瓷、氧化钍陶瓷及由复合氧化物组成的铬酸镧陶瓷都是新型电子导电材料，可作为高温设备的电热材料。它们与金属电热体（如镍铬丝、铂铑丝、钨钼钽等）相比，最大的优点就是更耐高温和有良好的抗氧化能力。稳定氧化锆陶瓷的最高使用温度为2 000 ℃，氧化钍陶瓷可达2 500 ℃，但它们低温时的导电性能还有待于进一步改进。铬酸镧导电陶瓷是近十年出现的一种新型电热材料，它的使用温度可达1 800 ℃，在空气中的使用寿命在1 700 h 以上。

② 介电陶瓷

介电陶瓷主要用于制造电容器，要求具有电阻率高、介电常数大、介质损耗小等特点。金红石（TiO_2）、钛酸钙瓷（$CaTiO_3$）、钛酸镁瓷（$2MgO - TiO_2$）、钛锶铋瓷（$Bi_2O_3 \cdot nTiO_2$ 溶于 $SrTiO_3$ 的固溶体）主要用于高频电容器，钛酸钡（$BaTiO_3$）主要用于铁电电容器、半导体电容器等。由这些材料制成的电容器已广泛用于收音机、电视机、无线电收发报机等方面。

③ 压电陶瓷

当晶体受到外力作用产生变形时，其两端面出现正负电荷，即显示极化现象，反之，在晶体上施加电场引起极化时，晶体产生变形，这种现象称作压电效应。具有压电效应的陶瓷叫做压电陶瓷。利用压电效应可把机械能转变为电能，或把电能转变为机械能。压电陶瓷种类很多，且多为 ABO_3 型化合物或多种 ABO_3 型化合物的固溶体，应用最广的有钛酸钡系、钛酸铅系和锆钛酸铅系。目前压电陶瓷已成为压电材料中产量最大、用途最广的一种。压电陶瓷主要用于动力装置和信息处理器件。例如，利用压电效应产生的高电压可以爆发火花，制成各种点火栓；利用压电体在交流电压作用下伸缩的原理，可制成压电振子，用于超声和水声换能器；利用压电陶瓷的谐振特性还可制作滤波器和电声器件等。

（2）磁性陶瓷材料

有代表性的磁性陶瓷是铁氧体，它是将铁的氧化物与其他某些金属氧化物用制造陶瓷的方法制成的非金属磁性材料，分为三类：① 软磁铁氧体如 Mn 铁氧体、Ni 铁氧体和 Zn 铁氧体等,主要用作电感元件如天线、变压器、录音录像磁头的磁芯等;② 硬磁铁氧体如 Co 铁氧体和 Ba 铁氧体等,主要用于电声器件、电子仪表等;③ 矩形磁滞回线铁氧体如 Mg - Mn 铁氧体、Li - Ni - Zn 铁氧体及 Mn - Zn、Mn - Cu、Mn - Ca 铁氧体等,可用于计算机的高速存贮器、逻辑元件、开关元件等。

（3）光学陶瓷材料

光学陶瓷材料种类很多,如光导纤维、激光、光色、荧光、透光材料等。

① 光导纤维

用光导纤维进行光通讯起始于 20 世纪 70 年代,光波导具有不串线、无噪声、抗干扰、可多路通讯、成本低等优点。光纤本身由纤芯和包层构成,纤芯是由高透明固体材料(如高二氧化硅玻璃、多组分玻璃、塑料等)制成,纤芯的外面是包层,用折射率较低(相对于纤芯材料而言)的有损耗的石英玻璃、多组分玻璃或塑料制成。

光纤是利用光在其中反复反射来传输信号的。光的传送是利用光的全反射原理,当入射进光纤芯子中的光与光纤轴线的交角小于一定值时,光线在界面上发生全反射。这时,光将在光纤的芯子中沿锯齿状路径曲折前进,这样就完全避免了光在传输过程中的折射损耗。

② 激光材料

激光与一般光的不同之处是纯单色,具有相干性,因而具有强大的能量密度。固体激光器振荡元件是由显示激光作用的激活离子和含有激活离子的基质晶体或玻璃构成。激光晶体的激活离子有:过渡族金属离子 Cr^{3+}、Ni^{3+}、Co^{3+} 等,二价和三价稀土离子等。基质晶体有:氟化物晶体,如 CaF_2、SrF_2、MgF_2 等立方晶体,可掺入二价、三价稀土离子。金属氧化物晶体,如 Al_2O_3、$Y_3Al_5O_{12}$、Y_2O_3 等,可掺入三价过渡族金属离子或三价稀土离子。含氧酸盐晶体,如 $CaWO_4$、$CaMoO_4$、$LiNbO_3$ 等,可掺入三价稀土离子 Nd^{3+}、Pr^{3+} 等。此外,玻璃也被广泛用作基质材料。

常用的固体激光材料有红宝石、掺杂钕的钇铝石榴石和玻璃激光材料。红宝石是含 Cr^{3+} 的 Al_2O_3 单晶体,耐热性、导热性好,抗热冲击。在激光器基础研究、强光光学研究、激光光谱学研究、激光照相和全息技术、激光雷达和测距技术等方面有着广泛的应用。掺钕的钇铝石榴石是以钕离子(Nd^{3+})为激活离子,基质晶体是 $Y_3Al_5O_{12}$(钇铝石榴石),多用于军用激光测距仪和制导用激光照明器。

第三节　复合材料

随着现代工业的发展,对材料的性能要求愈来愈高,除要求材料具有高强度、耐高温、耐腐蚀、耐疲劳等性能外,甚至有些构件要求材料同时具有相互矛盾的性能,如既要求导电又要绝热,强度要比钢好,而弹性又要比橡胶好等等,这对于单一材料是无法满足的,于是出现了复合材料。目前,新型复合材料的研制越来越引起人们的重视,有人预言,21 世纪将是复合材料的时代,复合材料的应用将会越来越广泛。

本节在阐述复合材料的基本概念、性能特点的基础知识之上,重点介绍树脂基、金属基两类工程结构复合材料的性能特点及应用,同时对陶瓷基复合材料、夹层复合材料、碳/碳复合材料也作了简单介绍。

一、概述

（一）复合材料的定义和组成

复合材料是由两种或两种以上的不同材料组合而成的工程材料。各种组成材料在性能上能互相取长补短，产生协同效应，使复合材料的综合性能优于原组成材料，从而满足各种不同的要求。

复合材料的组成包括基体和增强材料两个部分，所以复合材料是多相材料，主要包括基体相和增强相。其中基体相起粘结作用，增强相起提高强度或韧性的作用。非金属基体主要有合成树脂、碳、石墨、橡胶、陶瓷；金属基体主要有铝、镁、铜和它们的合金；增强材料主要有玻璃纤维、碳纤维、硼纤维、芳纶纤维等有机纤维和碳化硅纤维、石棉纤维、晶须、金属丝及硬质细粒等。

（二）复合材料的分类

复合材料的种类繁多，目前还没有统一的分类方法，通常根据以下三种方法进行分类。

（1）按基体材料分类，可分为树脂基复合材料、金属基复合材料和陶瓷基复合材料。

（2）按增强相形状分类，可分为纤维增强复合材料、颗粒增强复合材料和层叠复合材料。

（3）按复合材料的性能分类，可分为结构复合材料和功能复合材料。

二、复合材料的性能特点

复合材料是各向异性的高强度非均质材料。由于基体相和增强相是形状和性能完全不同的两种材料。它们之间的界面又具有分割的作用，因此它不是连续的和均质的，其力学性能是各向异性的，特别是纤维增强复合材料更为突出。它们的主要性能特点简述如下：

1. 比强度和比模量高

宇航、交通运输及机械工程中高速运转的零件都要求减轻自重而保持高的强度及高的刚度，即具有高比强度（强度与密度之比）和高比模量（模量与密度之比）。例如分离铀用离心机转筒，线速度超过 400 m/s，所用碳纤维增强环氧树脂复合材料，其比强度比钢高七倍，比模量比钢高三倍。而复合材料中所用增强剂多为比重较小、强度极高的纤维（如玻璃纤维、碳纤维、硼纤维等），而基体也多为比重较小的材料（如高聚物），所以复合材料的比强度和比模量都很高，其中纤维增强复合材料的比强度和比模量最高。

2. 抗疲劳性能好

在复合材料中的纤维相缺陷少，抗疲劳能力高，基体塑性和韧性好，能消除或降低应力集中，不易产生微裂纹。一旦产生裂纹，基体的塑性变形和大量纤维相的存在，使裂纹钝化，使裂纹的扩展经历非常曲折和复杂的路径，从而阻止裂纹的迅速扩展。因此，复合材料的抗疲劳强度高。检测试验表明，碳纤维复合材料的疲劳极限可达抗拉强度的 $70\%\sim80\%$，而大多数金属的疲劳极限只是抗拉强度的 $30\%\sim50\%$。

3. 减振性能好

结构的自振频率与结构本身的形状有关，并且与材料的比模量的平方根成正比，复合材料的比模量高,所以它的自振频率很高,在一般的加载速度或频率的情况下,不易发生共振和快速脆断。此外,复合材料是一种非均质的多相材料体系,大量存在的纤维与基体间的界面吸振能力强,使材料振动阻尼很高,可使产生振动的振幅很快衰减下去。例如尺寸形状相同的梁,同时起振时,金属梁需要 9 s 才能停止振动,而碳纤维复合材料的梁只需 2.5 s 即可停止振动。

4. 高温性能好

各种增强纤维大多有较高的熔点和较高的高温强度。金属材料与各种增强纤维组成复合材料后,其弹性模量和高温强度均有所改善。如铝合金在 400 ℃时,弹性模量接近于零,此时的强度从 500 MPa 降至 30 MPa~50 MPa。而采用连续硼纤维、碳纤维或氧化硅纤维增强制成复合材料后,在这样的温度下,其弹性模量及强度仍保持室温下的水平,从而明显地改善了单一材料的耐高温性能。再如,欧洲动力公司推出的碳纤维增强碳化硅基体陶瓷基复合材料,用于航天飞机高温区,在 1 700 ℃时仍能保持 20 ℃时的抗拉强度,并且具有较好的抗压性能,较高的层间抗剪强度。同样,用钨纤维增强镍、钴及其合金时,可将它们的使用温度提高到 1 000 ℃以上。

5. 破断安全性高

纤维增强复合材料每平方厘米截面上有几千甚至几万根纤维,在其受力时将处于力学上的静不定状态。当受力、过载使一部分纤维断裂时,其应力将迅速重新分配在未断纤维上,不致造成构件在瞬间完全丧失承载能力而破坏,所以破断安全性高。

复合材料除上述几种特性外,其化学稳定性好,耐腐蚀。另外,复合材料可优选配料,采用整体成形,加工工艺性好,有些复合材料还有良好的减摩性、电绝缘性、光学和磁学特性等。金属基复合材料还具有良好的导热、导电性能和尺寸稳定性、气密性等。但是复合材料也存在一些问题,如断裂伸长小、冲击韧性较差,因为是各向异性材料,其横向拉伸强度和层间剪切强度不高,特别是制造成本较高等,使复合材料的应用受到一定的限制,尚需进一步研究解决,以便逐步推广使用。

三、常用复合材料

(一)树脂基复合材料

树脂基复合材料(亦称聚合物基复合材料)是目前应用最广泛、消耗量最大的一类复合材料。该类材料主要以纤维增强的树脂为主。20 世纪 40 年代以玻璃纤维增强的塑料(俗称玻璃钢)问世以来,工程界才明确提出"复合材料"这一术语。到 60 年代,先后出现了硼纤维和碳纤维增强塑料,复合材料开始大量应用于航空航天等高科技领域。此后,树脂基复合材料在航空航天、汽车、建筑等各个领域都得到了广泛的应用。由于习惯上常将橡胶基复合材料归入橡胶材料中,所以树脂基复合材料基本都是塑料基复合材料。

根据增强体的种类,树脂基复合材料可分为玻璃纤维增强塑料、碳纤维增强塑料、硼纤维增强塑料、碳化硅纤维增强塑料、芳纶纤维增强塑料等类型;又可根据树脂基体的性质,分为热固性树脂基复合材料和热塑性树脂基复合材料两种基本类型。

1. 玻璃纤维增强树脂基复合材料

玻璃纤维增强树脂基复合材料也称玻璃钢,是以玻璃纤维或玻璃纤维制品(如玻璃布、玻璃带、玻璃毡等)为增强材料,以合成树脂为基体制成的复合材料。玻璃纤维是将熔化的玻璃液以极快的速度拉制成细丝(直径一般为 $5\sim9~\mu m$)制成的,质地柔软,且纤维愈细强度愈高,其比强度和比模量都比钢高。按塑料基体性质可分为热固性玻璃钢和热塑性玻璃钢。

(1) 热固性玻璃钢

热固性玻璃钢中玻璃纤维的体积分数为 $60\%\sim70\%$,常用基体树脂有环氧、聚酯、酚醛和有机硅等。其优点是密度小、强度高、耐腐蚀性好、绝缘性好、绝热性好、吸水性低、防磁、电波穿透性好、易于加工成型等;其缺点是弹性模量低(只有结构钢的 $1/5\sim1/10$),刚性差,耐热性不够高,只能在 300 ℃以下使用,在高温下长期受力时易发生蠕变及老化现象。为了提高性能,可对其进行改性,例如用酚醛树脂与环氧树脂混溶后作基体进行复合,不仅具有环氧树脂的粘结性,降低酚醛树脂的脆性,又保持酚醛树脂的耐热性,因此环氧-酚醛玻璃钢热稳定性好,强度更高;又如有机硅树脂与酚醛树脂混溶后制成的玻璃钢可作耐高温材料。热固性玻璃钢是现代工业理想的轻质结构材料、耐蚀材料及绝缘抗磁材料,主要用于各种机器的护罩、复杂壳体、车辆、船舶、仪表、化工容器、管道等。表 6-5 给出了三种常用热固性玻璃钢的性能。

表 6-5　三种典型热固性玻璃钢的性能

材料	密度/g·cm^{-3}	抗拉强度/MPa	抗压强度/MPa	抗弯强度/MPa
环氧基玻璃钢	1.8~2.0	70.3~298.5	180~300	70.3~470
聚酯基玻璃钢	1.7~1.9	180~350	210~250	210~350
酚醛基玻璃钢	1.6~1.85	70~280	100~270	270~1 100

(2) 热塑性玻璃钢

热塑性玻璃钢是由体积分数为 $20\%\sim40\%$ 的玻璃纤维与 $80\%\sim60\%$ 的热塑性树脂组成。常用基体树脂有尼龙、聚乙烯、聚苯乙烯、聚碳酸酯等。热塑性玻璃钢的机械强度通常较热固性玻璃钢低,因此前者的应用范围和使用数量均不如后者,但由于热塑性玻璃钢具有较高韧性、良好的低温性能及低热膨胀系数,密度低、生产效率高、成本低,其用量正逐年增加。常用来制造轴承、齿轮、仪表盘、壳体等零件。

2. 碳纤维增强塑料

碳纤维增强塑料是由碳纤维与聚酯、酚醛、环氧、聚四氟乙烯等树脂组成,其性能优于玻璃钢,碳纤维增强塑料具有低密度、高比强度和比模量,还具有优良的抗疲劳性能、减摩耐磨性、耐蚀性和耐热性,碳纤维与树脂的结合力低,各向异性明显。这类材料主要应用于运动器材、航空航天、机械制造、汽车工业及化学工业中。

3. 硼纤维增强塑料

硼纤维增强塑料是由硼纤维和环氧、聚酰亚胺等树脂组成的复合材料,具有高的强度和弹性模量,良好的耐热性。其缺点是各向异性明显、加工困难、成本太高,已逐渐被碳纤维取代。主要用于航空航天和军事工业。

4. 碳化硅纤维增强塑料

碳化硅纤维增强塑料是由碳化硅与环氧树脂组成的复合材料,具有高的强度和弹性模量,抗拉强度接近碳纤维-环氧树脂复合材料,而抗压强度为其两倍,主要用于航空航天工业。

5. 芳纶纤维增强塑料

芳纶纤维增强塑料是由芳纶纤维(芳香族聚酰胺纤维)与环氧、聚乙烯、聚碳酸酯、聚酯等树脂组成。其中最常用的是芳纶纤维与环氧树脂组成的复合材料,主要性能特点是抗拉强度较高,与碳纤维-环氧树脂复合材料相似,其延展性好,可与金属相当;耐冲击性超过碳纤维增强塑料;有优良的疲劳抗力和减震性,其疲劳抗力高于玻璃钢和铝合金,减震能力为钢的八倍。主要用于制造防弹衣、飞机机身、雷达天线罩、轻型舰船等。

(二)金属基复合材料

金属基复合材料的迅速发展始于 20 世纪 80 年代,其推动力源自高新技术对材料耐热性和其他性能要求的日益提高。金属基复合材料除与树脂基复合材料同样具有强度高、模量高和热膨胀系数低的特性外,同时具有不易燃烧、不吸潮、导热导电、屏蔽电磁干扰,热稳定性及抗辐射性能好、可机械加工和常规连接等特点,而且在较高温度的情况下不会放出气体污染环境,这是树脂基复合材料所不能比的。但金属基复合材料也存在着密度较大、成本较高、一些种类复合材料制备工艺复杂以及某些复合材料中增强体与基体界面易发生化学反应等缺点。金属基复合材料按增强体的形式不同分为长纤维增强型、短纤维或晶须增强型、颗粒增强型等,所选用的基体主要有铝、镁、钛及其合金、镍基高温合金以及金属间化合物。

1. 长纤维增强金属基复合材料

长纤维增强金属基复合材料是由高性能长纤维和金属合金组成的一类先进复合材料。与纤维增强树脂基复合材料类似,复合材料中高强度、高弹性模量增强纤维是主要的承载组元,而基体金属则起到固结高性能纤维和传递载荷的作用。该类复合材料的性能受到多种因素的影响,一般认为,主要与所用增强纤维和基体金属的类型和性能、纤维的含量及分布、纤维与基体金属间的界面结构及性能,以及制备工艺过程密切相关。此外,长纤维增强金属基复合材料还具有各向异性的特点,其各向异性的程度取决于纤维在基体中的分布和排列方向。

长纤维增强金属基复合材料常用的增强纤维有硼纤维、碳纤维、氧化铝纤维、碳化硅纤维等。基体金属主要有铝及其合金、镁及其合金、钛及其合金、铜合金、铅合金、高温合金以及新近发展的金属间化合物。

在上述金属基复合材料中,铝基复合材料的发展最迅速,而硼纤维增强铝基复合材料则是其中应用得最早的一种。硼纤维增强铝基复合材料具有很高的比强度和比模量,耐疲劳性能与耐腐蚀性能也很好,其构件可在 300 ℃下使用。

2. 短纤维或晶须增强金属基复合材料

短纤维或晶须增强金属基复合材料是以各种短纤维或晶须为增强体、以金属为基体形成的复合材料。其中,可用做增强体的短纤维主要有氧化铝纤维、氧化铝-氧化硅纤维、氮化硼纤维,增强晶须主要是碳化硅晶须、氧化铝晶须和氮化硅晶须,这类复合材料具有比强度高、比模量高、耐高温、耐磨、热膨胀系数小等优点,而且可用常规设备进行制备和二次加工。目前发展的短纤维或晶须增强金属基复合材料主要有铝基、镁基和钛基等金属基复合材料。

3. 颗粒增强金属基复合材料

颗粒增强金属基复合材料是一种或多种材料的颗粒均匀分散在基体材料内所组成的，由一种或多种陶瓷颗粒或金属颗粒增强体与金属基体组成的先进复合材料。该材料一般选择具有高模量、高强度、耐磨及良好高温性能，并在物理、化学上与基体相匹配的颗粒作为增强体，通常为碳化硅、氧化铝、碳化钛、硼化钛等陶瓷颗粒，有时也用金属颗粒作为增强体，相对于基体而言，这些增强颗粒可以是外加的，也可以是经过一定的化学反应而形成的。其形状可以是球状、多面体、片状或不规则状。颗粒增强金属基复合材料可用的金属基体合金种类很多，目前常用的有铝、镁、钛及其合金以及金属间化合物。

颗粒增强金属基复合材料具有良好的力学性能、物理性能和优异的工艺性能，可采用传统的成形工艺进行制备和二次加工，并且具有各向同性的特点。颗粒增强金属基复合材料的性能一般取决于增强颗粒的种类、形状、尺寸及数量，基体金属的种类和性质以及材料的复合工艺等。

颗粒增强铝基复合材料是金属基复合材料中较成熟的一类。这种复合材料所用的增强体主要是碳化硅和氧化铝，也有少量氧化钛和硼化钛等颗粒。基体可以是纯铝，但大多数为各种铝合金，其成型方法分粉末冶金法和液相复合法两种。以碳化硅颗粒增强铝基复合材料为例，它是目前金属基复合材料中最早实现大规模产业化的品种。此种复合材料的密度仅为钢的 1/3、钛合金的 2/3，其比强度较中碳钢高，与钛合金相近而比铝合金高，弹性模量略高于钛合金而比铝合金高得多。此外，碳化硅颗粒增强铝基复合材料还具有良好的耐磨性能（与钢相似，比铝合金高一倍），使用温度最高可达 300～350 ℃。碳化硅颗粒增强铝基复合材料目前已批量用于汽车工业和机械工业中，用于制备大功率汽车发动机、柴油发动机的活塞、活塞环、连杆、刹车片等。同时，还可用于制造火箭、导弹构件、红外及激光制导系统构件。此外，以超细碳化硅颗粒增强的铝基复合材料还是一种理想的精密仪表用高尺寸稳定性材料和精密电子器件的封装材料。

颗粒增强型高温金属基复合材料是另一种以高强、高模量陶瓷颗粒增强的钛基或金属间化合物基复合材料。典型材料是 TiC 颗粒增强的 Ti‐6Al‐4V（TC4）钛合金，这种材料一般采用粉末冶金法，由 10%～25%（体积分数）超硬 TiC 颗粒与钛合金粉末复合而成，与基体合金相比，Ti‐6Al‐4V（TC4）钛合金复合材料的强度、弹性模量及抗蠕变性能均明显提高，使用温度最高可达 500 ℃，可用于制造导弹壳体、导弹尾翼和发动机零部件。

（三）陶瓷基复合材料

陶瓷具有耐高温、抗氧化、耐磨、耐腐蚀、弹性模量高、抗压强度大等优点，但陶瓷脆性大，不能承受剧烈的机械冲击和热冲击。用纤维或粒子与陶瓷制备成复合材料，其韧性明显提高，同时强度和模量也有一定程度提高。

1. 纤维增强陶瓷基复合材料

纤维与陶瓷复合的目的主要是提高陶瓷材料的韧性。所用的纤维主要是碳纤维、Al_2O_3 纤维、SiC 纤维以及金属纤维等。研究较多的是碳纤维增强无定型二氧化硅、碳纤维增强碳化硅、碳纤维增强氮化硅、碳化硅纤维增强氮化硅、氮化硅纤维增强氧化铝、氧化锆纤维增强氧化锆等。复合方法主要有泥浆浇铸法、溶胶‐凝胶法、化学气相渗透法等。

纤维增强陶瓷基复合材料不仅保持了原陶瓷材料的优点，而且韧性和强度得到了明显提高。纤维增强陶瓷硬度高、耐磨性好、耐高温，且有一定韧性，可用作切削刀具。例如用碳化硅晶须增强氧化铝刀具切削镍基合金、钢和铸铁零件，进刀量和切削速度都可大大提高，而且使用寿命增加。纤维增强陶瓷材料还具有比强度和比模量高、韧性好的特点，在军事上和空间技术上有很好的应用前景。例如，石英纤维增强二氧化硅，碳化硅增强二氧化硅，碳化硼增强石墨，碳、碳化硅或氧化铝纤维增强玻璃等可作导弹的雷达罩、重返空间飞行器的天线窗和鼻锥、装甲、发动机零部件、换热器、气轮机零部件、轴承和喷嘴等。

2. 粒子增强陶瓷基复合材料

用粒子与陶瓷复合，可明显改善陶瓷的脆性，提高强度，且工艺简单。研究较多的体系有碳化硅基、氧化铝基和莫来石基等。

（四）其他类型复合材料

1. 夹层复合材料

夹层复合材料是一种由上、下两块薄面板和芯材构成的夹心结构复合材料。面板可以是金属薄板，如铝合金板、钛合金板、不锈钢板、高温合金板，也可以是树脂基复合材料板，如玻璃纤维增强塑料、碳纤维增强塑料；芯材则采用泡沫塑料、泡沫玻璃、泡沫陶瓷、波纹板、铝蜂窝、玻璃纤维增强塑料和芳纶纤维增强塑料等。

设计和使用夹层复合材料一方面是为减轻结构的质量；另一方面是为提高构件的刚度和强度。面板和芯材之间通常采用胶粘剂粘接，芯层可以有一层、两层或多层。典型的例子是目前在航天和航空结构件中普遍应用的蜂窝夹层结构复合材料，其基本结构形式是在两块面板之间夹一层蜂窝夹层，蜂窝芯与面板之间采用钎焊或粘结剂连接在一起。

面板和芯材的选择主要根据使用温度和性能要求而定，不同的材料有不同的性能。夹层复合通过不同的材料组合，可以实现降低材料密度、提高比强度和比刚度、提高疲劳性能等目的。

2. 碳/碳复合材料

碳纤维增强碳基复合材料简称碳/碳复合材料（C/C复合材料），是一种新型特种工程材料。碳/碳复合材料是指用碳纤维、石墨纤维或是它们的织物作为碳基体骨架，埋入碳基质中增强所制成的复合材料。

碳/碳复合材料的性能取决于所用碳基体骨架用碳纤维的性质、骨架的类型和结构、碳基质所用原料及制备工艺、碳的质量和结构、碳/碳复合材料制成工艺中各种物理和化学变化、界面变化等因素。碳/碳复合材料强度、刚度都相当好，有极好的耐热冲击能力，从1 000 ℃升高到2 000 ℃，强度反而呈上升趋势，化学稳定性好。由于其造价高，主要用于一般复合材料不能胜任的场合，如重返大气层的导弹外壳、火箭及超音速飞机的鼻锥，石化工业各种反应器等。此外，碳/碳复合材料具有极好的生物相容性，即与血液、软组织和骨骼能相容而且有高的比强度和可挠曲性，可制成许多生物体整形植入材料，如人工牙齿、人工骨关节等。碳/碳复合材料的缺点是抗氧化性能差，需对其表面进行抗氧化处理。

第四节 新型工程材料简介

新型工程材料是指以新制备工艺制成的或正在发展中的材料,与传统材料相比,这些材料具有某些优异的特殊性能。新型工程材料的种类繁多,主要包括纳米材料、形状记忆材料、非晶态合金、超塑性合金、超导材料、减振合金、贮氢合金、磁性材料、功能梯度材料、生物材料及智能材料等。本节对前三种作简要介绍。

一、纳米材料

纳米(nanometer)实际上是一个长度单位,简写为 nm。$1 \text{ nm} = 10^{-3} \mu m = 10^{-6} \text{ mm} = 10^{-9} \text{ m}$。由此可知,纳米是一个极小的尺寸,从微米进入到纳米,从数量级的不同产生质的飞跃。纳米不仅是一个空间尺度上的概念,而且是一种新的思维方式,它的内容是在纳米尺寸范围内认识和改造自然,通过直接操纵和安排原子、分子而创造新物质。它使生产过程越来越细,以至于在纳米尺度上直接由原子、分子的排布制造具有特定功能的产品。我们把组成相或晶粒结构控制在 100 nm 以下长度尺寸的材料称为纳米材料。自然界中早就存在纳米微粒及纳米固体,如陨石碎片、动物牙齿都是由纳米微粒构成的。从 20 世纪 60 年代起人们开始自觉地把纳米微粒作为研究对象进行探索,但直到 1990 年才正式把纳米材料科学作为材料科学一个新的分支。

(一)纳米材料的结构和特性

1. 结构特点

从材料的结构单元层次来说,纳米材料介于宏观物质和微观原子、分子的中间领域。当颗粒尺寸进入纳米数量级时,其本身的结构具有三个特点:原子畴(晶粒或相)尺寸小;很大比例的原子处于晶界环境;各晶粒或相之间存在相互作用。由于三个结构特点决定了纳米材料产生了三个方面的效应,并由此派生出传统固体不具备的许多特殊性质:① 小尺寸效应。当超微粒子的尺寸小到纳米数量级时,其声、光、电、磁、热力学等特性均会呈现新的尺寸效应。如磁有序转为磁无序、超导相转为正常相、声子谱发生改变等。② 表面与界面效应。随着纳米微粒尺寸减小、比表面积增大,三维纳米材料中界面占的体积分数增加。如当粒径为 5 nm 时,比表面积为 180 m^2/g,界面体积分数为 50%,而粒径为 2 nm 时,则比表面积增加到 450 m^2/g,界面体积分数增加到 80%,此时已不能把界面简单地看作是一种缺陷,它已成为纳米固体的基本组分之一,并对纳米材料的性能起着举足轻重的作用。③ 量子尺寸效应。随着粒子尺寸减小,能级间距增大,从而导致磁、光、声、热、电及超导电性与宏观特性显著不同。

2. 物理特性

(1) 低的熔点、烧结开始温度及晶化温度 特殊的热学性质是纳米材料的一种特性。被小尺寸限制的金属原子簇熔点的温度被大大降低到同种固体材料的熔点之下。在粗晶粒尺寸时,固体物质具有固定的熔点,超微化后,熔点降低。如大块铅的熔点为 327 ℃,而 20 nm 铅微粒熔点低于 15 ℃。纳米 Al_2O_3 的烧结温度为 1 200~1 400 ℃,而常规 Al_2O_3 的烧结温度为 1 700～1 800 ℃。

（2）特殊的磁性　小尺寸超微粒子的磁性比大块材料强许多倍，如 10～25 nm 铁磁金属微粒的矫顽力比相同的宏观材料大 1 000 倍，而当颗粒尺寸小于 10 nm 时矫顽力变为零，表现为超顺磁性。

（3）光学特性　所有的金属超微粒子均为黑色，尺寸越小，色彩越黑。银白色的铂变为铂黑，铬变为铬黑，镍变为镍黑等。这表明金属超微粒对光的反射率很低，一般低于 1‰，大约有几纳米的厚度即可消光，利用此特性可制作高效光热、光电转换材料，可高效地将太阳能转化为热能、电能。此外，此特性又可应用于红外敏感元件、红外隐身材料等。

（4）电特性　随粒子尺寸降到纳米数量级，金属由良导体变为非导体，而陶瓷材料的电阻则大大下降。

3. 化学特性

由于纳米材料比表面积大，处于表面的原子数多，键态严重失配，表面出现非化学平衡、非整数配位的化合价，化学活性高，很容易与其他原子结合。如纳米金属的粒子在空气中会燃烧，无机材料的纳米粒子暴露在大气中会吸附气体并与其反应。

4. 力学性能特性

高强度、高硬度、良好的塑性和韧性是纳米材料引人注目的特性之一。陶瓷材料在通常情况下呈现脆性，而由纳米超微粒制成的纳米陶瓷材料却具有良好的韧性，这是由于纳米超微粒制成的固体材料具有大的界面，界面原子排列相当混乱；原子在外力变形条件下自己容易迁移，因此表现出甚佳的韧性与一定的延展性，使陶瓷材料具有新奇的力学性能。

（二）纳米材料的分类

（1）按纳米颗粒结构状态可分为纳米晶体材料（又称纳米微晶材料）和纳米非晶态材料。

（2）按结合键类型可分为纳米金属材料、纳米离子晶材料、纳米半导体材料及纳米陶瓷材料。

（3）按组成相数量可分为纳米相材料（由单相微粒构成的固体）和纳米复相材料（每个纳米微粒本身由两相构成）。

（三）纳米材料的制备

1. 物理法

使用此法可由过饱和蒸汽来制备团簇和纳米粒子。物理法是将原料在特殊的环境中加热、蒸发，使之成为原子或分子，再使之凝聚，生成纳米颗粒。它可以分为电阻加热惰性气体蒸发法、氢电弧等离子体法、超声波膨胀法、激光蒸发法和有机化合物激光分解法等。

2. 化学法

指利用在特殊环境中液体或气体原料的化学反应，通过原子或分子的聚集、沉淀而进行的。这里的特殊环境的内涵十分丰富，并随着科技的进步而在不断地更新，其重要性在于设计和合成新材料的多样性方面。它可在分子水平上进行物质控制，化学均匀性好。常用的化学合成法有水溶液法、有机溶液法等。

3. 溶胶-凝胶法(变色龙技术)

该法主要用于陶瓷及其他先进材料的制备。它是一种快速固化技术,制备的氧化物处于一种高能和亚稳状态。该技术又是一种一次成型工艺,它可以用来严格复制一个模型。

4. 球磨法

它是矿物加工、陶瓷工艺和粉末冶金工业中使用的基本方法,其目的是使粒子尺寸减小,固态合金化、混合或融合,以及改变粒子的形状。该工艺主要用于有限制的或相对硬的、脆性的材料,这些材料在球磨过程中断裂、形变和冷焊。利用该工艺生产各种非平衡结构,包括纳米晶、非晶和准晶材料。目前,已经发展了应用于不同目的的各种球磨方法,包括滚转、摩擦磨、振动磨和平面磨等。

(四)纳米复合材料

纳米复合材料可分为以下几类:

(1)纳米复合涂层材料 具有高强、高韧、高硬度,在材料表面防护和改性上有广阔的应用前景,如碳钢涂覆 $MoSi_2/SiC$ 纳米复合涂层,硬度比碳钢提高几十倍,且有良好的抗氧化性、耐高温性能。

(2)金属基纳米复合材料 纳米粒子可以是金属和陶瓷,如纳米 Al-Ce-过渡族合金复合材料、Cu-纳米 MgO 复合材料等,其强度、硬度和塑韧性大大提高,而不损害其他性能。

(3)陶瓷基纳米复合材料 有可能突破陶瓷增韧问题。

(4)高分子基纳米复合材料 可制成多种功能的材料,如纳米晶 Fe_xCu_{100-x} 与环氧树脂混合可制成硬度类似金刚石的刀片。将 TiO_2、Cr_2O_3、Fe_2O_3、ZnO 等具有半导体性质的粉体掺入到树脂中有良好的静电屏蔽性能。

(5)功能纳米复合材料 功能纳米复合材料又可分为:

① 磁致冷材料 如 20 世纪 90 年代初研制出的钆镓铁石榴石纳米复合材料的磁致冷温度由原来的 15K 提高到 40K。

② 超软磁材料和硬磁材料 如 Fe-M-B(M 为 Zr、Hf、Nb)体心纳米复合材料磁导率高达 2 000,饱和磁化强度达 1.5 特斯拉,纳米 Fe-Nd-B 合金则具有高的矫顽力和剩余磁化强度,这是由于 $Fe_{14}Nd_2B$ 相的磁各向异性强及纳米粒子的单磁畴特性。

③ 巨磁阻材料 巨磁阻是指在一定的磁场下电阻急剧减少的现象。巨磁阻材料是在非磁的基体中弥散着铁磁性的纳米粒子,如在 Ag、Cu、Au 等材料中弥散着纳米尺寸的 Fe、Co、Ni 磁性粒子。这种材料可能作为微弱磁场探测器、超导量子相干器、霍尔系数探测器等。

④ 光学材料 如 Al_2O_3 和 Fe_2O_3 纳米粉掺到一起使原来不发光的材料 Al_2O_3 和 Fe_2O_3 出现一个较宽的光致发光带。

⑤ 高介电材料 如 Ag 与 SiO_2 纳米复合材料的介电常数比常规 SiO_2 提高 1 个数量级。

⑥ 仿生材料 由于天然生物某些器官实际上是一种天然的纳米复合材料,因而纳米复合材料已逐渐成为仿生材料研究的热点。

（五）纳米新材料

1. C_{60}、纳米管、纳米丝

C_{60}发现于1985年，它是由60个碳原子构成的三十二面体，直径为0.7 nm，呈中空的足球状，如图6-10所示。C_{60}及其衍生物具有奇异的特性（如超导、催化等），有望在半导体、光学及医学等众多领域获得重要和广泛的应用。纳米管发现于1991年，又称巴基管，是由六边环形的碳原子组成的管状大分子，管的直径为零点几纳米到几十纳米，长度为几十纳米到1 μm，可以多层同轴套在一起。碳管的σ_b比钢高100倍。碳管中填充金属可制成纳米丝。

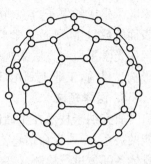

图6-10　C_{60}原子团簇的结构

2. 人工纳米阵列体系

指将金属熔入Al_2O_3纳米管状阵列空洞模板，或将导电高分子单体聚合于聚合物纳米管状空洞模板的空洞内，形成具有阵列体系的纳米管和纳米丝，可用于微电子元件、纳米级电极及大规模集成电路的线接头等。

3. 纳米颗粒膜

指由纳米小颗粒嵌镶在薄膜基体中构成的复合体，可采用共蒸发、共溅射的工艺制得。目前研究较为集中的是金属-绝缘体型、金属-金属型、半导体-绝缘体型膜，根据纳米颗粒的比例不同，可得到不同电磁性能的膜，具有良好的应用前景。

（六）纳米材料的应用

1. 纳米陶瓷增韧

所谓纳米陶瓷，是指显微结构中的物相具有纳米级尺度的陶瓷材料。若多晶陶瓷是由大小为几个纳米的晶粒组成，则它能在低温下变为延性的，能发生100％的塑性形变。虽然纳米陶瓷还有许多关键技术需解决，但其优良的室温和高温力学性能、抗弯强度、断裂韧性使其在切削刀具、轴承、汽车发动机部件等诸多方面都有广泛应用，并在许多超高温、强腐蚀等苛刻环境下起着其他材料不可替代的作用，具有广阔的应用前景。

2. 纳米电子学的应用

纳米电子学是纳米技术的重要组成部分，其最终目标是将集成电路进一步减小，研制出由单原子或单分子构成的在室温能使用的各种器件。目前，利用纳米电子学已研制成功各种纳米器件。单电子晶体管，红、绿、蓝三基色可调谐的纳米发光二极管以及利用纳米丝、巨磁阻效应制成的超微磁场探测器已经问世。并且具有奇特性能的碳纳米管的研制成功，为促进纳米电子学的发展起到了关键作用。

3. 纳米计算机

尽管目前还未出现商品化的分子计算机组件，但科学家认为，要想提高集成度、制造微型计算机，关键在于寻找具有开关功能的微型器件。美国锡拉丘兹大学已经利用细菌视紫红质蛋白质制作出了光导"与"门，利用发光门制成蛋白质存储器。此外，他们还利用细菌视紫红质蛋白质研制模拟人脑联想能力的中心网络和联想式存储装置。纳米计算机的问世，将会使当今的信息时代发生质的飞跃，它将突破传统极限，使单位体积物质的储存和信息处

理的能力提高上百万倍,从而实现电子学上的又一次革命。

4. 纳米粒子光催化剂

纳米粒子作为光催化剂,具有粒径小,比表面积大,光催化率高许多优点。另外,由于纳米粒子生成的电子、空穴在到达表面之前,大部分不会重新结合。因此,电子、空穴能够到达表面的数量多,导致化学反应活性高。其次,纳米粒子分散在介质中往往具有透明性,容易运用光学手段和方法来观察界面间的电荷转移、质子转移、半导体能级结构与表面态密度的影响。目前,工业上利用 $TiO_2 - Fe_2O_3$ 作光催化剂,用于废水处理已经取得了很好的效果。

5. 医学领域

研究纳米技术在生命医学上的应用,可在纳米尺度上了解生物大分子的精细结构与功能的关系,获取生命信息。科学家们设想利用纳米技术制造分子机器人,在血液中循环,对身体各部位进行检测、诊断,并实施特殊治疗,疏通脑血管中的血栓,清除心脏动脉脂肪沉淀物,甚至可用其吞噬病毒,杀死癌细胞。这样,不久的将来,被视为当今疑难病症的艾滋病、高血压、癌症等都将迎刃而解,从而将使医学研究发生一次革命。

6. 纳米分子组装体系

利用纳米材料已挖掘出来的奇特的物理、化学和力学性能,设计纳米复合材料。目前主要是进行纳米组装体系、人工组装合成纳米结构材料的研究。如 IBM 公司利用分子组装技术,研制出了世界上最小的"纳米算盘",该算盘的算珠由球状的 C_{60} 分子构成;美国佐治亚理工学院的研究人员利用纳米碳管制成了一种崭新的"纳米秤",能够秤出一个石墨微粒的质量,并预言该秤可用来秤取病毒的质量。

7. 其他方面的应用

利用纳米技术可制成各种分子传感器和探测器。利用纳米羟基磷酸钙为原料,可制作人的牙齿、关节等仿生纳米材料;还可利用碳纳米管制作储氢材料,用作燃料汽车的燃料"储备箱";利用纳米颗粒膜的巨磁阻效应研制高灵敏度磁传感器;利用具有强红外吸收能力的纳米复合体系来制备红外隐身材料,这些都是十分具有应用前景的技术开发领域。从以上列举的纳米材料在各个方面的应用,充分显示出纳米材料在材料科学中举足轻重的地位。正如钱学森教授所预言:"纳米左右和纳米以下的结构将是下一阶段科技发展的特点,会是一次技术革命,从而将是 21 世纪的又一次产业革命。"

二、形状记忆材料

(一)形状记忆效应

形状记忆效应最早发现于 20 世纪 30 年代,但当时并没有引起人们重视。1963 年美国海军军械实验室在研究 Ni-Ti 合金时发现原来弯曲的 Ti-Ni 合金丝被拉直后,当温度升高到一定值时,它又恢复到原来的弯曲形状,我们把这种现象称为形状记忆效应,具有形状记忆效应的金属称为形状记忆合金。从此,形状记忆效应引起了人们的重视并进行集中研究。1975 年以来,形状记忆合金作为一种新型功能材料,其应用研究已十分活跃。

(二)形状记忆合金原理

冷却时高温母相转变为马氏体的开始温度 M_s 与加热时马氏体转变为母相的起始温度

A_s 之间的温度差称为热滞后。普通马氏体相变的热滞后大,在 M_s 以下马氏体瞬间形核瞬间长大,随温度下降,马氏体数量增加是靠新核心形成和长大实现的。而形状记忆合金中的马氏体相变热滞后非常小,在 M_s 以下升降温时马氏体数量减少或增加是通过马氏体片缩小或长大来完成的,母相与马氏体相界面可逆向光滑移动。这种热滞后小、冷却时界面容易移动的马氏体相变称为热弹性马氏体相变。

某些具有热弹性马氏体相变的合金,处于马氏体状态下进行一定限度的变形或变形诱发马氏体后,在随后的加热过程中,当超过马氏体相消失的温度时,材料就能完全恢复变形前的形状和体积。

如图 6-11 所示,当形状记忆合金从高温母相状态(a)冷却到低于 M_s 点(冷却时高温母相转变为马氏体的开始温度)的温度后,将发生马氏体相变(b),转变为热弹性马氏体。在马氏体范围变形成为变形马氏体(c),在此过程中,马氏体发生择优取向,处于与应力方向有利的马氏体片长大,而处于不利取向的马氏体被有利取向的吞并,最后成为单一有利取向的有序马氏体。将变形马氏体加热到 A_s(加热时马氏体转变为母相的起始温度)以上,晶体恢复到原来单一取向的高温母相,随之其宏观形状也恢复到原始状态。经过此过程处理的母相再冷却到 M_s 点以下,如又可记忆在(c)阶段的变形马氏体形状,这种合金称双向形状记忆合金。

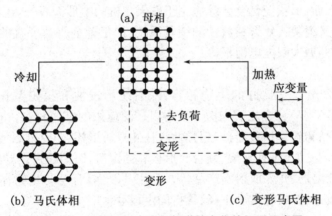

图 6-11　形状记忆合金和超弹性变化的机理示意图

形状记忆合金应具备以下三个条件:① 马氏体相变是热弹性类型的;② 马氏体相变通过孪生(切变)完成,而不是通过滑移产生;③ 母相和马氏体相均属有序结构。

如果直接对母相施加应力,也可由母相(a)直接形成变形马氏体(c),这一过程称为应力诱发马氏体相变。应力去除后,变形马氏体又变回该温度下的稳定母相,恢复母相原来形状,应变消失,这种现象称为超弹性或伪弹性。超弹性发生于滑移变形临界应力较高时。此时,在 A_s 温度以上,外应力只要高于诱发马氏体相变的临界应力,就可以产生应力诱发马氏体,去除外力,马氏体立即转变为母相,变形消失。超弹性合金的弹性变形量可达百分之几到 20%,且应力与应变是非线性的。

(三) 形状记忆合金的应用

形状记忆合金在航空航天、汽车、能源、电子电器、机械、医疗、玩具和建筑等行业有着广泛的应用。已发现的形状记忆合金种类很多,可以分为 Ti-Ni 系、铜系、铁系合金三大类。目前已实用化的形状记忆合金只有 Ti-Ni 系合金和铜系合金。

1. 工程应用

形状记忆合金在工程上的应用很多,如各种结构件,如紧固件、连接件、密封垫等。另外,也可以用于一些控制元件,如一些与温度有关的传感及自动控制。

Ti-Ni 合金的第一个工业应用是用作自动紧固件,即用作受热收缩的管接头。形状记忆合金还可用于连接件。一般部件之间的连接固定采用铆钉、螺栓等连接件,当操作不能到达反面时,例如在密闭中空结构件中,就很难进行紧固操作,利用形状记忆合金材料形状回复的特点,将记忆合金做成铆钉,就可解决上面的难题。用形状记忆合金作紧固件、连接件的优点是:① 夹紧力大,接触密封可靠,避免了由于焊接而产生的冶金缺陷;② 适于不易焊接的接头,如严禁明火的管道连接、焊接工艺难以进行的海底输油管道修补等;③ 金属与塑料等不同材料可以通过这种连接件连成一体;④ 安装时不需要熟练的技术。

利用形状记忆元件具有感温和驱动的双重功能,可制作各种结构简单的电子器件,如各种温度自动调节器、火灾报警器、空调用风向自动调节器、能自动切断淋浴喷头过热水流的装置、过电流保护器等。在这些应用中,形状记忆合金都是集传感器和驱动器为一体,做到了集成化、功能器件化,而这正代表了目前传感器技术发展的潮流。

在空间技术方面,形状记忆合金除应用于航天飞机的伞形天线外,还应用于球爪型星箭自动解锁机构、交叉组装式复合材料管的锁紧系统、记忆合金驱动展直的折叠式防护罩、自组装空间桁架、自伸展太阳能电池板等。

2. 医学应用

Ti-Ni 记忆合金以其良好的生物相容性、射线不透性和核磁共振无影响性成为继 FeCrNi、CoCr、Ti6Al4V 合金之后在医学上得以广泛应用的金属材料。在整形外科中的应用,如牙科正畸产品和根管预备器械、超弹性脊柱侧弯矫形棒、正骨外科等;在介入医学治疗中的应用,如腔道内支架、血管支架、颅骨成形板和固定钉、医用超弹性导丝、下腔静脉滤器、心腔内异常通道栓堵器、介入放射学产品等。利用 Ti-Ni 合金与生物体良好的相容性,可制造医学上的凝血过滤器、脊椎矫正棒、骨折固定板等。

3. 生活应用

形状记忆合金同样在生活中得到了广泛的应用,如烟灰缸、眼镜架、胸罩、热水控温阀、电加热水壶、自动开闭百叶窗等。利用形状记忆合金的超弹性特性开发出的眼镜框,是形状记忆合金应用中最早商品化的产品之一。

（四）其他形状记忆材料

除了合金外,还有一些聚合物及陶瓷材料也具有形状记忆效应。这里简要介绍一下形状记忆聚合物。

当聚合物由玻璃态转变为高弹态时,其物理性质将发生显著变化。聚合物在加热至玻璃化温度 T_g(对结晶聚合物加热到接近其熔点 T_m)时产生相变,通过一定外力作用,使之产生弹性变形,保持变形条件,将温度降低到聚合物玻璃化温度(或熔点)以下,聚合物大分子被"冻结"而不能恢复到外力作用前的状态。若再加热到玻璃化温度(或熔点)以上,由于聚合物内部应力突然松弛,而使其恢复到原来的状态,这种"弹性记忆效应"是制造聚合物形状记忆材料的基础。

实用的聚合物形状记忆材料有反式聚异戊二烯,苯乙烯-丁二烯共聚体,聚氨酯等。它具有质轻、容易成型、耐腐蚀、电绝缘等优点,主要用作管接头、电容器、干电池绝缘包装、电线电缆终端、绝缘防腐、密封、输气输油管道防腐、食品包装、医用固定材料,以及玩具、装饰品等。

三、非晶态合金

如果以极高的速度将熔融状态的合金冷却,凝固后的合金结构呈玻璃态,这样得到的合金称非晶态合金,俗称"金属玻璃"。通常认为,非晶态仅存在于玻璃、聚合物等非金属领域,而传统的金属材料都是以晶态形式出现的。非晶态合金与普通金属相比,成分基本相同,但结构不同,使两者在性能上呈现差异。

早在 20 世纪 50 年代,人们就从电镀膜上了解到非晶态合金的存在。由于非晶态合金具有许多优良的性能,如高强度,良好的软磁性及耐腐蚀性能等,使它很快进入应用领域,有着相当广泛的应用前景,其中非晶态软磁材料发展较快,已成批生产。目前非晶态合金的制备主要由液态急冷法加工得到,气态急冷法制得的非晶材料只是小片的薄膜,不能进行工业生产,但由于其可制成非晶态材料的范围较宽,因而可用于研究。

（一）非晶态合金的性能

1. 力学性能

非晶态材料具有极高的强度和硬度,其强度远超过晶态的高强度钢,材料的强度利用率也大大高于晶态金属。此外,非晶态材料的疲劳强度亦很高,钴基非晶态合金可达 1 200 MPa。非晶态合金的伸长率一般较低,但其韧性很好,压缩变形时,压缩率可达 40%,轧制下可达 50% 以上而不产生裂纹,弯曲时可以弯至很小曲率半径而不折断。非晶态合金变形和断裂的主要特征是不均匀变形,变形集中在局部的滑移带内,使得在拉伸时由于局部变形量过大而断裂,所以伸长率很低。

2. 软磁性

非晶态合金由于是无序结构,不存在磁晶各向异性,因而易于磁化,而且没有位错和晶界等晶体缺陷,故磁导率、饱和磁感应强度高,矫顽力低、损耗小,是比较理想的软磁材料。目前比较成熟的非晶态软磁合金主要有铁基、镍基和钴基三大类,主要作为变压器材料、磁头材料、磁屏蔽材料、磁致伸缩材料及磁泡材料等。

3. 耐蚀性

非晶态合金由于生产过程中的快冷,导致扩散来不及进行,所以不存在二相,组织均匀;其无序结构中不存在晶界和位错等缺陷;非晶态合金本身活性很高,能够在表面迅速形成均匀的钝化膜,阻止内部进一步腐蚀。由于以上原因,非晶态合金的耐蚀性优于不锈钢,在耐蚀方面应用较多的是铁基、镍基、钴基非晶态合金。

4. 高电阻率和超导电性

非晶态材料在室温电阻率比一般晶态合金高 2~3 倍,而且电阻率与温度之间的关系也与晶态合金不同,变化比较复杂,多数非晶态合金具有负的电阻温度系数。

人们很早就发现非晶态金属及其合金具有超导电性。1975 年以后,用液体急冷法制备了多种具有超导电性的非晶态合金,为超导材料的研究开辟了新的领域。

(二)非晶态合金的应用

由于非晶态合金具有高强度、高硬度和高韧性,所以可以用来制作轮胎、传送带、水泥制品及高压管道的增强纤维。用非晶态合金制成的刀具,已投入市场。用非晶态合金纤维代替硼纤维和碳纤维制造复合材料,可进一步提高复合材料的适应性,这是由于非晶态合金强度高,且具有塑性变形能力,可阻止裂纹的产生和扩展。另一方面,利用非晶态合金的力学性能随电学量或磁学量的变化,可制作各种元器件,如用铁基或镍基非晶态合金可制作压力传感器的敏感元件。

非晶态合金耐腐蚀,特别是在氯化物和硫酸盐中的抗腐蚀性大大超过不锈钢,获得了"超不锈钢"的名称,主要用于制造耐腐蚀管道、电池的电极、海底电缆屏蔽、磁分离介质及化工用的催化剂、污水处理系统中的零件等。

另外,非晶态合金制备简单,由液相一次成形,避免了普通金属材料生产过程中的铸、锻、压和拉等复杂工序,且原材料本身并不昂贵,生产过程中的边角废料也可全部收回,所以生产成本可望大大降低。但非晶态合金的比强度及弹性模量与其他材料相比还不够理想,产品形状的局限性也较大。

思考题

1. 与金属材料相比,高分子材料有哪些性能特点?
2. 什么是聚合物的"老化"? 防止老化的措施有哪些?
3. 工程塑料是由哪些成分组成的? 分别有什么作用?
4. 什么是热塑性塑料? 什么是热固性塑料? 它们的主要区别是什么? 用于制造电视机、雨衣、塑料袋、电器开关壳体、炊具把手的塑料,分别属于哪一类塑料?
5. 橡胶的主要性能特点是什么? 举例说明它在工业和日常生活中的应用。
6. 陶瓷结构中的晶相、玻璃相和气相对陶瓷的性能各起什么作用?
7. 什么是复合材料? 一般纤维增强复合材料为何具有较高的破断安全性?
8. 何为玻璃钢? 有哪些类型? 分别说明它们的用途。
9. 介绍一下对新型工程材料的认识,举出它们在工业或生活中的应用实例。

第七章　金属液态成形

金属液态成形是指液态金属浇注到铸型型腔中,待其冷却凝固后,获得一定形状的毛坯或零件的方法。铸造是应用最广泛的金属液态成形工艺,铸造成形技术的历史悠久,早在5 000多年前,我们的祖先就能铸造青铜制品。铸造是生产金属零件和毛坯的主要工艺之一,在机器设备中液态成形件所占比例很大,液态成形工艺能得到如此广泛的应用是因为它具有如下的优点:

(1) 适应性强,几乎适用于所有金属材料;

(2) 铸件形状复杂,特别是具有复杂内腔的铸件,成形非常方便;

(3) 铸件的大小不受限制,可以由几克到上百吨;

(4) 铸件的形状尺寸、组织性能稳定;

(5) 铸造投资小、成本低,生产周期短。

但是,金属液态成形的工序多,且难以精确控制,使得铸件质量不够稳定,存在着一些缺点。液态成形过程中,内部易产生缩孔、缩松、气孔等缺陷,外部易产生粘砂、夹砂、砂眼等缺陷,且易组织疏松、晶粒粗大,铸件的力学性能低,特别是冲击韧性较低;铸造成形工艺较为复杂,且难以精确控制,使得铸件品质不够稳定;劳动强度大、条件差。

铸造成形技术的发展方向:

(1) 提高尺寸精度和表面质量;

(2) 先进的造型技术及自动化生产线;

(3) 高效、节能,减少污染;

(4) 降低成本,改善劳动条件。

近年来,随着液态成形新技术、新工艺、新设备和新材料的不断采用,使液态成形件的质量、尺寸精度和机械性能有了很大提高,劳动条件得到改善,使液态成形工艺的应用范围更加广阔,现代铸造生产正朝着专业化、集约化和智能化的方向发展。

第一节　金属液态成形基础理论

金属液态成形能力是指合金是否易于通过液态成形方法成形并获得健全成形件的能力。它反映的是合金在液态成形过程中表现出来的综合工艺性能,主要包括合金的充型能力、收缩性、偏析性和吸气性等。金属液态成形能力是选择成形合金材料、制定液态成形工艺以及进行成形结构设计的重要依据之一。

一、熔融合金的充型能力

熔融合金充满铸型型腔,获得尺寸精确、轮廓清晰的成形件的能力,称为合金的充型能力。充型能力首先决定于合金的流动性,同时又受外界条件影响,如铸型性质、浇注条件、铸件结构等因素的影响,因此,充型能力是上述各种因素的综合反映。影响合金充型能力的主要因素有:

(一)合金的流动性

流动性是熔融合金本身的的流动能力,是影响充型能力的主要因素之一,是液态金属固有的属性,它与金属本身的化学成分、温度、含杂量以及物理性质有关。合金的流动性越好,充填铸型的能力就越强,易于获得尺寸准确、外形完整和轮廓清晰的铸件,可避免产生铸造缺陷。决定合金流动性的因素主要有:

1. 合金的种类

合金的流动性与合金的熔点、热导率、合金液的粘度等物理性能有关。常用合金中,以灰铸铁、硅黄铜的流动性最好,铝合金次之,铸钢熔点高,在铸型中散热快、凝固快,则流动性差。

2. 合金的成分

纯金属和共晶成分的合金是在恒温下进行结晶的,结晶时从表层向中心逐层凝固,凝固层表面(结晶固体层与剩余液体的界面)比较光滑,对中心未凝固的液态金属的流动阻力小,故流动性最好。

其他成分的合金是在一定温度范围内结晶的,即经过液、固两相共存区。该区中液相与固相界面不清晰,其固相为树枝晶,它使固体层内表面粗糙,增加了对液态合金流动的阻力,因而流动性差。合金的结晶温度范围愈宽,则液固两相共存的区域愈宽,液态合金的流动阻力愈大,故流动性愈差。显然,合金成分愈接近共晶成分,流动性愈好,图 7-1 所示为铁碳合金的流动性与含碳量的关系。

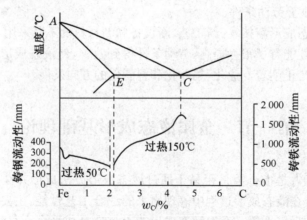

图 7-1 Fe-C 合金流动性与含碳量的关系

（二）浇注条件

熔融合金充型时，浇注温度和充型压力等浇注条件，都将影响合金的充型能力。

1. 浇注温度

浇注温度愈高，液态合金的粘度就愈低，保持液态的时间就愈长，故液态合金的流动性愈高。提高浇注温度是生产中减少薄壁铸件的浇注不足、冷隔等缺陷的重要措施。但浇注温度过高，铸件易产生缩孔、缩松、粘砂、气孔、粗晶等缺陷，在保证铸件薄壁部分能充满型腔的前提下，浇注温度不宜过高。常用铸造合金的浇注温度范围是：铸铁为 1 230～1 450 ℃，铸钢为 1 520～1 620 ℃，铝合金为 680～780 ℃，薄壁复杂件取上限，厚大件取下限。

2. 充型压力

熔融合金在流动方向上所受的压力愈大，充型能力就愈好。砂型铸造时，充型压力是由直浇道的静压力产生，适当提高直浇道的高度，可提高充型能力。但过高的砂型浇注压力使铸件易产生砂眼、气孔等缺陷。在低压铸造、压力铸造和离心铸造时，因人为加大了充型压力，故充型能力较强。

（三）铸型条件

熔融合金充型时，铸型导热能力、铸型温度、铸型排气能力和铸件结构，都将影响合金的充型能力。

1. 铸型导热能力

铸型导热能力愈强，对熔融金属的冷却作用就愈强，合金在型腔中保持流动的时间缩短，合金的充型能力愈差。

2. 铸型温度

浇注前将铸型预热到一定温度，减小了铸型与熔融金属的温度差，减缓了合金的冷却速度，延长了合金在铸型中的流动时间，故合金充型能力提高。

3. 铸型排气能力

浇注时因熔融金属在型腔中的热作用而产生大量气体，如果不能及时排出，造成型腔内气体压力增大，使液态合金流动的阻力增加，从而降低合金的流动性。因此提高铸型的透气性，减少型砂的水分，多设出气口等，有利于提高液态合金的流动性。

4. 铸件结构

铸件结构形状复杂，壁厚急剧变化，壁厚过小，均会使充型困难。因此在进行设计时，铸件的结构应尽量简单，壁厚应大于规定的最小壁厚。对于形状复杂、薄壁、散热面大的铸件，应尽量选择流动性好的合金或采取其他相应措施。

二、合金的收缩

（一）收缩的概念

合金从浇注、凝固直至冷却到室温的过程中，发生的体积和尺寸减小的现象，称为合金的收缩。收缩是合金的物理本性，它不仅影响铸件的形状和尺寸，而且还决定着铸件产生缩孔、缩松、内应力、变形和裂纹等缺陷的倾向。液态金属从浇注温度冷却到常温，其收缩过程如图 7-2 所示的三个阶段。

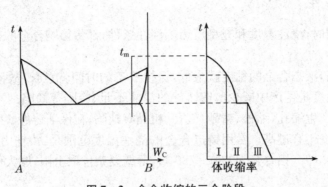

图 7-2　合金收缩的三个阶段
Ⅰ—液态收缩；Ⅱ—凝固收缩；Ⅲ—固态收缩

（1）液态收缩　从浇注温度冷却至凝固开始温度（液相线温度）间发生的收缩。

（2）凝固收缩　从凝固开始温度到凝固终了温度（固相线温度）间发生的收缩。

（3）固态收缩　从凝固结束后继续冷却到室温期间发生的收缩。

合金的液态收缩和凝固收缩表现为合金的体积缩小，通常以体积收缩率来表示，它们是铸件产生缩孔、缩松缺陷的基本原因，几种铸造合金的体积收缩率见表 7-1。

表 7-1　几种铸造合金的体积收缩率

合金种类	含碳量 /%	浇注温度 /℃	液态收缩 /%	凝固收缩 /%	固态收缩 /%	总体积收缩 /%
碳素铸钢	0.35	1 610	1.6	3.0	7.86	12.46
白口铸铁	3.0	1 400	2.4	4.2	5.4～6.3	12～12.9
灰铸铁	3.5	1 400	3.5	0.1	3.3～4.2	6.9～7.8

合金的固态收缩，尽管也是体积变化，但它只引起铸件各部分尺寸的变化，通常用线收缩率来表示，它是铸件产生内应力、裂纹和变形等缺陷的主要原因，是收缩最主要的因素，常用铸造合金的线收缩率见表 7-2。

表 7-2　常用铸造合金的线收缩率

合金种类	灰铸铁	可锻铸铁	球墨铸铁	碳素铸钢	铝合金	铜合金
线收缩率/%	0.8～1.0	1.2～2.0	0.8～1.3	1.38～2.0	0.8～1.6	1.2～1.4

（二）影响收缩的主要因素

合金的收缩与其化学成分、浇注温度、铸件结构和铸型条件有关。

（1）化学成分　铸铁中，因石墨密度小、比容大，抵消了铸铁的部分收缩，使其总的收缩量减小；促进石墨化的碳、硅含量增加，使铸铁的收缩率减小；硫阻碍石墨的析出，使铸铁的收缩率增大；适量的锰可与硫合成 MnS，抵消硫对石墨的阻碍作用，使收缩率减小，但含锰量过高，铸铁的收缩率又有所增加。碳素铸钢随含碳量增加，凝固收缩增加，而固态收缩略减。总之,不同的合金,化学成分不同,收缩率也不一样。

（2）浇注温度　浇注温度愈高,过热度愈大,合金的液态收缩增加。

（3）铸件结构和铸型条件　铸件在铸型中冷却时,因各部分形状、尺寸和位置不同,各部分的冷却速度不同,收缩不一致,各部分相互制约也会产生阻力。此外,铸型和型芯对铸件的收缩也将产生机械阻力。因此,铸件的实际线收缩率比自由线收缩率小。

三、缩孔和缩松

熔融合金在铸型内凝固过程中,由于液态收缩和凝固收缩所缩减的体积得不到补充,会在铸造件最后凝固部位形成孔洞。容积大而集中的孔洞称为缩孔,细小分散的孔洞称为缩松。

（一）缩孔的形成

缩孔常产生在铸件的厚大部位或上部最后凝固部位,在机械加工中可暴露出来,缩孔形状不规则,常呈倒锥状,内孔壁粗糙。缩孔的形成过程如图 7-3 所示。液态合金充满铸型型腔,如图 7-3(a),由于铸型的吸热,液态合金温度下降,靠近型腔表面的金属凝固成一层外壳,此时内浇道已凝固,壳中金属液的收缩因被外壳阻碍,不能得到补缩,故其液面开始下降,如图 7-3(b)。温度继续下降,外壳加厚,内部剩余的液体由于液态收缩和补充凝固层的收缩,使体积缩减,液面继续下降,如图 7-3(c)。此过程一直延续到凝固终了,在铸件上部形成了缩孔,如图 7-3(d)。温度继续下降之室温,因固态收缩使铸件的外轮廓尺寸略有减小,如图 7-3(e)。

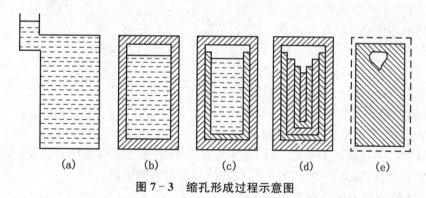

图 7-3　缩孔形成过程示意图

纯金属或共晶成分的合金,倾向于逐层凝固,易形成集中缩孔。合金的液态收缩和凝固收缩愈大,如铸钢、白口铁和铝青铜,铸件愈易形成缩孔。合金的浇注温度愈高,液态收缩愈大,愈易形成缩孔。

（二）缩松的形成

缩松的形成是集中缩孔分散为数量极多的小缩孔,实质上也是由于铸件最后凝固区域得不到补充而形成的。缩松形成过程如图 7-4 所示。当液态合金充满型腔后,由于温度下降,紧靠型壁处首先结壳,且在内部存在较宽的液-固两相共存区,如图 7-4(a)。温度继续下降,结壳加厚,两相共存区逐步推向中心,发达的树枝晶将中心部分的合金液分隔成许多独立的小液体区,如图 7－4(b)。这些独立的小液体区最后趋于同时凝固,因得不到液态金属的补充而形成缩松,如图 7－4(c)。

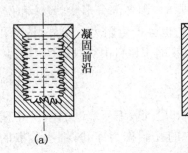

图 7－4　缩松形成过程示意图

结晶温度范围宽的合金,倾向于糊状凝固,易形成缩松。

(三) 缩孔和缩松的防止

缩孔和缩松都会使铸件的机械性能下降,影响铸件的气密性,甚至因此而报废。缩孔和缩松都属铸件的重要缺陷,因此,必须根据技术要求,采取适当的工艺措施予以防止。

1. 采用顺序凝固原则

顺序凝固原则又称定向凝固原则,是在铸件上可能出现缩孔的厚大部位通过安放冒口等工艺措施,使铸件上从远离冒口的部分到冒口之间建立一个逐渐递增的温度梯度,从而实现由远离冒口的部分向冒口的方向定向地凝固。如图 7－5 所示,铸件上远离冒口的 Ⅰ 部位先凝固,而后是靠近冒口的 Ⅱ、Ⅲ 部位凝固,最后才是冒口本身的凝固。按照这样的凝固顺序,先凝固部位的收缩,由后凝固部位的金属液来补充;后凝固部位

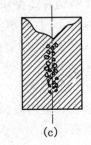

图 7－5　顺序凝固示意图

的收缩,由冒口中的金属液来补充,从而使铸件各个部位的收缩均能得到补充,而将缩孔转移到冒口之中。冒口为铸件的多余部分,在铸件清理时将其去除。

2. 合理地确定内浇道位置及浇注工艺

内浇道的引入位置对铸件的温度分布有明显影响,应按照顺序凝固的原则确定。例如,内浇道应从铸件厚实处引入,尽可能靠近冒口或由冒口引入。

3. 合理地应用冒口和冷铁等工艺措施

正确地估计铸件上缩孔或缩松可能产生的部位是合理安设冒口和冷铁的重要依据。在实际生产中,常用画"凝固等温线法"和"内切圆法"确定热节部位,如图 7－6 所示,图中等温线未曾通过的心部和内切圆直径最大处,即为热节,这些部位容易出现缩孔或缩松。

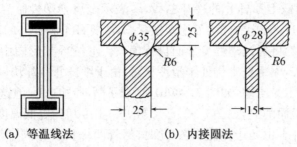

(a) 等温线法　　　　(b) 内接圆法

图 7 - 6　缩孔或缩松位置的确定

图 7 - 7 所示铸件的热节不止一个,若仅靠顶部冒口,难以向底部凸台补缩,为此,在该凸台的型壁上安放了两个外冷铁。由于冷铁加快了该处的冷却速度,使厚度较大的凸台反而最先凝固,从而实现了自下而上的顺序凝固,防止了凸台处缩孔、缩松的产生。

安放冒口和冷铁,实施顺序凝固,虽可有效地防止缩孔和缩松,但却耗费许多金属和工时,加大了铸件成本。同时,顺序凝固扩大了铸件各部位的温度差,促进了铸件的变形和裂纹倾向。因此,主要用于必须补缩的场合,如铝青铜、铝硅合金和铸钢件等。

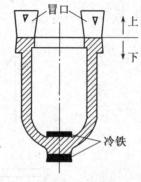

图 7 - 7　冒口和冷铁的应用

必须指出,对于结晶温度范围宽的合金,结晶开始之后,发达的树枝状骨架布满了整个截面,使冒口的补缩道路严重受阻,因而难以避免缩松的产生。显然,选用近共晶成分或结晶温度范围较窄的合金生产铸件是适宜的。

四、铸造应力、变形和裂纹

(一) 铸造应力

铸件的固态收缩受到阻碍而引起的内应力,称铸造应力。阻碍按形成的原因不同分为热阻碍和机械阻碍。铸件各部分由于冷却速度不同、收缩量不同而引起的阻碍称热阻碍;铸型、型芯对铸件收缩的阻碍,称机械阻碍。由热阻碍引起的应力称热应力,由机械阻碍引起的应力称机械应力(收缩应力)。铸造应力可能是暂时的,当引起应力的原因消除以后,应力随之消失,称为临时应力;也可能是长期存在的,称残留应力。

1. 热应力

热应力是由于铸件的壁厚不均匀、各部分的冷却速度不一致,导致其收缩在同一时期内不相同,彼此相互制约而形成的。落砂后热应力仍存在于铸件内,是一种残留铸造应力。

金属自高温冷却到室温时应力状态发生改变,固态金属在再结晶温度以上的较高温度时(钢和铸铁为 620～650 ℃以上),处于塑性状态。此时,在较小的应力下就可发生塑性变形,变形之后应力可自行消除。在再结晶温度以下,金属呈弹性状态,应力作用下将发生弹性变形,而变形之后应力继续存在。

现以图 7 - 8 所示的框形铸件来说明热应力的形成过程。它由一根粗杆Ⅰ和两根细杆

Ⅱ组成,图上部表示杆Ⅰ和杆Ⅱ的冷却曲线,$t_{临}$表示金属弹塑性临界温度。当铸件处于高温阶段时(图中 $T_0 \sim T_1$ 间),两杆均处于塑性状态,尽管杆Ⅰ和杆Ⅱ的冷却速度不同,收缩不一致,但瞬时的应力均可通过塑性变形而自行消失。继续冷却到图中 $T_1 \sim T_2$ 间,冷速较快的杆Ⅱ进入弹性状态,而粗杆Ⅰ仍处于塑性状态,由于细杆Ⅱ冷却快,收缩大于粗杆Ⅰ,所以细杆Ⅱ受拉伸,粗杆Ⅰ受压缩,如图 7-8(b),形成了暂时内应力,但这个内应力随粗杆Ⅰ的微量塑性变形(压短)而消失,如图 7-8(c)。当进一步冷却到更低温度时(图中 $T_2 \sim T_3$ 间),已被塑性压短的粗杆Ⅰ也处于弹性状态,此时,尽管两杆长度相同,但所处的温度不同。粗杆Ⅰ的温度较高,还会进行较大的收缩;细杆Ⅱ的温度较低,收缩已趋停止。因此,粗杆Ⅰ的收缩必然受到细杆Ⅱ的强烈阻碍,于是,杆Ⅱ受压缩,杆Ⅰ受拉伸,直到室温,形成了残余内应力,如图 7-8(d)。

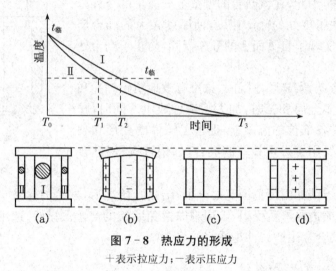

图 7-8 热应力的形成

＋表示拉应力;－表示压应力

由此可见,热应力使冷却较慢的厚壁或心部受拉伸,冷却较快的薄壁处或表面受压缩,铸件的壁厚差别愈大,合金的线收缩率或弹性模量愈大,热应力愈大。

2. 机械应力

铸件在固态收缩时,因受铸型、型芯、浇冒口等外力的阻碍而产生的应力称为机械应力(图 7-9)。其形成原因一经消除(如铸件落砂或去除浇口后),收缩应力也随之消失,因此收缩应力是一种临时应力。一般铸件冷却到弹性状态后,由于收缩受阻都会产生收缩应力。收缩应力常表现为拉应力,与铸件部位无关,但机械应力在铸型中可与热应力共同起作用,增大了某些部位的拉伸应力,促进了铸件的裂纹倾向。

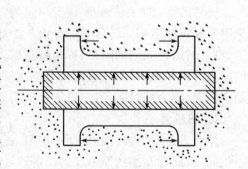

图 7-9 铸件产生机械应力示意图

3. 减小和消除铸造应力的措施

(1)尽量选用线收缩率小、弹性模量小的合金。

(2)采用同时凝固原则。所谓同时凝固是指采取一些工艺措施,使铸件各部分温差很小,几乎同时进行凝固。因各部分温差小,不易产生热应力和热裂,铸件变形小。

（3）合理设计铸件结构。铸件的形状愈复杂,各部分壁厚相差愈大,冷却时温度愈不均匀,铸造应力就愈大。因此,在设计铸件时应尽量使铸件形状简单、对称、壁厚均匀。

（4）改善铸型和型芯的退让性,合理设置浇冒口等。

（5）进行时效处理。时效分自然时效、人工时效和共振时效。所谓自然时效,是将铸件置于露天场地半年以上,使其缓慢地发生变形,从而使其内应力消除。人工时效又称热时效或去应力退火,是将铸件加热到 $550\sim650\ ℃$,保温 $2\sim4\ h$,随炉冷却至 $150\sim200\ ℃$,然后出炉。共振时效是将铸件在其共振频率下震动 $10\sim60\ min$,以消除铸件中的残留应力。时效处理宜在粗加工之后进行,以便将粗加工所产生的内应力一并消除,对铸件进行时效处理是消除铸造应力的有效措施。

（二）铸件的变形与防止

残余内应力使铸件不同部位被拉伸或压缩,好像被拉伸或压缩的弹簧一样,处于一种不稳定的状态,有自发通过铸件变形来缓解其应力,以回到稳定的平衡状态。显然,只有原来受拉伸的部分产生压缩变形、受压缩部分产生拉伸变形,才能使铸件中的残余应力减少或消除。图 7-10 所示为车床床身,其导轨部分因较厚而受拉应力,床壁部分较薄而受压应力,于是朝着导轨方向发生挠曲变形,使导轨呈内凹。

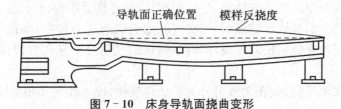

图 7-10　床身导轨面挠曲变形

图 7-11 为一平板铸件,尽管其壁厚均匀,但其中心部分因比边缘散热慢而受拉应力,其边缘处受压应力。由于铸型上面比下面冷却快,于是该平板发生如图所示方向变形。

为防止铸件产生变形,除在铸件设计时尽可能使铸件的壁厚均匀、形状对称外,铸造工艺上应采用同时凝固原则,以便冷却均匀。对于长而易变形的铸件,还可采用"反变形"工艺。反变形法是在统计铸件变形规律的基础上,在模样上预先作出相当与铸件变形量的反变形量,以抵消铸件的变形。

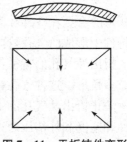

图 7-11　平板铸件变形

尽管变形后铸件的内应力有所减缓,但并未彻底去除,这样的铸件经机械加工之后,由于内应力的重新分布,还将缓慢地发生微量变形,使零件丧失应有的精确度。为此,对于不允许发生变形的重要机件必须进行时效处理。

（三）铸件的裂纹与防止

当铸造内应力超过金属的强度极限时,铸件便产生裂纹,按形成的温度范围分为热裂和冷裂两种。

1. 热裂

一般是在凝固末期,在凝固过程中和固相线温度附近,此时结晶骨架已经完成,但晶粒间还有少量液体,强度很低,收缩时受到铸型和型芯等的阻碍形成的。其形状特征是裂缝短,缝隙宽,形状曲折,缝内呈氧化色。要防止热裂,应尽量选择凝固温度范围小、热裂倾向小的合金,减少铸造应力,合理设计铸件结构,采用同时凝固的原则,改善铸型和型芯的退让性,合理设计浇冒口系统,严格控制铸钢和铸铁中的含硫量等。

2. 冷裂

冷裂是铸件冷却到低温处于弹性状态时所产生的热应力和收缩应力的总和,如果大于该温度下合金的强度,则产生冷裂。往往出现在铸件受拉应力的部位,特别是应力集中之处,如尖角处以及缩孔、气孔和渣眼附近,壁厚差别大、形状复杂的铸件,尤其是大而薄的铸件易于发生冷裂。冷裂是在较低温度下形成的,其裂缝细小,呈连续直线状,缝内干净,有时呈轻微氧化色。钢和铸铁中的磷会使合金的冲击韧性下降,脆性增加,使冷裂倾向增大,钢液脱氧不良和非金属夹杂物也会增加冷裂倾向,要防止冷裂,主要是减少铸造应力,另外,浇注之后勿过早开箱。

五、铸件气孔

气孔是气体在铸件内部、表面或近于表面处形成的孔洞,表面常常比较光滑、明亮或略带氧化色,形状有圆的、长的及不规则的,有单个的,也有聚集成片的。

气孔是铸造生产中最常见的缺陷之一,据统计,铸件废品中约三分之一是由于气孔造成的。气孔减小了合金的有效承载面积,并在气孔附近引起应力集中,降低铸件的力学性能。弥散性气孔还可促使显微疏松的形成,降低了铸件的气密性。气孔对铸件的耐蚀性和耐热性也有不利影响。

按产生气体来源不同,气孔大致可分为析出性气孔、侵入性气孔和反应性气孔三类。

(一)析出性气孔

熔融合金在冷却和凝固过程中,随着温度的下降,气体溶解度下降而从合金中析出,并在铸件中形成的气孔,称析出性气孔。

析出性气孔的特征:分布较广,靠近冒口、热节等后凝固区域分布密集,形状呈团球形或裂纹多角形。这种气孔在铝合金铸件中较为多见。

防止析出性气孔的主要措施有:减少合金的吸气量;对金属进行除气处理;提高凝固时的冷却速度和外部压力;阻止气体的析出等。

(二)侵入性气孔

侵入性气孔是由于铸型表层聚集的气体侵入熔融金属而形成的气孔。侵入铸件的气体主要来源于造型材料中的水分、粘结剂和附加物,浇注过程中熔融金属和铸型之间的热作用,使其挥发侵入。

侵入性气孔的特征:一般体积较大,单个或数量不多,常在铸件的凹角、外表面或内表面等处出现。型芯受潮或铸型材料发气量大会造成气孔丛生,呈蜂窝状,俗称"呛火"。

防止侵入性气孔产生的主要措施有:严格控制铸型材料的发气量、减小发气速度,增加铸型和型芯的透气性;在铸型表面合理使用涂料,使铸型材料与熔融金属隔开,阻止气体侵入等。

（三）反应性气孔

熔融合金与铸型材料、芯撑、冷铁和熔渣之间，或合金内部发生化学反应产生的气体在铸件中形成的孔洞，称反应性气孔。

反应性气孔的特征：通常分布在铸件表面皮下 $1 \sim 3$ mm 处，表面经加工或清理后显露出来，因此通称皮下气孔，也称针孔。

防止反应性气孔的主要措施有：减少浇注前熔融合金的含气量；提高浇注温度以有利于气体排出；严格控制铸型材料的发气量，并增加铸型和型芯的透气性；合理使用涂料。

六、其他常见铸造缺陷

在铸造中经常产生的铸件缺陷除缩孔、缩松、变形、裂纹和气孔外，还有浇注不足、冷隔、砂眼、夹砂和粘砂等。它们会引起应力集中，使铸件的力学性能严重受损，甚至影响机器寿命，还会影响铸件的尺寸、形状精度，影响铸件外观，增加铸件清理和切削加工工作量。为了提高铸件质量，应采取有效措施预防缺陷的产生，表 7 - 3 为其他常见铸件缺陷及其预防措施。

表 7 - 3　其他常见铸件缺陷及其预防措施

序号	缺陷名称	缺陷特征	预防措施
1	浇注不足	由于金属液未完全充满型腔而产生的铸件缺陷	提高浇注温度和浇注速度，预热铸型并减慢其散热速度，改善浇注系统，不要断流和防止跑火
2	冷隔	在铸件上有一种未完全融合的缝隙或洼坑，其交界边缘是圆滑的	
3	渣孔	在铸件内部或表面有形状不规则的孔眼。孔眼不光滑，里面全部或部分充塞着熔渣	提高铁液温度，降低熔渣粘性，提高浇注系统的挡渣能力，增大铸件内圆角
4	砂眼	在铸件内部或表面有充塞着型砂的孔眼	严格控制型砂性能和造型操作，合型前注意打扫型腔
5	粘砂	在铸件表面上，全部或部分覆盖着一层金属（或金属氧化物）与砂（或涂料）的混（化）合物或一层烧结构的型砂，致使铸件表面粗糙	减少砂粒间隙。适当降低金属的浇注温度，提高型砂、芯砂的耐火度
6	夹砂	在铸件表面上，有一层金属瘤状物或片状物，在金属瘤片和铸件之间夹有一层型砂	严格控制型砂、芯砂性能，改善浇注系统，使金属液流动平稳，大平面铸件要倾斜浇注

七、常用合金的铸造性能

（一）铸铁的铸造性能

（1）灰铸铁　灰铸铁中碳的质量分数接近共晶成分，熔点较低，凝固温度范围小，流动性好，可以浇注形状复杂和壁厚较小的铸件。其铸造性能是各类铸铁中最好的，因此应用广泛。

（2）球墨铸铁　球墨铸铁中碳的质量分数也接近共晶成分，但是由于铁液出炉后要进行球化处理,因此浇注时的温度较低,流动性较差,容易使铸件产生冷隔、浇不到等缺陷。其铸造性能比灰铸铁差一些。

（3）蠕墨铸铁　蠕墨铸铁是高碳低硫铁液经蠕化处理得到的一种高强度铸铁。碳的质量分数接近于共晶成分,加之铁液又经蠕化剂净化,因此其流动性较好,接近于灰铸铁。

（4）可锻铸铁　可锻铸铁中碳的质量分数较低,因此它的熔点较高,结晶时凝固温度范围较大,这就使其流动性较差,体收缩率较大。其铸造性能比以上三种铸铁都差。

（二）碳钢的铸造性能

熔点高、流动性差、收缩率大,其铸造性能不如铸铁。

（三）铝合金的铸造性能

应用最广泛的铸造铝合金是铝硅合金,其合金成分在共晶点附近,加之熔点较低,所以流动性很好,可以铸造出最小壁厚为 2.5 mm、形状很复杂的铸件。

（四）铜合金的铸造性能

铸造铜合金有黄铜和青铜两大类。加入硅、锰、铝等合金元素的黄铜,称为特殊黄铜。铸造黄铜大多是特殊黄铜。特殊黄铜的凝固温度范围很小,因此流动性良好。但是,黄铜的收缩率较大,铸件中容易产生缩孔,生产中常采用冒口进行补缩。

应用广泛的锡青铜,其凝固温度范围很宽,流动性差,补缩比较困难,铸件中容易产生缩孔,铸件的气密性较差。铝青铜的凝固温度范围较小,流动性较好,但是铝青铜容易氧化,收缩率也大。

第二节　常用铸造方法

铸件的常用生产工艺方法,按充型条件的不同可分为重力铸造、压力铸造和离心铸造等。按照形成铸件的铸型可分为砂型铸造、金属型铸造、熔模铸造、壳型铸造和陶瓷型铸造等。传统上,将有别于砂型铸造工艺的其他铸造方法统称为"特种铸造"。

一、砂型铸造

砂型铸造是应用最为广泛的铸造方法,世界各国用砂型铸造生产的铸件占铸件总量的80%以上。掌握砂型铸造是合理选择铸造方法和正确设计铸件的基础。砂型铸造的基本工艺过程如图 7-12 所示。

砂型铸造根据完成造型工序的方法不同,分为手工造型和机器造型两大类。

（一）手工造型

全部用手工或手动工具完成的造型工序称为手工造型。手工造型操作灵活,工艺装备简单,适应性强,适用于各种形状的铸件。手工造型的方法很多,各种手工造型方法的特点和应用见表 7-4。

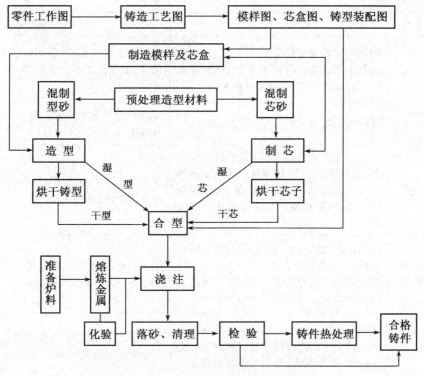

图 7-12　砂型铸造工艺过程示意图

表 7-4　各种手工造型方法的特点和适用范围

造型方法名称		主要特点	适用范围
按模样特征分类	整模造型	模样为整体模,分型面是平面,铸型型腔全部在半个铸型内,造型简单,铸件精度和表面质量较好	最大截面位于一端并且为平面的简单铸件的单件、小批量生产
	分模造型	模样为分开模,型腔一般位于上、下两个半型中,造型简便,节省工时	适用于套类、管类及阀体等形状较复杂的铸件的单件、小批量生产
	挖砂造型	模样虽为整体,但分型面不为平面。为了取出模样,造型时用手工挖去阻碍起模的型砂。其造型费工时,生产率低,要求工人技术水平高	用于分型而不是平面的铸件的单件、小批量生产
	假箱造型	为了克服上述挖砂造型的缺点,在造型前特制一个底胎(假箱)。然后在底胎上造下箱。由于底胎不参加浇注,故称做假箱。此法比挖砂造型简便、且分型面整齐	用于成批生产需挖砂的铸件
	活块造型	当铸件上有妨碍起模的小凸台、肋板时,制模时将它们做成活动部分。造型起模时先起出主体模样,然后再从侧面取出活块。造型生产率低,要求工人技术水平高	主要用于带有突出部分难以起模的铸件的单件、小批量生产

（续表）

造型方法名称		主 要 特 点	适 用 范 围
按模样特征分类	刮板造型	用刮板代替模样造型。大大节约木材，缩短生产周期。但造型生产率低，要求工人技术水平高，铸件尺寸精度差	主要用于等截面或回转体大、中型铸件的单件、小批量生产。如大皮带轮、铸管、弯头等
按砂箱特征分类	两箱造型	铸型由上箱和下箱构成、操作方便	是造型的最基本方法。适用于各种铸型，各种批量
	三箱造型	铸件的最大截面位于两端，必须用分开模，三个砂箱造型，模样从中箱两端的两个分型面取出。造型生产率低，且需合适的中箱（中箱高度与中箱模样的高度相同）	主要用于手工造型，单件、小批量生产具有两个分型面的中、小型铸件
按砂箱特征分类	脱箱造型（无箱造型）	采用活动砂箱造型，在铸型合箱后，将砂箱脱出，重新用于造型。浇注时为了防止错箱，需用型砂将铸型周围填紧，也可在铸型上加套箱	用于小铸件的生产、砂箱尺寸多小于：400 mm×400 mm×400 mm
	地坑造型	在地面砂床中造型，不用砂箱或只用上箱。减少了制造砂箱的投资和时间。操作麻烦，劳动量大，要求工作技术较高	生产要求不高的中、大型铸件，或用于砂箱不足时批量不大的中、小铸件生产

（二）机器造型

用机器全部完成或至少完成紧砂操作的造型工序称为机器造型。机器造型生产效率高，改善劳动条件，对环境污染小。机器造型铸件的尺寸精度和表面质量高，加工余量小，但设备和工艺装备费用高，生产准备时间较长，适用于中、小型铸件成批或大批量生产。机器造型工艺过程主要包括紧砂与起模。

1. 紧砂方法

目前机器造型绝大部分都是以压缩空气为动力来紧实型砂的。机器造型的紧砂方法为压实、震实、震压和抛砂四种基本方式，其中以震压式应用最广，图 7 - 13 所示为震压紧砂机构原理图。工作时首先将压缩空气自震实进气口引入震实气缸，使震实活塞带动工作台及砂箱上升，震实活塞上升使震实气缸的排气孔露出压气排出，工作台便下落，完成一次振动。如此反复多次，将型砂紧实。当压缩空气引入压实气缸时，工作台再次上升，压头压入砂箱，最后排除压实气缸的压缩空气，砂箱下降，完成全部紧实过程。抛砂紧实如图 7 - 14 所示，抛砂机头的电动机驱动高速叶片（900～1 500 r/min），连续地将传送带运来的型砂在机内初步紧实，并在离心力的作用下，型砂呈团状被高速（30～60 m/s）抛到砂箱中，使型砂逐层紧实。抛砂紧实同时完成填砂与紧实两个工序，生产效率高，型砂紧实密度均匀。抛砂机适应性强，可用于任何批量的大、中型铸件或大型芯的生产。

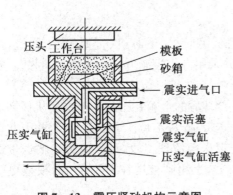

图 7 – 13　震压紧砂机构示意图

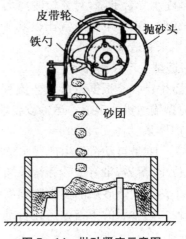

图 7 – 14　抛砂紧实示意图

2. 起模方法

型砂紧实以后,就要从型砂中正确地把模样起出,使砂箱内留下完整的型腔。造型机大都装有起模机构,其动力也多半是应用压缩空气,目前应用广泛的起模机构有顶箱、漏模和翻转三种。

（1）顶箱起模

图 7 – 15(a)为顶箱起模示意图。型砂紧实后,开动顶箱机构,使四根顶杆自模板四角的孔(或缺口)中上升,而把砂箱顶起,此时固定模型的模板仍留在工作台上,这样就完成了起模工序。顶箱起模的造型机构比较简单,但起模时易漏砂,因此只适用于型腔简单且高度较小的铸件,多用于制造上箱,以省去翻箱工序。

（2）漏模起模

漏模起模的方法如图 7 – 15(b)所示,为了避免起模时掉砂,将模型上难以起模部分做成可以从漏板的孔中漏下,即将模型分成两部分,模型本身的平面部分固定在模板上,模型上的各凸起部分可向下抽出,在起模过程中由于模板托住图中 A 处的型砂,因而可以避免掉砂。漏模起模机构一般用于形状复杂或高度较大的铸型。

（3）翻转起模

图 7 – 15(c)所示为翻转起模。型砂紧实后,砂箱夹持器将砂箱夹持在造型机转板上,在翻

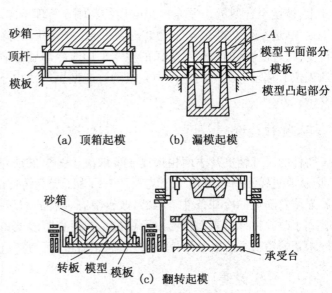

(a) 顶箱起模　　　(b) 漏模起模

(c) 翻转起模

图 7 – 15　起模方法示意图

转气缸推动下,砂箱随同模板、模型一起翻转 180°,然后承受台上升,接住砂箱后,夹持器打

开,砂箱随承受台下降,与模板脱离而起模。这种起模方法不易掉砂,适用于型腔较深,形状复杂的铸型。由于下箱通常比较复杂,而且本身为了合箱的需要,也需翻转180°,因此翻转起模多用来制造下箱。

3. 造型生产线简介

造型生产线是根据铸造工艺流程,将造型机、翻转机、下芯机、合型机、压铁机、落砂机等,用铸型输送机或辊道等运输设备联系起来并采用一定控制方法所组成的机械化、自动化造型生产体系。

图7-16是自动造型生产线示意图。浇注冷却后的上箱在工位1被专用机械卸下并被送到工位13落砂,带有型砂和铸件的下箱靠输送带16从工位1移至工位2,并因此进入落砂机3中落砂。落砂后的铸件跌落到专用输送带送至清理工段,型砂由另一输送带送往砂处理工段。落砂后的下箱被送往自动造型机4处,上箱则被送往造型机12,模板更换靠小车11完成。

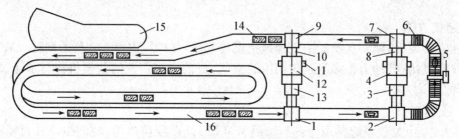

图7-16 自动造型生产线示意图

1,2,7,13—工位　3—落砂机　4,12—造型机　5—特制刷　6—平车
8—翻转机　9—合型机　10—辊道　11—小车　14—铸型　15—浇注工段　16—输送带

自动造型机制作好的下型用翻转机8翻转180°,并于工位7处被放置到输送带16的平车6上,被运至合型机9,平车6预先用特制刷5清理干净。自动造型机12上制作好的上型顺辊道10运至合型机9,与下型装配在一起。合型后的铸型14沿输送带移至浇注工段15进行浇注。浇注后的铸型沿交叉的双水平形线冷却后再输送到工位1、2。下芯的操作是铸型从工位7移至工位9的过程中完成的。造型生产线由于劳动组织合理,极大地提高了生产效率。

二、特种铸造

铸件的尺寸精度及表面粗糙度主要取决于铸型的质量。因此,为了提高铸件的表面质量,应从改进铸型材料或造型工艺入手。而为了提高铸件的内部质量,则主要依靠改善液态金属充填及随后的冷却条件。当然,改善液态金属的充填条件,提高液态金属的充型能力,也有利于改善铸件的表面粗糙度及精度。为了克服砂型铸造的缺点,人们在生产实践中,不断探求新的铸造方法。如熔模铸造、金属型铸造、压力铸造、离心铸造等,统称为特种铸造。

(一)熔模铸造

熔模铸造是用易熔材料制成模样,造型后将模样熔化并排出型外,从而获得无分型面的型腔,经浇注后获得铸件的铸造方法。由于其模样大多采用蜡质材料制成,故又称"失蜡铸造"。这种铸造工艺能获得具有较高精度和表面质量的铸件,是精密铸造的重要方法。

1. 熔模铸造的工艺过程

熔模铸造的工艺过程包括制造蜡模、制出耐火型壳、造型和浇注等。

(1) 制造压型

压型是用来制造模样(即熔模)的模具,见图 7-17(a),一般用钢、青铜或铝合金经切削加工制成。为了保证蜡模质量,压型必须有较高的尺寸精度和较低的表面粗糙度,而且型腔尺寸必须包括蜡料和铸造合金的双重收缩率。当大批量生产时,压型常用铜、锡青铜或合金材料,经机械加工制成。在生产批量不大时,常用低熔点合金(锡、铅、铋合金,熔点不超过 300 ℃)铸造。在单件小批量生产时,可用石膏制成压型。

(2) 制造蜡模

蜡模材料常用 50%石蜡和 50%硬酯酸配制而成,熔点为 54~57 ℃。将熔融的蜡料挤入压型中,见图 7-17(a)所示,待其冷却后从压型中取出,修整便获得单个熔模,见图 7-17(b)所示。为能一次铸造多个铸件,还需将单个蜡模粘合到蜡质浇注系统上,制成蜡模组,见图 7-17(c)所示。

(3) 铸型的制造

包括结壳、脱蜡、焙烧、造型等。

① 结壳　在蜡模上涂上耐火涂料层,先用粘结剂(多用水玻璃)和石英粉配制成涂料,见图 7-17(d),将蜡模组浸挂涂料后,再向其表面撒一层石英砂,见图 7-17(e),然后将粘附石英砂的蜡模组放入硬化剂(一般为氯化铵溶液)中,利用反应生成硅酸胶将砂粘牢而硬化。如此重复涂挂 3~7 次,得到 5~10 mm 硬壳为止。

② 脱蜡　一般是将壳型浸泡在 85~90 ℃热水中,蜡模熔化而脱出,则得到铸型空腔,见图 7-17(f)。

③ 焙烧　将型壳放在 800~950 ℃加热炉中,保温 0.5~2 h,排除型壳中的残余挥发物和水分,进一步提高型壳的质量,见图 7-17(g)。

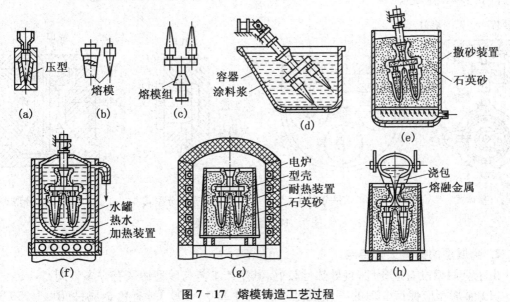

图 7-17　熔模铸造工艺过程

④ 造型　将型壳置于铁箱中,周围用干砂填上,目的是提高型壳的强度,防止浇注时变形或破裂,见图 7 - 17(h)。

(4) 浇注

为了提高液态合金的充型能力,防止浇不足,常在焙烧后趁热(600～700 ℃)进行浇注。

2. 熔模铸造的特点及应用

(1) 熔模铸造没有分型面,型壳内表面光洁,耐火度高,可以生产尺寸精度高和表面质量高的铸件,可实现少切削或无切削加工,尺寸公差等级可达到 IT11～IT14,表面粗糙度 Ra 1.6～12.5 μm。

(2) 能铸出各种合金铸件,尤其适合铸造高熔点、难切削加工和用别的加工方法难以成形的合金,如耐热合金、磁钢、不锈钢等。

(3) 可生产形状复杂的薄壁铸件,最小壁厚可达 0.3 mm,最小铸孔直径达 0.5 mm。但熔模铸造工艺过程复杂,工序多,生产周期长(4～15 天),生产成本高,而且由于熔模易变形,型壳强度不高等原因,熔模铸件的质量一般在 25 kg 以内。

熔模铸造用来生产那些形状复杂、熔点高、难于切削加工的小型零件,如汽轮机叶片、成形刀具和汽车、拖拉机、机床上的小型零件。

(二) 金属型铸造

借助重力将熔融金属浇入金属铸型而获得铸件的方法称为金属型铸造。与砂型不同的是,金属型可以反复使用,故该铸造方法又称"永久型铸造"。

1. 金属型的结构

金属型的结构有整体式、水平分型式、垂直分型式和复合分型式几种,如图 7 - 18。其中垂直分型式由于便于开设内浇道、取出铸件和易实现机械化而应用较多。金属型一般用铸铁或铸钢制造,型腔采用机加工的方法制成,不妨碍抽芯的铸件内腔可用金属芯获得,复杂的内腔多采用砂芯。

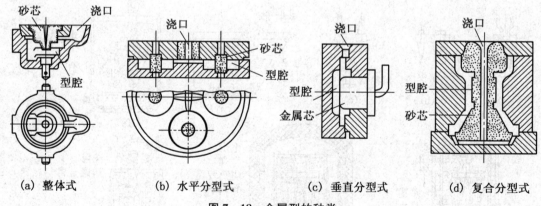

(a) 整体式　　(b) 水平分型式　　(c) 垂直分型式　　(d) 复合分型式

图 7 - 18　金属型的种类

2. 金属型的铸造工艺特点

由于金属型没有退让性,且导热性较好,其生产工艺与砂型铸造有许多不同。

(1) 金属型应保持合理的工作温度　铸铁件 250～300 ℃,有色金属件 100～250 ℃。浇注前要对金属型进行预热,而在使用过程中,为防止铸型吸热升温,还必须用散热装置来散热。

（2）喷刷涂料　其目的是防止高温的熔融金属对型壁直接进行冲击,从而起到保护型腔的作用。利用涂层厚薄,可调整和减缓铸件各部分冷却速度,提高铸件的表面质量。涂料一般由耐火材料(石墨粉、氧化锌、石英粉等)、水玻璃粘结剂和水制成。涂料层厚度约为0.1～0.5 mm。

（3）掌握好开型时间　为防止产生裂纹和白口组织,通常铸铁件出型温度为780～950 ℃左右,开型时间为10～20 s。

3. 金属型铸造的特点和应用

（1）金属型复用性好,实现了"一型多铸",可节省大量造型材料和工时,提高了劳动生产率。

（2）铸件力学性能高,由于金属导热性能好,散热快,使铸件结晶致密,提高了力学性能。

（3）铸件尺寸精确,表面粗糙度可达到 Ra 为 12.5～6.3 μm,切削加工余量小,节约原材料和加工费用。但金属型生产成本高,周期长,铸造工艺要求严格,不适于单件、小批量生产。由于金属型的冷却速度快,不宜铸造形状复杂和大型薄壁件。

金属型铸造主要用于大批量生产的、形状简单的有色金属件,如飞机、汽车、拖拉机、内燃机的铝活塞、气缸体、缸盖、油泵壳体以及铜合金轴瓦、轴套等。

（三）压力铸造

熔融金属在高压下高速充型,并在压力下凝固的铸造方法称为压力铸造,简称压铸。压铸时所用的压力高达数十兆帕(甚至超过 200 MPa),其速度约为 5～40 m/s,熔融金属充满铸型的时间为 0.01～0.2 s。高压和高速是压铸区别于一般金属型铸造的重要特征。

1. 压铸机和压铸工艺过程

压力铸造是在专用的压铸机上进行的。压铸机的类型很多,下面以图 7‑19 所示常用的卧式冷压室压铸机为例,说明其工艺过程。

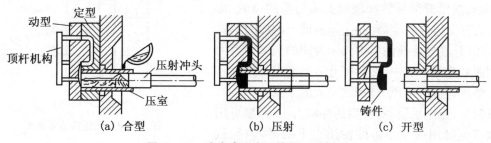

图 7‑19　卧式冷压室压铸机工作原理

所谓冷压室是指压室与保温炉(图中未表示)分开,压铸时从保温炉中取出液体金属注入压室中压射,故压室与液体金属只是短时间的接触。卧式则是指压室的中心线是水平的。压铸所用的金属型称为压型,它是由定型和动型两部分组成的,定型固定在压铸机上,动型在压铸机上可以水平移动,并设有顶出机构。卧式冷压室压铸机的工艺过程为:首先移动动型,使压型闭合,并把金属注入压室中;然后使压射冲头向前推进,将金属液压入压型的型腔中,继续施加压力,直至金属凝固;最后打开压型,用顶杆机构顶出铸件。这种压铸机广泛用于压铸熔点较低的有色金属,如铜、铝、镁等合金。此外,卧式压铸机还可以作黑色金属和半固态金属的压铸。

2. 压力铸造的特点及其应用

(1)可以获得尺寸精度很高、表面粗糙度很小的铸件;可以压铸出极复杂的、薄壁的甚至带有很小的孔和螺纹的铸件。

(2)由于压型的冷却速度快,故可得到极细密的内部组织,因而压铸件的强度要比普通砂型铸件提高 25%~40%。

(3)由于压铸件精度高,故互换性好,并且能将压铸件互接装配成部件。

(4)压铸生产率比其他铸造方法高。操作简单,易实现自动、半自动生产。

但是压铸设备和压铸型费用高,压铸型制造周期长,一般适于大批量生产。而且因液态金属充型速度高、压力大,气体难以完全排出,在铸件内常存在皮下小气孔。另外,压铸件不能进行热处理,否则会因气孔中气体膨胀而导致铸件表面起泡。压力铸造目前多用于生产有色金属的精密铸件,如发动机的气缸体、箱体、化油器以及仪表、电器、无线电、日用五金的中小零件等。

近几年来,为了进一步提高压铸件的质量,在压铸工艺和设备方面又有了新的进展,如真空压铸。真空压铸是在压铸前先将压腔内的空气抽除,使液态金属在具有一定真空度的型腔内凝固成铸件。真空压铸对减小铸件内部的微小气孔、提高质量具有良好的效果。如锌合金经真空压铸后 σ_b 能从 245 MPa 提高到 294 MPa,压铸的最小壁厚能从 1~1.5 mm 减小到 0.5~0.8 mm,废品率明显下降。

(四)低压铸造

低压铸造是介于金属型铸造和压力铸造之间的一种铸造方法,如图 7-20 所示。在一个盛有液态金属的密封坩埚中,由进气管通入干燥的压缩空气或惰性气体,由于金属液面受到气体压力的作用,金属液沿升液导管和浇口充满铸型的型腔,保持压力直至铸件完全凝固,金属液面上的压力解除后,这时升液导管及浇口中尚未凝固的金属因重力作用而回流到坩埚中,然后打开铸型取出铸件。

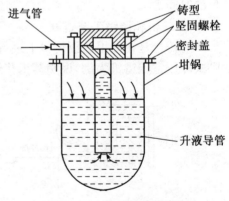

进气管 铸型 坚固螺栓 密封盖 坩锅 升液导管

图 7-20 低压铸造示意图

低压铸造所用压力较低(一般低于 0.1 MPa),设备简单,充型平稳,对铸型的冲刷力小,铸型可用金属型也可用砂型。铸件在压力下结晶,组织致密,质量较高。广泛应用于铝合金、铜合金及镁合金铸件,如发动机的气缸盖、曲轴、叶轮、活塞等。

(五)离心铸造

离心铸造是将熔融金属浇入绕水平、倾斜或立轴旋转的铸型,在离心力作用下,凝固成形的铸件的轴线与旋转铸型轴线重合的铸造方法。铸件多是简单的圆筒形,不用芯子即可形成圆筒内孔。

1. 离心铸造基本方式

离心铸造必须在离心铸造机上进行。离心铸造机可分立式和卧式两类。立式离心铸造机的铸型绕垂直轴旋转,如图 7-21(a)所示,当浇注圆筒形铸件时,熔融金属并不填满型腔,合金液在离心力作用下紧贴型腔外侧,铸件自动形成中空的内腔,其厚度取决于加入的合金量。铸件内表面由于重力的作用呈上薄下厚的抛物线形,铸件高度愈大,其壁厚差愈大。立式离心铸造主要适用于铸造高度不大的环、套类零件。

卧式离心铸造机的铸型绕水平轴旋转,如图 7-21(b)所示,由于铸件各部分冷却条件相近,铸出的圆筒形铸件的壁厚沿长度和圆周方向都很均匀。因此卧式离心铸造主要用来生产长度较长的筒类、管类铸件,如内燃机缸套、铸管、铜管等。

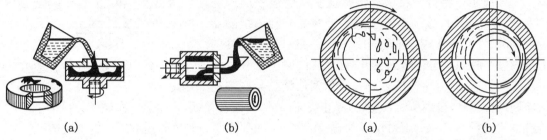

图 7-21 离心铸造示意图　　　　图 7-22 绕水平轴旋转时金属的散落现象

2. 铸型转速的确定

离心力的大小对铸件质量起着十分重要的影响。没有足够大的离心力,就不可能获得形状正确和性能良好的铸件,图 7-22 表明了卧式离心铸造时转速过低所引起的金属散落现象。但是,离心力过大又会使铸件产生裂纹,用砂套铸造时还可能引起胀砂和粘砂。因此,在实际生产中,通常按下式来确定离心铸造的铸型转速:

$$n = 55\,200/\sqrt{\gamma R}$$

式中:n 为铸型的转速(r/min);γ 为液态合金的重度(N/m³);R 为铸件内表面的半径(m)。

在一般情况下,铸型转速大约在 250～1 500 r/min 的范围内。

3. 离心铸造的特点和应用

(1) 不需要型芯就可直接生产筒、套类铸件,使铸造工艺大大简化,生产率高、成本低。

(2) 在离心力作用下,金属从外向内定向凝固,铸件组织致密,无缩孔、缩松、气孔、夹杂等缺陷,力学性能好。铸件尺寸精度为 CT 6～9 级,表面粗糙度 Ra 值为 1.6～12.5 μm。

(3) 不需要浇口、冒口,金属利用率高。

(4) 便于生产双金属铸件,例如钢套镶铜轴承等,其结合面牢固,又节省铜料,降低成本。但离心铸造的铸件易产生偏析,不宜铸造偏析倾向大的合金;而且内孔尺寸不精确,内表面粗糙,加工余量大;不适于单件、小批量生产等。

目前,离心铸造已广泛用于制造铸铁管、气缸套、铜套、双金属轴承、特殊钢的无缝管坯、造纸机滚筒等。

（六）连续铸造

往水冷金属型（结晶器）中连续浇注金属，连续凝固成形的方法称为连续铸造。水冷的金属型结构决定金属断面形状，一般可以分为连续铸管和连续铸锭两种，适宜浇注的合金有钢、铸铁、铜、铝及其他合金。从理论上讲，连续铸造可以铸出任意长度的铸件，但在实际生产中，由于设备、场地的限制和产品的要求，往往只间断地生产某一长度的铸件，属半连续铸造。连续铸管的工艺原理如图 7-23 所示。将符合要求的熔融铁水从浇包中浇入浇注系统，铁水均匀、连续不断地进入外结晶器与内结晶器间的间隙（管壁厚度）中，并凝固成有一定强度的外壳，管壁心部尚呈半凝固状态。结晶器开始振动，同时引管装置和

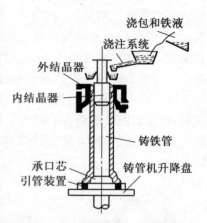

图 7-23　连续铸管工艺原理图

升降盘向下运动，引导铸铁管以一定速度从结晶器底部连续不断地拉出，当拉到所需长度时，停止浇注，放倒铸铁管，然后开始第二次循环。目前生产的连续铸管内径为 300～1 200 mm，长达 6 000 mm，主要用于自来水管道和煤气管道制造。

连续铸造铸件冷却迅速，晶粒细化，易实现机械化，生产率高。连续铸造无浇口、冒口，金属利用率高。而且合金是定向凝固，不含非金属夹杂物，没有缩孔、缩松等缺陷。连续铸造还可以连铸连轧，减少工序，节约原材料，提高工效。图 7-24 为卧式连续铸造示意图和铸件样品截面形状图。

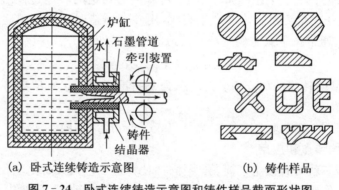

(a) 卧式连续铸造示意图　　　　　　(b) 铸件样品

图 7-24　卧式连续铸造示意图和铸件样品截面形状图

（七）陶瓷型铸造

采用陶瓷型铸造铸件的方法称为陶瓷型铸造。它是在砂型铸造和熔模铸造的基础上发展起来的一种精密铸造方法，与砂型铸造的不同仅在于型腔表面有一层陶瓷层。陶瓷型铸造是指用水解硅酸乙酯、耐火材料、催化剂等混合制成的陶瓷浆料，灌注到模板上或芯盒中的造型（芯）方法。

1. 陶瓷型铸造的基本工艺过程

陶瓷型铸造有不同的工艺方法。图 7-25 为广泛采用的薄壳陶瓷型铸造过程。

（1）砂套造型　在铸造陶瓷型之前，先用水玻璃砂制出砂套。制造砂套模样 B 比铸件

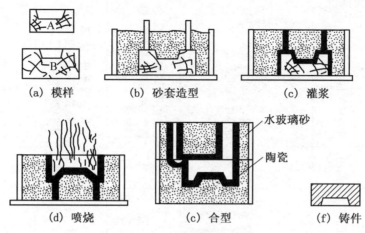

(a) 模样　　　　(b) 砂套造型　　　　(c) 灌浆

水玻璃砂

陶瓷

(d) 喷烧　　　　(c) 合型　　　　(f) 铸件

图 7 - 25　陶瓷型铸造工艺过程

模样 A 应增大一个陶瓷浆料厚,如图 7 - 25(a),其大小视铸件大小选用 8～20 mm。砂套的制造方法与砂型制造方法相同。在制作砂套时,上部应留有浇注陶瓷浆料的灌浆孔和排气孔,如图 7 - 25(b)所示。

(2) 灌浆与胶结　将铸件模样 A 固定在平板上,刷上分型剂,扣上砂套,将配制好的陶瓷浆由浇口浇入,灌满后经数分钟,陶瓷浆便开始胶结。

(3) 起模与喷烧　灌浆后经 3～5 min 的"固化过程",陶瓷浆料的硅胶骨架已初步形成,趁浆料尚有一定弹性时立即起模。起模后的陶瓷型须用明火均匀地喷烧整个型腔,加速铸型固化,提高陶瓷型的强度与刚度。

(4) 焙烧与合型　陶瓷型在浇注前须加热到 350～550 ℃焙烧 2～5 h,以烧去残存的水分、酒精及其他有机物质,进一步提高铸型强度,然后合型。合型操作与砂型铸造相同。

(5) 浇注　浇注温度可略高,以便获得轮廓清晰的铸件。

2. 陶瓷型铸造的特点及应用

(1) 陶瓷型铸件的尺寸精度与表面质量高,与熔模铸造相似。主要原因是陶瓷型在弹性状态下起模,型腔尺寸不易变化,同时陶瓷型高温变形小。

(2) 陶瓷型铸件的大小几乎不受限制,小到数百克,大到数吨。而且陶瓷材料耐高温,用陶瓷型可以浇注合金钢、模具钢、不锈钢等高熔点合金。

(3) 在单件、小批量生产条件下需要的投资少、生产周期短,在一般铸造车间就可以实现。

但陶瓷铸造不适于批量大、重量轻或形状比较复杂的铸件,且生产过程难以实现机械化和自动化。陶瓷型铸造目前主要用来生产各种大、中型精密铸件,如铸造冲模、热拉模、热锻模、金属型、热芯盒、压铸模、模板、玻璃器皿模等,可以浇注碳素钢、合金钢、模具钢、不锈钢、铸铁及有色金属铸件。

三、铸造方法的比较

各种铸造方法都有其优缺点,各适用于一定条件和范围。选择铸造方法应从技术、经济和生产的具体要求、特点来定,既要保证产品质量,又要考虑产品的成本和现有设备、原材料供应情况等,进行全面分析比较,以选定最适当的铸造方法。

工程材料与热加工工艺

表7-5 几种铸造方法的工艺特点及适用范围

铸造方法	适用于生产的铸件								工艺出品率①/%	毛坯利用率②/%	生产准备	生产率(一般机械化程度)	设备费用	应用举例
	合金	质量/kg	最小壁厚/mm	表面粗糙度/μm	尺寸公差	形状特征	批量	内部组织						
砂型铸造	所有铸造合金	数克至数百吨	3.0	Ra 12.5~50	CT 7~13级	复杂成形铸件	单件 小批 中批 大批	粗	30~50	<70	简单	低、中	低、中	各种铸件
熔模铸造	耐热合金 不锈钢 精密合金 碳合金钢 钛合金 铝合金 铸铁 其他合金	数克至数十千克 小孔径<25	约0.5，最小孔径0.5	Ra 1.6~12.5	CT 4~7级	复杂成形铸件	小批 中批 大批	粗	30~60	90	复杂	低、中	中	刀具、发动机叶片、风动工具、汽车、拖拉机、计算机零件、工艺品等
陶瓷型铸造	模具钢 碳素钢 合金钢	数百克到数吨	2	Ra 3.2~12.5	CT 5~8级	中等复杂成形铸件	单件 小批	粗	40~60	90	较复杂	低	低	各类模具，如压铸模、金属型、冲压模、热锻模、塑料模等
金属型铸造	钢、铁 铝合金 镁合金 铜合金	数十克到几百千克	铝硅2 铝镁3 铸铁2.5	Ra 3.2~12.5	CT 6~9级	中等复杂成形铸件	中批 大批	细	40~60	70	较复杂	中、高	中	发动机零件、飞机、汽车、拖拉机零件、电器、农用机械零件等
压力铸造	锌合金 锡合金 铝合金 镁合金 铜合金	数克到数千克	0.3，最小孔径0.7，最小螺距0.75	Ra 1.6~12.5	CT 4~8级	复杂成形铸件	大批	表层细、内部多气孔	约60~80	90	复杂	高	高	汽车、拖拉机、计算机、电讯、仪表、医疗器械、日用五金、航空航天零件等

续表

铸造方法	合金	适用于生产的铸件							工艺出品率①/%	毛坯利用率②/%	生产准备	生产率（一般机械化程度）	设备费用	应用举例
		质量/kg	最小壁厚/mm	表面粗糙度/μm	尺寸公差	形状特征	批量	内部组织						
低压铸造	钢、铁 铝合金 镁合金 铜合金	中小件	2	Ra 3.2~25	CT 6~9级	中等复杂成形件	小批 中批 大批	细 内部多有气孔	80~90	70~80	中等复杂	中	低	汽车、拖拉机、船舶、摩托车、发动机、机车车辆、医疗器械、仪表零件等
离心铸造	铸钢 铸铁 铝合金 铜合金	数克到数十吨	最小内径8	Ra 1.6~12.5	CT 6~9级	特别适用于管形铸件，小批也可铸中等复杂形状的铸件	小批 中批 大批	细 缺陷少	75~95	70~100	复杂 中等复杂	中、高	高	各种套、环、管、筒、辊、叶轮等
连续铸造	钢、铁 铝合金 铜合金		3~5		—	外形简单，截面相同的长铸件	大批	细	约90	90~100	复杂	高	高	各种煤气管、水管及铸锭
磁型铸造	铸钢 铸铁 铝合金	<100	2	Ra 3.2~12.5	CT 8	一般成形件	大批	细	40~50	约70	复杂	中高	高	汽车、机车车辆等交通运输机械、发动机、医疗器械零件等

① 工艺出品率 = $\dfrac{铸件质量}{铸件质量＋浇、冒口质量} \times 100\%$

② 毛坯利用率 = $\dfrac{零件质量}{铸件质量} \times 100\%$

在适应合金种类方面，主要考虑铸型的耐热性，如砂型铸造所用硅砂耐火度达 1 700 ℃，可用于铸钢、铸铁、非铁合金等铸件；熔模铸造的型壳由耐火度更高的石英粉和硅砂制成，可生产熔点更高的合金钢铸件；而金属型铸造、压力铸造一般只用于非铁合金铸件。

在适应铸件大小方面，主要与铸型尺寸、金属熔炉、起重设备的吨位等条件有关。砂型铸造可铸造小、中、大型铸件；而金属型铸造、压力铸造和低压铸造，由于制造大型金属铸型和金属型芯较困难及设备吨位的限制，一般用来生产中、小型铸件。

在铸件的尺寸精度和表面粗糙度方面，主要与铸型的精度与表面的粗糙度有关。砂型铸件的尺寸精度最差，表面粗糙度值大。熔模铸造因压型制作精细，故蜡模也很精确，且为无分型面的铸型，所以熔模铸件的尺寸精度很高，表面光洁。压力铸造和金属型铸造采用加工精度较高的金属铸型，故铸件的尺寸精度也高，表面粗糙度值低；但金属型铸造所用的金属铸型（型芯）精度不如压铸型，且是在重力下成形，故其铸件的外观质量不如压铸件。

表 7-5 为几种铸造方法的工艺特点及适用范围，可供选择铸造方法时参考。

一般来说，砂型铸造虽有不少缺点，但其适应性最强，它仍然是目前最基本的铸造方法，砂型铸造铸件约占全部铸件总量的 90% 以上。特种铸造往往是在某种特定条件下才能充分发挥其优越性。当铸件批量小时，砂型铸造的成本是最低的，几乎是熔模铸造的 1/10。金属型铸造和压力铸造的成本，随铸件批量加大而迅速下降，当批量超过 10 000 件时，压力铸造的成本反而最低。表 7-6 是采用技术经济指标来综合评价铸造技术经济性，表中数字 1～5 表示指标由优到劣的程度。

表 7-6　几种铸造方法技术经济指标

鉴定技术或经济指标	铸造方法				
	砂型	熔模	陶瓷型	金属型	压铸
尺寸无限制	1	4	2	2	5
影响结构	2	1	3	4	5
适用各种合金	1	1	1	4	5
装备的价值	1	2	1	4	5
持续时间的掌握	1	3	4	2	5
最小的经济批量	1	2	1	4	5
随着批量扩大继续增加经济性	4	5	5	2	1
生产率（速度）	4	5	5	2	1
铸件表面粗糙度	5	2	2	4	1
薄壁的铸件	4	1	2	5	1
适宜的产量	4	2	4	3	1
公差值	5	2	2	3	1
机械化和自动化的难易	5	4	5	1	1

第三节　铸造工艺设计

铸造工艺设计是根据铸件结构特点、技术要求、生产批量、生产条件等,确定铸造方案和工艺参数,绘制图样和标注符号,编制工艺卡和工艺规范等。其主要内容包括制订铸件的浇注位置、分型面、浇注系统,确定加工余量、收缩率和起模斜度,设计砂芯等。

一、铸件浇注位置和分型面的选择

(一)浇注位置的选择

浇注位置是指浇注时铸件在铸型中所处的空间位置。浇注位置选择得正确与否,对铸件质量影响很大。选择时应考虑以下原则:

(1)铸件的重要加工面应朝下或位于侧面。这是因为铸件上部凝固速度慢,晶粒较粗大,易在铸件上部形成砂眼、气孔、渣孔等缺陷,铸件下部的晶粒细小,组织致密,缺陷少,质量优于上部。当铸件上有几个重要加工面或重要面时,应将主要的和较大的加工面朝下或侧立。无法避免在铸件上部出现的加工面,应适当加大加工余量,以保证加工后铸件质量。图7-26所示机床床身导轨和铸造锥齿轮的锥面都是主要的工作面,浇注应朝下。图7-27为吊车卷筒,主要加工面为外侧柱面,采用立位浇注,卷筒的全部圆周表面位于侧位,保证质量均匀一致。

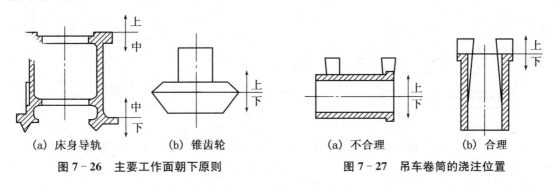

(a) 床身导轨	(b) 锥齿轮	(a) 不合理	(b) 合理

图7-26　主要工作面朝下原则　　　　　　图7-27　吊车卷筒的浇注位置

(2)铸件宽大平面应朝下。这是因为在浇注过程中,熔融金属对型腔上表面的强烈辐射,容易使上表面型砂急剧地膨胀而拱起或开裂,在铸件表面造成夹砂结疤缺陷,如图7-28所示。

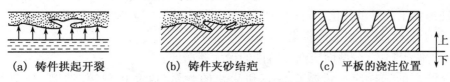

(a) 铸件拱起开裂　　　　　(b) 铸件夹砂结疤　　　　　(c) 平板的浇注位置

图7-28　大平面在浇注时的位置

(3)面积较大的薄壁部分应置于铸型下部或垂直、倾斜位置。图7-29为箱盖铸件,将薄壁部分置于铸型上部,见图7-29(a),易产生浇不足、冷隔等缺陷,改置于铸型下部后,见

图 7-29(b)，可避免出现缺陷。

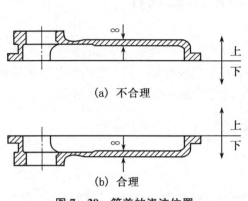

(a) 不合理

(b) 合理

图 7-29　箱盖的浇注位置

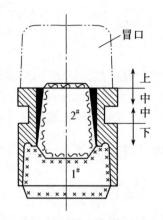

图 7-30　铸钢双排链轮的浇注位置

1、2—芯编号

(4) 易形成缩孔的铸件，应将截面较厚的部分置于上部或侧面，便于安放冒口，使铸件自下而上(朝冒口方向)定向凝固，如图 7-30 所示。

(5) 应尽量减小型芯的数量，且便于安放、固定和排气。图 7-31 为床腿铸件，采用图 7-31(a)方案，中间空腔需一个很大的型芯，增加了制芯的工作量；采用图 7-31(b)方案，中间空腔由自带芯形成，简化了造型工艺。图 7-32 支架的浇注位置，采用图 7-32(b)方案便于合型和排气，且安放型芯牢靠、合理。

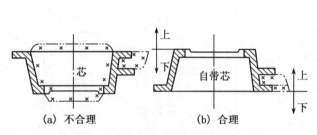

(a) 不合理　　　(b) 合理

图 7-31　床腿铸件的浇注位置

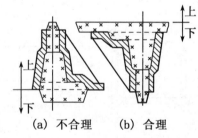

(a) 不合理　　(b) 合理

图 7-32　支架的浇注位置

(二) 铸型分型面的选择

分型面为铸型之间的结合面，分型面选择是否合理，对铸件质量的影响很大，选择不当还将使制模、造型、合型、甚至切削加工等工序复杂化。分型面的选择应在保证铸件质量的前提下，使造型工艺尽量简化，节省人力、物力。分型面选择应考虑以下原则：

(1) 便于起模，使造型工艺简化。

① 为了便于起模，分型面应选在铸件的最大截面处。

② 分型面的选择应尽量减小型芯和活块的数量，以简化制模、造型、合型工序，如图 7-33 所示。

③ 分型面应尽量平直。图 7-34 为起重臂分型面的选择，按图 7-34(a)方案分型，必须采用挖砂或假箱造型；采用图 7-34(b)方案分型，可采用分模造型，使造型工艺简化。

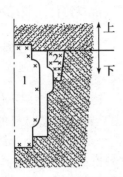

图 7 - 33　以砂芯代替活块

1、2—砂芯编号

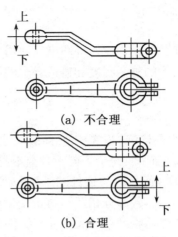

(a) 不合理

(b) 合理

图 7 - 34　起重臂分型面的选择

④ 尽量减少分型面,特别是机器造型时,只能有一个分型面,如果铸件不得不采用两个或两个以上的分型面时,可利用外(型)芯等措施减少分型面,如图 7 - 35 所示。

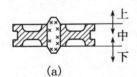

(a)

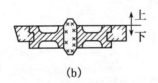

(b)

图 7 - 35　绳轮采用环状(型)芯使三箱造型变成两箱造型

(2) 尽量将铸件重要加工面或大部分加工面、加工基准面放在同一个砂箱中,以避免产生错箱、披缝和毛刺,降低铸件精度和增加清理工作量。图 7 - 36 中所示箱体零件,如采用 Ⅰ 分型面选型时,铸件 a、b 两尺寸变动较大,以箱体底面为基准面加工 A、B 面时,凸台高度、铸件的壁厚等难以保证;若用 Ⅱ 分型面,整个铸件位于同一砂箱中,则不会出现上述问题。

(3) 使型腔和主要芯位于下箱,便于下芯、合型和检查型腔尺寸,如图 7 - 37。

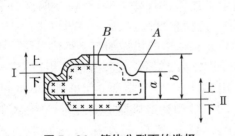

图 7 - 36　箱体分型面的选择

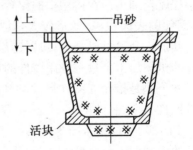

图 7 - 37　床腿类铸件的铸造工艺

二、铸造工艺参数确定

铸造工艺参数包括收缩余量、加工余量、起模斜度、铸造圆角及芯头、芯座等。

（一）收缩余量

为了补偿收缩，模样比铸件图纸尺寸增大的数值称为收缩余量。收缩余量的大小与铸件尺寸大小、结构的复杂程度和铸造合金的线收缩率有关，常以铸件线收缩率(K)表示：

$$K = \frac{L_模 - L_件}{L_件} \times 100\%$$

式中：$L_模$为模样（或芯盒）工作面的尺寸；$L_件$为铸件尺寸。

铸件的线收缩率不完全等同于合金本身的线收缩率。铸件线收缩率不仅与铸造合金的种类和成分有关，而且还与铸件的结构和壁厚、铸型的退让性及铸型材料的导热性能等有关。铸件结构复杂，各部分相互制约，收缩阻力增大，则铸件收缩率减小。铸型的退让性好（刚性小），则铸件的收缩率增大。随着铸件尺寸增大，铸型退让性变差，则铸件收缩率减小。此外，浇冒口、芯骨、箱带等都会影响铸件的收缩。表7-7列出了常用合金砂型铸造的线收缩率。

表7-7　常用合金砂型铸造的线收缩率

铸造合金	线收缩率/%	
	自由收缩	受阻收缩
灰铸铁：中小型件 　　　　中大型件	1.0 0.9	0.9 0.8
球墨铸铁	0.8～1.1	0.4～0.8
碳钢、低合金钢	1.6～2.0	1.3～1.7
铝硅合金	1.0～1.2	0.8～1.0

（二）加工余量

铸件为进行机械加工而加大的尺寸称为机械加工余量。在零件图上标有加工符号的地方，制模时必须留有加工余量。加工余量的大小，要根据铸件的大小、生产批量、合金种类、铸件复杂程度及加工面在铸型中的位置来确定。灰铸铁件表面光滑平整，精度较高，加工余量小；铸钢件的表面粗糙，变形较大，其加工余量比铸铁件要大些；有色金属件由于表面光洁、平整，其加工余量可以小些；机器造型比手工造型精度高，故加工余量可小一些。

铸件的机械加工余量一般用铸件的尺寸公差和要求的机械加工余量代号统一标注在图样上。尺寸公差是指允许铸件尺寸的变动量，共分为16个等级，由精到粗以CT1～CT16表示。铸铁件和铸钢件的尺寸公差等级：用粘土砂手工造型时，单件、小批量生产为CT13～CT15级，大批量生产为CT11～CT14级；砂型铸造机器造型时为CT8～CT12级。

要求的机械加工余量（RMA）等级有A，B，C，D，E，F，G，H，J和K共10级。确定铸件的机械加工余量之前，需要先确定机械加工余量等级，推荐用于各种铸造合金及铸造方法的RMA等级列于表7-8中，加工余量的具体数值按表7-9选取。

表 7-8 毛坯铸件典型的机械加工余量等级

方法 \ 铸件材料 → 等级	要求的机械加工余量等级							
	钢	灰铸铁	球墨铸铁	可锻铸铁	铜合金	锌合金	轻金属合金	镍基合金
砂型铸造手工造型	G~K	F~H	F~H	F~H	F~H	F~H	F~H	G~K
砂型铸造机器造型和壳型	F~H	E~G	E~G	E~G	E~G	E~G	E~G	F~H
金属型(重力铸造和低压铸造)	—	D~F	D~F	D~F	D~F	D~F	D~F	—

表 7-9 要求的铸件机械加工余量 (mm)

最大尺寸		要求的机械加工余量等级							
大于	至	C	D	E	F	G	H	J	K
—	40	0.2	0.3	0.4	0.5	0.5	0.7	1	1.4
40	63	0.3	0.3	0.4	0.5	0.7	1	1.4	2
63	100	0.4	0.5	0.7	1	1.4	2	2.8	4
100	160	0.5	0.8	1.1	1.5	2.2	3	4	6
160	250	0.7	1	1.4	2	2.8	4	55.5	8
250	400	0.9	1.3	1.4	2.5	3.5	5	7	10
400	630	1.1	1.5	2.2	3	4	6	9	12
630	1 000	1.2	1.8	2.5	3.5	5	7	10	14
1 000	1 600	1.4	2	2.8	4	5.5	8	11	16

注:最大尺寸指最终机械加工后铸件的最大轮廓尺寸。

零件上的孔与槽是否铸出,应考虑工艺上的可行性和使用上的必要性。一般来说,较大的孔与槽应铸出,以节约金属、减少切削加工工时,同时可以减小铸件的热节;较小的孔,尤其是位置精度要求高的孔、槽则不必铸出,留待机加工反而更经济。通常情况下,最小铸出孔尺寸可查表 7-10。

表 7-10 铸件的最小铸出孔

生产批量	最小铸造出孔直径/mm	
	灰铸铁件	铸钢件
大量生产	12~15	
成批生产	15~30	30~50
单件、小批生产	30~50	50

（三）起模斜度

为使模样容易地从铸型中取出或型芯自芯盒中脱出，平行于起模方向在模样或芯盒壁上的斜度，称为起模斜度。起模斜度的大小根据立壁的高度、造型方法和模样材料来确定。立壁愈高，斜度愈小；外壁斜度比内壁小；机器造型的一般比手工造型的小；金属模斜度比木模小，通常为 $15'\sim3°$，如表 7-11 所示。

表 7-11　砂型铸造用起模斜度

测量面高度 H/mm	金属模样、塑料模样		木模样	
	α	a/mm	α	a/mm
$\leqslant10$	2°20′	0.4	2°55′	0.5
>10~40	1°10′	0.8	1°25′	1.0
>40~100	0°30′	1.0	0°40′	1.2
>100~160	0°25′	1.2	0°30′	1.4
>160~250	0°20′	1.6	0°25′	1.8
>250~400	0°20′	2.4	0°25′	3.0
>400~630	0°20′	3.8	0°20′	3.8
>630~1 000	0°15′	4.4	0°20′	5.8

起模斜度的设计有三种方法：增加壁厚法、加减壁厚法、减少壁厚法，如图 7-38 所示。

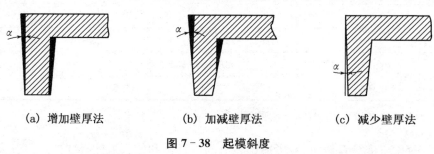

（a）增加壁厚法　　　（b）加减壁厚法　　　（c）减少壁厚法

图 7-38　起模斜度

一般情况下，铸件不加工面的壁厚小于 8 mm 时，可采用增加铸件壁厚法；壁厚 8~22 mm 时，可采用加减壁厚法；壁厚大于 22 mm 时，可采用减少壁厚法。铸件加工表面的起模斜度，按增加壁厚法确定。如铸件在起模方向已有足够的结构斜度时，不必加起模斜度。

（四）型芯设计

型芯是铸型的重要组成部分，主要是用来形成铸件的内腔、孔和铸件外表面妨碍起模的部位等。型芯设计的内容主要包括确定型芯的数量和形状以及设计芯头的结构等。

芯头指型芯的外伸部分，不形成铸件轮廓，只落入芯座内，用以定位和支撑型芯，因此芯头的作用是保证型芯能准确地固定在型腔中，并承受型芯本身所受的重力、熔融金属对型芯的浮力和冲击力等。此外，型芯还利用芯头向外排气。

芯头按其在砂型中的安装形式来分，有垂直芯头和水平芯头两种基本类型。芯头的设计主要是确定芯头长度、芯头斜度及芯头与芯座之间的装配间隙。设计垂直芯头与水平芯头时可分别参照表 7-12、表 7-13、表 7-14、表 7-15 选取参数。

表 7-12　垂直芯头高度 h 和 h_1　　　　　　　　（mm）

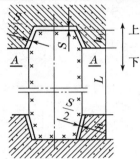

L	D 或 $(A+B)/2$					
	<30	31～60	61～100	101～150	151～300	301～500
<30	20	20				
31～50	20～25	20～25	20～25			
51～100	25～30	25～30	25～30	20～25	20～25	30～40
101～150	30～35	30～35	30～35	25～30	25～30	40～60
151～300	35～45	35～45	35～45	30～40	30～40	40～60
301～500		40～60	40～60	35～55	35～55	40～60

由 h 查 h_1

下芯头高度 h	20	25	30	35	40	45	50	55	60	65	70	75	80	90
上芯头高度 h_1	15	15	15	15	20	20	20	25	25	30	30	35	35	40

注:1. 一般型芯,上下芯头均采用相同的高度,便于操作,尤其是大量生产时更应如此。在单件小批量生产时,为了合箱方便,上下芯头可采用不同高度,一般是上芯头比下芯头短。

　　2. 对于大而矮的垂直型芯,可将下芯头适当加大而不要上芯头。

表 7-13　垂直芯头的间隙 S　　　　　　　　（mm）

铸型种类	D 或 $(A+B)/2$											
	<50	51～100	101～150	151～200	201～300	301～400	401～500	501～700	700～1 000	1 001～1 500	1 501～2 000	>2 001
湿型				0.5	0.5	0.5	1	1	1.5	1.5	2	2
干型	0.5	1.0	1.0	1.5	1.5	2.0	2.0	2.5	3.0	4	5	6

注:对于中件、生产批量较大、湿型、机器造型等,常用间隙为 0.5～1 mm,对于干型、大件等,间隙常为 2.0～4.0 mm。

表 7-14　水平芯头长度　　　　　　　　　　　　　　　　　　（mm）

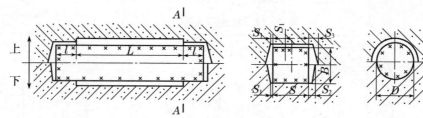

L	D 或(A+B)/2							
	≤25	26～50	51～100	101～150	151～200	201～300	301～400	401～500
≤100	20	25～35	30～40	35～45	40～50	50～70	60～80	
101～200	25～35	30～40	35～45	45～55	50～70	60～80	70～90	80～100
201～400		35～45	40～60	50～70	60～80	70～90	80～100	80～100
401～600		40～60	50～70	60～80	70～90	80～100	90～110	100～120
601～800		60～80	70～90	80～100	90～110	100～120	110～130	120～140

表 7-15　水平芯头的间隙　　　　　　　　　　　　　　　　　（mm）

D 或(A+B)/2		≤50	51～100	101～150	151～200	201～300	301～400	401～500
湿型	S_1	0.5	0.5	1.0	1.0	1.5	1.5	2.0
	S_2	1.0	1.5	1.5	1.5	2.0	2.0	3.0
	S_3	1.5	2.0	2.0	2.0	3.0	3.0	4.0
干型	S_1	1.0	1.5	1.5	1.5	2.0	2.0	2.5
	S_2	1.5	2.0	2.0	3.0	3.0	3.0	4.0
	S_3	2.0	3.0	3.0	4.0	4.0	6.0	6.0

（五）浇注系统设计

浇注系统是为金属液流入型腔而开设于铸型中的一系列通道，也称为浇口。浇注系统主要由浇口杯（外浇口）、直浇道、横浇道、内浇道四部分组成，如图 7-39 所示。

浇注系统的作用包括：提供足够的充型压力，保证金属液的充型速度，将液态金属平稳导入型腔；排除金属液中的渣和气，排出型腔中的气体，防止金属液过度氧化；调节铸件各部分的温度分布，控制铸件的凝固顺序且有补缩作用。

设计浇注系统的原则是，在保证铸件质量的前提下，力求浇注系统结构简单紧凑，造型方便，容易清除。

1. 浇注系统设计步骤

浇注系统设计的步骤主要有：选择浇注系统的类型和结构；根据砂箱中铸件数目及其排布方式，确定浇注系统的布置；确定

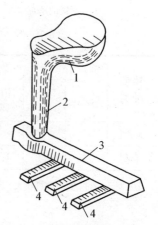

图 7-39　浇注系统的组成

1—浇口杯　2—直浇道
3—横浇道　4—内浇道

内浇道的引入位置与个数;计算浇注时间和浇注系统中的最小断面积,确定直浇道的高度;确定浇注系统中其他组元的断面积及相关尺寸。

2. 浇注系统类型

浇注系统的分类方法主要有以下两种:

根据各组元断面比例关系,分为封闭式浇注系统(内浇道断面积之和最小,$\sum F_内 \leqslant \sum F_横 \leqslant \sum F_直$)和开放式浇注系统(内浇道断面积之和最大,$\sum F_内 \geqslant \sum F_横 \geqslant \sum F_直$)。

根据金属液注入型腔的位置,可分为顶注式、中间注入式、底注式、阶梯式和缝隙式浇注系统。对于高度不大的中小型铸铁件,尤其是机器造型,其浇注系统多采用中间注入式,也就是两箱造型,内浇道开设在分型面上,故亦称分型面注入式。

3. 浇注系统各部分尺寸的确定

金属液进入型腔的速度和流量对铸件质量有较大的影响,所以确定浇注系统各组元的断面尺寸时,一般先计算控制浇注速度的最小断面积(如封闭式浇注系统最小断面是内浇道),然后以此面积为基数,按相应的比例关系(见表 7 - 16)再确定其他组元的断面积。

表 7 - 16　浇注系统各单元断面比例、应用及特点

型式	断面比例			应　用	特　点
	$\sum F_直$	$\sum F_横$	$\sum F_内$		
开放式	1 1 1	2～3 1～2 2	2～4 1～2 1～3	铝合金铸件 采用漏包浇注的铸钢件 1 000 kg 以上灰铸铁件	充型平稳,冲刷力小,金属氧化少,但挡渣和排气效果较差
封闭式	1.15 1.11 1.2～1.25	1.1 1.06 1.1～1.15	1 1 1	中、小型灰铸铁件(湿型) 薄壁板状铸铁件 100～1 000 kg 灰铸铁件(干型)	充型迅速,呈受压流动状态,冲刷力大,有一定挡渣作用

确定浇注系统最小断面积的常用方法有计算法和查表法(见表 7 - 17)。

表 7 - 17　中、小型铸铁件的内浇道总截面积($F_内$)/cm²

铸件质量/kg ＼ 铸件壁厚/mm	＜5	5～10	10～15	15～25	25～40
＜1	0.6	0.6	0.4	0.4	0.4
1～3	0.8	0.8	0.6	0.6	0.6
3～5	1.6	1.6	1.2	1.2	1.0
5～10	2.0	1.8	1.6	1.6	1.2
10～15	2.6	2.4	2.0	2.0	1.8
15～20	4.0	3.6	3.2	3.0	2.8
20～40	5.0	4.4	4.0	3.6	3.2
40～60	7.2	6.8	6.4	5.2	4.2
60～100		8.0	7.4	6.2	6.0
100～150		12.0	10.0	8.6	7.6
150～200		15.0	12.0	10.0	9.0
200～250			14.0	11.0	9.4
250～300			15.0	12.0	10.0

（六）冒口与冷铁的应用

1. 冒口

冒口的主要作用是补缩铸件，此外，还有出气和集渣作用。冒口设计的内容主要是：选择冒口的形状及安放位置，确定冒口的数量，计算冒口的尺寸，校核冒口的补缩能力。

2. 冷铁

冷铁通常与冒口配合使用，以加强铸件的顺序凝固、扩大冒口的有效补缩距离，防止铸件产生缩孔或缩松缺陷。冷铁分为外冷铁和内冷铁两种。外冷铁作为铸型的一个组成部分，和铸件不熔接，用后可以回收，重复使用。外冷铁主要用于壁厚 100 mm 以下的铸件。内冷铁则直接插入需要激冷部分的型腔中，使金属液激冷并同金属熔接在一起，成为铸件壁的一部分。内冷铁多用于厚大而不重要的铸件，对于承受高温、高压的铸件，不宜采用。

三、铸造工艺简图绘制

铸造工艺简图是利用各种工艺符号，把铸造模样和铸造所需的资料直接绘在零件图上的图样。它决定了铸件的形状、尺寸、生产方法和工艺过程。

（一）铸造工艺符号及表示方法

铸造工艺简图通常是在零件蓝图上加注红、蓝色的各种工艺符号，把分型面、加工余量、起模斜度、芯头、浇冒口系统等表示出来，铸件线收缩率可用文字说明。对于大批量生产的定型产品或重要的试验产品，应画出铸件图、模样（或模板）图、芯盒图、砂箱图和铸型装配图等。表 7-18 为常用铸造工艺符号及表示方法，适用于砂型铸钢件、铸铁件及有色金属铸件。

表 7-18　常用铸造工艺符号及表示方法

序号	名称	工艺符号及表示方法	图 例
1	分型线	用细实线表示，并写出"上"、"中"、"下"字样，在蓝图上用红色线绘制 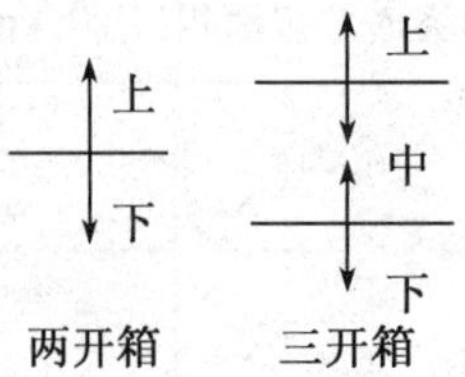　　　两开箱　　三开箱	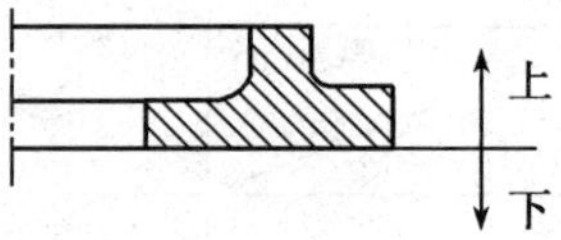
2	分模线	用细实线表示，在任一端划"<"号，在蓝图上用红色段表示	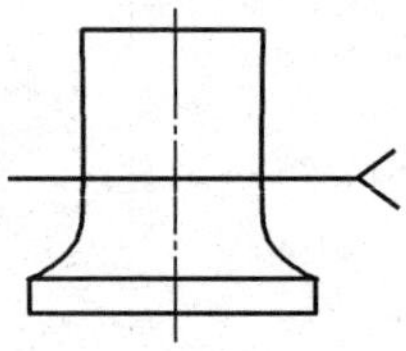

序号	名称	工艺符号及表示方法	图　例
3	分型分模线	用细实线表示,在蓝图上用红色表示 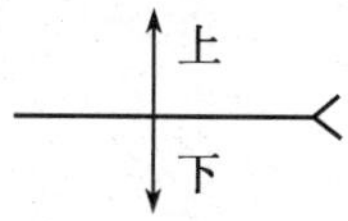	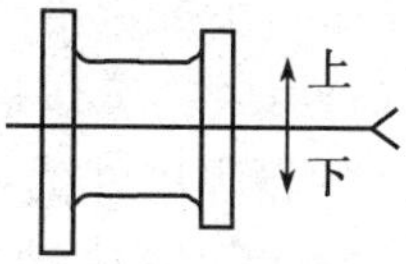
4	不铸出的孔和槽	不铸出的孔或槽在铸件图上不画出,在蓝图上用红线打叉	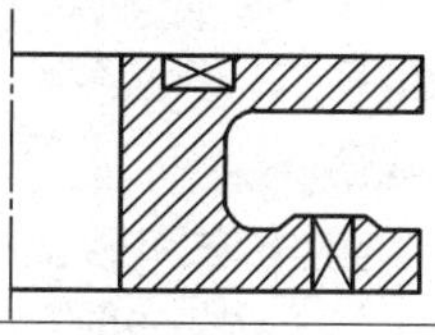
5	机械加工余量	加工余量分两种方法可任选其一: ① 粗实线表示毛坯轮廓,双点划线表示零件形状,并注明加工余量数值,在蓝图上用红色线表示,在加工符号附近注明加工余量数值(如右下图所示) ② 粗实线表示零件轮廓,在工艺说明中写出"上"、"侧"、"下"字样,注明加工余量数值,凡带斜度的在加工余量应注明斜度	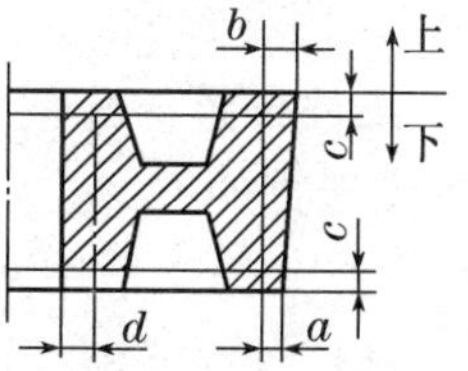 用墨线绘制的工艺图 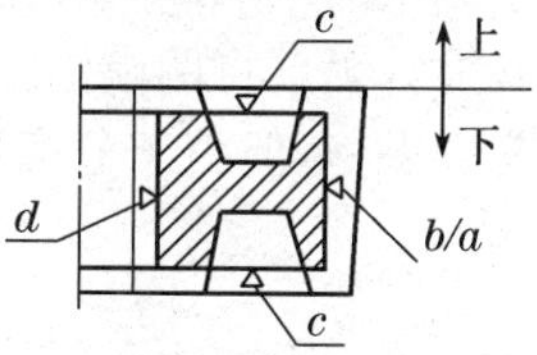 在蓝图上绘制的工艺图
6	砂芯编号、边界符号及芯头边界	芯头边界用细实线表示(蓝图上用蓝色线表示),砂芯编号用阿拉伯数字 1♯、2♯ 等标注,边界符号一般只在芯头及砂芯交界处用砂芯编号相同的小号数字表示,铁芯须写出"铁芯"字样 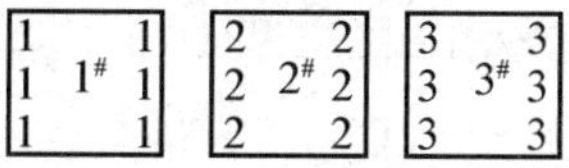	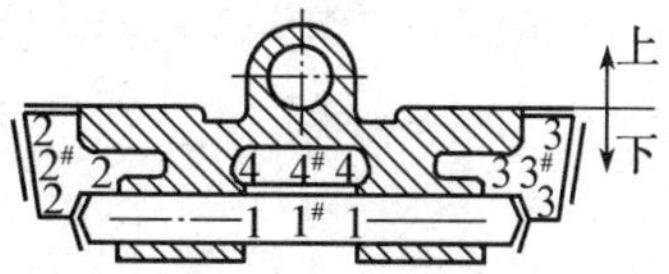
7	芯头斜度与芯头间隙	用细实线表示(蓝图上用蓝色线表示),并注明斜度及间隙数值 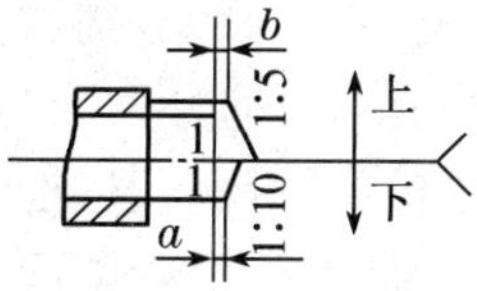	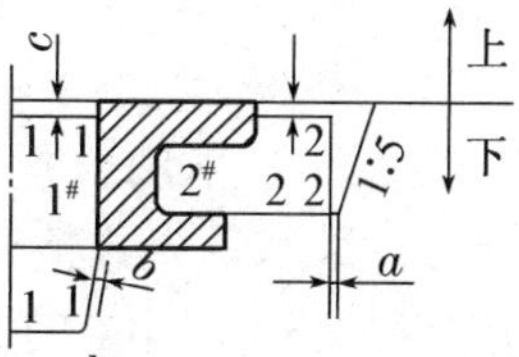 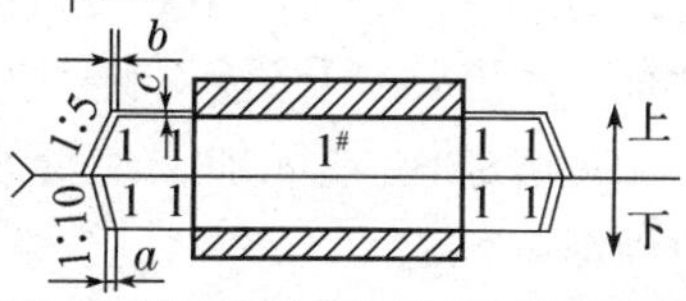

（二）典型零件工艺分析

图 7-40 所示为一支架零件，材料为灰铸铁 HT200，小批量生产。

1. 铸件结构、工作条件和技术要求分析

铸件的轮廓尺寸为 $\phi 280 \times 200$，平均壁厚约为 30 mm。其中端面及 $\phi 60$、$\phi 70$ 内孔需机械加工，且 $\phi 60$ 孔表面加工要求较高，$\phi 80$ 孔由型芯铸出，不需加工。零件工作时承受轻载荷。

2. 造型方法和砂型种类的确定

由于铸件生产批量不大，技术要求一般，决定采用湿砂型，手工分模造型。

3. 浇注位置与分型面的选择

可供选择的方案主要有以下两种。

（1）方案一　采用两箱造型，平做平浇（图 7-41）。铸件卧置，轴线处于水平位置，

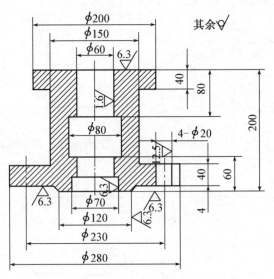

图 7-40　支架零件图

取过中心线的纵剖面为分型面，使分型面和分模面一致，有利于起模、下芯以及型芯的固定、排气和检验等。将两端法兰的加工面置于侧立位置，质量较易得到保证。该方案浇注时金属液充型平稳，但由于分模造型，易产生错型缺陷，对铸件外形精度有一定不利影响。

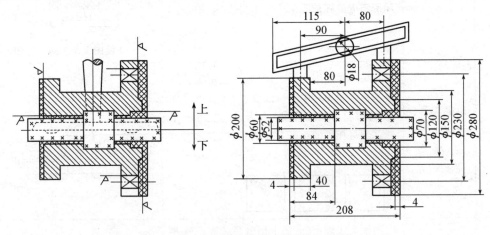

图 7-41　支架零件铸造工艺图（方案一）

（2）方案二　采用三箱造型，立做立浇（图 7-42）。铸件两端均为分型面，上凸缘的底面为分模面，采用垂直式整体型芯。在铸件上端面的分型面开设切向导入，不设横浇道。此方案的优点是整个铸件位于中箱，外形尺寸精度较高。其缺点是，上端面质量不易保证；因没有横浇道，金属液流对铸型冲击较大；由于采用三箱造型，多用一个砂箱，型砂耗用量和造型工时增加；上端面加工余量的加大，导致金属耗费和切削工时增加。相比之下，方案一更为合理。

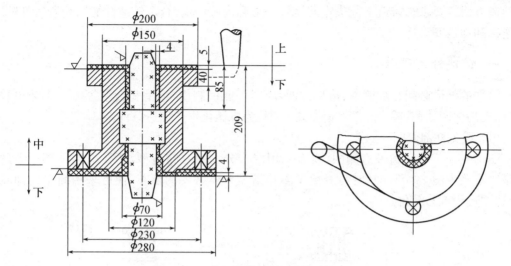

图 7-42 支架零件铸造工艺图(方案二)

4. 铸造工艺参数的确定

(1) 铸件为灰铸铁中小件 查表 7-7,收缩余量为 0.9%,近似取 1%。

(2) 要求的机械加工余量 查表 7-8,砂型铸造手工造型的灰铸铁件机械加工余量等级为 F~H 级,现选 G 级。按零件最大尺寸为 280 mm,查表 7-9,确定铸件各加工面要求的机械加工余量为 3.5 mm,可在铸造工艺图上直接标注机械加工余量尺寸值。如有个别要求的机械加工余量,则应标注在图样的特定表面上。

查表 7-10,铸件下凸缘上的 4 个 $\phi 20$ 的孔可不必铸出。

(3) 起模斜度 由于铸件要求加工,按增加铸件壁厚法确定。查表 7-11,取 $\alpha = 1°$。

(4) 型芯设计 该铸件的内腔形状较为简单,只需用一个整体型芯即可铸出。根据型芯的长度和直径,查表 7-12 和表 7-13,得水平芯头长度应为 40~60 mm,取 45 mm;芯头间隙 S_1、S_2 和 S_3 分别为 0.5 mm、1.5 mm 和 2.0 mm。

(5) 浇注系统设计 浇注系统的布置为,横浇道开在上型分型面上,两个内浇道开在下型分型面上,熔融金属从两端法兰的外缘中间注入型腔。根据铸件质量(约 40 kg)和主要壁厚,查表 7-15,得内浇道总截面积($F_{内}$)应为 3.2 cm²,则每个内浇道的截面积为 1.6 cm²。再由表 7-14,查得适用于中、小型灰铸铁件的浇注系统断面比例关系 $\sum F_{内} : \sum F_{横} : \sum F_{直}$ 为 1:1.1:1.15,由此确定横浇道截面积约为 3.5 cm²,直浇道直径为 2.2 cm。

(6) 因灰铸铁收缩小、流动性好,且铸件无明显厚大部位,故可不设冒口。

第四节 铸件结构设计

铸件结构是否合理,不仅直接影响到铸件的使用性能和尺寸精度等质量要求,同时对铸造生产过程也有很大的影响。良好的铸件结构设计,应该是铸件的使用性能容易保证,生产过程及所使用的工艺装备简单,生产成本低。铸件结构要素与铸造合金的种类、铸件的大小、铸造方法、产量和生产条件等密切相关。铸件结构设计应考虑铸造工艺、合金铸造性能和铸造方法等要求。铸造工艺决定着铸件外形和内腔结构,合金铸造性能影响着铸件壁厚、壁连接和加强筋设计。

一、铸件外形设计

铸件的外形必须力求简单、造型方便,应尽可能使制模、造型和合型等铸造工艺过程简化,以提高生产效率、减小耗费和降低废品率,为机械化生产创造条件。

(1)避免外部侧凹、凸起

图7-43(a)所示铸件有侧凹,要么采用两个分型面三箱造型,要么采用外部型芯两箱造型。若改为图7-43(b)结构,避免了多箱造型和不必要的型芯,便可采用简单的两箱造型,造型过程大为简化。

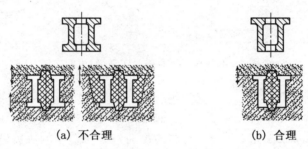

(a) 不合理 (b) 合理

图7-43 避免外部侧凹的铸件结构

(2)尽量减少分型面

图7-44(a)铸件均为两个分型面,必须采用三箱造型,使得造型工艺复杂,铸件精度差。图7-44(b)把外凸缘改为内凸缘或改变型芯,从而减少了一个分型面,采用整模两箱造型,造型工艺简单,铸件精度高。

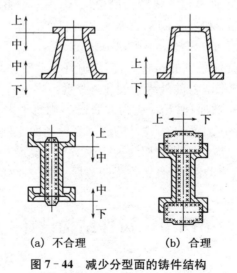

(a) 不合理 (b) 合理

图7-44 减少分型面的铸件结构

(3)分型面应平直

图7-45(a)为摇臂铸件,原设计两臂不在同一平面内,分型面不平直,使制模、造型都很困难。改进后,如图7-45(b),分型面为简单平面,使造型工艺大大简化。

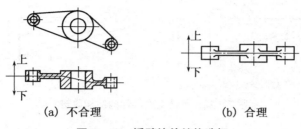

（a）不合理　　　　　　　（b）合理

图 7 – 45　摇臂铸件结构选择

（4）凸台和筋等结构应便于起模

图 7 – 46(a)中的凸台,必须采用活块或外砂芯才能取出模样。改成图 7 – 46(b)或图 7 – 46(c)结构后,克服了上述缺点,布置合理。图 7 – 46(d)筋的设计不便于起模,改成图 7 – 46(e)结构后,工艺性好。图 7 – 46(f)把凸台连成一片,避免活块,简化工艺。另外,凸台的厚度应适当,一般应小于或等于铸件的壁厚。处于同一平面上的凸台高度应尽量一致,便于机械加工。

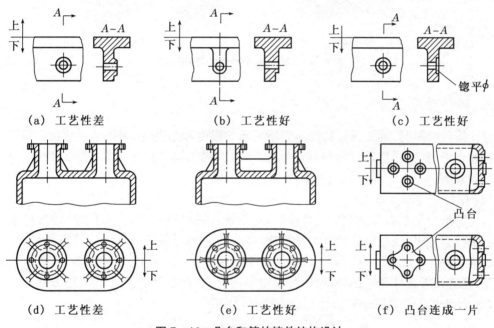

（a）工艺性差　　　　（b）工艺性好　　　　（c）工艺性好

（d）工艺性差　　　　（e）工艺性好　　　　（f）凸台连成一片

图 7 – 46　凸台和筋的铸件结构设计

二、铸件内腔设计

铸件的内腔外形必须力求简单、不用或少用型芯和活块,简化铸造工艺过程,以提高生产效率、减小耗费和降低废品率,型芯利用应有利于其定位、排气和清理。

（1）应尽量减少型芯

图 7 – 47 是悬臂支架的两种设计方案,图 7 – 47(a)采用方形中空截面,为形成其内腔,必须采用型芯;若改为图 7 – 47(b)所示工字形开式截面,则可避免型芯的使用,这样在简化造型的同时,也可保证铸件的质量,故后者的设计是合理的。

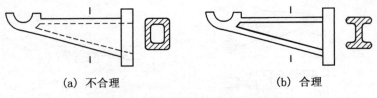

(a) 不合理　　　　　　　　　(b) 合理

图 7 - 47　悬臂支架铸件的结构改进

（2）有利于型芯的定位、排气和清理

图 7 - 48 为轴承支架铸件，图 7 - 48(a)设计需用两型芯，其中一个为悬臂型芯，A 处需放置芯撑，型芯的固定、排气、清理都比较困难。改成图 7 - 48(b)结构后采用一个整体型芯，克服了上述缺陷。

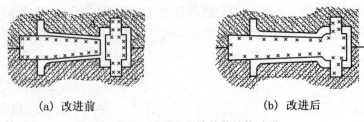

(a) 改进前　　　　　　　　　(b) 改进后

图 7 - 48　轴承支架铸件的结构改进

三、铸件壁厚设计

设计铸件壁厚时，首先保证铸件达到所要求的强度和刚度，同时还必须从合金铸造性能的可行性来考虑，壁厚均匀合理并符合凝固原则，以避免铸件产生缩孔、缩松、变形、裂纹和浇不足等缺陷。

（1）壁厚应合理

各种铸造合金都有其适宜的铸件壁厚范围，铸件壁厚过大或过小都会对铸件产生不良影响。选择合理时，既可保证铸件力学性能，又能防止铸件缺陷。在一定铸造条件下，铸造合金液能充满铸型的最小厚度称为该铸造合金的最小壁厚。铸件的最小壁厚在保证强度的前提下，还必须考虑其合金的流动性，最小壁厚由合金种类、铸件大小和铸造方法而定。表7 - 19 为常见合金砂型铸造时铸件的最小壁厚允许值。

表 7 - 19　常见合金砂型铸造铸件的最小壁厚　　　　　　　　　　　　　　　（mm）

铸件尺寸	铸钢	灰铸铁	球墨铸铁	可锻铸铁	铝合金	铜合金
＜200×200	5～8	3～5	4～6	3～5	3～3.5	3～5
200×200～500×500	10～12	4～10	8～12	6～8	4～6	6～8
＞500×500	15～20	10～15	12～20	—	—	—

但是，铸件壁也不宜太厚，厚壁铸件晶粒粗大，组织疏松，易于产生缩孔和缩松，力学性能下降，不产生此类缺陷的最大壁厚称为临界壁厚，一般临界壁厚取最小壁厚的 3 倍。设计过厚的铸件壁，将会造成金属浪费。表 7 - 20 为灰铸铁件内外壁及肋厚参考值。

表 7-20　灰铸铁件壁及肋厚参考值

铸件质量 /kg	铸件最大尺 /mm	外壁厚度 /mm	内壁厚度 /mm	肋的厚度 /mm	零件举例
小于 5	300	7	6	5	拨叉、轴套和端盖等
6~10	500	8	7	5	支架、挡板、箱体和闷盖等
11~60	750	10	8	6	支架、箱体和托架等
61~100	1 250	12	10	8	箱体、液压缸体
101~500	1 700	14	12	8	带轮、油盘和镗模架等
501~800	2 500	16	14	10	箱体、床身和盖等
801~1 200	3 000	18	16	12	床身、箱体和立柱等

（2）壁厚应力求均匀

所谓壁厚均匀，是指铸件的各部分具有冷却速度相近的壁厚。铸件各部分壁厚相差过大，厚壁处会产生金属局部积聚，形成热节，凝固收缩时在热节处易形成缩孔和缩松等缺陷，如图 7-49(a)所示。此外，各部分冷却速度不同，易形成热应力，致使铸件的薄壁与厚壁连接处产生裂纹。

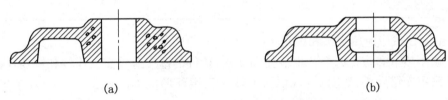

(a)   (b)

图 7-49　铸件壁厚应均匀

四、铸件壁间连接

铸件壁间连接采取圆角连接、逐渐过渡，避免交叉，铸件侧壁应有结构斜度，尽量避免大水平面连接和收缩受阻等不合理结构。

（1）要有结构圆角

铸件内表面及外表面转角的连接处应为圆角，以免产生裂纹、缩孔、粘砂和掉砂等缺陷。铸件结构圆角的大小必须与其壁厚相适应，铸件内圆角半径的数值可参阅表 7-21。

表 7-21　铸件内圆角半径值　　　　　　　　　　　　　　　　　　　　（mm）

(a+b)/2		<8	8~12	12~16	16~20	20~27	27~35	35~45	45~60
R 值	铸铁	4	6	6	8	10	12	16	20
	铸钢	6	6	8	10	12	16	20	25

（2）厚薄交界处应合理过渡

为了减少铸件中的应力集中现象，防止产生裂纹，铸件的厚壁与薄壁连接时，为防止壁厚的突变，应采取圆角、倾斜和复合等逐步过渡的方法，表 7-22 所示为壁厚过渡的形式和尺寸。

表 7 - 22　几种壁厚的过渡形式及尺寸

图　例	尺　寸		
$b\leqslant 2a$	铸铁	$R\geqslant(1/6\sim1/3)(a+b)/2$	
	铸钢	$R\approx(a+b)/4$	
$b>2a$	铸铁	$L>4(b-a)$	
	铸钢	$L>5(b-a)$	
$b>2a$	$R\geqslant(1/6\sim1/3)(a+b)/2;R_1\geqslant R+(a+b)/2$		
	$C\approx3(b-a)^{1/2},h\geqslant(4\sim5)C$		

（3）壁间连接应避免交叉和锐角

为了减小热节和防止铸件产生缩孔和缩松，铸件的壁应避免交叉连接和锐角连接。中、小铸件可采用交错接头，如图 7 - 50（a）；大件宜采用环形接头，如图 7 - 50（b）；锐角连接最好采用图 7 - 50（c）中合理的过渡形式。

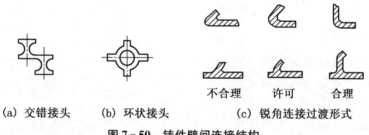

（a）交错接头　　（b）环状接头　　（c）锐角连接过渡形式

图 7 - 50　铸件壁间连接结构

（4）应尽量避免大水平面连接

过大的平面不利于金属液的填充，容易产生浇不到等缺陷，铸件朝上的水平面易产生气孔、砂眼、夹渣等缺陷。因此，设计铸件时应尽量减小过大的水平壁，或者将水平面设计成倾斜形状结构，如图 7 - 51。

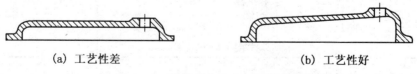

（a）工艺性差　　　　　　　　　　　　（b）工艺性好

图 7 - 51　铸件避免大水平面的连接

（5）铸件侧壁应有结构斜度

铸件上垂直于分型面的非加工表面应尽可能具有结构斜度，以使起模方便，常用铸件结构斜度设计运用如图 7-52 所示。一般金属型或机器造型时，结构斜度可取 $0.5°\sim1°$，砂型和手工造型时可取 $1°\sim3°$。结构斜度大小与铸件的垂直壁高度有关，如表 7-23 所示。

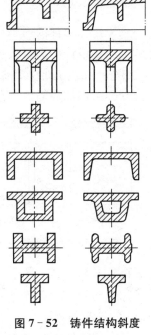

图 7-52　铸件结构斜度设计示例

表 7-23　铸件的结构斜度

斜度($a:h$)	角度(β)	使用范围
1:5	11°30′	$h<25$ mm 铸钢和铸铁件
1:10	5°30′	$h=25\sim500$ mm 铸钢和铸铁件
1:20	3°	$h=25\sim500$ mm 铸钢和铸铁件
1:50	1°	$h>500$ mm 铸钢和铸铁件
1:100	30′	非铁合金铸件

（6）尽量避免收缩受阻

图 7-53 为轮辐的设计，图 7-53(a)为偶数轮辐，由于收缩应力过大，易产生裂纹。改成图 7-53(b)的弯曲轮辐或图 7-53(c)的奇数轮辐后，铸件能自由收缩，铸件的结构应在凝固过程中尽量减少其铸造应力，避免产生裂纹。

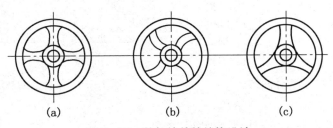

（a）　　　　　　　（b）　　　　　　　（c）

图 7-53　轮辐铸件的结构设计

图 7-54 所示钢梁铸件，图 7-54(a)为 T 形梁，由于受较大热应力，产生变形，改成图 7-54(b)工字截面后，虽然壁厚仍不均匀，但对称结构使热应力相互抵消，变形大大减小。

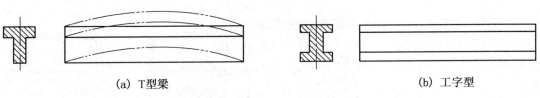

（a）T 型梁　　　　　　　　　　　　　　（b）工字型

图 7-54　钢梁铸件的结构改进

五、加强筋的设计

为了增加铸件的力学性能和减轻铸件的质量,消除缩孔和防止裂纹、变形、夹砂等缺陷,在铸件结构设计中大量采用肋加强筋。图7-55(a)所示薄而大的平板,收缩易发生翘曲变形,如图7-55(b)加上几条筋之后便可避免。图7-56(a)中铸件壁较厚,容易产生缩孔,图7-56(b)采用加强筋后,可防止以上缺陷。

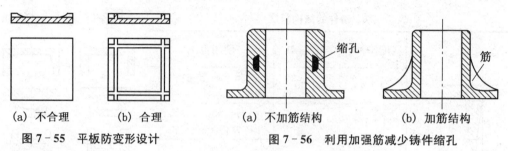

图7-55 平板防变形设计 　　　　图7-56 利用加强筋减少铸件缩孔

(1) 厚度适当

加强筋的厚度不宜过大,一般取为被加强壁厚度的0.6~0.8。

(2) 布置合理

具有较大平面的铸件加强筋的布置形式有直方格形如图7-57(a),交错方格形如图7-57(b),前者金属积聚程度较大,但模型及芯盒制造方便,适用于不易产生缩孔、缩松的铸件,后者则适用于收缩较大的铸件。为了解决多条筋交汇而引起的金属积聚现象,如图7-58(a),可在交汇处挖一个不通孔或凹槽,如图7-58(b)。

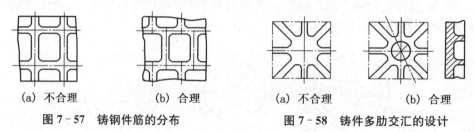

图7-57 铸钢件筋的分布 　　　　图7-58 铸件多肋交汇的设计

六、特种铸造方法对铸件结构的特殊要求

设计铸件结构时,除考虑铸造工艺和铸造合金性能所要求的一般原则外,还应考虑不同铸造方法的工艺特点。下面简介熔模铸造、金属型铸造和压力铸造对铸件结构的特殊要求。

(一) 熔模铸件

1. 便于蜡模制造和从压型中取出蜡模、型芯

图7-59(a)由于带孔凸台朝内,注蜡后无法从压型中抽出型芯,而图7-59(b)则克服了上述缺点。

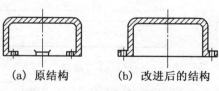

图7-59 便于抽出蜡模型芯设计

2. 孔、槽不宜过小或过深

过小或过深的孔、槽,不利于制壳时涂料和砂粒顺利地充填熔模上相应的孔洞,形成合适的型腔;同时,过深的孔、槽也给铸件的清砂工作带来困难。一般孔径应大于 2 mm,通孔时,孔深/孔径≤4～6;盲孔时,孔深/孔径≤2。槽宽应大于 2 mm,槽深为槽宽的 2～6 倍。

3. 壁厚力求均匀、尽量采用薄壁结构、分布符合定向凝固原则

熔模铸造一般不单独设置冒口,而是利用加粗的直浇道作为冒口直接补缩铸件。与此工艺相适应,应尽量采用薄壁结构,一般为 2～8 mm,并使壁厚分布符合定向凝固原则,不要有分散的热节,以便利用浇口进行补缩。

4. 避免大平板结构

由于熔模型壳的高温强度较低,容易变形,所以设计铸件结构时,更应尽量避免大的平面。

5. 可铸复杂形状,可多个零件合一熔模

因蜡模的可熔性,所以可铸出各种复杂形状的铸件。可将几个零件合并为一个熔模铸件,以减小加工和装配工序,如图 7－60 所示为车床的手轮手柄,图 7－60(a)为加工装配件,图 7－60(b)为整铸的熔模铸件。

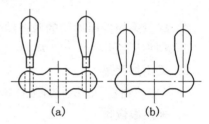

图 7－60　手轮手柄合模设计

（二）金属型铸件

1. 外形和内腔应力求简单

避免过小或过深的孔,尽可能加大结构斜度,以便抽出型芯,保证铸件能从金属型中顺利取出,并尽可能采用金属型芯。图 7－61 所示铸件,其内腔内大外小,而 $\phi18$ mm 孔过深,金属型芯难以抽出。在不影响使用的情况下,改成图 7－61(b)结构后,增大内腔结构斜度,则金属芯抽出顺利。

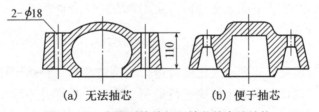

(a) 无法抽芯　　　　　(b) 便于抽芯

图 7－61　金属型铸件便于抽芯的内腔结构

2. 壁厚要均匀合理,尽量避免大的水平壁

铸件的壁厚不能太厚,防止出现缩松或裂纹等缺陷。铸件的壁厚不能太薄,并尽量避免大的水平壁,防止浇不足、冷隔等缺陷。如铝合金铸件的最小壁厚为 2～4 mm,铝镁合金的最小壁厚为 3～5 mm。

（三）压铸件

1. 尽量消除侧凹和深腔

压铸件的外形应使铸件能从压型中取出,内腔也不应使金属型芯抽出困难。因此要尽量消除侧凹,在无法避免而必须采用型芯的情况下,也应便于抽芯,图 7-62 为压铸件抽芯实例。

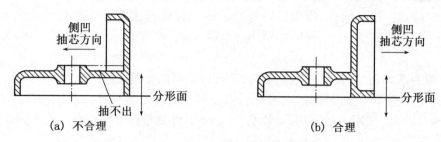

(a) 不合理　　　　　　　　　　　(b) 合理

图 7-62　压铸件抽芯实例

2. 尽量采用壁厚均匀的薄壁结构

压铸件适宜的壁厚一般为:铝合金 1.5~5 mm,铜合金 2~5 mm,锌合金 1~3 mm。

3. 采用加强筋

对厚壁压铸件,应采用加强筋减小壁厚,以防壁厚处产生缩孔和气孔。

4. 采用镶嵌件

充分发挥镶嵌件的优越性,制出复杂件,改善压铸件局部性能和简化装配工艺。为使镶嵌件在铸件中连接可靠,应将嵌件镶入铸件部分制出凹槽、凸台或滚花等。

第五节　铸造实用新方法简介

铸造生产是一个非常复杂的过程,它的发展受到很多因素的影响,随着机械制造水平的不断提高,新能源、新材料、自动化技术和信息技术相关学科的发展,人们对传统的铸造工艺方法进行了改进和革新,研制出许多新技术、新工艺。目前,已经出现了一些优质、高效、低耗和低污染的铸造新方法。下面对部分铸造实用新方法作简要介绍。

一、实型铸造

实型铸造又称为消失模铸造或气化模铸造。实型铸造是一种熔模铸造方法,用泡沫塑料的整体模和浇冒口代替木模或金属模进行造型。造型后模样并不取出,浇注时泡沫塑料遇熔融金属立即气化消失,金属液取代整体模位置而结晶凝固,形成与整体模形状尺寸相同的铸件。实型铸造浇注的工艺过程如图 7-63 所示。

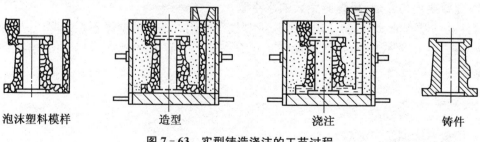

泡沫塑料模样　　　　　造型　　　　　　浇注　　　　　　铸件

图 7-63　实型铸造浇注的工艺过程

实型铸造具有铸造过程简单,不需要模板和分型,不需要型芯等优点,由于不用起模、不分型,因而不需要铸造斜度和活块等,同时也避免了普通砂型铸造因起模、型芯组合等所引起的铸件尺寸误差,提高了铸件的尺寸精度,可使铸件壁厚偏差控制在±0.15 mm 之间;同时实型铸造简化了铸件生产工序,缩短了生产周期,提高了劳动生产率;实型铸造增大了铸件结构设计的自由度,改变了砂型铸造时铸件结构工艺性的内涵,可获得形状结构复杂的铸件。所以,实型铸造被国内外铸造界誉为“21世纪的铸造技术”和“铸造工业的绿色革命”。但实型铸造也存在着一些问题,主要缺点是模样只能用一次,且泡沫塑料的密度小、强度低,模样易变形,影响铸件尺寸精度,铸钢件表面易增碳,模样气化时产生的有害气体容易造成环境污染。

实型铸造主要用于不易起模的复杂铸件的批量及单件生产。在汽车、造船、机床等行业中用来生产模具、曲轴、气缸体、阀门、缸座、气缸盖、变速箱、进气管、排气管及刹车盘等较复杂的铸件,也可用于单件生产重型铸钢件和铸铁件。

二、磁型铸造

磁型铸造也是一种实型铸造,用泡沫塑料制造模样,用铁丸或钢丸代替型砂在磁型机上造型。磁型铸造的原理如图 7-64 所示。通电后产生一定方向的电磁场,将铁丸吸固后即可浇注。铸件凝固后断电,磁场消失。磁型铸造是用铁丸或钢丸代替石英砂,用磁场代替粘接剂。充填在泡沫塑料模周围的铁磁材料(铁丸和钢丸)在外磁场作用下施以微振紧紧地靠拢在模样周围并相互吸引,形成一定强度的铸型。

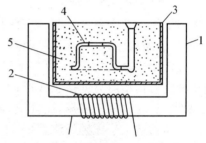

图 7-64 磁型铸造原理示意图
1—磁铁;2—线圈;3—磁型砂箱;
4—模型;5—铁丸

铁丸或钢丸直径一般为 0.3~1.5 mm,使铸型具有良好的透气性。铁丸一般用于浇注铝合金,钢丸用于浇注铸铁与铸钢。由于铁丸或钢丸的耐热性低于石英砂,在泡沫塑料模的表面应涂抹一层耐火涂料,涂层厚度一般为 0.5~2 mm。

磁型铸造具有如下优点:

(1)造型材料可以反复使用,不用型砂,设备简单,占地面积小。

(2)铁丸流动性、透气性好,不用粘结剂,造型、清理方便,可以避免气孔、夹砂、错型和偏芯等缺陷。

(3)模样无分型面,不用起模,铸件精度高(CT8 级左右),表面质量好(Ra 3.2~12.5 μm),铸件加工余量小,而且通常不用另外制作型芯。

(4)铁丸冷却速度快,故铸件晶粒细小,力学性能高于砂型铸件。

(5)成本低,每吨铸件的成本比砂型铸造成本约低 30%~50%。劳动条件好,便于实现机械化和自动化。

但是磁型铸造不宜铸造厚大、形状复杂的铸件;气化模燃烧时产生大量烟气污染环境,且铸钢件表层易增碳,使磁型铸造的应用受到一定限制。

主要适用于形状不十分复杂的中、小型铸件的生产,以浇注黑色金属为主。其质量范围为 0.25~150 kg,铸件的最大壁厚可达 80 mm。

三、挤压铸造

挤压铸造简称挤铸,又称液态模锻,是用铸型的一部分直接挤压金属液,使金属液在压力的作用下成型、凝固而获得零件或毛坯的方法。挤压铸造工艺过程如图 7-65 所示。

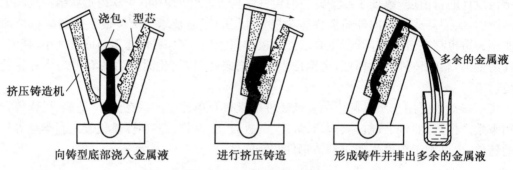

图 7-65　挤压铸造示意图

其工作原理是在铸型中浇入一定量的液态金属,左边的半型向右边的半型靠拢,使液态金属自下而上充满整个型腔,多余的液体金属从铸型上边流出型外。在挤出多余液体金属的同时,金属中的杂质、气泡将随液体金属排出型外,从而得到较好的铸件。

按铸型中金属的状态,可将挤压铸造分为液态成形和半固态成形两种。液态成形是将金属液浇入铸型后立即挤压成形;半固态成形是将金属液浇入铸型后,等待一定时间使其结晶成半固态时再加压成形,而且压力一直作用至金属凝固完毕。

挤压铸造由于无须设浇冒口,故材料利用率高;挤压铸造的压力和速度较低,无涡流飞溅现象,且铸件成形时在压力下结晶,并伴有局部塑性变形,因此铸件组织致密,晶粒细小,力学性能较高;挤压造型的铸件尺寸精度高(IT11~IT13),表面质量好(Ra 6.3~1.6 μm),铸件的加工余量小;同时其工艺简单,节省能源和劳力,容易实现机械化和自动化,生产率比金属型铸造高 1~2 倍。

挤压铸造可用于生产强度要求较高、气密性好的轻合金薄板类型的铸件。如机翼、机架、活塞和轮毂等。此外,挤压铸造也是生产金属基复合材料的常用方法之一。

四、半固态铸造

半固态铸造技术最早在 20 世纪 70 年代由美国麻省理工学院凝固实验室研究开发。最初,半固态铸造仅局限于实验室研究及小规模生产,直到 90 年代,半固态铸造的研究和实际应用才迅速扩大。由于采用该技术的产品具有高质量、高性能和高合金化的特点,因此具有强大的生命力。目前,该项工艺技术在美国和欧洲等地已得到广泛的应用。

半固态铸造是指将既非全呈液态又非全呈固态的固态-液态的金属混合浆料,经压铸机压铸,形成铸件的铸造方法。在普通铸造过程中,初晶以枝晶方式长大,当固相率达到 0.2 左右时,枝晶就形成连续网络骨架,失去宏观流动性。半固态铸造的基本原理是在液态金属从液相到固相冷却过程中进行强烈搅拌,使普通铸造成形时易于形成的树枝晶网络骨架被打碎而形成分散的颗粒状组织形态,悬浮于剩余液相中,从而得到半固态金属液。这种颗粒状非枝晶的显微组织,在固相率达 0.5~0.6 时仍具有一定的流变性,从而可将其压铸成坯料或铸件。

半固态铸造成形可分为流变铸造、触变铸造、触变注射成形、低温连铸和带材连续铸造多种工艺方法。其中流变铸造和触变铸造最为典型。流变铸造是将经搅拌获得的半固态金属浆料在保持其半固态温度的条件下直接进行半固态加工,其实质就是让合金在剧烈搅拌的状态下凝固,其工艺流程如图7-66所示。触变铸造是将半固态浆料冷却凝固成坯料后,根据产品尺寸下料,重新加热到半固态温度,然后进行压铸或挤压的成形加工。其工艺流程如图7-67所示。触变铸造时,半固态坯料便于输送,易于实现自动化,在实际生产中应用更为广泛。

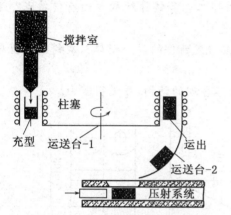

图7-66　流变铸造工艺示意图

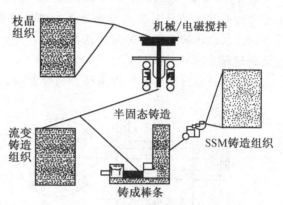

图7-67　触变铸造工艺示意图

与传统铸造方法相比,半固态铸造能大大减少对压铸机的热冲击,提高压铸机的使用寿命,明显地提高铸件的质量,降低能量消耗,以便于进行自动化生产,所以在产品质量和工艺优化方面都具有很大的优势。20世纪90年代中期因汽车的轻量化,半固态铸造技术在汽车零部件的生产上得到了快速的发展和应用。半固态铸造被认为是21世纪最具发展前途的近净成形和新材料制备技术之一。

半固态铸造是特殊凝固技术之一。近年来,随着凝固技术的快速发展,除了半固态铸造之外,还出现了许多全新的凝固技术,并已在铸造领域得到了应用,如快速凝固铸造、定向凝固铸造、连续铸造、悬浮铸造等。

此外,随着计算机技术的发展,在铸造过程中可以实现计算机辅助设计、模拟仿真和控制,运用计算机对铸造生产过程进行设计、仿真和模拟,可以帮助工程技术人员优化工艺设计,缩短产品生产周期,降低成本,确保铸件质量。总之,随着科学技术的迅速发展,现代铸造技术正朝着清洁化、专业化、智能化、网络化和铸件的高性能化、精密化、轻薄化的方向发展,新的铸造方法也将不断出现。

思考题

1. 名词解释:
液态收缩;凝固收缩和固态收缩;缩孔与缩松;热应力与机械应力;热裂与冷裂

2. 什么是液态合金的充型能力？它与合金的流动性有何关系？不同的合金成分为什么流动性不同？流动性不好对铸件的质量有何影响？

3. 缩孔、缩松是如何形成的？形成特点是什么？对铸件的影响如何？

4. 铸造应力是如何产生的？有何危害？如何防止？

5. 简述铸件的气孔类型与特征，扼要说明其防治措施。

6. 为什么手工造型仍是目前的主要造型方法？

7. 简述机器造型的优点及其适用范围。

8. 什么是熔模铸造？试简述其工艺过程。

9. 与砂型铸造相比，金属型铸造在生产方法、造型工艺和铸件结构方面有何特点？适用于何种铸件？为什么金属型铸造未能取代砂型铸造？

10. 在设计铸件壁厚时应注意些什么？为什么要规定铸件的最小壁厚？灰铸铁件壁厚过大或过薄会出现什么问题？

11. 试确定图 7-68 中所示铸件的分型面，修改不合理的结构，并说明理由。

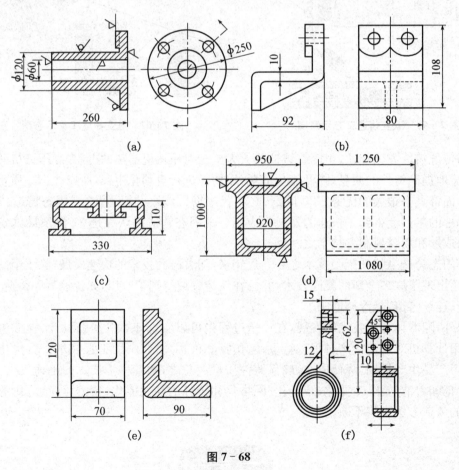

图 7-68

12. 图 7-69 所示零件(灰铸铁)单件、小批量与大量生产时，怎样选择分型面与造型方法？并说明理由。

其余 ∨

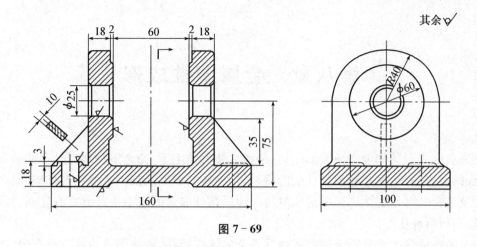

图 7 - 69

13. 试制定图 7-70 所示轴承座铸件(材料为 HT150)的铸造工艺方案,并绘制其铸造工艺图。

其余 ∨

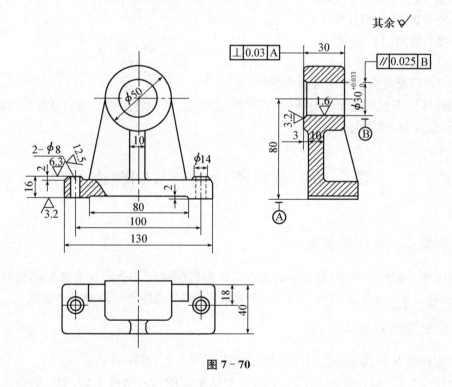

图 7 - 70

第八章　金属塑性成形

金属塑性成形又称金属压力加工,它是指在外力作用下,使金属材料产生预期的塑性变形,以获得所需形状、尺寸和力学性能的原材料、毛坯或零件的加工方法。各类钢、大多数非铁金属及其合金都是塑性加工的适用材料。金属塑性成形的基本生产方式有轧制、拉拔、挤压、锻造和板料冲压等。

由于塑性成形主要是靠金属在塑性状态下的体积转移,使成形件流线分布合理,而且坯料经过了塑性变形和再结晶,粗大的树枝晶组织被破碎,疏松和孔隙被压实、焊合,内部组织和性能得到了较大的改善和提高。因此,与其他成形方法相比较具有以下特点:

(1) 能改善组织,提高性能;

(2) 提高材料的利用率;

(3) 具有较高的生产率;

(4) 可获得精度较高的毛坯或零件。

但塑性成形不能加工脆性材料以及形状特别复杂、体积特大件。有的塑性成形模具、设备费用高,投资大,能耗大。

第一节　金属塑性成形基础理论

一、金属塑性变形的实质

实际金属一般是多晶体,多晶体的变形在很大程度上与其所包含的各个晶粒的变形行为有关,从研究单晶体的塑性变形入手,将有助于了解金属塑性变形的基本过程。

(一)单晶体的塑性变形

在常温和低温下,单晶体的塑性变形有两种基本方式:滑移和孪生。

孪生仅发生在低温、高速加载的场合,且多见于密排六方结构金属,孪生的变形速度很快,而产生的变形量却比滑移小得多,故孪生本身对塑性变形过程的直接作用不大。

滑移是金属塑性变形最主要的方式,指在切应力作用下晶体的一部分相对于另一部分沿着一定的晶面和晶向发生相对滑动的现象。滑移是通过位移在切应力的作用下沿滑移面逐步移动的结果,可见滑移不是整体移动,而是位错中心的原子逐一递进。位错是晶体内部的一种缺陷,是局部晶体内某一列或若干列原子发生错排而造成的晶格扭曲现象。微观的位错运动,宏观上表现为塑性变形,如图 8-1。

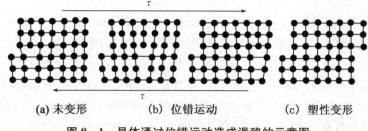

(a) 未变形　　　　(b) 位错运动　　　　(c) 塑性变形

图 8-1　晶体通过位错运动造成滑移的示意图

（二）多晶体的塑性变形

多晶体中各晶粒的晶格位向不同,不同晶粒的滑移面和滑移方向不同,其上的分切应力也不同,使得多晶体的塑性变形比单晶体要复杂得多。多晶体的单个晶粒内部的塑性变形仍以滑移方式进行,当外力作用于多晶体时,变形并不是一开始就在多晶体的所有晶粒中同时发生的,只有那些处于有利于变形的位向的晶粒,其滑移面上的切应力首先达到临界切应力并开始滑移变形,滑移面和滑移方向与外力近于 45°的晶粒处于软位向,率先发生滑移变形,伴随晶体的转位。因晶界和晶格位向不同的影响,晶界附近晶格排列紊乱,杂质原子多,晶格畸变增大,滑移阻力大,滑移面和滑移方向与外力平行或垂直的晶粒处于硬位向,变形困难。局部的位错会聚形成很强的应力场,它越过晶界作用到相邻的晶粒上,促使原来处于不利于变形位向的晶粒开始滑移变形。

多晶体的塑性变形就是这样在所有晶粒中分批逐步进行的,从少量晶粒开始,逐渐扩大到大量晶粒,存在晶粒之间的相对滑动和转动,由少量晶粒的不均匀变形扩大到大量晶粒的均匀变形。

金属塑性变形的实质是金属晶体每个晶粒内部的变形(晶内变形)和晶粒间的相对移动、晶粒的转动(晶界变形)的综合结果。

二、塑性变形组织与性能

通常以金属的再结晶温度为界,将塑性变形加工分为两种,即冷变形加工和热变形加工。冷变形加工和热变形加工工件的组织和力学性能呈现明显不同的特点。

（一）冷塑性变形对金属组织和性能的影响

在结晶温度以下进行的塑性成形加工,称为冷变形加工,如冷轧、冷拔和冷挤压等。钢的再结晶退火温度一般是 $600 \sim 700\ ℃$,在该温度以下对钢进行压力加工均为冷加工。多晶体金属经冷塑性变形后,组织和性能要发生相应的变化。

金属在外力作用下进行塑性变形时,金属内部的晶粒也由原来的等轴晶粒变为沿加工方向拉长的晶粒,当变形度增加时,晶粒被显著拉长成纤维状,这种组织称为冷加工纤维组织。

金属材料经冷塑性变形后,随变形度的增加,其强度、硬度提高,塑性和韧性下降,这种现象称为加工硬化。生产上常用加工硬化来强化金属,提高金属的强度、硬度及耐磨性。尤其是纯金属、某些铜合金及镍铬不锈钢等难以用热处理强化的材料,加工硬化更是唯一有效的强化方法。

加工硬化也有其不利的一面,在冷轧薄钢板、冷拔细钢丝及深拉工件时,由于产生加工硬化,金属的塑性降低,进一步冷塑性变形困难,故必须采用中间热处理来消除加工硬化现象。

金属材料在塑性变形过程中,由于其内部变形不均匀导致在变形后仍残存在金属材料内的应力,称为残余应力。生产中常通过滚压或喷丸处理使金属表面产生残余压应力,从而使其疲劳极限显著提高。但残余应力的存在也是导致金属产生应力腐蚀以及变形开裂的重要原因。

(二)加热对冷变形金属组织与性能的影响

经过冷变形以后的金属,其组织结构与性能均发生了变化,并且产生了残余应力。生产中,若要求其组织结构及性能恢复到原始状态,并消除残余应力,必须进行相应的热处理。冷变形金属随热处理温度的提高,将经历回复、再结晶及晶粒长大三个阶段,如图 8-2 所示。

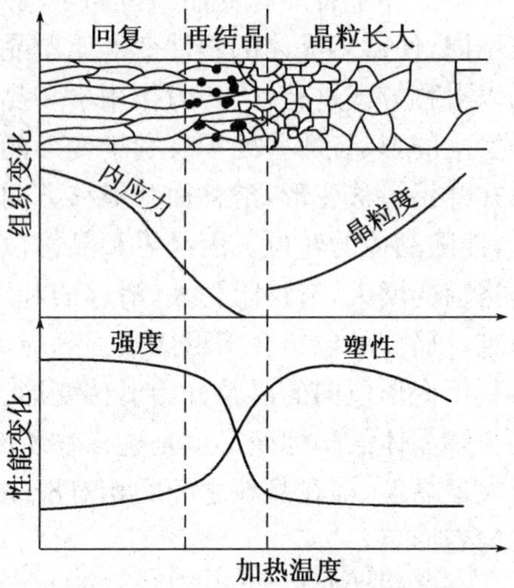

图 8-2 冷变形金属在加热时组织与性能的变化

1. 回复

当加热温度较低时,冷变形金属的纤维组织没有明显变化,其力学性能变化也不大,但残余应力显著降低,这一阶段称为回复。实际生产中将这种回复处理称为低温退火(或去应力退火)。它能降低或消除冷变形金属的残余应力,同时又保持了加工硬化性能。

2. 再结晶

经冷加工变形后的金属加热到再结晶温度以上,加热到较高温度时,由于原子扩散能力增强,促使处于热力学不稳定状态的变形组织向较稳定状态转变,其显微组织将发生明显变化,被拉长而呈纤维状的晶粒又变为等轴状晶粒,同时加工硬化与残余应力完全消除,这一过程称为再结晶。实际生产中将这种再结晶处理称为再结晶退火,它常作为冷变形加工过程中的中间退火,恢复金属材料的塑性便于继续加工。

开始发生再结晶的最低温度称为再结晶温度。再结晶温度主要决定于它的熔点 $T_{熔}$,熔点越高再结晶温度越高。纯金属的再结晶温度 $T_{再}$ 与熔点 $T_{熔}$ 按热力学温度存在经验关系:$T_{再} \approx 0.4 T_{熔}$。

3. 晶粒长大

冷变形金属在完成再结晶后,继续升高温度或延长保温时间会使晶粒相互吞并而长大,导致金属的强度、塑性和韧性等力学性能下降,应严格控制加热温度和保温时间。

温度介于回复温度和再结晶温度之间的塑性变形称为温热变形,如温热挤压、半热锻等。温热变形中既有加工硬化,又有回复现象。用温热变形得到的工件,其强度和尺寸精度比热变形高,而变形抗力比冷变形低。对于在室温下难加工的材料,如不锈钢、钛合金等,温热变形加工更有实用意义。

（三）热变形对金属组织和性能的影响

通常把在再结晶温度以上进行的塑性成形加工称为热变形加工,如热锻、热轧和热挤压等。铅和锡的再结晶温度在 0 ℃以下,所以在室温的压力加工便是热压力加工。

金属在高温下进行热变形时,一方面是塑性变形产生的强化作用;另一方面是回复和再结晶所产生的软化作用。这种在高温下与变形几乎同时发生的回复和再结晶过程,分别称为动态回复和动态再结晶。在一定的变形速度下,必然存在一个强化作用与软化作用达到动态平衡的温度,在此温度之上,软化作用占优势,变形强化能够完全被再结晶软化所消除;反之,则强化作用占优势。工程实际中,金属的热变形一般都在再结晶温度以上进行,软化大于强化,所以金属具有较好的塑性和较低的变形抗力,这样金属在热变形时可获得较大的变形量,而且耗能较小。

热加工时铸态金属组织中的非金属夹杂物沿变形方向被拉长成纤维组织(热加工流线),且再结晶不能改变纤维状组织的分布形态。纤维组织使金属材料的力学性能呈现各向异性,其纵向(沿纤维方向)的力学性能明显高于横向(垂直纤维方向),因此,要力求使锻件的流线合理分布。当流线的分布与零件的轮廓符合,而不被切断,使流线方向与最大正应力方向一致,垂直于最大切应力方向时,则沿锻造流线方向的高性能才能被充分利用,如图8-3。

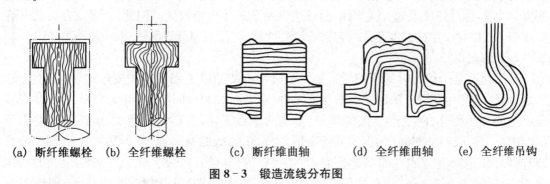

　(a) 断纤维螺栓　 (b) 全纤维螺栓　　　(c) 断纤维曲轴　　 (d) 全纤维曲轴　　 (e) 全纤维吊钩

图 8 - 3　锻造流线分布图

热变形加工能消除铸态金属的某些缺陷,如使气孔、缩松焊合,使粗大或破碎的晶粒再结晶成为均匀的等轴晶粒,并可改善夹杂物、碳化物的形态、大小和分布,减小成分偏析等。从而使金属材料组织致密,晶粒细化,成分均匀,提高强度、塑性及冲击韧度等力学性能,改善铸态金属的组织与性能。

三、金属的塑性成形性能

金属的塑性成形性能是指材料在塑性成形加工时的难易程度,反映了金属材料对塑性变形加工的适应性。若塑性成形时塑性好,变形抗力小,则金属塑性成形性能好;反之,则金属塑性成形性能差。因此,金属的塑性成形性能常用其塑性及变形抗力来衡量。

金属的塑性和变形抗力不仅取决于其自身的性质,而且还与变形条件有关。同一种金属在不同的变形条件下,可以表现出不同的塑性和变形抗力。

（一）影响金属塑性成形性能的内在因素

1. 化学成分

不同化学成分的合金材料具有不同的塑性成形性能。纯金属比合金的塑性好，变形抗力小，因此纯金属比合金的塑性成形性能好。合金元素的含量越高，塑性成形性能越差，因此低碳钢比高碳钢的塑性成形性能好；相同碳含量的碳钢比合金钢的塑性成形性能好，低合金钢比高合金钢的塑性成形性能好。

2. 组织结构

金属的晶粒越细，塑性越好，但变形抗力越大；金属的组织越均匀，塑性也越好。相同成分的合金，单相固溶体比多相固溶体塑性好，变形抗力小，塑性成形性能好。

（二）影响金属塑性成形性能的加工条件

1. 变形温度

随变形温度的提高，金属原子的动能增大，削弱了原子间的引力，滑移所需的应力下降，金属及合金的塑性增加，变形抗力降低，塑性成形性能好。但变形温度过高，晶粒将迅速长大，从而降低了金属及合金材料的力学性能，这种现象称为"过热"。若变形温度进一步提高，接近金属材料的熔点时，金属晶界产生氧化甚至局部熔化，锻造时金属及合金易沿晶界产生裂纹，这种现象成为"过烧"。过热可通过重新加热锻造和再结晶使金属或合金恢复原来的力学性能，但过热使锻造火次增加，而过烧则使金属或合金报废。因此，金属及合金的锻造温度必须控制在一定的温度范围内，其中碳钢的锻造温度范围可根据铁-碳平衡相图确定。

2. 变形速度

变形速度是指单位时间内的变形量。金属在再结晶以上温度进行变形时，加工硬化与回复、再结晶同时发生。采用普通锻压方法（低速）时，回复、再结晶不足以消除由塑性变形所产生的加工硬化，随变形速度的增加，金属的塑性下降，变形抗力增加，塑性成形性能降低。因此塑性较差的材料（如铜和高合金钢）宜采用较低的变形速度（即用液压机而不用锻锤）成形。当变形速度高于临界速度时，产生大量的变形热，加快了再结晶速度，金属的塑性增加，变形抗力下降，塑性成形性能提高。因此生产上常用高速锤锻造高强度、低塑性等难以锻造的合金。

3. 变形方式（应力状态）

变形方式不同，变形金属的内应力状态也不同。拉拔时，坯料沿轴向受到拉应力，其他方向受压应力，这种应力状态的金属塑性较差。镦粗时，坯料中心部分受到三向压应力，周边部分上下和径向受到压应力，而切向受拉应力，周边受拉部分塑性较差，易镦裂。挤压时，坯料处于三向压应力状态，金属呈现良好的塑性状态。实践证明，拉应力的存在会使金属的塑性降低，三向受拉金属的塑性最差。三个方向上压应力的数目越多，则金属的塑性越好。

（三）金属塑性成形的锻造比

热变形加工对铸态金属的组织和性能改善的程度与塑性变形的程度有很大关系。生产中常用锻造比 Y 来表示金属的变形程度，锻造比是锻造前后金属坯料的横截面积比值或高度比（长度比）值。

拔长时的锻造比：$Y_{拔长} = S_0/S$

镦粗时的锻造比：$Y_{镦粗} = h_0/h$

式中：S_0、h_0分别表示变形前的横截面积和高度；S、h分别表示变形后的横截面积和高度。

锻造比的正确选择具有重要意义,关系到锻件的质量,应根据金属材料的种类和锻件尺寸及所需要的性能、锻造工序等多方面因素进行锻造比的选择。用铸坯作为锻造坯料时,应选用大一些的锻造比,如碳素结构钢可取$Y=2\sim3$;合金结构钢可取$Y=3\sim4$;不锈钢可取$Y=4\sim6$。用轧材或锻坯作为锻造坯料时,由于坯料已经经过了热变形,内部组织和力学性能已得到改善,并具有流线组织,故应选择较小的锻造比,一般只取$Y=1.1\sim1.3$。

四、金属塑性变形的基本规律

金属塑性变形时遵循的基本规律主要有最小阻力定律和体积不变规律等。

（一）最小阻力定律

金属在塑性变形过程中,其质点都将沿着阻力最小的方向移动,这一变形规律称为最小阻力定律。一般来说,金属内某一质点塑性变形时移动的最小阻力方向就是通过该质点向金属变形部分的周边所作的最短法线的方向。应用最小阻力定律可以事先判定锻造时金属截面的变化。

根据最小阻力定律,可用来分析各种塑性成形加工工序的金属流动,并通过调整某个方向的流动阻力来改变某些方向上金属的流动量,以便合理成形,消除缺陷。在模锻中,既要考虑减少模具某部分的阻力,以有利于金属坯料流动成形,不产生缺陷;又要考虑增大模具某部分的阻力,以保证锻件充满模膛。

（二）体积不变规律

金属塑性变形后的体积与塑性变形前的体积相等,这就是体积不变定律。根据体积不变定律,在金属塑性变形的每一工序中,坯料一个方向尺寸减少,必然在其他方向尺寸有所增加,在确定各中间工序尺寸变化时非常方便。

实际上,在不同的塑性成形工艺中,常会有变形前后金属体积略有改变的情况。例如,对铸态钢坯进行锻造时,因变形中压合了铸坯中的气孔、缩松和微裂纹等,使其密度增加,体积略有减小;金属坯料在加热中产生氧化皮等在变形时脱落也使其体积有所减小。但这些微小的体积变化与变形材料整个体积相比可忽略不计。因此,在金属塑性变形加工中,坯料和锻模模膛的尺寸等均可以按体积不变来计算。

第二节　常用塑性成形方法

一、自由锻

将坯料置于铁砧上或机器的上、下抵铁之间进行锻造,称为自由锻造。前者称为手工自由锻(简称手锻),后者称为机器自由锻(简称机锻)。机锻是利用机器产生的冲击力或压力使金属变形,能锻造各种大小的锻件,效率高,是目前工厂广泛采用的锻造方法。

（一）空气锤

机器自由锻的设备有空气锤、蒸汽空气锤及水压机,其中以空气锤应用最为广泛。

1. 结构

空气锤由锤身、压缩缸、工作缸、传动机构、操纵机构、落下部分及砧座等几个部分组成,如图 8-4 所示。

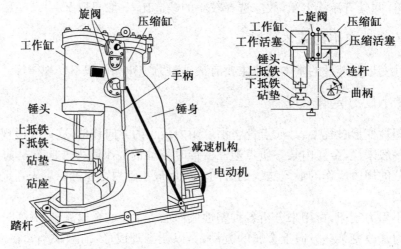

图 8-4 空气锤

锤身和压缩缸及工作缸铸成一体。

传动机构包括减速机构及曲柄、连杆等。操纵机构包括踏杆(或手柄)、旋阀及其连接杠杆。

落下部分包括工作活塞、锤头和上抵铁。空气锤的规格是以落下部分的总质量来表示,锻锤产生的打击力,是落下部分质量的 1 000 倍左右。例如,65 kg 空气锤,就是指它的落下部分质量为 65 kg,打击力大约是 65 000 kgf(约 0.64 MN),这是一种小型号的空气锤,能锻打直经小于 50 mm 的圆钢或质量小于 2 kg 的锻件。

2. 空气锤的工作过程

通过踏杆和手柄操纵上、下阀,可使空气锤完成以下动作:

(1) 锤头上提　压缩空气进入工作缸的下腔,则锤头向上提升并保持在最高位置,此时即可在锤上进行各种辅助工作,例如放置工件或工具,以及检查工件的尺寸等。

(2) 连续锻打　压缩空气交替进入和流出工作缸的上腔和下腔,锤头便连续锻打工件。

(3) 锤头下压　下压时,压缩空气仅进入工作缸的上腔,此时,作用在活塞上面的空气压力连同活塞、锤头等落下部分的自重,将工件压住,便可对工件进行弯曲等操作。

(4) 停锤　压缩空气不进入工作缸而排到大气中去,锤头等即因自重而落下并停在下抵铁上。

3. 机锻工具

常用的机锻工具如图 8-5 所示。

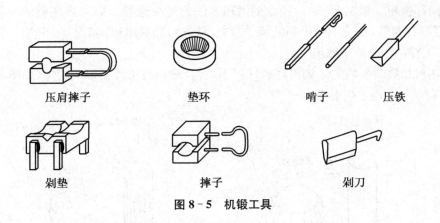

压肩摔子　　　　垫环　　　　　啃子　　压铁

剁垫　　　　　　　摔子　　　　　　剁刀

图 8-5　机锻工具

（二）自由锻造的基本工序

自由锻造的基本工序有镦粗、拔长、冲孔、弯曲、切割、错移、转接等，前五种应用较多。

1. 镦粗

沿坯料轴线锻打，使坯料长度减小，横截面积增加的操作。镦粗可分为全镦粗和局部镦粗两种，如图 8-6 所示。

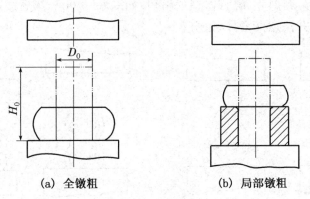

（a）全镦粗　　　　　　（b）局部镦粗

图 8-6　镦粗

镦粗的一般规则、操作方法及注意事项如下：

（1）坯料尺寸　墩粗部分原长度和原宽度之比应小于 2.5，否则会镦弯（如图 8-7），镦弯时，应将坯料放平，轻轻锤击矫正。

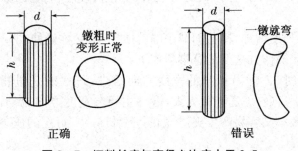

正确　　　　　　　　　错误

图 8-7　坯料长度与直径之比应小于 2.5

（2）局部镦粗　如图8-6（a）所示的镦粗方法为完全镦粗。如果将坯料的一部分放在漏盘内,限制其变形,仅使不受限制的部分镦粗,就称为局部镦粗,如图8-6（b）。漏盘的孔壁有5°～7°的斜度,以便于取出工件。

（3）坯料加热时要均匀　如果坯料加热不均匀,镦粗时工件变形不均匀（如图8-8）,对于某些材料还有可能产生断裂。

图8-8　坯料加热时要均匀

（4）镦歪的防止及矫正　坯料的端面往往切断时不平,开始时应用锤头轻击端面,使其平整并与轴线垂直,否则镦粗时会镦歪,如图8-9（a）。

矫正的方法:将坯料斜立、轻打镦歪的斜角,如图8-9（b）,然后放正,继续锻打。矫正时应在高温下进行,并注意夹紧,以免伤人。

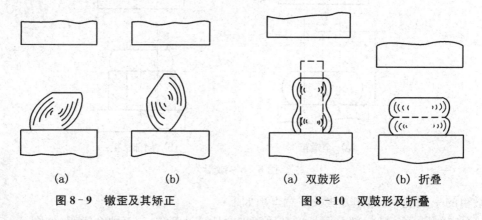

图8-9　镦歪及其矫正　　　　图8-10　双鼓形及折叠

（5）防止折叠　若坯料的高度和直径之比较大,或锤击力量不足,就可能产生双鼓形,如图8-10（a）;如不及时纠正,继续锻打可能形成折叠,使坯料报废,如图8-10（b）。

2. 拔长

拔长是指使坯料长度增加、横截面减小的锻造工序,又称延伸。

拔长的一般规则、操作方法及注意事项如下:

（1）送进　锻打时,工件沿抵铁的宽度方向送进,每次的送进量应为抵铁宽度B的0.3～0.7倍,如图8-11（a）。送进量太大,锻件主要向宽度方向流动,反而降低延伸率,如图8-11（b）;送进量太小又容易产生夹层,如图8-11（c）。每次的压下量也不宜过大,否则会产生夹层。

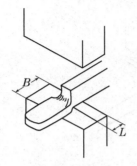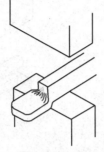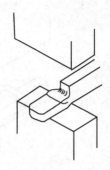

(a) 送进量合适　　　(b) 送进量太大,延伸效率低　　(c) 送进量太小,产生夹层

图 8 - 11　拔长时的送进方向和送进量

（2）锻打　将圆形截面拔长成矩形截面,一般要先锻打一面,然后再翻转 90° 进行锻打,如此反复,即可得到所需形状。

将圆形坯料拔长成直径较小的圆截面锻件时,必须先把圆坯料锻成方形截面,在拔长到边长接近锻件的直径时,锻成小角形,然后再滚打成圆形(如图 8 - 12)。

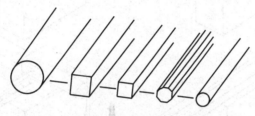

图 8 - 12　圆截面坯料拔长的变形过程

（3）翻转　拔长过程中应不断翻转,使截面经常保持近于方形。翻转的方法如图 8 - 13 所示。采用图 8 - 13(b)的方法翻转时,应注意工件的宽度与厚度之比不能超过 2.5,否则再次翻转继续拔长就可能产生折叠。

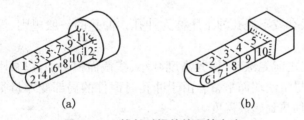

(a)　　　　　　　　　　　　(b)

图 8 - 13　拔长时锻件的翻转方法

（4）锻台阶　锻制台阶轴或带有台阶的方形、矩形截面锻件时,要先在截面分界处压出凹槽,称为压肩。方形截面锻件与圆形截面锻件的压肩方法及所用的工具不同,如图 8 - 14 所示。圆料也可用摔子压肩,压肩后使一端局部拔长,即可将台阶锻出。

（5）修整　拔长后的锻件需进行修整,以使尺寸准确、表面光洁。方形或矩形截面的锻件修整时,将工件沿下抵铁方向送进以增加锻件与抵铁之间的接触长度,如图 8 - 15(a)。修整时应轻轻锤击,可用钢板尺的侧面检查锻件的平直度及表面是否平整。圆形截面的锻件使用摔子修整,如图 8 - 15(b)。

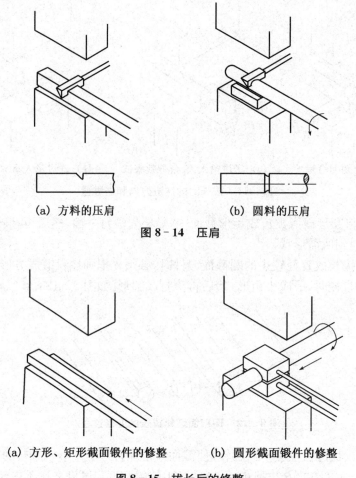

(a) 方料的压肩   (b) 圆料的压肩

图 8−14　压肩

(a) 方形、矩形截面锻件的修整   (b) 圆形截面锻件的修整

图 8−15　拔长后的修整

3. 冲孔

在锻件上锻出通孔或不通孔的工序称为冲孔。冲孔的一般规则、操作过程及注意事项如下：

(1) 准备　冲孔之前先镦粗，使其高度减小、横截面积增加，以减小冲孔的深度和避免冲孔时工件膨胀，并尽量使端面平整。由于冲孔时锻件的局部变形量很大，为了提高塑性，防止冲裂，应将工件加热到始锻温度。

(2) 试冲　为了保证孔位正确应先试冲，即先用冲子轻轻冲出孔位的凹痕，并检查孔位是否正确，如有冲歪，重新纠正再次试冲。

(3) 冲深　孔位检查或修正无误后，可向凹痕撒放少许煤粉(其作用是便于拔出冲子)，再继续冲深。此时应注意保持冲子与砧面垂直，防止冲歪，如图 8−16(a)。

(4) 冲透　一般冲孔采用双面冲孔法，即冲到工件厚度的 2/3～3/4 处，翻转工件再从反面冲，如图 8−16(b)，这样可以避免在孔周围冲出许多毛刺。冲孔过程中，冲子要经常蘸水冷却，以免受热变软。

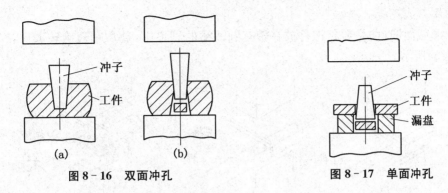

图 8 - 16　双面冲孔　　　　　图 8 - 17　单面冲孔

（5）单面冲孔　较薄的工件可采用单面冲孔（如图 8 - 17）。单面冲孔时应将冲子大头朝下，漏盘孔径不宜过大，且须仔细对正。

4. 弯曲

使坯料弯曲一定角度或形状的操作工序称为弯曲，如图 8 - 18 所示。

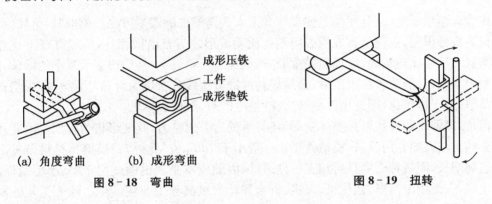

（a）角度弯曲　　（b）成形弯曲

图 8 - 18　弯曲　　　　　　　图 8 - 19　扭转

5. 扭转

将坯料的一部分相对另一部分旋转一定角度的工序称为扭转，如图 8 - 19 所示。扭转时，扭曲变形的部分必须光滑，面与面的相交处应过渡均匀，以防断裂。

6. 错移

将坯料的一部分相对于另一部分平移错开的工序称为错移，如图 8 - 20 所示。先在错移部位压肩，然后加垫板及支撑，锻打错开，最后修整。

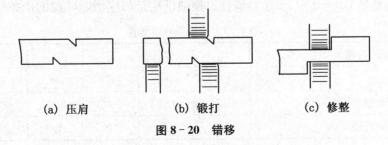

（a）压肩　　　　　　（b）锻打　　　　　　（c）修整

图 8 - 20　错移

7. 切割

它是切割坯料或切除锻件余量的工序。

方形截面锻件的切割如图 8 - 21（a）所示，先将剁刀垂直切入锻件，至快断开时，将锻件翻转再用剁刀或克棍截断。

切圆形截面锻件时,要将锻件放在带有圆凹槽的剁垫中,边切割边旋转锻件,操作法如图 8-21(b)所示。

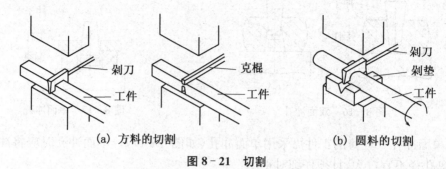

(a) 方料的切割   (b) 圆料的切割

图 8-21 切割

二、模锻

模锻即模型锻造,是利用模具使毛坯变形而获得锻件的锻造方法。模锻时,金属的变形受到模具模膛限制,迫使金属在模膛内塑性流动成形。与自由锻相比,模锻有以下优点:锻件的形状和尺寸比较精确,表面粗糙度低,机械加工余量较小,能锻出形状复杂的锻件,因此材料利用率高,且能节省加工工时;金属坯料的锻造流线分布更为合理,力学性能提高;模锻操作简单,易于机械化,因此生产率高,大批量生产时,锻件成本低。

但是,模锻时锻件坯料是整体变形,坯料承受三向压应力,其变形抗力较大。因此,锻造时需要吨位较大的专用设备,模锻件质量一般小于 150 kg。此外,锻模模具材料昂贵,且模具制造周期长,而每种模具只可加工一种锻件,因此成本高。模锻适用于中、小型锻件的大批量生产,广泛用于汽车、拖拉机、飞机、机床和动力机械等工业生产中。随着工业的发展,模锻在锻件生产中所占的比例越来越大。

模锻按照其所用设备的不同,可分为锤上模锻、压力机模锻和胎模锻。

(一)锤上模锻

在模锻锤上进行的模锻称为锤上模锻。锤上模锻所用设备主要是蒸汽-空气模锻锤,简称为模锻锤。蒸汽-空气模锻锤的工作原理与蒸汽-空气自由锻锤基本相同。模锻锤的吨位为 1~16 t,能锻造 0.5~150 kg 的模锻件。模锻件质量与模锻锤吨位的选择见表 8-1。

表 8-1 模锻锤吨位选择

模锻锤吨位/t	1	2	3	5	10	16
锻件质量/kg	2.5	6	17	40	80	120
锻件在分模面处投影面积/cm²	13	380	1 080	1 260	1 960	2 830
能锻齿轮的最大直径/mm	130	220	370	400	500	600

1. 锻模结构

锤上模锻用的锻模结构如图 8-22 所示,它是由带有燕尾的上模 2 和下模 3 两部分组成的。下模 3 用紧固楔铁 11 固定在模垫 9 上,上模 2 靠楔铁 14 紧固在锤头 1 上,随锤头一起做上下往复运动。上下模合在一起时其中部形成完整的模膛13。

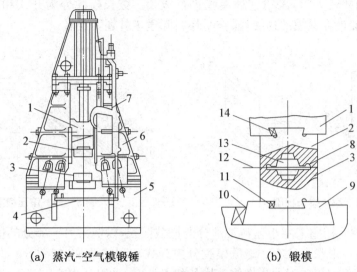

(a) 蒸汽-空气模锻锤　　　　(b) 锻模

图 8‑22　锤上模锻设备与锻模

1—锤头；2—上模；3—下模；4—踏杆；5—砧座；6—锤身；7—操纵机构；
8—飞边槽；9—模垫；10、11、14—紧固楔铁；12—分模面；13—模膛

模膛根据其功用的不同可分为模锻模膛和制坯模膛两大类。

(1) 模锻模膛　模锻模膛分为预锻模膛和终锻模膛两种。

① 预锻模膛　预锻模膛的作用是使坯料变形到接近于锻件的形状和尺寸，这样再进行终锻时，金属容易充满终锻模膛。同时减少了终锻模膛的磨损，以延长锻模的使用寿命。对于形状简单或批量不大的模锻件可不设置预锻模膛。

② 终锻模膛　终锻模膛的作用是使坯料最后变形到锻件所要求的形状和尺寸，因此，它的形状应和锻件的形状相同，但因锻件冷却时要收缩，终锻模膛的尺寸应比锻件尺寸放大一个收缩量，钢件收缩量取 1.5%。另外，沿模膛四周有飞边槽，用以增加金属从模膛中流出的阻力，促使金属充满模膛，同时容纳多余的金属。对于具有通孔的锻件，由于不可能靠上、下模的突起部分把金属完全挤压掉，故终锻后在孔内留下一薄层金属，称为冲孔连皮（图8‑23）。把冲孔连皮和飞边冲掉后，才能得到有通孔的模锻件。

终锻模膛和预锻模膛的区别是预锻模膛的圆角和斜度较大，没有飞边槽。

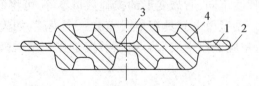

图 8‑23　带有冲孔连皮及飞边的模锻件

1—飞边；2—分模面；3—冲孔连皮；4—锻件

(2) 制坯模膛　对于形状复杂的模锻件，为了使坯料形状基本接近于模锻件形状，使金属能合理分布和很好地充满模膛，必须预先在制坯模膛内制坯。制坯模膛有以下几种：

① 拔长模膛　用它来减小坯料某部分的横截面积，以增加该部分的长度。当模锻件沿轴向横截面积相差较大时，采用这种模膛进行拔长。拔长模膛分为开式和闭式两种，如图8-24所示。一般设在锻模的边缘，操作时坯料除送进外还需翻转。

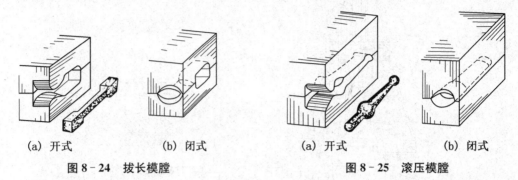

(a) 开式　　　　　(b) 闭式　　　　　　　　(a) 开式　　　　　(b) 闭式

图 8-24　拔长模膛　　　　　　　　　　图 8-25　滚压模膛

② 滚压模膛　用它来减小坯料某部分的横截面积，以增大另一部分的横截面积。主要是使金属按模锻件形状来分布。滚压模膛分为开式和闭式两种，如图8-25所示。当模锻件沿轴线的横截面积相差不大或作修整拔长的毛坯时，采用开式滚压模膛；当模锻件的最大和最小截面相差较大时，采用闭式滚压模膛。操作时需不断翻转坯料。

③ 弯曲模膛　对于弯曲的杆类模锻件，需用弯曲模膛来弯曲坯料（如图8-26）。坯料可直接或先经其他制坯工步后放入弯曲模膛进行弯曲变形。弯曲后的坯料须翻转90°再放入模锻模膛成形。

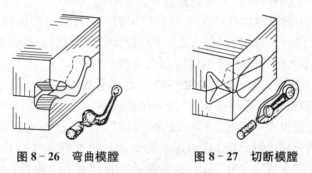

图 8-26　弯曲模膛　　　　　　图 8-27　切断模膛

④ 切断模膛　它是在上模与下模的角部组成一对刀口，用来切断金属（如图8-27）。单件锻造时，用它从坯料上切下锻件；多件锻造时，用它来分离出单个件。

根据模锻件的复杂程度不同、所需变形的模膛数量不等，可将锻模设计成单膛锻模或多膛锻模。单膛锻模是在一副锻模上只具有终锻模膛一个模膛，如齿轮坯模锻件就可将截下的圆柱形坯料，直接放入单膛锻模中成形。多膛锻模是在一副锻模上具有两个以上模膛的锻模。

2. 模锻工艺规程

模锻生产的工艺规程包括制订锻件图、计算坯料尺寸、确定模锻工步、设计锻模、选择设备及安排修整工序等。此部分将在本章第四节中详细介绍。

（二）压力机模锻

虽然锤上模锻的工艺适应性广，目前仍在锻压生产中广泛应用，但由于模锻锤在工作中存在震动、噪音大、劳动条件差、蒸汽效率低、能源消耗大等难以克服的缺点,近年来大吨位模锻锤逐渐被压力机所代替。

压力机上模锻对金属主要施加静压力,金属在模腔内流动缓慢,在垂直于力的方向上容易变形,有利于对变形速度敏感的低塑性材料的成形,并且锻件内外变形均匀,锻造流线连续,锻件力学性能好。模锻压力机主要有曲柄压力机、摩擦压力机、平锻机。

1. 曲柄压力机上模锻

模锻曲柄压力机传动系统如图 8-28 所示。电动机转动经带轮和齿轮传至曲柄和连杆,再带动滑块沿导轨做上、下往复运动。锻模分别装在滑块下端和工作台上。工作台安装在楔形垫块的斜面上,因而可对锻模封闭空间的高度做少量调节。曲柄压力机的吨位一般为 200~1 200 t。

曲柄压力机上模锻特点及应用。

(1) 曲柄压力机作用于金属上的变形力是静压力,由机架本身承受,不传给地基,因此工作时无震动,噪音小。

(2) 工作时滑块行程不变,在滑块的一个往复过程中即可完成一个工步的变形,并且工作台及滑块中均装有顶杆装置,因此生产率高。

(3) 压力机机身刚度大,滑块运动精度高,锻件尺寸精度高,加工余量和斜度小。

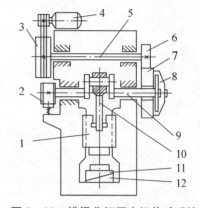

图 8-28 模锻曲柄压力机传动系统

1—滑块;2—制动器;3—带轮;4—电机;5—转轴;6—小齿轮;7—齿轮;8—离合器;9—曲轴;10—连杆;11—工作台;12—楔形垫块

(4) 作用在坯料上的力是静压力,因此,金属在模腔中流动缓慢,对于耐热合金、镁合金等对变形速度敏感的低塑性合金的成形很有利。由于作用力不是冲击力,锻模的主要模腔可设计成镶块式,使模具制造简单,并易于更换。

但由于锻件是一次成形,金属变形量过大,不易使金属填满终锻模腔,因此,变形应逐渐进行。终锻前常采用预成形及预锻工步,而且锻件在模腔中一次成形,坯料表面上的氧化皮不易被清除,影响锻件质量。另外,曲柄压力机上不宜进行拔长、滚压工步。因此,横截面变化较大的长轴类锻件,在曲柄压力机上模锻时需用周期性轧制坯料或用辊锻机制坯来代替这两个工步。典型的曲柄压力机上模锻件如图 8-29 所示。

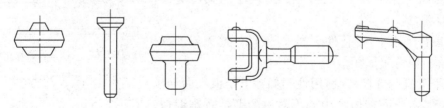

图 8-29 典型的曲柄压力机上模锻件

综上所述,曲柄压力机上模锻与锤上模锻相比,锻件精度高、生产效率高、劳动条件好、节省金属,但设备复杂,造价高。因此,曲柄压力机适合于锻件的大批量生产,目前已成为模锻生产流水线和自动生产线上的主要设备。

2. 平锻机上模锻

平锻机的工作原理与曲柄压力机相同,因为滑块做水平方向运动,故称"平锻机"。平锻机的传动系统如图8-30所示。电动机通过皮带将运动传给皮带轮,带有离合器的皮带轮装在传动轴上,再通过另一端的齿轮将运动传至曲轴。随着曲轴的转动,一方面推动主滑块带着凸模前后往复运动,又驱使凸轮旋转。凸轮的旋转通过导轮使副滑块带着活动模运动,实现锻模的闭合或开启。平锻机的吨位一般为50~3 150 t。

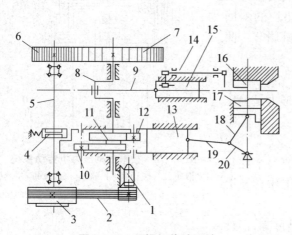

图8-30 平锻机传动系统

1—电动机;2—皮带;3—皮带轮;4—离合器;5—传动轴;6、7—齿轮;
8—曲轴;9—连杆;10、12—导轮;11—凸轮;13—副滑块;14—挡料板;
15—主滑块;16、17—活动模;18、19、20—连杆系统

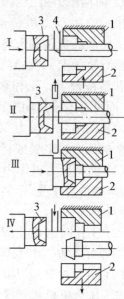

图8-31 平锻机上模锻过程

1—固定模;2—活动模;3—凸模;
4—挡料板

平锻机上模锻特点及应用如下:

(1)锻模由固定模、活动模和凸模三部分组成,因此锻模有两个分模面,可锻造出侧面带有凸台或凹槽的锻件。模锻过程如图8-31所示。

(2)主滑块上一般不止装有一个凸模,而是从上到下安排几个不同的凸模,工作时坯料逐一经过所有模膛,完成各个工步,如镦粗、预成形、成形、冲孔等。

(3)凸模工作部分多用镶块组合,便于磨损后更换,以节约模具材料。

(4)锻件飞边小,带孔件无连皮,锻件外壁无斜度,材料利用率高,锻件质量好。

(5)平锻机造价较高,通用性不如锤上模锻和曲柄压力机上模锻,对非回转体及中心不对称的锻件较难锻造,一般只对坯料一部分进行锻造,所生产的锻件主要是带头部的杆类和有孔(通孔或不通孔)的锻件,亦可锻造出曲柄压力机上不能模锻的一些锻件,如汽车半轴、倒车齿轮等。典型平锻机上模锻件如图8-32所示。

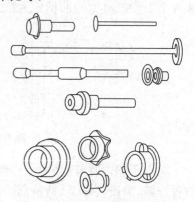

图8-32 典型平锻机上模锻件

3. 摩擦压力机上模锻

摩擦压力机传动系统如图 8－33 所示。锻模分别安装在滑块和机座上,滑块与螺杆相连只能沿导轨做上下滑动。两个圆轮装在同一根轴上,由电动机经过皮带使圆轮轴旋转。螺杆穿过固定在机架上的螺母,并在上端装有飞轮。当改变操纵杆位置时,圆轮轴将沿轴向串动,两个圆轮可分别与飞轮接触,通过摩擦力带动飞轮做不同方向的旋转,并带动螺杆转动。但在螺母的约束下螺杆的转动转变为滑块的上下滑动,从而实现摩擦压力机上的模锻。摩擦压力机的吨位一般为 350～1 000 t。

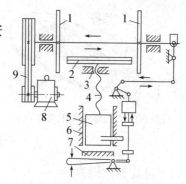

图 8－33　摩擦压力机传动系统
1—圆轮;2—飞轮;3—螺母;4—螺杆;
5—滑块;6—导轨;7—机座;8—电动机;
9—皮带

摩擦压力机上模锻特点及应用如下:

(1) 工作过程中滑块速度为 0.5～1.0 m/s,对锻件有一定的冲击作用,而且滑块行程可控,具有锻锤和压力机双重性质,不仅能满足模锻各种主要成形工序的要求,还可以进行弯曲、热压、精压、切飞边、冲连皮及校正等工序。

(2) 带有顶料装置,锻模可以采用整体式,也可以采用组合式,从而使模具制造简单。同时也可以锻造出更为复杂、工艺余块和模锻斜度都很小的锻件,并可将轴类锻件直立起来进行局部镦锻。

(3) 滑块运动速度低,金属变形过程中的再结晶现象可以充分进行,对塑性较差的金属变形有利,特别适合于锻造低塑性合金钢和有色金属(如铜合金)等,但生产率也相对较低。

摩擦压力机螺杆承受偏心载荷的能力差,一般只适用于单腔模锻。因此,形状复杂的锻件需要在自由锻设备或其他设备上制坯。

摩擦压力机上模锻适合于中小型锻件的小批量或中等批量的生产。

(三) 胎模锻

胎模锻是在自由锻设备上使用胎模生产锻件的一种锻造方法。

胎模的结构如图 8－34 所示,它是由上、下模块组成。模块上的空腔称为模腔,锻造时金属就在此模腔内变形。模块上的销孔和导销用以使上、下模腔对准;手柄供搬动和掌握模块用。

进行胎模锻时,先把下模放在锤砧的抵铁上,再把加热好的坯料放在模腔内,把上下模合上后用锤锻打至上下模紧密接触时,坯料便在模腔内压成与模腔相同的形状。

用图 8－34 所示的胎模进行锻造时,锻件上的孔不冲透,还留有一薄层金属,叫做连皮;锻件的周围亦有一薄层金属,叫做毛边。因此,锻件还要进行冲孔和切边,以冲去连皮和切掉毛边。用胎模锻造手锤的生产过程如图 8－35 所示。

胎模锻的模具制造方法简单,在自由锻锤上即可进行锻造,不需要模锻锤,生产率和锻

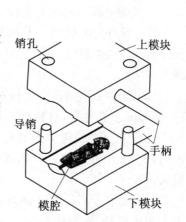

图 8－34　胎膜

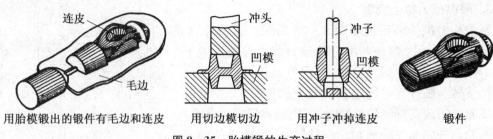

用胎模锻出的锻件有毛边和连皮　　用切边模切边　　用冲子冲掉连皮　　　锻件

图 8-35　胎模锻的生产过程

件的质量比自由锻高,在中、小批量的锻件生产中应用广泛。但由于劳动强度大,只适用于小锻件生产。

三、板料冲压

板料冲压是利用冲模使板料产生分离或变形的加工方法。冲压加工的零件,种类繁多,对零件形状、尺寸、精度的要求各不相同,其冲压加工方法也多种多样。但概括起来,可以分为分离工序和成形工序两大类。分离工序是将冲压件或板料沿一定轮廓相互分离,其特点是板料在冲压力作用下发生剪切而分离;成形工序是在不破坏的条件下使板料产生塑性变形,形成所需要形状及尺寸的零件,其特点是板料在冲压力作用下,变形区应力满足屈服条件,因而板料只发生塑性形变而不破裂。

(一) 分离工序

分离工序主要包括冲裁(落料和冲孔)、剪切、切边、切口、剖切等,它们的变形机理都是一样的。

1. 冲裁的分离过程及质量控制

冲裁的分离过程可分为图 8-36 所示的三个阶段:

(1) 弹性变形阶段　凸模压缩板料,使之产生局部弹性拉伸和弯曲变形。最终在工件上呈现出圆角带(如图 8-37)。

(2) 塑性变形阶段　当板料变形区应力满足屈服条件时,便形成塑性变形,材料挤入凹模,并引起冷变形强化,在工件剪断面上表现为光亮带(如图 8-37)。此阶段终了时,在应力集中的刃口附近出现微裂纹,这时冲裁力最大。

(3) 断裂分离阶段　随着凸、凹模刃口的继续压入,上下裂纹延伸,以至相遇重合,板料被分离。这一过程在工件剪断面上产生一粗糙的断裂带(如图 8-37)。

冲裁间隙是冲裁工艺中的重要参数。间隙过大或过小都将引起上、下裂纹不重合。间隙过大,断裂带宽度增大,断面质量和尺寸精度降低,毛刺增大;间隙过小,会产

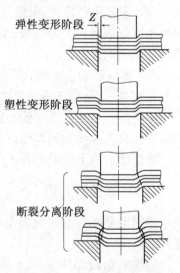

弹性变形阶段

塑性变形阶段

断裂分离阶段

图 8-36　冲裁的分离过程

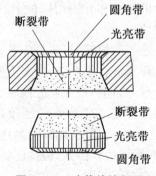

图 8-37　冲裁件的断面

生二次剪切,同时使冲裁力增大,模具寿命降低。因此,应选用合理间隙,其遵循的基本原则是使上、下裂纹重合,具体数据可参阅有关模具设计手册。

在设计模具时,落料和冲孔所遵循的设计准则并不相同,所以必须分清落料和冲孔的概念。从板料上冲下所需形状的零件叫做落料,在工件上冲出所需形状的孔叫做冲孔。

2. 整修

用一般冲裁方法所冲出的零件,断面粗糙、带有锥度、尺寸精度不高,一般落料件精度不超过 IT10,冲孔精度不超过 IT9。为满足高精度、高断面质量零件的要求,冲裁后需进行整修。

整修工序是用整修模将落料件的外缘或冲孔件的内缘刮去一层薄的切屑,如图 8－38 所示,以切去冲裁面上的粗糙层,并提高尺寸精度。整修后冲裁件的精度可达 IT9～IT7,粗糙度值为 Ra 1.6～0.8 μm。

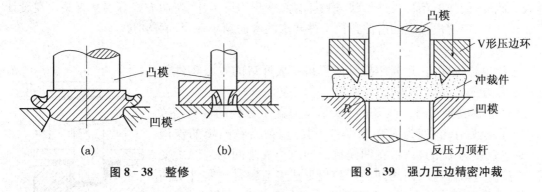

图 8－38　整修　　　　　　　　　图 8－39　强力压边精密冲裁

3. 精密冲裁

整修虽可以获得高精度和光洁剪断面的冲裁件,但增加了整修工序和模具,使冲裁件的成本增加,生产率降低。精密冲裁是经一次冲裁获得高精度和光洁剪断面冲裁件的一种高质量、高效率的冲裁方法。应用最广泛的精冲方法是强力压边精密冲裁,如图 8－39 所示。冲裁过程是:压边圈 V 形齿首先压入板料,在 V 形齿内侧产生向中心的侧向压力,同时凹模中的反压顶杆向上以一定压力顶住板料,当凸模下压时,使 V 形齿圈以内的材料处于三向压应力状态。为避免出现剪裂状态,凹模刃口一般做成 R 0.01～0.03 mm 小圆角。凸、凹模间的单面间隙小于板厚的 0.5%。这样便使冲裁过程完全成为塑性剪切变形,不再出现断裂阶段,从而得到全部为平直光洁剪切面的冲裁件。精密冲裁可获得精度为 IT7～IT6、表面粗糙度 Ra 0.8～0.4 μm 的冲裁件。

(二) 成形工序

成形工序主要有弯曲、拉深、翻边、成形、旋压等。

1. 弯曲

将板料、型材或管材在弯矩作用下弯成具有一定曲率和角度的制件的成形方法称为弯曲。板料弯曲的变形过程如图 8－40 所示。板料放在凹模上,随着凸模的向下运动,材料弯曲半径逐渐减小,直到凸、凹模与板料吻合,使板料按凸、凹模的几何形状弯曲成形。弯曲时,变形只发生在圆

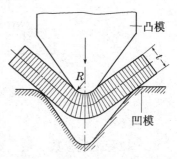

图 8－40　板料弯曲变形过程

角部分,其外侧受拉压应力而产生拉伸变形,当变形超过材料的成形极限时就会形成裂纹。圆角内侧受压应力过大时会引起起皱。

弯曲半径 R 与板料厚度 t 的比值 R/t 称为相对弯曲半径,它反映了弯曲变形程度的大小。R/t 越小,说明变形程度越大,当 R/t 小到一定程度时,就会超出板料的成形极限而发生破坏。在保证板料外层纤维不发生破坏的条件下,所能弯成零件内表面的最小圆角半径,称为最小弯曲半径 R_{min}。不同材料、不同状态、不同弯曲方向时,其 R_{min} 各不相同,例如退火状态的 08 板材,当弯曲线垂直于纤维方向时,$R_{min} \geqslant 0.1t$;弯曲线平行于纤维方向时,$R_{min} \geqslant 0.4t$。这些数据可查阅有关模具设计手册。生产中,弯曲件的圆角半径一般不应小于最小弯曲半径,若一定要求 $R < R_{min}$ 时,工艺上应考虑采用多次弯曲,而且弯曲工序之间应退火。

在弯曲工序中,还应注意回弹问题,即由于弹性变形部分的恢复,使弯曲后工件的弯曲角增大,回弹角通常小于 10°。材料屈服点越高,回弹值越大;工件弯曲角度越大,回弹值也越大。此外,回弹值还与工件形状、模具间隙、变形程度大小、弯曲方式等因素有关。在设计弯曲模具时,应使模具上的弯曲角比工件要求的弯曲角小一个回弹角度。

2. 拉深

拉深也称拉延,它是利用模具使板料变成开口的空心零件的冲压工艺方法。

(1)拉深变形过程 图 8−41 所示是把直径为 D 的板料经拉深成为直径为 d、高度为 h 的筒形件。其过程是:在凸模的作用下,原始直径为 D 的板料,在凹模端面和压边圈之间的缝隙中变形,并被拉进凸模与凹模之间的间隙里形成空心零件。零件上高度为 h 的直壁部分是由板料的环形部分(外径为 D、内径为 d)转化而成的,所以拉深时板料的环形部分是变形区,变形区内受径向拉应力和切向压应力的作用,产生塑性变形,将板料的环形部分变为圆筒形件的直壁。塑性变形的程度,由底部向上逐渐增大,在圆筒顶部的变形达到最大。在拉深过程中,圆筒的底部基本上没有塑性变形,底部只传递凸模作用于板料的拉深力。

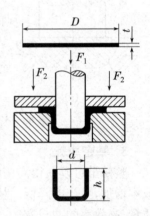

图 8−41 筒形件拉深

拉深的变形程度受两个方面限制,其一是径向拉应力过大导致材料变薄以致拉裂(主要是筒底转角处);其二是切向压应力过大导致周边失稳而起皱。如图 8−42。此外,还应注意拉深变形后材料的加工硬化,在多次拉深时应退火以消除加工硬化。

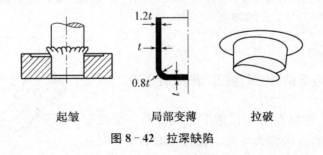

起皱   局部变薄   拉破

图 8−42 拉深缺陷

(2)拉深工艺参数 最主要的工艺参数是反映变形程度的拉深系数 m,对圆筒形零件来说,拉深后零件的直径 d 与板料直径 D 之比称为拉深系数,即

$$m = d/D$$

式中：d 为圆筒直径(mm)；D 为板料直径(mm)。

显然，拉深系数越小，变形程度就越大。在拉深生产中，每次拉深时的拉深系数不应小于材料的极限拉深系数，否则会引起拉裂。所谓极限拉深系数，是在工件不致拉裂的条件下所能达到的最小拉深系数。影响极限拉深系数的因素很多：塑性越好，极限拉深系数越小；板料相对厚度(t/D)越大，拉深时不易起皱，极限拉深系数越小；此外，凸、凹模的圆角半径、模具间隙、润滑条件等都对极限拉深系数有一定影响。极限拉深系数的数值，可参阅有关模具设计手册。

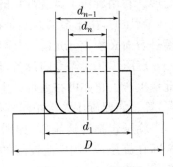

图 8-43　多次拉深

某些深腔拉深件，由于成形所需的拉深系数比极限拉深系数小，不能一次拉成，为此，采用多道工序拉深，称为多次拉深，如图 8-43。此时各道拉深工序的拉深系数为

$$m_1 = d_1/D;\ m_2 = d_2/d_1;\ \cdots;\ m_n = d_n/d_{n-1}$$

则总拉深系数 M 为

$$M = m_1 \cdot m_2 \cdots m_n = d/D$$

为防止拉深过程中凸缘部分起皱，模具上通常采用压边圈对凸缘部分压紧。拉深模具的凸模与凹模和冲裁时的不同，它们的工作部分没有锋利的刃口，而是做成一定的圆角半径，凸、凹模之间的间隙大于冲裁模间隙且稍大于板料厚度。

3. 翻边

翻边是用扩孔的方法使带孔件在孔口周围冲制出竖直边缘的冲压成形工序，其过程如图 8-44 所示。将带孔的板料放在凹模上，凸模向下运动，逐步压入凹模，板料在凸模作用下，沿孔口按凹模和凸模提供的形状翻出直边。变形过程中，其变形极限值受翻出直边的开口处周向拉变形所限制，通常用翻边系数 K_0 来表示：

$$K_0 = d_0/d$$

式中：d_0 为翻边前板料的孔径；d 为翻边后内孔径。

K_0 值越小，变形程度越大。一般 $K_0 \geqslant 0.65 \sim 0.75$。翻边工序用于生产带凸缘的环类或套筒类零件。

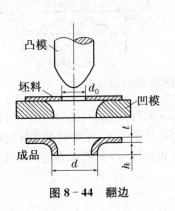

图 8-44　翻边

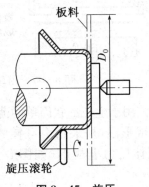

图 8-45　旋压

4. 旋压

拉深亦可用旋压来完成。旋压是一种成形金属空心回转体的工艺方法,其变形过程如图8-45所示。将板料顶在一旋转的芯模上,并使其随芯模旋转,用简单的旋压工具对旋转的板料外侧施加局部压力,同时与芯模作相对进给,从而使板料在芯模上产生连续、逐点的变形。利用旋压工具绕静止的板料与芯模旋转,亦可完成旋压。

旋压时,由于金属并不是在压力下拉过模具,所以模具往往可用硬木制造,唯一要求是模具表面必须十分光滑,因模具上的任何粗糙度都会在制成品上显示出来。

旋压工艺无需专门设备,使用简单机床即可。因此,旋压工艺装备费用低,很适用于小批量生产。它亦可在大批量生产中用来制造如灯的反射镜、碗形零件、钟形件、管(包括变径管)等。如要旋压大量相同零件,可用金属模具。

旋压包括普通旋压(如图8-45)和变薄旋压(即强力旋压,如图8-46)两种,变薄旋压即在旋压成形中,在较高的接触压力下板料壁厚逐点地、有规律地减薄而直径无显著变化。

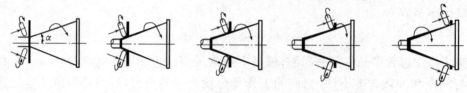

图8-46 变薄旋压过程

5. 橡皮成形和液压成形

橡皮成形是利用橡皮作为通用凸模(或凹模)进行板料成形的工艺方法;液压成形是用液体(水或油)作为传压介质,使板料产生塑性变形,按模具形状成形的工艺方法。

图8-47为橡皮成形过程,其特点是金属板料的整体成形,变形区的应力状态包括弯曲和压缩的双重特点。板料放在一个刚性凸模(或凹模)上,在压头中借助钢容器装入一定厚度的橡皮垫。当压头向下运动,凸模压入橡皮垫,并将压力均匀地传给板料,使其按凸模形状成形。

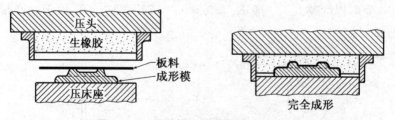

图8-47 用单模和橡胶块成形的方法

橡皮成形工艺用于生产形状简单的薄板零件,如食品容器、电气工业零件等。

橡皮模液压成形法,是采用由可控的液体压力所支承的柔性模取代橡皮垫,使板料在完全均匀的液体压力下成形(如图8-48),如图8-49所示的起伏和胀形也可归入此类。

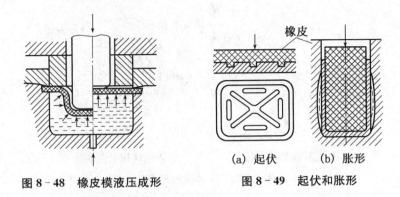

图 8 - 48　橡皮模液压成形　　图 8 - 49　起伏和胀形

四、其他常见塑性成形方法

（一）辊轧

辊轧是坯料靠摩擦力咬入轧辊,在轧辊相互作用(或两轧辊旋转方向相反或两轧辊旋转方向相同)下,产生连续变形的工艺。辊轧常用的有辊锻、斜轧、横轧、辗环等生产方法。

辊轧具有生产率高、零件质量好、节约金属和成本低等优点。

1. 辊锻

用一对相向旋转的扇形模具使坯料产生塑性变形,从而获得所需锻件或锻坯的锻造工艺,称为辊锻。辊锻的扇形模具可以从轧辊上装拆更换,如图 8 - 50 所示。

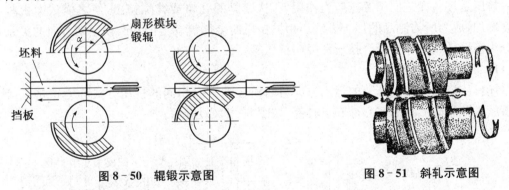

图 8 - 50　辊锻示意图　　　　　图 8 - 51　斜轧示意图

辊锻生产率为锤上模锻的 5～10 倍,节约金属 6%～10%。各种扳手、麻花钻、柴油机连杆、蜗轮叶片等都可以辊锻成形。

2. 斜轧

轧辊相互倾斜配置,以相同方向旋转,轧件在轧辊的作用下反向旋转,同时还做轴向运动,即螺旋运动,这种轧制称为斜轧,亦称为螺旋轧制或横向螺旋轧制,如图 8 - 51 所示。斜轧可以生产形状呈周期性变化的毛坯或零件,如冷轧丝杠等。

3. 横轧

轧辊轴线与轧件轴线平行且轧辊与轧件作相对转动的轧制方法称为横轧。横轧轧件内部锻造流线与零件的轮廓一致,使轧件的力学性能提高,因此,横轧在国内外受到普遍重视,可用于齿轮的热轧生产。图 8 - 52 是各种横轧示意图。

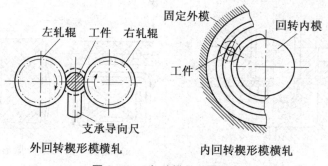

外回转楔形模横轧　　　　内回转楔形模横轧

图 8-52　各种横轧示意图

4. 辗环

环形毛坯在旋转的轧辊中进行轧制的方法称为辗环。环形原毛坯在主动辊与从动辊组成的孔型中扩孔,壁厚减薄,内外径增大,断面形状同时也发生变化。在扩孔过程中,工件、从动辊与主动辊转向相反,导向辊、控制辊与主动辊转动方向相同。辗环变形实质上属于纵轧过程,用这种方法可以生产火车轮箍、轴承座圈、法兰等环形锻件。图 8-53 是辗环示意图。

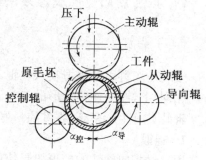

图 8-53　辗环示意图

(二) 挤压

挤压是坯料在三向不等压应力作用下,从模具的孔口或缝隙挤出,使之横截面积减小、长度增加,成为所需制品的加工方法。根据挤压时金属流动方向和凸模运动方向的关系,挤压分为正挤压、反挤压、复合挤压和径向挤压等。

1. 正挤压

坯料从模孔中流出部分的运动方向与凸模运动方向相同的挤压方式称为正挤压,该法可挤压各种截面形状的实心件和空心件,如图 8-54(a)所示。

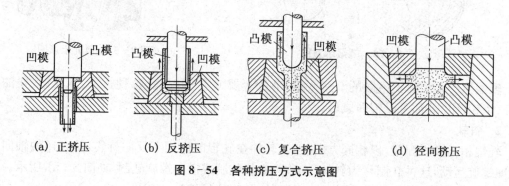

(a) 正挤压　　　(b) 反挤压　　　(c) 复合挤压　　　(d) 径向挤压

图 8-54　各种挤压方式示意图

2. 反挤压

坯料的一部分沿着凸模与凹模之间的间隙流出,其流动方向与凸模运动方向相反的挤压方式称为反挤压,如图 8-54(b)所示。该法可挤压不同截面形状的空心件。

3. 复合挤压

同时兼有正挤、反挤时金属流动特征的挤压称为复合挤压,如图 8 - 54(c)所示。

4. 径向挤压

坯料沿径向挤出的挤压方式称为径向挤压,如图 8 - 54(d)所示。用这种方法可形成有局部粗大凸缘、有径向齿槽及筒形件等。

挤压具有生产率较高、节约金属、零件力学性能好、表面粗糙度值小、尺寸精度高的优点,但其变形抗力大,模具磨损严重,故要求润滑良好。

挤压也常根据对坯料加热温度的不同分为热挤压、冷挤压和温挤压。

(三)拉拔

坯料在牵引力作用下通过模孔拉出,使之产生塑性变形而得到截面缩小、长度增加的制件,此工艺称为拉拔。拉拔的制品有线材、棒材、异型管材等。拉拔通常有冷拔和拉丝之分。常温下的拉拔称为冷拔,冷拔制品的强度高、表面质量好。对直径为 0.14～10.00 mm 的黑色金属和直径为 0.01～16.00 mm 的有色金属的拉拔称为拉丝。图 8 - 55 是拉拔示意图。

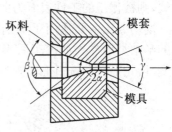

图 8 - 55 拉拔示意图

(四)径向锻造

径向锻造是对轴向旋转送进的棒料或管料施加径向脉冲打击力,锻成沿轴向具有不同横截面制件的工艺方法。

径向锻造所需的变形力和变形功很小,脉冲打击使金属内外摩擦降低,变形均匀,对提高金属的塑性十分有利(低塑性合金的塑性可提高 2.5～3 倍)。

径向锻造可采用热锻(温度为 900～1 000 ℃)、温锻(温度为 200～700 ℃)、冷锻三种方式。

径向锻造可锻造圆形、方形、多边形的台阶轴和内孔复杂或内孔直径很小而长度较长的空心轴。图 8 - 56 是径向锻造示意图,图 8 - 57 是径向锻造的部分典型零件。

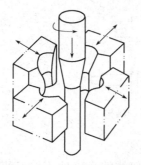

图 8 - 56 径向锻造示意图

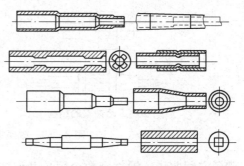

图 8 - 57 径向锻造的部分典型零件

(五)摆动辗压

大截面饼类锻件的成形需要吨位很大的锻压设备和工艺装备,这需要很大的投资和解决很多技术问题。如果使模具局部压缩坯料,变形只在坯料内的局部产生,而且使这个塑性变形沿坯料作相对运动,使整个坯料逐步变形,这样就能大大降低锻压力和设备吨位容量。

图 8-58 所示为摆动辗压的工作原理。具有圆锥面的上模(摆头),其中心线 OZ 与机器主轴中心线 OM 相交成 α 角(α 常取 $1°\sim3°$),此角称为摆角。当主轴旋转时,OZ 绕 OM 绕转,使其产生摆动。与此同时,油缸使滑块上升对坯料施加压力。这样,上模母线在坯料表面连续不断地滚动,使坯料整个截面逐步变形。上模每旋转一周,坯料被压缩的压下量为 S。如果上模母线是一直线,则辗压的工件表面为平面;如果上模母线为一曲线,则被辗压的工件表面为曲面。

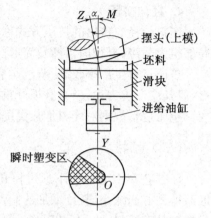

图 8-58 摆动辗压工作原理

摆动辗压主要适用于加工回转体的轮盘类或带法兰的半轴类锻件。如汽车后半轴、扬声器导磁体、蝶形弹簧、齿轮毛坯和铣刀毛坯等。

第三节　塑性成形结构工艺性

塑性成形件结构工艺是否合理,不仅会直接影响到塑性成形件的使用性能和尺寸精度等质量要求,同时,对塑性成形生产过程也有很大的影响。良好的结构工艺性,应该是塑性成形件的使用性能容易保证,生产过程及所使用的工艺装备简单,生产成本低。

一、自由锻结构工艺性

零件结构要合理,在满足使用性能的前提下,要简单、易锻,并考虑自由锻设备和工艺特点,以方便锻造、节约金属、保证锻件质量和能够提高生产效率。

(1) 尽量避免锥面或斜面　具有锥面或斜面结构的锻件,成形比较困难,需要专用工具,工艺流程复杂,如图 8-59 所示。

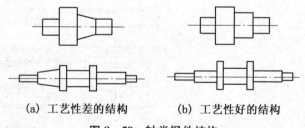

(a) 工艺性差的结构　　　　(b) 工艺性好的结构

图 8-59 轴类锻件结构

(2) 避免空间曲线　锻件由数个简单几何体构成时,几何体的交接处不应保留空间相贯曲线。如图 8-60(a) 所示的圆柱面与圆柱面相交结构,成形比较困难,如果改为如图8-60(b)所示的平面相交,成形变得容易。

(3) 避免肋板、凸台、椭圆形、工字型或其他非规则形状截面及非规则外形　如图

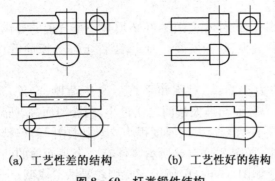

(a) 工艺性差的结构 (b) 工艺性好的结构

图 8 - 60 杆类锻件结构

8-61(a)所示的结构,难以自由锻形成,可以改为如图 8-61(b)所示的结构。

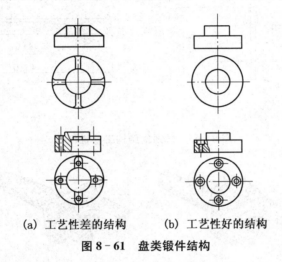

(a) 工艺性差的结构 (b) 工艺性好的结构

图 8 - 61 盘类锻件结构

（4）采用组合工艺 锻件形状较复杂时,可设计成由几个简单件构成,每个简单件自由锻成形后的组焊或装配结构,如图 8-62 所示。

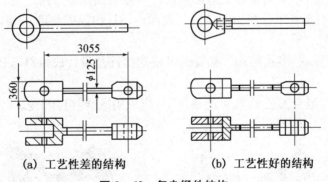

(a) 工艺性差的结构 (b) 工艺性好的结构

图 8 - 62 复杂锻件结构

二、模锻结构工艺性

根据模锻特点和工艺要求,设计零件结构时,应符合下列原则,以保证锻件质量,降低生产成本和提高生产效率。

（1）易于从锻模中取出锻件　模锻零件必须有一个合理的分模面，以保证模锻件易于从锻模中取出，并且敷料最少、易于模锻。为此，零件上与分模面垂直的表面应尽可能避免凹槽和孔。

（2）零件的外形应力求简单、对称和平直　避免薄壁、高筋、局部凸起等结构，如图8-63(a)所示零件的最小截面与最大截面之比过小，凸缘薄而高，所以模锻时金属难以充满模膛；图8-63(b)所示零件直径很大而厚度很小，模锻时中间薄壁部分金属迅速冷却，流动阻力很大，所以模锻困难；如图8-64(a)所示零件有一个高而薄的凸缘，使锻模的制造和锻件的取出都很困难，改成如图8-64(b)所示形状则较易锻造成型。

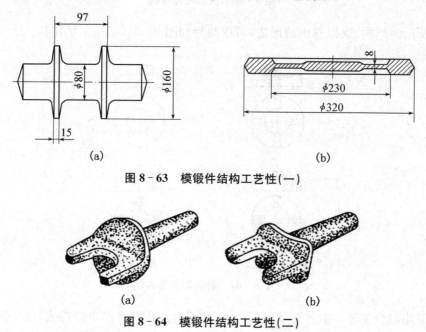

(a)   (b)

图 8-63　模锻件结构工艺性（一）

(a)   (b)

图 8-64　模锻件结构工艺性（二）

（3）非加工表面、模锻斜度和锻造圆角设计　除与其他零件配合的表面外，一般均应设计为非加工表面，对垂直于分模面的非加工表面应设计出模锻斜度，非加工表面之间形成的角应设计锻造圆角。

（4）避免设计深孔、多孔结构　必要时可将这些部位设计成敷料，以便模具制造和延长模具寿命。

（5）采用锻-焊组合工艺　在可能条件下，应采用锻-焊组合工艺，以简化锻造工艺和降低制造成本，如图8-65所示。

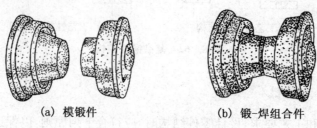

(a) 模锻件   (b) 锻-焊组合件

图 8-65　锻-焊组合结构

三、冲压结构工艺性

良好的结构工艺性应保证材料消耗少、工序数目少、模具结构简单且寿命长、产品质量稳定、操作简单等。具体要求如下：

（一）对冲裁件的要求

（1）冲裁件的外形应使排样合理，废料最少，以提高材料的利用率。图 8-66(a)比图 8-66(b)更为合理，材料利用率高。

（2）冲裁件的形状尽量简单对称，凸、凹部分不能太窄太深，孔间距离或孔与零件边缘之间的距离不可太小，这些值的大小与板料厚度 t 有关，如图 8-67。

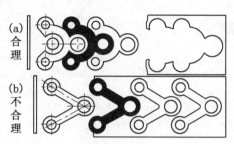

图 8-66 冲裁件的外形应便于合理排样

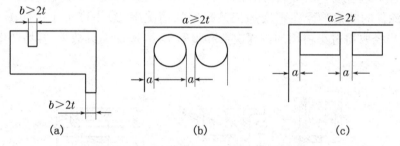

图 8-67 冲裁件凸、凹部分和孔的位置

（3）冲孔时因受凸模强度限制，孔的尺寸不能太小。用一般冲模冲圆孔时，对硬钢，直径要求 $d \geqslant 1.3t$；对软钢及黄铜，$d \geqslant 1.0t$；对铝及锌，$d \geqslant 0.8t$。冲方孔时，对硬钢要求边长 $a \geqslant 1.0t$；对软钢及黄铜，$a \geqslant 0.7t$；对铝及锌，$a \geqslant 0.5t$（其中 t 为板料厚度）。

（二）对弯曲件的要求

（1）弯曲件的弯曲半径不应小于材料许可的最小弯曲半径（R_{min}），并应考虑板料的流线方向，以免在弯曲成形过程中出现弯裂。

（2）弯曲件的直边高度 H 不宜过小，其值要大于板厚 t 的 2 倍，如图 8-68 所示。当直边高度较小时，弯边在模具上支持的长度过小，不容易形成足够的弯矩，很难得到准确的形状，此时，可加大直边高度，弯曲后再切除掉多余材料。

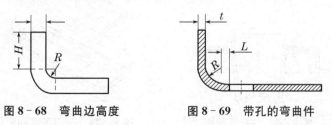

图 8-68 弯曲边高度　　**图 8-69 带孔的弯曲件**

（3）对弯曲带孔的工件，为避免孔的变形，应该使孔处于变形区外，即满足 $L \geqslant 2t$，如图

8－69 所示。

（4）在弯曲半径较小的弯边交界处，应避免产生应力集中而开裂。可在弯曲前钻出止裂孔，以防裂纹的产生，如图 8－70 所示。

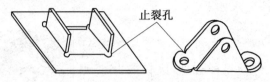

图 8－70　弯曲件上的止裂孔

（三）对拉深件的要求

（1）对拉深件，应使其外形尽量简单、对称，且零件高度不要太高，以减少拉深次数。拉深件的形状大致可分为回转体、非回转体（如盒形件）和空间曲线形（如汽车自身外壳）。回转体的拉深相对较容易，非回转体的拉深次之，空间曲线形的拉深难度较大。

（2）拉深件的圆角半径在不增加工艺程序的情况下，最小许可半径如图 8－71 所示。若最小许可半径取得过小将增加拉深次数和整形工序，增加模具数量，容易产生废品和提高成本。

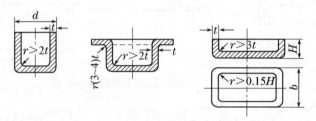

图 8－71　拉深件最小允许半径

（四）改进结构可以简化工艺及节省材料

1. 采用冲-焊结构

对于形状复杂的冲压件、可先分别冲制若干个简单件，然后再焊接成整体件，如图8－72 所示。

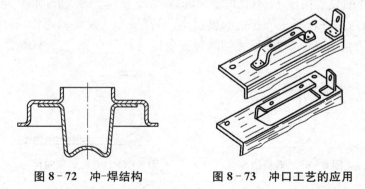

图 8－72　冲-焊结构　　　　图 8－73　冲口工艺的应用

2. 采用冲口工艺

适当的时候可以采用冲口工艺,以减少组合件的数量。如图 8 - 73 所示,原设计是用三个单件组合而成的,现采用冲口工艺制成整体零件,可以节省材料,简化工艺过程。

第四节　塑性成形工艺规程

塑性成形工艺规程是指导生产、规范操作、控制和检测产品质量的依据,它是否合理,会直接影响到塑性成形件的使用性能,同时,对塑性成形生产过程也有很大的影响。良好的结构工艺规程,应该使塑性成形件的使用性能等质量要求得到保证,生产过程及所使用的工艺装备简单,生产成本低。

一、自由锻工艺规程

自由锻工艺规程包括:根据零件图作出锻件图、确定毛坯的重量和尺寸、决定变形工艺、选择设备、确定火次、锻造加热和冷却、填写工艺过程卡等。其主要内容和步骤如下:

(一)自由锻件图的绘制

锻件图是根据零件图绘制的,在零件图的基础上考虑敷料、加工余量和锻造公差三个因素而形成的。

1. 敷料(或称余块)

为了简化锻件形状、便于锻造而增加的一部分金属称为敷料。当零件上带有难以直接锻出的凹槽、台阶、凸肩、小孔时,均需添加敷料,如图 8 - 74(a)所示。

2. 加工余量

锻件上需要切削加工的表面,应留有加工余量。锻件加工余量的大小与零件的形状、尺寸等因素有关。零件越大,形状越复杂,则余量越大。具体数值可结合生产的实际条件查表确定。

3. 锻件公差

零件的基本尺寸加上加工余量即为锻件的基本尺寸。锻件公差是指锻件基本尺寸的允许变动量。公差的数值可查阅有关手册,通常为加工余量的 1/4~1/3。

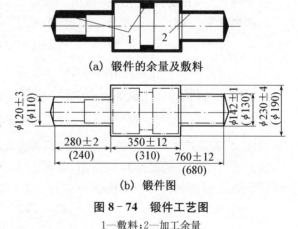

(a) 锻件的余量及敷料

(b) 锻件图

图 8 - 74　锻件工艺图

1—敷料；2—加工余量

锻件图的外形用粗实线表示,为了便于了解零件的形状和检查锻造后的实际余量,在锻件图上用双点画线画出零件的简单形状。锻件的基本尺寸和公差标注在尺寸线上面,而机械加工后的零件尺寸标注在尺寸线下面的括号内,如图 8 - 74(b)所示。

（二）确定毛坯的质量和尺寸

1. 自由锻毛坯质量的计算

自由锻制锻件所需毛坯质量的计算公式如下：

$$G_{坯} = G_{锻} + G_{切} + G_{烧}$$

式中：$G_{坯}$ 为毛坯质量；$G_{锻}$ 为锻件质量；$G_{切}$ 为切掉的料头或冲去的芯料质量；$G_{烧}$ 为烧损质量，第一次加热取被加热金属质量的 2%～3%，以后各次加热取 1.5%～2.0%。

2. 毛坯尺寸的确定

毛坯尺寸的确定与所采用的第一个基本工序（镦粗或拔长）有关，所采用的工序不同，确定的方法也不一样。

（1）采用镦粗法锻制锻件时毛坯尺寸的确定

对于钢坯，为避免镦粗时产生弯曲，应使毛坯高度 H 不超过其直径 D（或方形边长 A）的 1.5 倍，但为了在截料时便于操作，毛坯高度 H 应不小于 $1.25D$（或 A），即

$$1.25D(A) \leqslant H \leqslant 2.5D(A)$$

对圆毛坯：

$$D = (0.8 \sim 1) \sqrt[3]{V_{坯}}$$

对方毛坯：

$$A = (0.75 \sim 0.9) \sqrt[3]{V_{坯}}$$

初步确定了 D（或 A）之后，应根据国家标准选用直径或边长，最后根据毛坯体积 $V_{坯}$ 和毛坯的截面积 $F_{坯}$，即可求得毛坯的高度（或长度）。

$$H = V_{坯} / F_{坯}$$

（2）采用拔长法锻制锻件时，毛坯尺寸的确定

对于钢坯，拔长时所用截面 $F_{坯}$ 的大小应保证能够得到所要求的锻造比，即

$$F_{坯} \geqslant Y F_{锻}$$

式中：Y 为锻造比；$F_{锻}$ 为锻件的最大横截面积。

按上式求出钢坯的最小横截面积，并可进一步求出钢坯的直径（或边长），最后，根据毛坯体积和确定的毛坯截面积求出钢坯的长度 $L_{坯}$，即

$$L_{坯} = V_{坯} / F_{坯}$$

（三）确定自由锻工序

自由锻锻造工序的选取应根据工序特点和锻件形状来确定。一般而言，盘类零件多采用镦粗（或拔长-镦粗）和冲孔等工序；轴类零件多采用拔长、切肩和锻台阶等工序。

（四）选择自由锻设备

自由锻锻造设备的选择主要取决于坯料的质量、类型及尺寸。空气锤只能用来锻造100 kg 以下的小型锻件。蒸汽空气锤采用蒸汽和压缩空气作为动力，其吨位稍大，可用来

生产质量小于 1 500 kg 的锻件。液压机产生静压力使金属坯料变形,其吨位大,是锻造大型锻件的唯一成型设备。

（五）锻造的加热与冷却

金属在锻造前的加热是为了提高金属的塑性,降低变形抗力,减少锻造设备的吨位。为了减少锻压加工时加热次数(也称火数),一般力求扩大钢的锻造温度范围,即钢的锻造可在一个较宽的温度范围内进行。锻造温度范围是开始锻造时的温度(始锻温度)和结束锻造时的温度(终锻温度)之间的一段温度区间。

在保证不出现过热和过烧的前提下尽可能提高始锻温度,使材料具有良好的塑性和较低的变形抗力。始锻温度一般取固相线以下 100～250 ℃。终锻温度对锻件质量的影响也很大,如果终锻温度太高,锻件由于晶粒的重新长大会降低力学性能;如果终锻温度太低,则再结晶困难,冷变形强化现象严重,变形抗力太大,易损坏设备和工具,易产生锻造裂纹。通常终锻温度高于再结晶温度 50～100 ℃。现有钢种的锻造温度范围均已确定,可从有关手册查得。

钢中合金元素越多,熔点越低,其始锻温度也越低,而再结晶温度则相反,合金元素越多,再结晶过程越不容易进行,因此其再结晶温度升高,钢的终锻温度也相应升高。这样一来,合金钢中合金元素的含量越高,其锻造温度范围就越小。

锻件的冷却方法也是影响锻件质量的重要因素之一。如果冷却方法不适当,可使锻件产生翘曲变形、硬度过高或裂纹等缺陷。

锻件的冷却方法主要根据材料的化学成分、锻件形状和截面尺寸等因素来确定。一般地,合金元素和碳的含量越高,锻件形状越复杂和截面尺寸变化越大,就越需要采用缓慢的冷却方法。例如,对于高碳高合金钢(如 Crl2 型钢、高速钢等),应将锻件趁热放入 500～700 ℃的炉子中,然后随炉缓慢冷却;对于一般合金结构钢(如 40Cr、35SiMn 等),可趁热埋入砂子或炉灰中缓慢冷却;高碳钢则可堆放空冷;而碳素结构钢一般在无风的空气中冷却。

（六）填写自由锻工艺卡

现以如图 8-75 所示齿轮零件的齿轮坯锻造为例,其自由锻工艺规程各项内容所组成的工艺文件就是工艺卡。

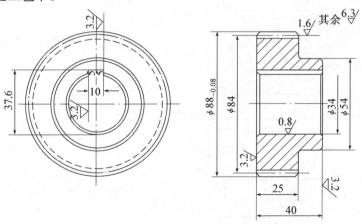

图 8-75　齿轮零件图

表 8-2 为典型盘类锻件齿轮坯的自由锻工艺过程。

表 8-2 齿轮坯自由锻工艺过程

锻件名称	齿轮坯	工艺类别	自由锻
材　　料	45 钢	设　　备	65 kg 空气锤
加热火次	1	锻造温度范围	1 200～800 ℃
锻件图 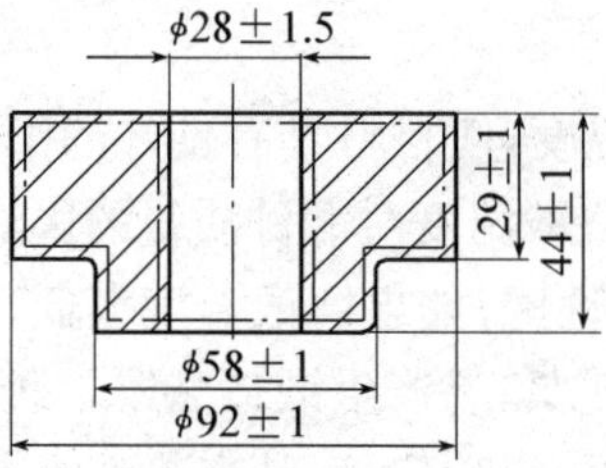		坯料图 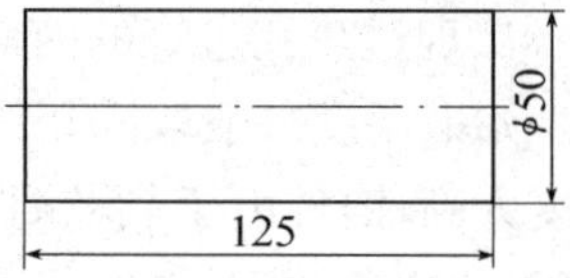	

序号	工序名称	工序简图	使用工具	操作要点
1	镦粗	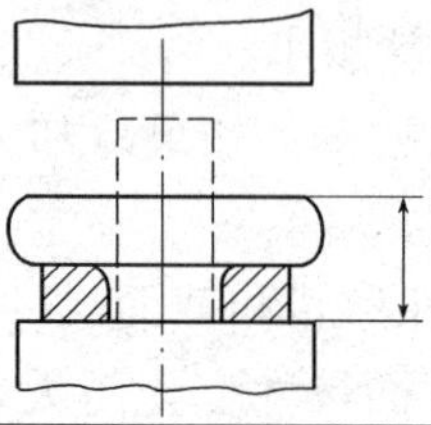	火钳 镦粗 漏盘	控制镦粗后的高度为 45 mm
2	冲孔	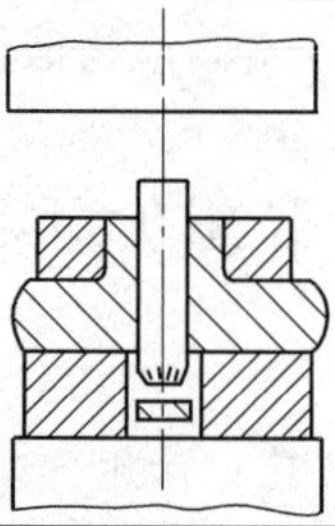	火钳 镦粗 漏盘 冲子 冲孔	① 注意冲子对中； ② 采用双面冲孔，左图为工件翻转后将孔冲透的情况
3	修整外圆	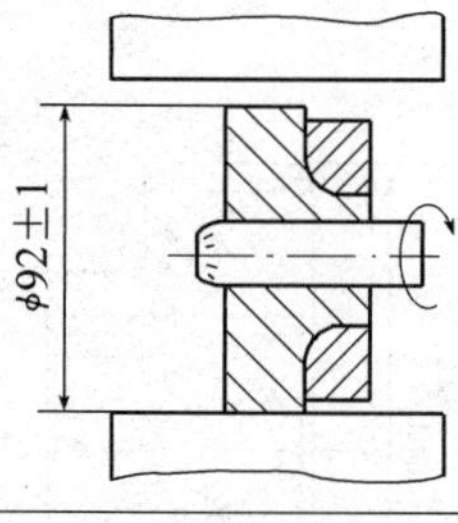	火钳冲子	边轻打边旋转锻件，使外圆消除鼓形并达到 $\phi(92\pm1)$ mm
4	修整平面	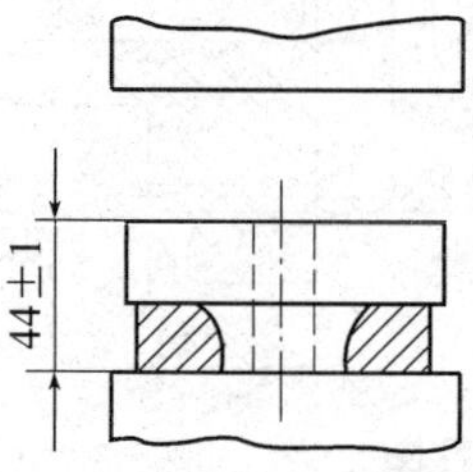	火钳 镦粗 漏盘	轻打(如砧面不平还要边打边转动锻件)，使锻件厚度达到 (44 ± 1) mm

二、模锻工艺规程

在制订模锻工艺规程之前,应该对零件图进行认真分析,现就模锻与自由锻工艺规程的不同之处具体介绍如下:

(一)绘制模锻件图

模锻件的锻件图分为冷锻件图和热锻件图两种。冷锻件图用于最终锻件检验,热锻件图用于锻模设计和加工制造。这里主要讨论冷锻件图的绘制,而热锻件图是以冷锻件图为依据,在冷锻件图的基础上,尺寸应加放收缩率,尺寸的标注也应遵循高度方向尺寸以分模面为基准的原则,以便于锻模机械加工和准备样板。

冷锻件图要依据零件图来绘制,在绘制过程中要考虑以下几个问题:

1. 选择分模面

分模面是上、下模或凸、凹模的分界面,其位置的选择对锻件成形、出模、材料利用率和锻件质量等有很大的影响。选择分模面的基本原则是:保证锻件形状尽可能与零件形状相同,锻件容易从模锻模腔中取出,此外,应争取获得镦粗充填成形的良好效果。为此,锻件的分模面应选在具有最大水平投影尺寸的截面上。如图 8-76 中,a-a 截面不是最大截面,以此做分模面,锻件无法取出;以 b-b 截面做分模面,则零件中的孔锻不出来,只能做余块,与零件形状相差大,此外,镦粗效果也没有径向分模好,模腔加工也相对较为困难;而 d-d 截面作为分模面,则锻件能顺利取出,也可锻出零件中的孔,同时也能保证锻件以镦粗充填的方式成形,获得良好的锻件质量。以 d-d 截面作为分模面较为合适。

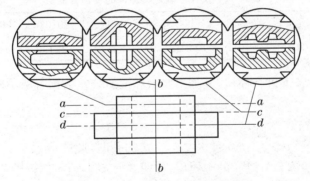

图 8-76 分模面的选择比较图

在满足上述原则的基础上,确定开式模锻的分模面时,为了提高锻件质量和生产过程的稳定性,还应考虑下列要求:

(1) 为防止上、下模产生错模现象,分模面的位置应保证其上、下模腔的轮廓相同。

(2) 为便于模具制造,分模面应尽可能采用直线分模。

(3) 头部尺寸较大的长轴类锻件,为了保证整个锻件全部充满成形,应以折线式分模,从而使上、下模腔深度大致相等。

(4) 对于有金属流线方向要求的锻件,应考虑到锻件在工作中的承力情况。

2. 确定加工余量和锻造公差

普通锻件由于毛坯在高温条件下产生表皮氧化、脱碳、合金元素蒸发或其他污染现象,导致锻件表面质量不高;此外,由于锻件出模的需要,模膛壁带有斜度,使得锻件侧壁添加敷料,以及锻模磨损和上、下模的错移现象,导致锻件尺寸出现偏差;加之毛坯体积变化和终锻温度波动,导致锻件尺寸不易控制。因此,锻件还需要经切削加工才能成为零件,应留有加工余量和锻造公差。

模锻件的加工余量和公差比自由锻件的要小。加工余量一般为 $1\sim4$ mm,极限偏差一般取 $\pm0.3\sim3$ mm。确定模锻件的加工余量和锻造公差的方法有两种:一种是按照锻锤的吨位确定;另一种是按照零件的形状尺寸和锻件的精度等级确定。表 8-3 列出了按照锻锤吨位确定模锻件加工余量和锻造公差,表 8-4 列出了按尺寸确定模锻件的自由公差。

表 8-3　按锻锤吨位确定模锻件的余量和公差

锤锻吨位	锻件余量/mm		锻件公差/mm	
	高度方向	水平方向	高度方向	水平方向
10 kN 夹板锤	1.25	1.25	$+0.8$　-0.5	按自由公差表选定
10 kN 模锻锤	$1.5\sim2.0$	$1.5\sim2.0$	$+1.0$　-0.5	
20 kN 模锻锤	2.0	$2.0\sim2.5$	$+1.0(1.5)$　-0.5	
30 kN 模锻锤	$2.0\sim2.5$	$2.0\sim2.5$	$+1.5$　-1.0	
40 kN 模锻锤	$2.25\sim2.5$	$2.25\sim2.5$	$+2.0$　-1.0	
50 kN 模锻锤	$3.0\sim3.5$	$3.0\sim3.5$	$+2.0(2.5)$　-1.0	

表 8-4　按尺寸确定模锻件的自由公差

尺寸/mm	<6	6~18	18~50	50~120	120~260	260~500	500~800
自由公差/mm	±0.5	±0.7	±1.0	±1.4	±1.9	±2.5	±3.0

在不同的模锻设备上进行模锻,其加工余量和锻造公差数据有所不同,具体应用时可查有关手册确定。

3. 确定冲孔连皮

当模锻件上有孔径 $d\geqslant25$ mm 且深度 $h\leqslant2d$ 的孔时,此孔应锻出。但模锻无法锻出通孔,孔内需要留有一层称为"连皮"的金属层,如图 8-77(a)所示,连皮应在模锻后在压力机上冲除。连皮的厚度不能太薄,因为太薄会使锤击力大大增加,使模膛凸出部位压塌或严重磨损;也不能太厚,否则会浪费金属,并在冲切连皮时造成锻件变形。平底连皮的厚度 S 可根据以下经验公式求出:

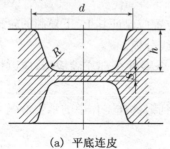
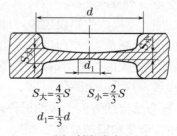

$$S_{大}=\frac{4}{3}S \qquad S_{小}=\frac{2}{3}S$$
$$d_1=\frac{1}{3}d$$

(a) 平底连皮　　　　　　(b) 斜底连皮

图 8-77　冲孔连皮

$$S=0.45(d-0.25h-5)^{1/2}+0.6(h)^{1/2}$$

式中：d 为孔径(mm)；h 为孔深(mm)；S 为"连皮"厚度(mm)，通常取 4～8 mm。

若孔径很大，为了便于金属流动，连皮可采用斜底的形式，如图 8-77(b)，这时最大厚度 $S_大$ 和最小厚度 $S_小$ 可按下式确定：

$$S_大=4S/3 \qquad S_小=2S/3$$

若孔径小于 25 mm 或孔深 $h>3d$ 时，模锻时只在冲孔处压出凹坑。

4. 确定锻模斜度和圆角半径

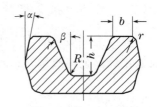

图 8-78　模锻斜度和圆角半径

为了使锻件易于从模膛中取出，锻件与模膛侧壁接触部分需带一定斜度，锻件上的这一斜度称为模锻斜度。锻件外壁上的斜度称为外壁斜度 α（锻件冷却收缩时锻件与模壁离开的表面称为外壁），锻件内壁上的斜度称为内壁斜度 β（锻件冷却收缩时锻件与模壁夹紧的表面称为内壁），如图 8-78 所示。模锻斜度应取 3°、5°、7°、10°、12° 等标准度数。模膛深度与宽度的比值增大时，模锻斜度应取较大值。通常外壁斜度 α 取 5° 或 7°，内壁斜度 β 应比相应的外壁斜度大一级。此外，为简化模具加工，同一锻件的内、外壁斜度应各取统一数值。在此，还应提到匹配斜度和自然斜度的概念：所谓匹配斜度是为了在分模面两侧的模锻斜度相互接头，而人为地增大模膛深度较浅一侧的斜度；所谓自然斜度是锻件倾斜侧面上固有的斜度，或是将锻件倾斜一定的角度所得到的斜度。只要锻件能够形成自然斜度，就不必另外增设模锻斜度。例如球体锻件，如果将分模面置于锻件直径平面上，便具有自然斜度。

为了使金属在模膛内易于流动，防止应力集中，模锻件上的两表面相交处都应有适当的圆角过渡。圆角半径应取 2 mm、3 mm、4 mm、5 mm、6 mm、8 mm、10 mm、12 mm、15 mm、20 mm 等标准数值。通常锻件的外圆角半径 r 取 2～12 mm；内圆角半径 R 比外圆角半径大 3～4 倍，如图 8-78 所示。

上述各参数确定后便可绘制模锻件的冷锻件图，绘制方法如图 8-79 所示。以粗实线表示锻件的形状。为了便于了解零件的形状和尺寸，用双点划线表示零件的形状。

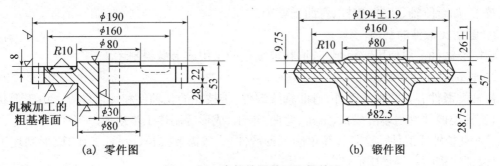

(a) 零件图　　　　　　　　(b) 锻件图

图 8-79　齿轮的零件图和锻件图

5. 技术要求

有关锻件质量及其他检验要求，凡在锻件图上无法表示的，均列入锻件图的技术说明中。一般的技术要求内容如下：

（1）锻件热处理及硬度要求；

（2）未注模锻斜度和圆角；

（3）允许的表面缺陷；

（4）允许的位移量和残余毛边的宽度；

（5）需要取样进行金相组织和力学性能测试时，应注明锻件上的取样位置；

（6）表面清理方法；

（7）其他特殊要求，如锻件同心度、弯曲度等。

（二）确定模锻毛坯质量

模锻件毛坯质量的计算比自由锻件要求更为准确。毛坯的质量等于锻件质量和飞边质量及氧化烧损金属质量的总和，可按下式计算：

$$m_{坯} = m_{锻} + m_{飞} + m_{烧}$$

式中：$m_{坯}$ 为毛坯质量；$m_{锻}$ 为模锻件质量；$m_{飞}$ 为飞边质量，取锻件质量的 $20\% \sim 25\%$；$m_{烧}$ 为毛坯加热时烧蚀的质量，取锻件与飞边质量之和的 $3\% \sim 4\%$。

（三）确定模锻工序

模锻件的成形一般包括三种类型的工步，即模锻工步（包括预锻和终锻）、制坯工步（包括镦粗、拔长、滚挤、卡压、成形、弯曲等）、切断修整工步（包括切断、切边、冲孔、校正、精压等）。

终锻工步用以完成锻件的最终成形。预锻工步是使制坯后的坯料进一步变形，以保证终锻时获得饱满、无折叠、无裂纹或其他缺陷的优质锻件；同时有助于减少终锻模膛磨损，提高模具寿命。所以，当锻件形状复杂，成形困难，且生产批量较大时，一般都采用预锻，然后再终锻。

制坯工步主要是根据锻件的形状和尺寸来确定的。锤上模锻件按形状区分可分为两大类：一类是圆饼类（或称盘类）模锻件，其特点是在分模面上的投影为圆形或长度接近宽度的锻件，如齿轮、法兰盘等；另一类是长轴类模锻件，其特点是在分模面上的投影长度与宽度相差比较大，如台阶轴、曲轴、连杆、弯曲摇臂等。

1. 圆饼类锻件的制坯

圆饼类锻件一般使用镦粗制坯，形状较复杂的采用成形镦粗制坯。

2. 长轴类锻件的制坯

长轴类锻件有直长轴线锻件、弯曲轴线锻件、带枝芽的长轴件和叉形件等。由于形状的需要，长轴类锻件的制坯由拔长、滚挤、弯曲、卡压、成形等制坯工步组成。

（1）直长轴线锻件　这是较简单的一种锻件，一般需要拔长、滚挤、卡压、成形制坯工步等，以保证终锻时获得优质锻件。

（2）弯曲轴线锻件　这种锻件的变形工序可能与前一种相同，但仍须增加一道弯曲工步。

（3）带枝芽的长轴件　这种锻件所用的变形工序与前面的大致相同，但是必须要有一道成形制坯工步。

（4）叉形件 这种锻件的变形工序除具有前三种的特点外，可能还要用弯曲工步或预锻劈开来达到叉部成形的目的。

长轴类锻件制坯工步是根据锻件轴向横截面面积变化的特点，为了使坯料在终锻前金属材料的分布与锻件的要求相一致来确定的。按金属流动效率，制坯工步的优先次序是：拔长、滚挤、卡压工步。为了得到弯曲的、带枝芽的或叉形的锻件，还要用到弯曲或成形工步。

模锻件完整的工艺过程应该是：下料→毛坯质量检验→加热→制坯→预锻→终锻→切断→切边冲孔→表面清理→校正→精压→热处理→检验入库。

值得指出的是：锤上模锻时，由于锻锤行程不固定，又可自由地实现轻重打击，所以制坯模膛、预锻模膛和终锻模膛可以通过合理的设计，安排在一副锻模上；曲柄压力机模锻时，由于曲柄压力机行程固定，压力不能随意调节，因此，进行拔长或滚挤操作比较困难，通常是将拔长和滚挤作为单独的工序在其他设备上进行。目前不少工厂中，辊锻机已成为曲柄压力机的配套设备，热毛坯经辊锻制坯后立即送至曲柄压力机进行模锻，一次锻成。摩擦螺旋压力机上模锻时，由于摩擦螺旋压力机承受偏心载荷的能力差，一般情况下只进行单模膛模锻。

（四）选择锻压设备

具体选用何种设备，要根据锻件的尺寸大小、结构形状、精度要求、生产批量以及现有条件等综合考虑。常用的模锻设备有：模锻锤、曲柄压力机、摩擦螺旋压力机和平锻机等。这里主要介绍如何选择设备的吨位。

模锻锤的吨位一般为 7.5 kN～160 kN，共有八种规格，可用于质量为 0.5～150 kg 锻件的锻造。各种吨位的模锻锤所能锻制的模锻件质量可参看表 8-5。

表 8-5 模锻锤吨位与锻件质量对照表

模锻锤吨位/kN	≤7.5	10	15	20	30	50	70～100	160
锻件质量/kg	<0.5	0.5～1.5	1.5～5	5～12	12～25	25～40	40～100	>100

假如已知模锻锤吨位为 G，可以估算相应压力机吨位 P，用以下经验公式换算：

$$P \approx 1\,000\,G$$

即 1 kN 模锻锤打击的最大压力大致等于 1 000 kN 压力机的压力，经验公式使用起来简便，但必须注意它的应用条件和范围。

其他设备吨位的选择可查有关手册。

三、冲压工艺规程

冲压零件的生产过程，通常包括：原材料的准备，各种冲压工序和必要的辅助工序。有时还需配合一些非冲压工序（如切削加工、焊接、铆接等），才能完成一个冲压零件的全部制作过程。

在制订冲压工艺规程时，通常是根据冲压件的特点、生产批量、现有设备和生产能力等，拟订出数种可能的工艺方案，在对各种工艺方案进行全面的综合分析和比较之后，选定一种较先进、最经济、最合理的工艺方案。

制订冲压工艺规程的内容和步骤如下：

（一）分析冲压件的结构工艺性

注意零件图上的尺寸精度、设计基准以及变薄量、翘曲、回弹、毛刺大小和方向等技术要求，因为这些因素对所需工序的性质、数量和顺序的确定，对工件定位方法、模具制造精度和模具结构型式的选择等，都有较大的影响。根据上一节中冲压件的结构工艺性论述，尽可能合理设计结构，保证材料消耗少、工序数目少、模具结构简单且寿命长、产品质量稳定和操作简单等工艺要求。

（二）拟订冲压件的总体工艺方案

在工艺分析的基础上，根据产品零件图和生产批量的要求，初步拟订出备料、冲压工序和必要的辅助工序（如去毛刺、清理、表面处理、酸洗、热处理等）的先后顺序。有些零件还需配合一些非冲压工序（如切削加工、焊接、铆接等），才能完成其全部制作加工过程。

（三）确定板料形状、尺寸和下料方式

根据产品零件图，计算和确定板料尺寸和形状，拟订既能保证产品质量，又能节省材料的最佳排样方案，然后确定合适的下料方式。

（四）拟订冲压工序性质、顺序和数目

通常包括冲压基本工序的选择、冲压基本工序的顺序安排和数目的确定、工序合并的安排及中间工序尺寸的计算等工作。

1. 选择冲压基本工序

冲压基本工序的选择，主要是根据冲压件的形状、尺寸、公差及生产批量确定的。

（1）剪裁和冲裁　剪裁和冲裁都能实现板料的分离。在小批量生产中，对于尺寸和公差大而形状规则的外形板料，可采用剪床剪裁。对于各种形状的平板料和平板零件以及零件上的孔，在批量生产中常采用冲裁模冲裁。对于平面度要求较高的零件，应增加校平工序。

（2）弯曲　对于各种弯曲件，在小批量生产中常采用手工工具打弯。对于窄长的大型件，可用折弯机压弯。对于批量较大的各种弯曲件，通常采用弯曲模压弯。当弯曲半径太小时，应加整形工序使之达到要求。

（3）拉深　对于各类空心件，多采用拉深模进行一次或多次拉深成形，最后用修边工序达到高度要求。当径向公差要求较小时，常采用变薄量较小的变薄拉深代替末次拉深。当圆角半径太小时，应增加整形工序以达到要求。对于批量不大的旋转体空心件，当工艺允许时，用旋压加工代替拉深更为经济。对于带凸缘的无底空心件，当直壁口部要求不严，且工艺允许时，可考虑冲孔翻边达到高度要求，这样较为经济。对于大型空心件的小批量生产，当工艺允许时，可用焊接代替拉深，这样更为经济。

2. 确定冲压工序的顺序和数目

冲压工序的顺序，主要是根据零件的结构形状而确定，其一般原则如下：

（1）对于有孔或有切口的平板零件，当采用单工序模冲裁时，一般应先落料，后冲孔（或切口）；当采用连续模冲裁时，则应先冲孔（或切口），然后落料。

（2）对于多角弯曲件，当采用简单弯曲模分次弯曲成形时，应先弯外角，后弯内角。如果孔位于变形区（或靠近变形区）或孔与基准面有较高位置精度要求时，必须先弯曲，后冲孔；否则，都应先冲孔，后弯曲，这样安排工序可使模具结构简单。

（3）对于旋转体复杂拉深件，一般是由大到小进行拉深，即先拉深大尺寸的外形，后拉深小尺寸的内形；对于非旋转体复杂拉深件，则应先拉深小尺寸的内形，后拉深大尺寸的外形。

（4）对于有孔或缺口的拉深件，一般应先拉深，后冲孔（或冲缺口）。对于带底孔的拉深件，有时为了减少拉深次数，当孔径要求不高时，可先冲孔后拉深；当底孔要求较高时，一般应先拉深后冲孔，也可先冲孔后拉深，再冲切底孔边缘，使之达到要求。

（5）校平、整形、切边工序，应分别安排在冲裁、弯曲、拉深之后进行。

工序数目主要是根据零件的形状及精度要求、工序合并情况、材料极限变形参数（如拉深系数）来确定的。其中工序合并的必要性主要取决于生产批量。一般在大批量生产中，应尽可能把冲压基本工序合并起来，采用复合模或连续模冲压，以提高生产率，减小劳动量，降低成本；反之以采用单工序模分散冲压为宜。但是，有时为了保证零件精度的较高要求，保障生产安全，批量虽小，也需要把工序作适当的集中，用复合模或连续模冲压。工序合并的可能性主要取决于零件尺寸的大小、冲压设备的能力和模具制造与使用的可能性。

在确定冲压工序顺序与数目的同时，还要确定各中间工序的形状和半成品尺寸。

（五）确定模具类型与结构型式

模具类型通常有简单模、复合模和连续模。在冲压工艺方案确定后，各道工序采用何种类型的模具也就相应确定，再选定合适的定位装置、卸料装置、出件装置、压料装置和导向装置，那么模具的结构型式就可基本确定。

（六）选择冲压设备

常用的冲压设备有开式冲床和闭式冲床，闭式冲床又分单动冲床和双动冲床，此外，液压机也普遍用于冲压加工。选择冲压设备一般应根据冲压工序的性质选定设备类型，再根据冲压工序所需的冲压力和模具尺寸选定冲压设备的技术规格。各种冲压工序所需冲压力的计算，可参看有关手册。

必须指出，制订冲压工艺规程的各步骤是相互联系的，很多工作都是交叉进行或同时进行的。

第五节　塑性成形实用新方法简介

随着工业生产的不断发展，人们对材料的加工方法提出了越来越高的要求。对塑性成形加工来说，不仅要求能生产各种高质量的毛坯，而且要求能够直接生产出更多的具有较高精度的成品零件。在这种需求情况下，出现了一些塑性成形新技术、新工艺，现将已在生产中应用的部分新方法作简要介绍，如精密模锻、液态模锻、超塑性成形和高速、高能成形等。

一、精密模锻

为了提高锻件的尺寸精度和表面质量,减少切削加工工时,节约金属,降低产品成本,提高经济效益,近年来在普通模锻基础上,发展了精密模锻。精密模锻利用刚度大、精度高的模锻设备,如曲柄压力机、摩擦压力机或高速锤等,装置高精度锻模,直接锻造出形状复杂、精度高的锻件的模锻工艺。

精密模锻先将原始坯料采用普通模锻锻成中间坯料,再对中间坯料进行严格的清理,除去氧化皮或缺陷,最后采用无氧化或少氧化加热后精锻(图 8 - 80)。根据锻造温度的不同,精密模锻可分为冷锻、温锻和热锻。冷锻是室温下进行的锻造工艺,温锻是高于室温但低于再结晶温度范围内进行的锻造工艺,热锻是在金属再结晶温度以上进行的锻造工艺。

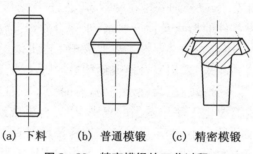

(a) 下料　　　(b) 普通模锻　　　(c) 精密模锻

图 8 - 80　精密模锻的工艺过程

为达到精密级尺寸公差及表面粗糙度要求,精密模锻必须采用高精度模具,精密模锻模具的模腔精度一般要比锻件精度高两级。除此之外,在锻造过程中还应采用合理的成形工艺,如精密下料、少无氧化加热、严格控制模具和锻造温度、很好地进行冷却和润滑等。

因此,精密模锻工艺具有以下特点:① 需要精确计算原始坯料的尺寸,严格按坯料质量下料,否则会增大锻件尺寸公差,降低精度;② 需要精细清理坯料表面,除净坯料表面的氧化皮、脱碳层及其他缺陷等;③ 为提高锻件的尺寸精度和降低表面粗糙度,应采用无氧化或少氧化加热法,尽量减少坯料表面形成的氧化皮;④ 精密模锻的锻件精度在很大程度上取决于锻模的加工精度,精锻模有导柱导套结构,保证合模准确,为排除模腔中的气体,减小金属流动阻力,使金属更好地充满模腔,在凹模上应开有排气小孔;⑤ 模锻时要很好地进行润滑和冷却锻模。

精密模锻与普通模锻相比,更具有以下优点:① 锻件尺寸精度高,表面粗糙度低,可不经过或只需少量机械加工即可使用;② 具有良好的金属组织及符合锻件外形的流线,零件力学性能好;③ 材料利用率高,生产率高,零件生产成本低。

目前,精密模锻主要应用于中小型零件的大批生产,如汽车齿轮、发动机涡轮叶片等形状复杂的零件制造。精密模锻的汽车差速锥齿轮件,其齿形部分可直接锻出而不必再切削加工,尺寸精度可达 IT15～IT12,表面粗糙度为 Ra 3.2～1.6 μm。

二、液态模锻

液态模锻是一种介于铸造和模锻之间的加工方法,是将一定量的熔融金属液直接注入敞口的金属模腔,随后合模,在机械静压力作用下,使处于熔融或半熔融的金属液发生流动并高压凝固成形,且伴有小量塑性变形,从而获得毛坯或零件的一种金属加工方法。

液态模锻典型工艺流程如图 8-81 所示,可划分为金属熔化、浇注、加压和顶出制件四个步骤。

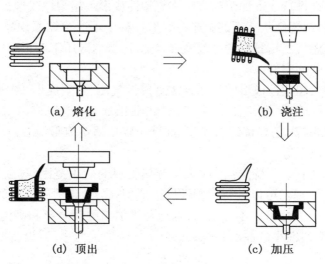

(a) 熔化 　　　　　　　　　　　　(b) 浇注

(d) 顶出 　　　　　　　　　　　　(c) 加压

图 8-81　液态模锻典型工艺流程

与一般模锻相比,液态模锻有如下特点:① 可实现少或无切削,节约材料,可以利用金属废料熔炼后进行模锻;② 锻件外形尺寸精确,表面粗糙度等级高,加工余量小;③ 在封闭的模具内成型,液态金属充型能力比一般模锻容易,因而所需设备吨位较低;④ 可以一次成型,不需要多个模腔,成本低,生产效率高。与压力铸造相比,液态金属直接注入模腔,避免了在压力铸造情况下,液态金属在短时间内沿着浇道充填型腔时卷入气体的危险,同时避免了压力铸造时的压力损失,得到的锻件组织较压力铸造细密。但液态模锻不适于制造壁厚小于 5 mm 的空心工件,因为会造成结晶组织不均匀,无法保证锻件质量。

液态模锻可用于各种类型的合金,如铝合金、灰口铸铁、碳钢、不锈钢等;可生产出用普通模锻无法成形而性能要求高的复杂工件,例如铝合金活塞、铜合金涡轮、球墨铸铁齿轮和钢法兰等锻件。目前,液态模锻在我国工业领域主要应用于大批量生产摩托车铝轮毂、各种汽车铝活塞、摩托车前叉及制动系统零件、液压机气压系统泵体和阀体及其他耐磨件等。

三、超塑性成形

金属在特定的组织条件、温度条件和变形速度下变形时,塑性比常态提高几倍甚至更高,而变形抗力降低到常态的几分之一甚至更低,这种异乎寻常的性质称为超塑性。例如某些金属或合金在特定条件下,其伸长率会超过 100%,如钢超过 500%、纯钛超过 300%、锌铝合金超过 1 000%。超塑性通常分为三类,即细晶超塑性(又称恒温超塑性或第一类超塑性)、相变超塑性(又称第二类超塑性)以及其他超塑性(又称第三类超塑性)。

一般所指的超塑性多属于第一类细晶超塑性,实现细晶超塑性的主要条件是用变形和热处理的方法获得 $0.5 \sim 5\ \mu m$ 左右的超细等轴晶粒,在 $(0.5 \sim 0.7)T_{熔}$ 温度下等温变形,变形速率为 $10^{-2} \sim 10^{-5}\ m/s$,工业上常用材料主要有锌铝合金、铝基合金、铜合金、钛合金及高温合金。

后两类超塑性又称为动态超塑性成形,成形不要求材料有超细的晶粒尺寸,主要条件是在材料的相变或同素异构转变温度附近进行多次温度循环或者应力循环,就可以获得大的伸长率。后两类超塑性由于实现时技术较复杂等原因,工业应用受到较大限制。

利用材料超塑性进行成形加工的方法称超塑性成形。超塑性成形扩大了适合锻压生产的金属材料的范围,超塑性状态下的金属在变形过程中不产生缩颈现象,变形应力小,容易成形。如用于制造燃气涡轮零件的高温高强合金,用普通锻压工艺很难成形,但用超塑性模锻就能得到形状复杂的锻件。

目前比较常用的超塑性成形的工艺方法有薄板气压/真空成形、薄板模压成形、拉深成形、超塑性模锻成形、超塑性挤压成形、超塑性辊压成形、超塑成形/扩散焊接组合工艺(SPF/DB)、超塑成形/激光焊接组合工艺(SPF/LW)、超塑成形/粘接组合工艺(SPF/AB)和超塑性无模拉拔成形等。

超塑性成形工艺有如下特点:① 扩大了金属材料的应用范围,过去只能铸造的一些金属,经超塑性处理后,现在可以进行超塑性模锻成型;② 金属填充模腔的性能好,锻件尺寸精度高,加工余量小,甚至可以不加工,特别适合难加工的钛合金和高温合金;③ 零件力学性能均匀,能获得均匀细小的晶粒组织;④ 金属的变形抗力小,对设备要求低,可充分发挥中、小型设备的作用。

超塑性成形属于新兴技术,仍处在不断试验、比较和完善的阶段。近年来,主要的发展方向集中在先进材料超塑性的研究、高速超塑性的研究和非理性超塑性材料变形规律的研究三个方面。

四、高速高能成形

高速高能成形是靠瞬间释放的高能量所产生的高压使金属发生塑性变形的成形方法。高速高能成形主要包括四种:

(1) 利用高压气体使活塞高速运动来产生动能的高速锤成形。高速锤成形利用高压气体短时间突然膨胀所产生的能量进行打击,打击速度为 20m/s 左右,比普通锻锤高出几倍,坯料变形时间极短,约为 0.001~0.002 s,热效应高,金属充满模腔能力强。对形状复杂、薄壁高筋的锻件,低塑性、高强度和难变形的材料都可以锻造。

(2) 利用炸药爆炸时所产生的高能冲击波,通过不同介质使坯料产生塑性变形的爆炸成形。爆炸成形是利用炸药爆炸的化学能使金属材料变形的方法,在模腔内放入炸药,爆炸时产生大量高温高压气体,使周围介质的压力急剧上升,并在其中辐射状传递,使坯料成形。此种成形方法变形速度高,投资少,工艺装备简单,适用于多品种、小批量生产,特别是一些难加工的金属材料,如钛合金、不锈钢的成形及大件的加工。

(3) 利用在液体介质中高压放电时所产生的高能冲击波,通过不同介质使坯料产生塑性变形的电液成形。电液成形采用一套提供能量的电器装置,只要改变放电元件参数及模型类型就可完成多种加工工序,设备通用性强,能量易于控制,利于实现机械化和自动化。

(4) 利用电流通过线圈所产生的磁场,其磁力作用于坯料使工件产生塑性变形的电磁成形。电磁成形无需传送介质,可在高温或真空中成形,能量和形状易于精确控制,操作简单,适用于以导电材料为原料的中小管件、板件的生产。

高速高能成形的速度高,在极短的时间内,将化学能、电能、电磁能和机械能传递给被加工的金属材料,使之迅速成形,可以加工难于加工材料。与常规成形相比,模具简单,加工精度高,加工时间短,设备费用低。

思 考 题

1. 什么是金属塑性成形?它的特点是什么?常用方法有哪些?

2. 什么是冷变形和热变形?冷变形和热变形对金属的组织与性能有哪些影响?

3. 什么是回复和再结晶?

4. 钨在1000 ℃变形加工,锡在室温下变形加工,请说明它们分别是热加工还是冷加工(钨熔点是3 410 ℃,锡熔点是232 ℃)。

5. 简要比较液态结晶、重结晶、再结晶的异同之处。

6. 金属铸件能否通过再结晶退火来细化晶粒?为什么?

7. 影响金属塑性成形能力的主要因素有哪些?

8. 纤维组织是怎样形成的?它的存在有何特点?如何利用?

9. 用下列四种方法制造齿轮,哪一种比较理想?为什么?

    (1) 用厚钢板切成圆板,再加工成齿轮;

    (2) 用粗钢棒切下圆板,再加工成齿轮;

    (3) 将圆棒钢材加热,锻打成圆饼,再加工成齿轮;

    (4) 下料后直接挤压成形。

10. 何为模型锻造?常用的模型锻造设备有哪些?与自由锻相比,模型锻造有何特点?

11. 何为胎模锻造?胎模的结构形式及主要用途有哪些?胎模锻造的特点是什么?

12. 什么是板料冲压?有何特点?板料冲压的基本工序有哪些?

13. 冲孔与落料有何异同?冲裁时对凸凹模刃口的尺寸有什么要求?

14. 什么是板料的回弹现象?有什么措施可以减小或避免?

15. 板料拉深时产生缺陷的原因是什么?拉深件的结构工艺性有哪些?

16. 自由锻工序有哪些?制订自由锻工艺规程的主要内容和步骤是什么?

17. 绘制模锻件图时应考虑的主要问题有哪些?

18. 图8-82所示各零件,材料为45钢,分别在单件、小批量、大批量生产条件下,可选择哪些加工方法?哪种加工方法最好?其生产工艺过程是怎样的?并制定工艺规程。

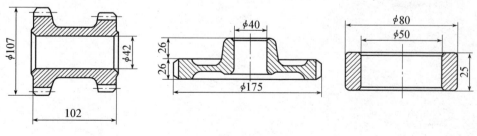

图 8-82

19. 图8-83所示各零件,材料为08钢板,分别在单件、小批量、大批量生产条件下,如何进行生产? 请制订其工艺规程。

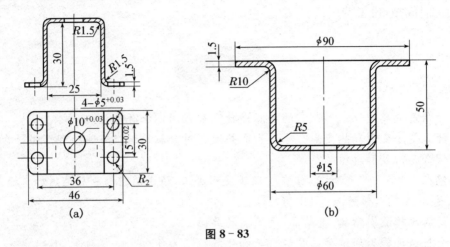

图 8-83

20. 根据锻压技术的发展趋势,你认为今后在哪些方面会有新的突破?

第九章　焊接成形

将若干简单型材或零件连接成复杂零件和机械部件的工艺过程称为连接成形。在现代工业生产中通过连接实现成形的工艺方法多种多样,根据成形原理的不同,可将常见的连接成形分为三类:机械连接成形、胶接成形和焊接成形。焊接成形作为其中一种重要连接成形方法,在工业生产中有着重要而广泛的应用。本章主要介绍焊接成形的基础理论、方法和应用。

第一节　焊接成形基础理论

一、焊接成形概述

焊接成形通常指金属的焊接,是通过加热或加压,或两者同时并用,使两个分离的物体产生原子间结合力而连接成一体的成形方法。

根据焊接过程中加热程度和工艺特点的不同,焊接方法可以分为三大类:

(1)熔焊　将工件焊接处局部加热到熔化状态,形成熔池(通常还加入填充金属),冷却结晶后形成焊缝,被焊工件结合为不可分离的整体。

(2)压力焊　又称压焊,是在焊接过程中,对焊件施加一定压力(加热或不加热),以完成焊接的方法。

(3)钎焊　采用熔点低于被焊金属的钎料(填充金属)熔化之后,填充接头间隙,并与被焊金属相互扩散实现连接。钎焊过程中被焊工件不熔化,且一般没有塑性变形。

每一类焊接方法又根据所用热源、保护措施、焊接设备的不同分为多种焊接方法。常用的焊接方法如图9-1所示。

焊接成形具有许多优点:节省金属材料,结构重量轻;以小拼大、化大为小,可制造重型、复杂的机器零部件,简化铸造、锻造及切削加工工艺,获得最佳技术经济效果;焊接接头具有良好的力学性能和密封性;能够制造双金属结构,使材料的性能得到充分利用。焊接技术也存在一些不足之处:如焊接结构不可拆卸,给维修带来不便;焊接结构中会存在焊接应力和变形;焊接接头的组织性能往往不均匀,并会产生焊接缺陷等。

目前,焊接技术在工程结构、机械制造、造船工业、建筑工程、电力设备生产、航空航天工业等方面应用十分广泛。

二、焊接成形基础

在金属焊接成形过程中,通常包含有热过程、物理、化学或冶金过程以及应力变形过程,

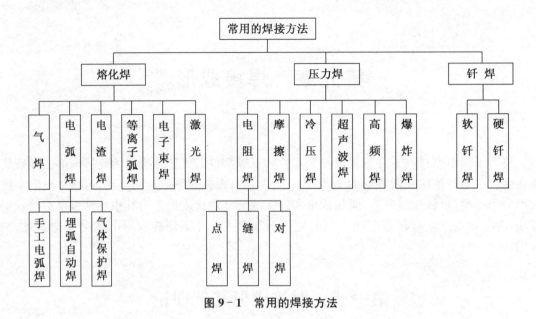

图 9-1　常用的焊接方法

这些过程几乎是同时发生而又相互影响的，并在很大程度上决定着焊接生产的效率和焊件的质量。目前在生产领域中，以电弧焊为代表的熔焊方法应用最为广泛，现以电弧焊为主介绍焊接成形的基本知识。

（一）焊接电弧

电弧焊的热源是焊接电弧，它是一种强烈而持久的气体放电现象，正负电极间具有一定的电压，而且两电极间的气体介质应处在电离状态。引燃焊接电弧时，通常是将两电极（一极为工件，另一极为填充金属丝或焊条）接通电源，短暂接触并迅速分离，两极相互接触时发生短路，形成电弧。这种方式称为接触引弧。电弧形成后，只要电源保持两极之间一定的电位差，即可维持电弧的燃烧。

焊接电弧的特点是电压低、电流大、温度高、能量密度大、移动性好等，一般 20～30 V 的电压即可维持电弧的稳定燃烧，而电弧中的电流可以从几十安培到几千安培，以满足不同工件的焊接要求，电弧的温度可达 5 000 K 以上，能熔化各种金属。

当使用直流电焊机进行手工电弧焊时，电弧由阴极区、阳极区、弧柱区三部分组成，如图 9-2 所示。阴极区发射电子，因而要消耗一定的能量，所产生的热量占电弧热的 36％左右；在阳极区，由于高速电子撞击阳极表面并进入阳极区而释放能量，阳极区产生的热量较多，占电弧热的 43％左右。用钢焊条焊接钢材时阴极区平均温度为 2 400 K，阳极区平均温度为 2 600 K。弧柱区的长度几乎等于电弧长度，热量仅占电弧热的 21％，而弧柱区的温度可达 6 000～8 000 K。

焊接电弧所使用的电源称为弧焊电源，通常可分为

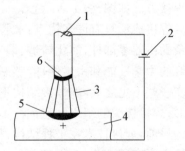

图 9-2　电弧的构造

1—电极；2—直流电源；3—弧柱区；
4—工件；5—阳极区；6—阴极区

四大类：交流弧焊电源、直流弧焊电源、脉冲弧焊电源和逆变弧焊电源。

（二）熔焊的冶金过程

在焊接电弧的高温作用下，母材发生局部熔化，并与熔化了的焊接材料相互形成熔池。金属熔池可看作一个微型冶金炉，内部要进行熔化、氧化、还原、造渣、精炼及合金化等一系列物理、化学过程。由于大多数熔焊是在大气空间进行，金属熔池中的液态金属与周围的熔渣及空气接触，产生复杂、激烈的化学反应，这就是焊接冶金过程。

在焊接冶金反应中，金属与氧的作用对焊接影响最大。焊接时，由于电弧高温作用，氧气分解为氧原子，氧原子要和多种金属发生氧化反应，如：

$$Fe+O \longrightarrow FeO \quad Mn+O \longrightarrow MnO \quad Si+2O \longrightarrow SiO_2$$
$$2Cr+3O \longrightarrow Cr_2O_3 \quad 2Al+3O \longrightarrow Al_2O_3$$

有些氧化物（如 FeO）能溶解在液态金属中，冷凝时因溶解度下降而析出，成为焊缝中的杂质，使接头强度、塑性和韧度降低，影响焊缝质量，是一种有害的冶金反应物；大部分金属氧化物（如 SiO_2、MnO）则不溶于液态金属，会浮在熔池表面进入渣中。不同元素与氧的亲和力的大小是不同的，几种常见金属元素按与氧亲和力大小顺序排列为：

$$Al \longrightarrow Ti \longrightarrow Si \longrightarrow Mn \longrightarrow Fe$$

在焊接冶金反应过程中，氢与熔池作用对焊缝质量也有较大影响。氢在液态金属中溶解度高，固态时溶解度低，在金属凝固过程中氢来不及析出，易在焊缝中造成气孔。即使溶入的氢不足以形成气孔，固态焊缝中多余的氢由于半径较小，也会在焊缝中的微缺陷处集中形成氢分子，这种氢的聚集往往在微小空间内形成局部的极大压力，导致接头塑性和韧度降低，使焊缝变脆（氢脆）。

氮在液态金属中也会形成脆性氮化物，其中一部分以片状夹杂物的形式残留于焊缝中，另一部分则使钢的固溶体中含氮量大大增加，同样会导致接头塑性和韧度降低，从而使焊缝严重脆化。

为了使焊接冶金顺利进行，保证焊缝的质量，在电弧焊过程中可以采取相应的措施：在焊接过程中，对熔化的金属进行机械保护（如气体保护或熔渣保护），使之与空气隔开；在焊接过程中，可将一定量的脱氧剂（如 Ti、Si、Mn 等）加在焊丝或药皮中，进行脱氧，使其生成的氧化物不溶于金属液而成渣浮出，从而净化熔池，提高焊缝质量。

焊缝的形成，实质是一次金属再熔炼与结晶的过程，同时进行短暂而复杂的冶金反应。它与炼钢和铸造冶金过程比较，有以下特点：

（1）焊接冶金温度高，相界面大，化学反应激烈，使金属元素产生强烈的烧损和蒸发。同时，熔池周围又被冷的金属包围，使焊缝处产生应力和变形，严重时甚至会开裂。

（2）焊接熔池体积小，冷却迅速，温度梯度大。在一般电弧焊条件下，熔池的体积最大不超过 30 cm^3，质量不超过 200 g，因其周围被冷金属所包围，所以熔池的冷却速度快，导致冶金反应不充分，易产生杂质、气孔等缺陷。由于熔池中不同区域温差大，中心部位过热温度高，边缘温度低，造成较大的温度梯度，这些都使得焊缝中柱状晶得到充分发展。

（3）由于热源移动，焊接熔池的凝固是一个动态过程，处于热源移动方向前端的母材不断熔化，熔池后部的液态金属降温凝固。此外，熔池中存在许多复杂的作用力，如电弧的机械力、气流吹力、电磁力等,使得熔池金属产生强烈的搅拌与对流。

(三）焊接接头组织与性能

焊接时,焊件局部需经历加热和冷却的热过程,在焊接热源的作用下,焊接接头每点的温度随时间变化的过程称为焊接热循环。焊接接头上不同位置的点所经历的焊接热循环是不相同的,所引起的组织和性能的变化也不相同。焊接接头由焊缝、熔合区、热影响区组成,如图 9-3 所示。

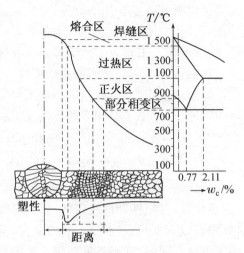

图 9-3　低碳钢焊接接头的温度分布与组织变化

1. 焊缝

电弧焊的焊缝是由熔池内的液态金属凝固而成的。由金属凝固基础知识可知,过冷是凝固的驱动力,并通过形核和晶核长大而进行。在熔池中存在两种现成的固相表面:一是合金元素或杂质的悬浮质点（正常情况下作用不大）;二是熔池边界未熔化的母材晶粒表面,非自发形核就依附这个表面,可在较小的过冷度下形核,并外延生长,形成垂直于熔池底壁的柱状晶。熔池结晶过程中,由于凝固的速度快,溶质（杂质）元素来不及充分扩散,凝固界面会把它们推到熔池的中心,造成合金元素分布不均匀。如硫、磷等低熔点杂质容易在焊缝中心形成偏析,使焊缝塑性降低,易产生热裂纹。

因此,焊缝金属的晶粒较粗大,成分不均匀,组织不够致密,可以通过渗合金或热处理来实现合金强化,使焊缝的性能符合使用要求。

2. 熔合区

熔合区是处于焊缝和热影响区之间的过渡区。焊接时该区被加热到液相线与固相线之间的温度范围内,因此金属呈现半熔化状态,故也称半熔化区。对低碳钢而言,由于固相线与液相线温度区间小,所以熔合区的范围很窄。熔合区的化学成分和组织都很不均匀,其组织中包含较粗大的液态结晶组织和未溶化但受高温加热而长大的粗晶过热组织,所以塑性和韧性较差,是焊接接头中力学性能最差的薄弱部位。

3. 热影响区

热影响区是指在焊接热循环的作用下,处于焊缝两侧的金属由于受焊接过程的加热和冷却作用而产生组织和性能变化的区域。不同的母材,热影响区会产生不同的组织与性能。现以低碳钢为例,根据焊接接头的温度分布曲线,并对照铁碳合金相图中与之相对应的相区,可将热影响区按加热温度的不同划分为过热区、正火区、部分相变区等区域,如图 9-3 所示。此外,如果母材在焊接之前经历过冷塑性变形,还会出现再结晶区。

（1）过热区　焊接时该区被加热到 1 100 ℃至固相线的高温范围,奥氏体晶粒因过热而严重长大,冷却后的组织也随之粗大,使金属的塑性和韧性明显下降。过热区也是焊接接头的薄弱部位。

（2）正火区　此区的加热温度在 Ac_3～1 100 ℃之间,加热时的组织为晶粒较细小的奥氏体,空冷后获得均匀细小的铁素体和珠光体,相当于热处理中的正火组织,其力学性能是热影响区中力学性能最好的区域。

(3) 部分相变区　焊接时其加热温度在 $Ac_1\sim Ac_3$ 之间,只有部分组织发生重结晶转变为奥氏体,冷却后获得细小的铁素体和珠光体,其他部分仍保持原始组织。因此,该区的组织不均匀,其力学性能较正火区稍差。

(4) 再结晶区　受热温度在 $450\,℃\sim Ac_1$ 之间,如钢材在焊接前经历冷塑性变形,则在此温度区域之间的金属会发生再结晶,该区称为再结晶区,但其力学性能变化不大。

根据焊接热影响区的组织和宽度,可以间接判断焊缝的质量。一般焊接热影响区宽度愈小,焊接接头的力学性能愈好。影响热影响区宽度的因素有加热的最高温度、相变温度以上的停留时间等。如果焊件大小、厚度、材料、接头形式一定时,焊接方法的影响也是很大的,表 9-1 将电弧焊与其他熔焊方法的热影响区进行了比较。

表 9-1　焊接低碳钢时热影响区的平均尺寸　　　　　　　　　(mm)

焊接方法	各区平均尺寸			总宽度
	过热区	正火区	部分相变区	
手工电弧焊	2.2~3.0	1.5~2.5	2.2~3.0	5.9~8.5
埋弧焊	0.8~1.2	0.8~1.7	0.7~1.0	2.3~3.9
电渣焊	18~20	5.0~7.0	2.0~3.0	25~30
气　焊	21	4.0	2.0	27
电子束焊	—	—	—	0.05~0.75

(四) 改善焊接接头组织和性能的措施

焊条选择时应使焊缝金属的强度一般不低于母材,其韧度也接近母材,只是塑性略有降低。焊接接头上塑性和韧度最低的区域在熔合区和过热区,这主要是由于粗大的过热组织所造成的。又由于在这两个区域拉应力最大,所以它们是焊接接头中最薄弱的部位,往往成为裂纹发源地。

为改善焊接接头组织和性能而采用的主要措施有:

(1) 尽量选择低碳且硫、磷含量低的钢材作为焊接结构材料。

(2) 使热影响区的冷却速度适当。对于低碳钢,采用细焊丝、小电流、高焊速,可提高接头韧度,减轻接头脆化;对于易淬硬钢,在不出现硬脆马氏体的前提下适当提高冷却速度,可以细化晶粒,有利于改善接头性能。

(3) 采用多层焊,利用后层对前层的回火作用,使前层的组织和性能得到改善。

(4) 进行焊后热处理。焊后进行退火或正火处理可以细化晶粒,改善焊接接头的力学性能。

(五) 焊接应力与变形

1. 产生焊接应力和变形的原因

焊接过程中焊件受到的局部不均匀加热和冷却是导致焊接应力和变形产生的根本原因。图 9-4 为低碳钢平板对接焊时产生的应力和变形示意图。

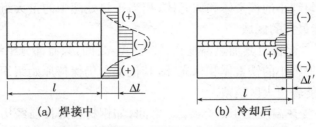

(a) 焊接中　　　　　　　　(b) 冷却后

图 9 - 4　低碳钢平板对接焊时应力和变形的形成

平板焊接加热时,焊缝区温度最高,其余区域的温度随离焊缝距离的变远而降低。热胀冷缩是金属特有的物理现象,由于各部分加热温度不同,所以单位长度的胀缩量 $\varepsilon = \alpha \cdot \Delta T$ 也不相同。因此,受热时按温度分布的不同,焊缝各处应有不同的伸长量。假如这种自由伸长不受任何阻碍,则钢板焊接时的变化如图 9 - 4(a)中虚线所示。但实际上由于平板是一个整体,各部分的伸长必须相互协调,不可能各处都能实现自由伸长,最终平板整体只能协调伸长 Δl。因此,被加热到高温的焊缝区金属因其自由伸长量受到两侧低温金属自由伸长量的限制而承受压应力(一),当压应力超过屈服点时产生压缩塑性变形,使平板整体达到平衡。同时,焊缝区以外的金属则需承受拉应力(十),所以整个平板存在着相互平衡的压应力和拉应力。由于焊缝及邻近区域在高温时已产生了压缩塑性变形,而两侧区域未产生塑性变形,因此,在随后的冷却过程中,钢板各区若能自由收缩,焊缝及邻近区域将会缩至图 9 - 4(b)中的虚线位置,两侧区域则恢复至焊接前的原长,但这种自由收缩同样无法实现,由于整体作用,钢板的端面将共同缩短至比原始长度短 $\Delta l'$ 的位置,这样焊缝及邻近区域收缩受阻而受拉应力作用,其两侧则受到压应力作用。由此可知,低碳钢平板对接焊的结果是焊缝及邻近区域产生拉应力,两侧产生压应力,平板整体缩短了 $\Delta l'$。这种室温下保留下来的焊接应力和变形,称为焊接残余应力和变形。

在焊接结构生产中,焊接应力和焊接变形一般是同时存在且相互制约的。当结构的刚度较小,焊接过程中能够比较自由地膨胀和收缩时,则焊接应力较小而变形较大;反之,则变形较小而焊接应力较大。

焊接应力和焊接变形对结构的制造和使用会带来不利影响。熔焊过程中产生的焊接应力足够大时,在一定条件下会导致焊接热裂纹;焊后残余应力的存在会影响焊后工件机械加工的精度,降低焊接结构的承载能力,在一定条件下还会引发冷裂纹,甚至导致结构脆断事故的发生。焊接变形的存在会使焊件形状和尺寸发生变化,影响焊接结构的配合质量,往往需要增加矫正工序,使生产成本提高;如果变形过大,则可能因无法矫正而使焊件报废。因此,了解焊接应力和变形的形成原因与发生规律,有助于在生产中对其加以控制和消除。

2. 焊接变形的基本形式

在实际的焊接生产中,由于焊接结构特点、焊缝的位置、母材的厚度和焊接工艺等的不同,焊接变形可表现出多种多样的形式。表 9 - 2 所示为焊接变形的几种基本形式。

表 9−2　常见焊接变形的基本形式

变形形式	示意图	产生原因
收缩变形	纵向收缩　横向收缩	由焊接后焊缝的纵向(沿焊缝长度方向)和横向(沿焊缝宽度方向)收缩引起
角变形	α　α	由于焊缝横截面形状上下不对称,焊缝横向收缩不均引起
弯曲变形	挠度	T形梁焊接时,焊缝布置不对称,由焊缝纵向收缩引起
扭曲变形	α	工字梁焊接时,由于焊接顺序和焊接方向不合理引起结构上出现扭曲
波浪变形		薄板焊接时,焊接应力使薄板局部失稳而引起

3. 减小焊接应力和控制焊接变形的方法

　　减小和控制焊接应力与变形的措施可以从焊接结构设计和焊接工艺两个方面考虑。在设计焊接结构时,应采用刚性小的焊接接头,尽量减少焊缝的数量和焊缝的截面尺寸,避免焊缝过分集中等。在此仅介绍工艺方面的措施。

　　(1)预防和减小焊接应力或变形的工艺措施

　　1)焊前预热　预热的目的是减小焊件上各部分的温差,降低焊缝区的冷却速度,从而减小焊接应力和变形,预热温度一般为 400 ℃以下。

　　2)选择合理的焊接顺序

　　① 尽量使焊缝能自由收缩,这样产生的残余应力较小。图 9−5 为一大型容器底板的焊接顺序,若先焊纵向焊缝 3,再焊横向焊缝 1 和 2,则焊缝 1 和 2 在横向和纵向的收缩都会受到阻碍,焊接应力增大,焊缝交叉处和焊缝上都极易产生裂纹。

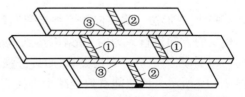

图 9−5　大型容器底板的拼焊顺序

② 采用分散对称焊工艺,长焊缝尽可能采用分段退焊或跳焊的方法进行焊接,这样加热时间短、温度低且分布均匀,可减小焊接应力和变形,如图9-6和图9-7所示。

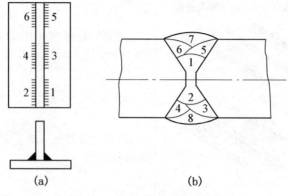

图9-6　分散对称的焊接顺序

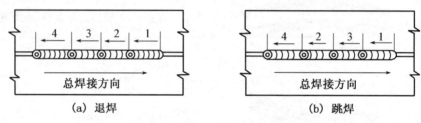

图9-7　长焊缝的分段焊接

3) 加热减应区　铸铁补焊时,在补焊前可对铸件上的适当部位进行加热,以减少焊接时对焊接部位伸长的约束,焊后冷却时,加热部位与焊接处一起收缩,从而减小焊接应力。被加热的部位称为减应区,这种方法叫做加热减应区法,如图9-8所示。利用这个原理也可以焊接一些刚度比较大的焊缝。

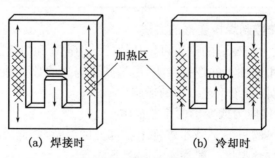

图9-8　加热减应区法

4) 反变形法　焊接前预测焊接变形量和变形方向,在焊前组装时将被焊工件向焊接变形相反的方向进行人为的变形,以达到抵消焊接变形的目的,如图9-9所示。

5) 刚性固定法　利用夹具、胎具等强制手段,以外力固定被焊工件来减小焊接变形,如图9-10所示。该法能有效地减小焊接变形,但会产生较大的焊接应力,所以一般只用于塑性较好的低碳钢结构。

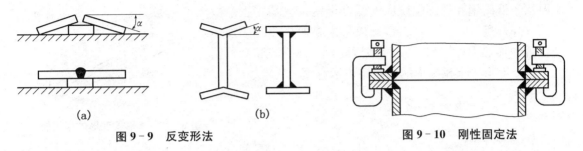

(a)	(b)
图 9-9　反变形法	图 9-10　刚性固定法

对于一些大型的或结构较为复杂的焊件,也可以先组装后焊接,即先将焊件用点焊或分段焊定位后,再进行焊接。这样可以利用焊件整体结构之间的相互约束来减小焊接变形。但这样做也会产生较大的焊接应力。

（2）焊后消除焊接应力和矫正焊接变形的方法

1）消除焊接应力的方法

① 锤击焊缝　焊后用圆头小锤对红热状态下的焊缝进行锤击,可以延展焊缝,从而使焊接应力得到一定的释放。

② 焊后热处理　焊后对焊件进行去应力退火,对于消除焊接应力具有良好效果。碳钢或低合金结构钢焊件整体加热到 $580\sim680\ ^{\circ}\mathrm{C}$,保温一定时间后,空冷或随炉冷却,一般可消除 $80\%\sim90\%$ 的残余应力。对于大型焊件,可采用局部高温退火来降低应力峰值。

③ 机械拉伸法　对焊件进行加载,使焊缝区产生微量塑性拉伸,可以使残余应力降低。例如,压力容器在进行水压试验时,将试验压力加到工作压力的 $1.2\sim1.5$ 倍,这时焊缝区发生微量塑性变形,应力被释放。

2）矫正焊接变形的方法

① 机械矫正　利用机械力产生塑性变形来矫正焊接变形,如图 9-11 所示。这种方法适用于塑性较好、厚度不大的焊件。

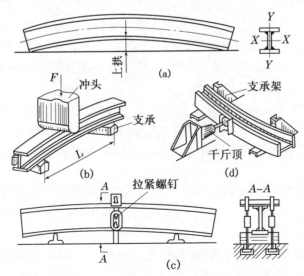

图 9-11　工字梁弯曲变形的机械矫正

② 火焰矫正　利用金属局部受热后的冷却收缩来抵消已发生的焊接变形。这种方法

主要用于低碳钢和低淬硬倾向的低合金钢。火焰矫正一般采用气焊焊炬,不需专门设备,其效果主要取决于火焰加热的位置和加热温度,加热温度范围通常在 600～800 ℃。图 9-12 为 T 形梁上拱变形的火焰矫正示意图。

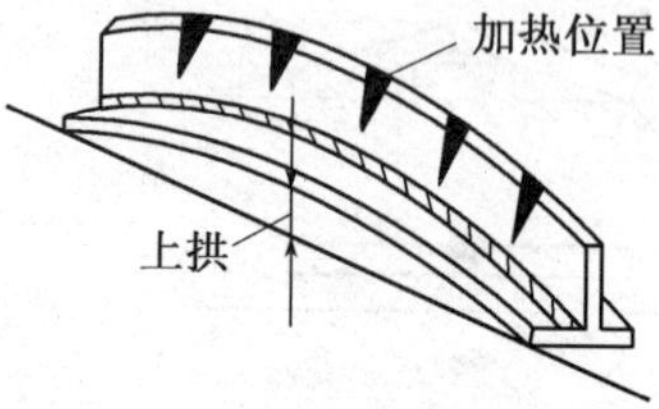

加热位置

上拱

图 9-12 T 形梁变形的火焰矫正

(六)焊接质量检验

1. 焊接缺陷

焊接接头的不完整性称为焊接缺陷。在焊接生产过程中,由于设计、工艺或操作中的各种因素的影响,往往会产生各种焊接缺陷。常见的焊接缺陷有焊缝外形尺寸不符合要求、气孔、裂纹、夹渣、咬边、焊瘤和未焊透等。

焊接缺陷不仅会影响焊缝的美观,还有可能减小焊缝的有效承载面积,造成应力集中引起断裂,直接影响焊接结构使用的可靠性。所以只有经过焊接质量检验后的焊接产品,其安全使用性能才能得以保证。

2. 焊接质量检验过程

焊接检验过程包括从图纸设计到产品制出整个生产过程中所使用的材料、工具、设备、工艺过程和成品质量的检验,分为三个阶段:焊前检验、焊接过程中的检验、焊后成品的检验。

(1)焊前检验 指焊接前对焊接原材料的检验,对设计图纸与技术文件的论证检查,以及焊前对焊接工人的培训考核等。焊前检验是防止焊接缺陷产生的必要条件。

(2)焊接过程中的检验 指在焊接生产各工序间的检验,包括焊接工艺规范的检验、焊缝尺寸的检查、夹具情况和结构装配质量的检查等。

(3)焊后成品的检验 指焊接产品制成后的最后质量评定检验,焊接产品只有经过相应的检验,证明已达到设计所要求的质量标准,保证以后的安全使用性能,才能投入使用。

3. 焊接质量检验方法

检验方法可分为无损检验和破坏检验两大类。无损检验是不损坏被检查材料或成品的性能及完整性,如磁粉检验、超声波检验、密封检验等。破坏检验是从焊件或试件上切取试样,或以产品(或模拟体)的整体破坏做实验,以检查其各种力学性能的试验法。常用检验方法有:

(1)外观检验 焊接接头的外观检验是一种手续简便而又应用广泛的检验方法,是成品检验的一个重要内容,主要是发现焊缝表面的缺陷和尺寸上的偏差。一般通过肉眼观察,借助标准样板、量规和放大镜等工具进行检验。若焊缝表面出现缺陷,焊缝内部便存在缺陷的可能。

(2)致密性检验 贮存液体或气体的焊接容器,其焊缝的不致密缺陷,如贯穿性的裂纹、气孔、夹渣、未焊透和疏松组织等,可用致密性试验来发现。致密性检验方法有煤油试验、载水试验、水压试验等。

(3)受压容器的强度检验 受压容器,除进行密封性试验外,还要进行强度试验。常见有水压试验和气压试验两种,它们都能检验在压力下工作的容器和管道的焊缝致密性。气压试验比水压试验更为灵敏和迅速,同时试验后的产品不用排水处理,对于排水困难的产品尤为适用,但试验的危险性比水压试验大。进行试验时,必须遵守相应的安全技术措施,以防试验过程中发生事故。

（4）其他质量检验方法　利用其他一些物理现象进行测定或检验的方法。如材料或工件内部缺陷情况的检查,一般都是采用无损探伤的方法。目前的无损探伤有超声波探伤、射线探伤、渗透探伤、磁力探伤等。

第二节　焊接方法

焊接成形是一种先进、高效的金属连接方法,是现代工业生产中重要的金属连接方法之一。目前还没有其他方法能够比焊接更为广泛地应用于金属的连接,并对所焊的产品增加更大的附加值。焊接技术已发展成为融材料学、力学、热处理学、冶金学、自动控制学、电子学、检验学等学科为一体的综合性学科。本节对常用焊接方法进行介绍。

一、熔化焊

熔化焊是将待焊处的母材金属熔化、结晶,在不加压力的情况下形成焊缝的焊接方法。常见的熔焊方法有:手工电弧焊、埋弧焊、气体保护焊、电渣焊和等离子弧焊等。

（一）手工电弧焊

1. 手工电弧焊工艺过程

手工电弧焊简称手弧焊,是焊条和工件分别作为两个电极由焊工手工操作焊条进行焊接的方法,如图 9 - 13 所示。

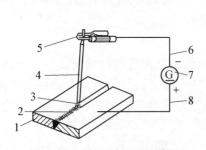

图 9 - 13　手工电弧焊原理图

1—焊件;2—焊缝;3—电弧;4—焊条;5—焊钳;
6—接焊钳电缆;7—电焊机;8—接焊件电缆

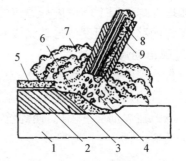

图 9 - 14　手工电弧焊工艺过程

1—工件;2—焊缝;3—熔池;4—金属熔滴;5—固态渣壳;
6—液压溶渣;7—气体;8—焊条芯;9—焊条药皮

手工电弧焊的焊接工艺过程如图 9 - 14 所示。焊接前,将电焊机的输出端分别与工件和焊钳相连,然后在焊条和被焊工件之间引燃电弧,电弧热使焊件和焊条同时熔化,溶滴和熔化的母材形成熔池,焊条药皮也随之熔化形成熔渣覆盖在焊接区的金属上方,药皮燃烧时产生大量 CO_2、CO 和 H_2 等气体围绕在电弧周围,熔渣和气体可防止空气中的氧、氮侵入,起保护熔池的作用。随着焊条的移动,焊条前的金属不断熔化,焊条移动后的金属则冷却凝固成焊缝,使分离的工件连接成整体,完成整个焊接过程。

手工电弧焊机是供给焊接电弧燃烧的电源,常用的手工电弧焊机有交流电焊机、直流电焊机和整流电弧焊机等。直流电弧焊机的输出端有正、负极之分,焊接时电弧两端的极性不变,因此直流电弧焊机的输出端有两种不同的接线方法:将焊件接电焊机的正极,焊条接其负极称为正接;将焊件接电焊机的负极、焊条接其正极称为反接。如图 9－15 所示,正接法焊件为阳极,此时工件受热较大,产生热量较多,温度较高,可获得较大的熔深,适合焊接厚大工件;当工件接阴极,焊条接阳极时,焊条熔化快,焊件受热小,温度较低,适合焊接薄小工件。

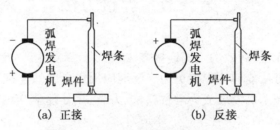

(a) 正接   (b) 反接

图 9－15　直流电焊机的正接与反接

2. 手工电弧焊特点及应用

手工电弧焊设备简单,操作灵活,可焊多种金属材料,是应用最广泛的焊接方法。手工电弧焊能进行全位置焊接,能焊接不同的接头、不规则焊缝,但生产效率低,焊接品质不够稳定;对焊工操作技术要求较高,劳动条件差;不适合焊接一些活泼金属、难熔金属及低熔点金属。手工电弧焊多用于单件小批生产和修复,一般适用于厚度 2 mm 以上各种常用金属的焊接。

(二) 埋弧焊

电弧埋在焊剂层下燃烧进行焊接的方法称埋弧焊。焊接时电弧的引燃、焊丝的送进和电弧沿焊缝的移动是用设备自动完成的,也称埋弧自动焊。

1. 埋弧自动焊焊接过程

埋弧自动焊的焊接过程如图 9－16 所示。焊接时,送丝机构送进焊丝使之与焊件接触,焊剂通过软管均匀撒落在焊缝上,掩盖住焊丝和焊件接触处。通电以后,向上抽回焊丝而引燃电弧。电弧在焊剂层下燃烧,使焊丝、焊件接头和部分焊剂熔化,形成一个较大的熔池,并进行冶金反应。

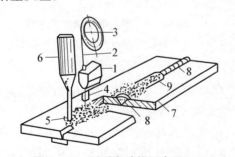

图 9－16　埋弧自动焊示意图

1—自动焊机头;2—焊丝;3—焊丝盘;4—导电嘴;5—焊剂;
6—焊剂漏斗;7—工件;8—焊缝;9—渣壳

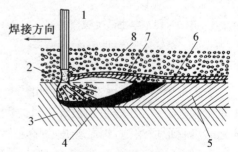

图 9－17　埋弧自动焊焊接过程纵截面图

1—焊丝;2—电弧;3—焊件;4—熔池;5—焊缝;
6—渣壳;7—液态熔渣;8—焊剂

图 9 - 17 为埋弧自动焊纵截面图,电弧在颗粒状的焊剂层下燃烧,电弧周围的焊剂熔化形成熔渣,工件金属与焊丝熔化成较大体积的熔池,熔池被熔渣覆盖,熔渣既能起到隔绝空气保护熔池的作用,又阻挡了弧光对外辐射和金属飞溅,焊机带着焊丝均匀向前移动(或焊机不动,工件匀速运动),熔池金属被电弧气体排挤向后堆积形成焊缝。

2. 埋弧自动焊工艺

埋弧自动焊一般是平焊位置的焊接,常用对接和 T 形接头,主要焊接长直焊缝和大直径环焊缝。焊接板厚在 20 mm 以下,可以采用单面焊接;如果焊接板厚超过 20 mm 或设计上有要求(如锅炉与容器),可以采用双面焊接。

埋弧自动焊时,对工件的下料、坡口加工及清洗等要求都较为严格。为保证引弧处和断弧处的质量,焊接前在焊缝两端焊上引弧板与熄弧板,如图 9 - 18 所示,焊后再去除。为了保持焊缝成形和防止烧穿,焊接第一条焊道时,可采用在焊件的接缝下面放置衬垫,衬垫的形式有钢垫板、焊剂垫或手工焊封底,如图 9 - 19 所示。

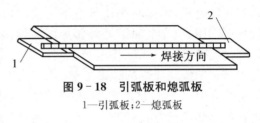

图 9 - 18　引弧板和熄弧板

1—引弧板;2—熄弧板

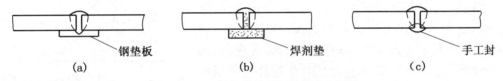

（a）　钢垫板　　　　（b）　焊剂垫　　　　（c）　手工封

图 9 - 19　埋弧自动焊的衬垫和手工封底

3. 埋弧自动焊的特点

埋弧自动焊有以下优点:生产率高,焊接电流比手工电弧焊时大得多,可以高达 1 000 A,一次熔深大,焊接速度大,且焊接过程可连续进行,无需频繁更换焊条,因此生产率比手工电弧焊高 5~20 倍;焊接质量好,埋弧焊时,熔池金属受到焊剂和熔渣泡的双重保护,避免有害气体的进入;冶金反应较彻底,且焊接工艺参数稳定,焊缝成形美观,焊接质量稳定;节省金属材料,由于埋弧焊热量集中,焊件熔深较大,可以不开坡口或开小坡口,减少了焊丝的填充量,节省因开坡口而消耗掉的焊件材料,而且焊接时金属飞溅小,又没有焊条头的浪费,所以能节省大量金属材料;劳动条件好,焊接时没有弧光辐射,焊接烟尘小,焊接过程自动进行。

埋弧焊的缺点是:设备费用高,工艺装备复杂;不适宜焊接结构复杂的、有倾斜焊缝的焊件;焊接后检查焊缝质量不方便。

埋弧焊适用于低碳钢、低合金钢、不锈钢、铜、铝合金等金属板材的长直焊缝和较大直径的环形焊缝的焊接。当工件厚度增加和批量生产时,其优点尤为显著。

（三）气体保护焊

用气体将电弧、熔化金属与周围的空气隔离,防止空气与熔化金属发生冶金反应,以保证焊接质量的电弧焊,称气体保护电弧焊(简称气体保护焊)。保护气体通常为惰性气体(氩气、氦气)和二氧化碳。

按电极材料的不同,气体保护电弧焊可分为两大类:一类是非熔化极气体保护焊,通常用钨棒或钨合金棒作电极,以惰性气体(氩气或氦气)作保护气体,焊缝填充金属(即焊丝)根据情况另外添加,其中应用较广的是氩气为保护气的钨极氩弧焊;另一类是熔化极气体保护焊,以焊丝作为电极,根据采用的保护气不同,可分为熔化极惰性气体保护焊、熔化极活性气体保护焊和 CO_2 气体保护焊,其中熔化极活性气体保护焊泛指同时采用惰性气体与适量 CO_2 等组成的混和气作为保护气的气体保护焊,CO_2 气体保护焊亦可看作是其中的一个特例。

1. 钨极氩弧焊

由于钨的熔点高达 3 410 ℃,用高熔点的钍钨棒或铈钨棒作电极,焊接时钨棒基本不熔化,只是作为电极起导电作用,填充金属需另外添加。在焊接过程中,氩气通过喷嘴进入电弧区将电极、焊件、焊丝端部与空气隔绝开。钨极氩弧焊的焊接过程如图 9-20 所示,其焊接方式有手工焊和自动焊两种,它们的主要区别在于电弧移动和送丝方式,前者为手工完成,后者由机械自动完成。

在焊接钢、钛合金和铜合金时,应采用直流正接,这样可以使钨极处在温度较低的负极,减少其熔化烧损,同时也有利于焊件的熔化;在焊接铝镁合金时,通常采用交流电源,这主要是因为只有在焊件接负极时(即交流电的负半周),焊件表面接受正离子的撞击,使焊件表面的 Al_2O_3、MgO 等氧化膜被击碎,从而保证焊件的焊合,但这样会使钨极烧损严重,而交流电的正半

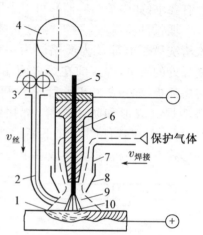

图 9-20 钨极氩弧焊(自动焊)示意图
1—熔池;2—焊丝;3—送丝滚轮;4—焊丝盘;
5—钨极;6—导电嘴;7—焊炬;8—喷嘴;
9—保护气体;10—电弧

周则可使钨极得到一定的冷却,从而减少其烧损。由于钨极的载流能力有限,为了减少钨极的烧损,焊接电流不宜过大,所以钨极氩弧焊通常只适用于 0.5~6 mm 厚的薄板。

钨极氩弧焊的优点是:① 采用纯氩气保护,焊缝金属纯净,特别适合于非铁合金、不锈钢、钛及钛合金等材料的焊接;② 焊接过程稳定,所有焊接参数都能精确控制,明弧操作,易实现机械化、自动化;③ 焊缝成形好,特别适合厚度 3 mm 以下的薄板焊接、全位置焊接和不用衬垫的单面焊双面成形。

2. 熔化极氩弧焊

采用焊丝作电极并兼作填充金属,焊丝在送丝滚轮的输送下,进入到导电嘴,与焊件之间产生电弧,并不断熔化,形成很细小的熔滴,以喷射形式进入熔池,与熔化的母材一起形成焊缝。熔化极氩弧焊的焊接过程如图 9-21 所示。熔化极氩弧焊的焊接方式有半自动焊和自动焊两种。

熔化极氩弧焊均采用直流反接,以提高电弧的稳定性,没有电极烧损问题,焊接电流的范围大大增

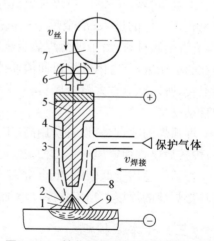

图 9-21 熔化极氩弧焊(自动焊)示意图
1—焊接电弧;2—保护气体;3—焊炬;
4—导电嘴;5—焊丝;6—送丝滚轮;
7—焊丝盘;8—喷嘴;9—熔池

加,因此可以焊接中厚板,例如焊接铝镁合金时,当焊接电流为 450 A 左右时,不开坡口可一次焊透 20 mm,同样厚度用钨极氩弧焊时则要焊 6～7 层。

熔化极氩弧焊主要用于焊接高合金钢、化学性质活泼的金属及合金,如铝及铝合金、铜及铜合金、钛、锆及其合金等。

3. CO_2 气体保护焊

利用二氧化碳气体作为保护气体的电弧焊称为二氧化碳气体保护焊。它以连续送进的焊丝作为电极,靠焊丝和焊件之间产生的电弧熔化金属与焊丝,以自动或半自动方式进行焊接。如图 9-22 所示,焊接时焊丝由送丝机构通过软管经导电嘴送进,CO_2 气体以一定流量从环行喷嘴中喷出。电弧引燃后,焊丝末端、电极及熔池被 CO_2 气体所包围,使之与空气隔绝,起到保护作用。

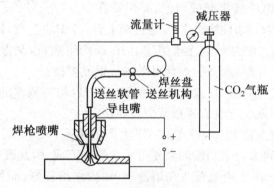

图 9-22　CO_2 气体保护焊示意图

二氧化碳虽然起到了隔绝空气的保护作用,但它仍是一种氧化性气体。在焊接高温下,会分解成一氧化碳和氧气,氧气进入熔池,使 Fe、C、Mn、Si 和其他合金元素烧损,降低焊缝力学性能,而且生成的 CO 在高温下膨胀,从液态金属中逸出时,会造成金属的飞溅,如果来不及逸出,则在焊缝中形成气孔。为此,需在焊丝中加入脱氧元素 Si、Mn 等,即使焊接低碳钢也使用合金钢焊丝如 H08MnSiA,焊接普通低合金钢使用 H08Mn2SiA 焊丝。

CO_2 气体保护焊的优点是:① 成本低。CO_2 气体比较便宜,焊接成本仅是埋弧自动焊和手弧焊的 40% 左右。② 生产率高。焊丝送进自动化,电流密度大,电弧热量集中,所以焊接速度快。焊后没有熔渣,不需清渣,比手弧焊提高生产率 1～3 倍。③ 操作性能好。CO_2 保护焊电弧是明弧,可以清楚看到焊接过程,像手弧焊一样灵活,适合全位置焊接。④ 焊接质量比较好。CO_2 保护焊焊缝含氢量低,采用合金钢焊丝,易于保证焊缝性能。电弧在气流压缩下燃烧,热量集中,热影响区较小,变形和开裂倾向也小。

CO_2 气体保护焊的缺点是:① 焊缝成形差,飞溅大。烟雾较大,控制不当易产生气孔。② 设备使用和维修不便。送丝机构容易出故障,需要经常维修。

因此,CO_2 气体保护焊适用于低碳钢和强度级别不高的普通低合金钢焊接,主要焊接薄板,单件小批生产和不规则焊缝可采用半自动 CO_2 气体保护焊,大批生产和长直焊缝可用 CO_2 自动气体保护焊。

（四）电渣焊

电渣焊是利用电流通过液体熔渣所产生的电阻热加热熔化母材与电极(填充金属)的焊接方法。电渣焊的基本系统如图 9-23,两焊件垂直放置(呈立焊缝),相距 25～35 mm,两侧装有水冷铜滑块,底部加装引弧板,顶部装引出板。开始焊接时,焊丝与引弧板短路引弧,电弧将不断加入的焊剂熔化为熔渣并形成渣池。当渣池达一定厚度时,将焊丝迅速插入其中,电弧熄灭,电弧过程转变为电渣过程,依靠渣池电阻热,使焊丝和焊件熔化形成熔池,并保持在 1 700～2 000 ℃。随着焊丝的不断送进,熔池逐渐上升,冷却块上移,同时熔池底部被水冷铜滑块强迫凝固形成焊缝。渣池始终浮于熔池上方,既产生热量,又保护熔池,此过程一直延续到接头顶部。根据焊件厚度不同,焊丝可采用一根或多根。

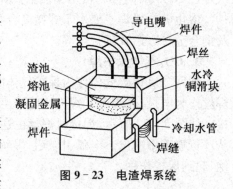

图 9-23 电渣焊系统

电渣焊的接头形式有对接、角接和 T 形接头,其中以均匀截面的对接接头最容易焊接,对于形状复杂的不规则截面应改成矩形截面再焊接。

电渣焊与其他焊接方法相比,特点有:① 生产效率高,成本低。电渣焊焊件不需开坡口,只需使焊接端面之间保持适当的间隙便可一次焊接完成,因此既提高了生产率又降低了成本。② 焊接品质好。由于渣池覆盖在熔池上,保护作用良好,而且熔池金属保护液态时间长,有利于焊缝化学成分的均匀和气体杂质的上浮排出。因此,出现气孔、夹渣等缺陷的可能性小,焊缝成分较均匀,焊接品质好。③ 焊接应力小。焊接速度慢,焊件冷却速度相应降低,因此焊接应力小。④ 热影响区大。电渣焊由于熔池在高温停留时间较长,热影响区较其他焊接方法都宽,造成接头处晶粒粗大,力学性能有所降低,所以一般电渣焊后都要进行热处理或在焊丝、焊剂中配入钒、钛等元素以细化焊缝组织。

电渣焊主要用于焊接厚度大于 30 mm 的厚大件。由于焊接应力小,它不仅适合于低碳钢、普通低合金钢的焊接,也适合于塑性较低的中碳钢和合金结构钢的焊接。目前电渣焊是制造大型铸-焊、锻-焊复合结构的重要技术方法,例如制造大吨位压力机、大型机座、水轮机转子和轴等。

（五）等离子弧焊

等离子弧实质是一种导电截面被压缩得很小、能量转换非常激烈、电离度很大、热量非常集中的压缩电弧,如图 9-24所示,它是借助于水冷喷嘴、保护气流等外部拘束条件,使弧柱受到压缩,弧柱气体完全电离而得到的电弧,其温度远高于一般电弧,可达到 30 000 K。由于等离子弧具有热量集中、温度高、电弧挺度好等特点,被广泛应用于焊接、切割等领域中。

等离子弧焊接时工作气体为氩气,电极一般用钨极,具有以下优点:① 能量密度大,弧柱温度高,一次熔深大,热影

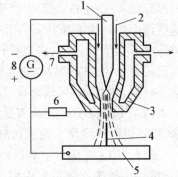

图 9-24 等离子弧发生装置原理图

1—钨极;2—工作气体;3—水冷喷嘴;
4—等离子弧;5—工件;6—电阻;
7—冷却水;8—直流电源

响区小,焊接变形小,焊接质量高。② 电流小到 0.1 A 时,电弧仍能稳定燃烧,并保持良好的挺直度和方向性,因而可以焊接金属薄箔,最小厚度可达 0.025 mm。等离子弧的缺点是设备复杂、投资高、气体消耗量大、不宜在室外焊接。

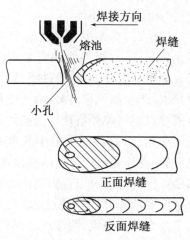

图 9-25 穿孔型等离子弧焊

等离子弧焊接分为穿孔型等离子弧焊、微束等离子弧焊和熔入型等离子弧焊等。穿孔型等离子弧的焊接电流在 100～300 A,接头无需开坡口,不要留间隙。焊接时,等离子弧可以将焊件完全熔透并形成一个小通孔,熔化金属被排挤在小孔的周围,电弧移动,小孔随之移动,并在后方形成焊缝,从而实现单面焊双面一次成形,如图 9-25 所示。这种方法可以焊接的板厚上限为碳钢 7 mm,不锈钢 10 mm。微束等离子弧的焊接电流为 0.1～30 A,焊接厚度为 0.025～2.5 mm。熔入型等离子弧焊适用于铜及铜合金焊接。等离子弧焊的主要工艺参数有焊接电流、焊接速度、保护气流量、离子气流量、焊枪喷嘴结构与孔径等。

等离子弧焊特别适用于各种难熔、易氧化及某些热敏感性强的金属材料(如钨、钼、铍、铜、铝、钽、镍、钛及其合金以及不锈钢、超高强度钢)的焊接,主要应用于国防工业及尖端技术中,也用于焊接质量要求较高的一般钢材和非铁合金。

二、压力焊

压力焊又称压焊,在焊接过程中必须对焊件施加一定压力,使被焊工件结合处紧密接触,并产生一定的塑性变形,以完成焊接的方法。压焊的类型很多,其中最常用的有电阻焊和摩擦焊。

(一)电阻焊

电阻焊又称接触焊,它是利用电流通过焊接接头的接触面时产生的电阻热将焊件局部加热到熔化或塑性状态,在压力下,形成焊接接头的压焊方法。在一般的情况下,由于金属表面是凸凹不平的,而且还有导电性较差的氧化膜等,所以两工件接触处的接触电阻总是较内部的电阻大。当两工件通过一定的电流时,接触面首先被加热到较高温度,而较早地到达焊接温度。因此,在电阻焊中,工件间的接触电阻热和工件产生的电阻热是焊接的主要热源。焊接时的电阻热可根据焦耳-楞次定律计算,由于工件的总电阻很小,为使工件在极短时间内(0.01 秒至几秒)迅速加热,必须使用低电压(10 V 以下)和很大的焊接电流(2 kA～4 kA)。

与其他焊接方法相比,电阻焊具有生产效率高、焊接变形小、劳动条件好、焊缝不需填充金属、操作简便、易实现自动化等优点。但缺点是设备比一般熔焊复杂,耗电量大,适用的接头形式及可焊工件厚度(或断面)受到限制。此外,电阻大小和电流波动等因素均可导致电阻热的改变,因此电阻焊接头质量不稳定,从而限制了在某些重要焊接件上的应用。

电阻焊按电极形式和接头形式不同分为点焊、缝焊和对焊。

1. 点焊

点焊是将焊件装配成搭接接头,并压紧在两电极之间,接通电流后利用电阻热将焊件局部熔化,形成焊点的方法,如图 9 - 26 所示。

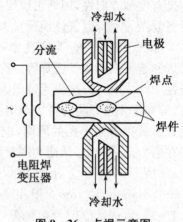

焊接时,首先将表面已清理好的焊件搭接,用柱状电极预压夹紧,使焊件接触面紧密接触。然后接通电源,这时在电极与焊件表面、焊件搭接接头之间三处接触点的电阻最大,产生的热量最多,由于电极本身具有冷却水系统,电阻热只能将焊件搭接处的接点加热至局部熔化状态,形成一个熔核,熔核周围的金属也被加热至塑性状态,切断电源后,在压力作用下使熔核结晶,得到组织致密的焊点。移动焊件或电极可以得到新的焊点。焊接新焊点时,一部

图 9 - 26　点焊示意图

分电流要从邻近焊点流过,减少了电流强度,出现"分流"现象。为减小分流,两焊点之间要有一定的距离,其距离大小与焊接材料和厚度有关。一般材料导电性愈强,厚度愈大,分流现象愈严重。

点焊的焊接接头形式需充分考虑到点焊机电极要能接近焊件,做到施焊方便,加热可靠。图 9 - 27 所示为几种常见的焊接接头形式。

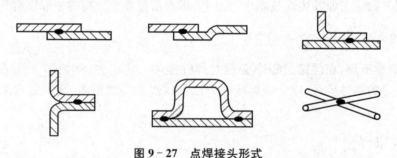

图 9 - 27　点焊接头形式

目前,点焊已广泛用于制造汽车、车厢、飞机等薄壁结构及罩壳和日常生活用品的生产之中,可焊接低碳钢、不锈钢、铜合金、铝镁合金等,主要适用于厚度为 4 mm 以下的薄板冲压结构及钢筋的焊接。

除上述典型的点焊形式外,还有特殊的点焊形式,如凸焊。凸焊是在一个焊件的贴合面上预先加工出一个或多个凸起点,使其与另一焊件表面相接触,加压并通电加热,凸点压塌后,使这些接触点形成焊点的一种电阻焊方法。凸焊是点焊的一种,是在点焊基础上发展起来的,利用预先加工出的凸起点或零件固有的型面、倒角达到提高贴合面压强与电流密度的目的;同时采用较大的平板电极来降低电极与工件接触面的压强和电流密度,从而消除工件表面压痕,提高电极寿命。

凸焊基本类型共分为单点凸焊、多点凸焊、环焊、T 形焊、滚凸焊和线材交叉凸焊六类,如图 9 - 28 所示。凸焊主要可以焊接低碳钢和低合金钢的冲压件,常用于将较小零件(如螺母、管接头等)焊接到较大零件上去,或两种均为大面积零件的焊接。

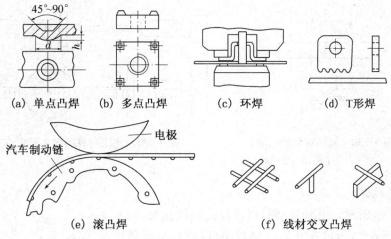

(a) 单点凸焊　(b) 多点凸焊　　(c) 环焊　　　(d) T形焊

(e) 滚凸焊　　　　　　　(f) 线材交叉凸焊

图 9-28　凸焊基本类型

2. 缝焊

缝焊的焊接过程与点焊相似,只是用转动的圆盘状电极取代点焊时所用的柱状电极,焊接时,圆盘状电极压紧焊件并转动,依靠摩擦力带动焊件向前移动,配合断续通电,形成许多连续并彼此重叠的焊点,如图 9-29 所示。缝焊焊点相互重叠约 50% 以上,故缝焊分流现象严重,所需焊接电流约为点焊时的 $1.5\sim2$ 倍,只适用于厚度 3 mm 以下的薄板结构。

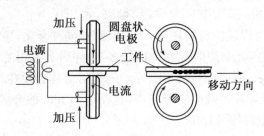

图 9-29　缝焊示意图

缝焊件表面光滑美观,气密性好,所以缝焊主要用于制造有密封性要求的薄壁结构,如油箱、小型容器和管道等。缝焊亦可用于金属板间的对接,此时要求使用高频电流,以限制焊接区附近的金属表面电流。

3. 对焊

对焊是将焊件装配成对接的接头,使其端面紧密接触,利用电阻热加热至塑性状态,然后迅速施加顶锻力完成焊接的方法。按工艺过程特点,对焊又分为电阻对焊和闪光对焊。

(1) 电阻对焊

如图 9-30 所示,先加预压,使两焊件的端面紧密接触,再通电加热,接触处升温至塑性状态,然后断电同时施加顶锻力,使接触处产生一定的塑性变形而焊合。电阻对焊操作简单,接头外观光滑、毛刺小,但对焊件端面加工和清理要求较高,否则接触面容易发生加热不均匀,容易产生氧化物夹杂,影响焊接质量。电阻对焊一般仅用于断面简单、截面积小于 $250\ mm^2$ 和强度要求不高的杆件对接,材料以碳钢、纯铝为主。图 9-31 为电阻对焊的接头形式。

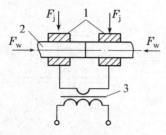

图 9-30　电阻对焊示意图
1—电极；2—工件；3—变压器

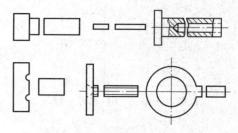

图 9-31　电阻对焊的接头形式

（2）闪光对焊

如图 9-32 所示，先接通电源，再使焊件靠拢接触，由于接触端面凹凸不平，所以在开始接触时为点接触，电流通过接触点产生很大的电阻热，使接触点迅速熔化，并在电磁力作用下爆破飞出，产生闪光，电阻对焊的接头形式进行一定时间后，端面达到均匀半熔化状态，并在一定范围内形成一塑性层，而且多次闪光将端面的氧化物清除干净，于是断电并加压顶锻，挤出熔化层，并产生大量塑性变形而使焊件焊合。闪光对焊过程中，工件端面氧化物与杂质会被闪光火花带出或随液体金属挤出，接头中夹杂少，质量高，常用于

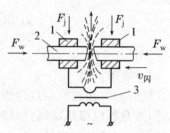

图 9-32　闪光对焊示意图
1—电极；2—工件；3—变压器

焊接重要件。闪光对焊可焊接的材料较多，不仅能焊接同种金属，还能焊接异种金属（如铝-铜、铜-钢、铝-钢等）。但闪光对焊时焊件烧损较多，且焊后有毛刺需要清理。闪光对焊用于杆状件对接，如刀具、管子、钢筋、钢轨、车圈等。闪光对焊焊接单位面积焊件所需的焊机功率较电阻对焊小，有利于焊接大截面的焊件，从直径 0.01 mm 的金属丝到直径 500 mm 的管材、截面 20 000 mm² 的型材均可焊接。

（二）摩擦焊

摩擦焊是利用工件接触面相对旋转运动中相互摩擦所产生的热使端部达到塑性状态，然后在顶锻压力下完成焊接的一种压力焊方法。

摩擦焊工艺过程如图 9-33 所示。图 9-33（a）中左、右两焊件都具有圆形截面。焊接前，左焊件被夹持在可旋转的夹头上，右焊件夹持在能够沿轴向移动加压的夹头上。首先，左焊件高速旋转（步骤Ⅰ）；右焊件向左焊件靠近，与左焊件接触并施加足够大的压力（步骤Ⅱ）；这时，焊件开始摩擦，摩擦表面消耗的机械能直接转换成热能，温度迅速上升（步骤Ⅲ）；当温度达到焊接温度以后，左焊件立即停止转动，右焊件快速向左焊件施加较大的顶锻压力，使接头产生一定的顶锻变形量（步骤Ⅳ）；保持压力一段时间后，待两焊件已经焊接成一体时可松开夹头，取出焊件。全部焊接过程只需 2～3 s 的时间。

摩擦焊的优点有：接头的品质好，废品率低；适合于焊接异种金属，如碳素结构钢、高速钢等；焊件尺寸精度高；生产率高，并可节省电能；焊接变形小，接头焊前不需特殊清理，接头上的飞边有时可以不必去除，焊接不需要填充材料和保护气体，加工成本显著降低；操作技术简单，工作场地卫生，没有火花、弧光，无有害气体，有利于保护环境，适合于设置在自动生

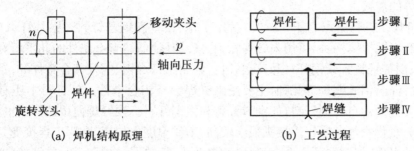

(a) 焊机结构原理　　　　　　　(b) 工艺过程

图 9 - 33　摩擦焊示意图

产线上,易实现机械化、自动化。

摩擦焊的缺点有:摩擦焊的一次投资较大;非圆形截面工件焊接很困难,要求至少一端为圆型截面;不适合大截面工件的焊接,目前摩擦焊工件截面不超过 20 000 mm²;不容易夹持的大型盘状工件和薄壁管件,很难焊接;一些摩擦系数特别小和易碎的材料,也很难进行摩擦焊。

摩擦焊适合于大批量集中生产,主要应用于汽车、拖拉机工业中批量大的杆状零件、产品以及圆柄刀具。

三、钎焊

钎焊是采用比母材熔点低的金属材料作钎料,将焊件和钎料加热到高于钎料的熔点,但低于母材熔化温度,利用液态钎料润湿母材、填充间隙,并与母材相互扩散实现连接焊件的方法。

(一)钎焊过程

钎焊过程中一般都需要使用钎剂。钎剂是钎焊时使用的溶剂,它的作用是清除钎料和母材表面的氧化物,使焊件和液态钎料在钎焊过程中免于氧化,改善熔融钎料对焊件的润湿性。钎焊的过程是将表面清理好的焊件以搭接形式装配在一起,把钎料放在接头的间隙附近或接头的间隙中,如图 9 - 34 所示,加热使钎料熔化并渗入到接头间隙中,冷凝后形成钎焊接头。

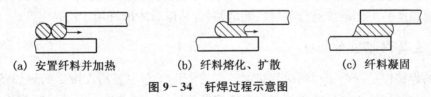

(a) 安置钎料并加热　　　(b) 钎料熔化、扩散　　　(c) 钎料凝固

图 9 - 34　钎焊过程示意图

(二)钎焊分类

根据所用钎料的熔点不同,钎焊可分为软钎焊和硬钎焊两大类。

(1) 软钎焊　钎料熔点低于 450 ℃,常用锡-铅钎料及锌基钎料。前者主要用于钎焊铜及其合金和钢件;后者常用于钎焊铝及其合金,也可钎焊铜、钢等。常用软钎剂有松香或氯化锌溶液等。软钎焊接头强度低,用于无强度要求的焊件,如仪表、电真空器件、电机、电器部件及导线等的焊接。

（2）硬钎焊　钎料熔点高于 450 ℃，常用铝基、银基和铜基钎料。银基钎料应用较广，它分银铜锌和银铜锌镉两种，可用来钎焊除铝、镁及其他低熔点金属外的几乎所有黑色金属和有色金属；铜基钎料有紫铜钎料和黄铜钎料，常用于钎焊钢、铜及其合金件等；铝基钎料有铝铜硅、铝银锌硅、铝硅铜锌等几种，主要用来钎焊铝及铝合金件。硬钎料中还有一种能同时提供钎料和钎剂的自钎剂钎料，如铜磷钎料和银铜钎料。硬钎焊使用的钎剂主要有硼砂、硼酸、氟化物、氯化物等。硬钎焊接头强度较高，工作温度也较高，常用于焊接受力较大或工作温度较高的焊件，如制造硬质合金刀具、钻探钻头、换热器、自行车架、导管、容器、滤网等。

（三）钎焊特点及应用

钎焊的主要优点是加热温度低，母材组织性能变化小，焊件应力和变形小，接头光滑平整；可一次焊多件、多接头，因而生产率高；可焊黑色、有色金属，也可焊异种金属、金属与非金属。总之，钎焊较适宜连接精密、微型、复杂、多焊缝及异种材料的焊件。钎焊的主要缺点是接头强度尤其是动载强度低，耐热性差，且焊前清理及组装要求较高。

第三节　常用金属的焊接

一、金属焊接性

目前焊接技术已经发展到相当高的水平，绝大部分金属及其合金都是可焊的，其中包括了从日常生活到宇宙航行中应用的各种金属材料。实践中发现，某些材料焊接时不产生缺陷；而另外一些材料则很难焊成优良接头，在焊接过程中，液态金属不平静，甚至沸腾，焊接不易成形，焊后出现接头强度、塑性下降，焊接中出现气孔、夹渣、未焊透，甚至出现热裂纹与冷裂纹，我们称前者焊接性好而后者焊接性差。焊接性是指材料在一定的焊接工艺条件下，获得优质的焊接接头的难易程度。

另外还发现，对同一种金属材料，当采用不同的工艺方法时，其焊接性有很大差别。因此，某种新材料使用前预先评价其焊接性，对于产品设计、生产工艺制订是至关重要的。生产中采用模拟产品工作条件进行各种性能试验，合格以后才准许用于产品生产。

（一）金属焊接性的概念

金属的焊接性是指金属材料对焊接加工的适应性。它主要指在限定的施焊条件（包括焊接方法、焊接材料、焊接工艺参数和焊接结构形式等）下，被焊金属形成完好焊接接头的难易程度。它主要包括以下两方面内容：

（1）结合性能　主要指被焊金属在一定的焊接工艺条件下，形成完整而无缺陷的焊接接头的能力，尤其是接头中产生焊接缺陷的倾向性。

（2）使用性能　指在一定的焊接工艺条件下，被焊金属的焊接接头是否满足预定的各种使用性能的要求。其中包括常规的力学性能、低温韧性、高温蠕变、疲劳性能以及其他特殊性能（如耐蚀性）等。

（二）影响金属焊接性的因素

金属的焊接性，它不仅取决于金属本身的性质，而且还与工艺条件、焊件结构和使用条件等因素有关。

（1）金属的化学成分　不同种类或不同化学成分的金属，其焊接性不同。以铁碳合金为例，低碳钢具有优良的焊接性，中、高碳钢一般焊接性较差，铸铁的焊接性更差。

（2）焊接工艺条件　包括焊接方法、焊接材料和焊接工艺规程等，它们都会影响金属的焊接性。实践证明，同一种材料，在不同的焊接方法和工艺条件下，其焊接性会表现出极大的差异。如铝合金、钛合金等采用焊条电弧焊和气焊时很难获得优质接头，即表现为焊接性差；但采用氩弧焊时，则可以实现高质量焊接，即焊接性好。

（3）焊件结构　焊件结构的刚度越大（如板厚越大或结构越复杂），交叉焊缝越多，焊接时就越容易产生较大的焊接应力和裂纹，焊接性也越差。

（4）使用条件　一般说来，焊件的使用条件越苛刻，对焊接接头的质量要求就越高，获得合格的焊接接头就越困难，焊接性也就越难保证。

（三）金属焊接性的评定

焊接性的评定方法很多，大体上可分为两类：直接试验法和间接评估法。直接试验法是模拟实际情况下的焊接条件，通过观察焊接过程中是否发生某种焊接缺陷（如裂纹）及其程度，或对焊好的试样进行有关的性能试验，从而直观地评判材料焊接性的好坏。常用的试验方法有：焊接裂纹试验、焊接接头力学性能试验、焊接接头耐腐蚀性试验、焊接热影响区最高硬度试验等，可按相应的国家标准的规定来进行这些试验。间接评估法主要有碳当量法、冷裂纹敏感系数法，它是依据某些建立在大量试验的基础上的统计经验公式来间接评估焊接性的方法。钢是用于焊接结构最多的金属材料，所以评估钢的焊接性显得尤为重要。

（1）碳当量法　由于钢的冷裂纹倾向与其化学成分有密切关系，其中以碳的影响最大，其他合金元素可按各自影响程度的大小折算成碳的相当含量，将它们加在一起就称为碳当量，以其作为评定钢的焊接性的一种较粗略的参考指标。国际焊接学会推荐的碳钢和低合金结构钢的碳当量公式为：

$$\omega_{CE}=\left(\omega_C+\frac{\omega_{Mn}}{6}+\frac{\omega_{Cr}+\omega_{Mo}+\omega_V}{5}+\frac{\omega_{Cu}+\omega_{Ni}}{15}\right)\times100\%$$

式中的化学元素符号均表示该元素在钢中的质量分数。实践表明，碳当量越高，钢的淬硬倾向越大，冷裂纹敏感性越强，焊接性越差。一般认为，当 $\omega_{CE}<0.4\%$ 时，焊接性良好；当 $\omega_{CE}=0.4\%\sim0.6\%$ 时，冷裂纹倾向增加，焊接性较差；当 $\omega_{CE}>0.6\%$ 时，冷裂纹倾向大，焊接性差。由于碳当量法公式是在某种实验条件下得到的，仅考虑了化学成分对焊接性的影响，没有考虑冷却速度、结构刚性等因素对焊接性的影响，因此利用碳当量法只能在一定范围内粗略地评估焊接性。

（2）冷裂纹敏感系数法　此法综合考虑了钢的化学成分、焊缝含氢量以及通过母材板厚表现出来的结构刚性和冷却速度等对焊接性的影响，因而是比碳当量法更为完善的评定方法。其计算公式如下：

$$P_C=\left(\omega_C+\frac{\omega_{Si}}{30}+\frac{\omega_{Mn}+\omega_{Cu}+\omega_{Cr}}{20}+\frac{\omega_{Ni}}{60}+\frac{\omega_{Mo}}{15}+\frac{\omega_V}{10}+5\omega_B+\frac{H}{60}+\frac{\delta}{600}\right)\times100\%$$

式中：P_c 表示冷裂纹敏感系数；H 表示焊缝中的扩散氢含量(mL/100 g)；δ 表示母材板厚。上式和碳当量公式中各元素的质量分数均取其成分范围的上限。冷裂纹敏感系数越大，焊接时产生冷裂纹的倾向越大，钢的焊接性也越差。冷裂纹敏感系数法适用于低碳(含碳量0.07%～0.22%)，且含多元微量合金元素的低合金高强钢。

二、碳素钢和低合金结构钢的焊接

（一）碳素钢的焊接

1. 低碳钢的焊接

低碳钢中碳质量分数小于 0.25%，塑性好，一般没有淬硬倾向，对焊接热过程不敏感，焊接性良好。通常情况下，焊接不需要采取特殊技术措施，用任何一种焊接方法和最普通的焊接工艺都能获得优良的焊接接头。但是，在低温下焊接刚性较大的低碳钢结构时，应考虑采取焊前预热，以防止裂纹的产生。厚度大于 50 mm 的低碳钢结构或压力容器等重要构件，焊后要进行去应力退火处理。对电渣焊后的焊件应进行正火处理以细化热影响区的晶粒。

2. 中碳钢的焊接

中碳钢的碳质量分数在 0.25%～0.6%之间，碳当量较高，焊接性比低碳钢差。中碳钢焊件的热影响区容易产生淬硬组织。当焊件厚度较大、焊接工艺不当时，焊件很容易产生冷裂纹。同时，焊接接头有一部分碳要熔入焊缝熔池，使焊缝金属的碳当量增高，降低焊缝的塑性，容易在凝固冷却过程中产生热裂纹。

中碳钢焊件通常采用手弧焊和气焊。焊接时将焊件适当预热(150～250 ℃)，选用合理的焊接工艺，尽可能选用低氢型焊条，焊条使用前烘干，焊接坡口尽量开成 U 形，焊后尽可能缓冷等，都能防止焊接缺陷的产生。

3. 高碳钢的焊接

高碳钢的含碳量大于 0.6%，碳当量很高，其焊接性差。通常仅用焊条电弧焊和气焊对其进行补焊。补焊是为修补工件的缺陷而进行的焊接。为防止焊缝裂纹，应合理选用焊条，焊前应进行退火处理。采用结构钢焊条时，焊前必须预热(一般为 250～350 ℃或更高)，焊后注意缓冷并进行消除应力退火。

（二）低合金结构钢的焊接

低合金结构钢由于其优良的性能，是工业上应用最多的钢种，广泛用来制造压力容器、锅炉、桥梁、船舶、车辆、起重设备等。它在我国一般按屈服强度分等级，且常用手弧焊和埋弧焊焊接，相应的焊接材料见表 9－3。

表 9-3 低合金结构钢焊接材料的选用

强度等级 /MPa	钢号示例	手弧焊 焊条牌号	埋弧自动焊		预热温度
			焊丝牌号	焊剂牌号	
294	09Mn2	J422、J423	H08	431	一般不预热
343	16Mn	J502、J503 J506、J507	H08A、H08MnA H10Mn2、H10MnSi	431	同上
392	15MnV 15MnTi	J506、J507 J556、J557	H08MnA、H08Mn2Si H10Mn2、H10MnSi	431	≥150 ℃
441	15MnVN	J556、J557 J606、J607	H08MnMoA	431 350	≥150 ℃

强度级别较低的低合金结构钢,合金元素少,碳当量低,焊接性好,一般不需要采用特殊的工艺措施,只有当环境温度低或焊接板厚大时,才进行预热。强度级别较高的低合金结构钢,淬硬、冷裂倾向增加,焊接性较差。焊接高强度等级的低合金钢应采取的技术措施是:① 严格控制焊缝含氢量。根据强度等级选用焊条,并尽可能选用低氢型焊条或使用碱度高的焊剂配合适当的焊丝。按规范对焊条进行烘干,仔细清理焊件坡口附近的油、锈、污物、防止氢进入焊接区。② 焊前一般预热温度≥150 ℃。焊接时,应调整焊接规范来严格控制热影响区的冷却速度。焊后应及时进行热处理以消除内应力,回火温度一般为600~650 ℃。如生产中不能立即进行焊后热处理,可先进行去氢处理,即将工件加热至 200~350 ℃,保温2~6 h,以加速氢的扩散逸出,防止产生冷裂纹。

(三) 不锈钢的焊接

不锈钢是具有优良抗腐蚀性能的高合金钢,按正火状态组织,可分为奥氏体不锈钢、马氏体不锈钢和铁素体不锈钢。

1. 奥氏体不锈钢的焊接

奥氏体不锈钢塑性、韧性、耐蚀性、耐热性、焊接性都较好,故在所有的不锈钢材料中应用最广。其中以 18-8 型不锈钢(如 1Crl8Ni9)为代表,它焊接性良好,适用于焊条电弧焊、氩弧焊和埋弧自动焊。焊条电弧焊选用化学成分相同的奥氏体不锈钢焊条;氩弧焊和埋弧自动焊所用的焊丝化学成分应与母材相同,如焊 1Crl8Ni9 时,选用 H0Cr20Nil0Nb 焊丝。

奥氏体不锈钢的主要问题是焊接工艺规范不合理时,容易产生晶间腐蚀和热裂纹,这是18-8 型不锈钢的一种极危险的破坏形式。晶间腐蚀的主要原因是 C 与 Cr 化合成 $Cr_{23}C_6$,造成贫铬区,使不锈钢的耐蚀能力下降。手弧焊时,应采用细焊条,小线能量(主要用小电流)快速不摆动焊。

2. 马氏体不锈钢的焊接

马氏体不锈钢焊接性较差,焊接接头易出见冷裂纹和淬硬脆化。焊前要预热,焊后进行消除残余应力的处理。焊前应根据板厚和刚性预热至 200~400 ℃,焊后应缓冷至150~200 ℃以下。如焊接 1Cr13 和 2Cr13 最好用低氢型焊条,采用大电流、低焊速、焊后及时在 600~700 ℃高温回火,以提高接头塑性和韧性。另外,可采用高铬镍不锈钢焊条,如

E0－17－16(G302)、E0－17－15(G307)焊条,焊前预热至200~300 ℃,保证焊缝为奥氏体组织,焊后可不进行热处理。马氏体不锈钢还可采用氩弧焊、埋弧焊进行焊接,焊丝用H0Cr14 或 H1Cr25Ni13 和 H1Cr25Ni20。

3. 铁素体不锈钢的焊接

铁素体不锈钢焊接的过热区晶粒容易长大引起脆化和裂纹。通常在150 ℃以下预热,减少高温停留时间,并采用小线能量焊接工艺,以减少晶粒长大倾向,防止过热脆化。多层焊时应控制层间温度,冷却至预定温度再焊。焊条选择也有两种方案:一是用与母材成分相近的 G302 和 G307 焊条,焊后需在700~760 ℃回火;另一种用 A302、A307、A402、A407 等奥氏体不锈钢焊条,焊缝性能好,焊后可不需热处理。铁素体钢一般只用手弧焊和钨极氩弧焊进行焊接。

此外,工程上有时需要把不锈钢与低碳钢或低合金钢焊接在一起,如 1Cr18Ni9T1 和 Q235 的焊接,通常用焊条电弧焊。焊条选择上,既不能用奥氏体不锈钢焊条,也不能用焊低碳钢焊条,可选用 E307－15 不锈钢焊条,若焊缝金属组织是奥氏体,可加少量铁素体,防止产生焊接裂纹。

(四) 铸铁的补焊

铸铁的焊接性是很差的,这是因为它的碳当量很大,S 和 P 杂质含量高,而且组织中又有相当于裂纹作用的石墨。在焊接铸铁时,一般容易出现以下问题:

(1) 焊接接头易产生白口组织,硬度很高,焊后很难进行机械加工。焊接过程中碳和硅等石墨化元素会大量烧损,且焊后冷却速度很快,不利于石墨化。

(2) 焊接接头易产生裂纹。由于铸铁是脆性材料,抗拉强度低、塑性差,当焊接应力超过铸铁的抗拉强度时,会在热影响区或焊缝中产生裂纹。

(3) 焊缝中易产生气孔和夹渣。铸铁中含有较多的碳和硅,它们在焊接时被烧损后将形成 CO 气体和硅酸盐熔渣,极易在焊缝中形成气孔和夹渣缺陷。

在生产中,由于铸铁的焊接性差,一般铸铁不宜作焊接构件,只是当铸铁件表面产生不太严重的气孔、缩孔、砂眼和裂纹等缺陷时,才对其进行焊补。对铸铁缺陷进行焊接修补有很大的经济意义。铸铁一般采用焊条电弧焊、气焊来焊补,按焊前是否对工件进行预热分为热焊和冷焊两类:

1. 热焊法

焊前将工件整体或局部预热到600~700 ℃,然后焊接,焊后缓慢冷却。采用手工电弧焊焊补灰铸铁时,可用铸铁芯铸铁焊条。热焊法可防止接头产生白口、淬硬组织和裂纹,焊补质量较好,但是此法生产率低、成本高、工人劳动条件差,这种方法主要用于焊补刚度大、焊后需要机械加工的铸铁件。

2. 冷焊法

一般采用手工电弧焊,焊前对工件不预热,为了防止产生白口组织和裂纹,根据选用焊条的种类,采取不同的工艺措施。冷焊焊条分为两大类:一类为同质型焊条,即焊缝金属为铸铁型;另一类为异质型焊条,即焊缝金属为非铸铁型,如镍基铸铁焊条、高钒铸铁焊条及铜基铸铁焊条等。采用同质型焊条焊补时,工艺上要求采用大电流、连续焊,控制焊后冷却速度,焊补处可获得铸铁组织,在刚度不大的部位上焊补时,一般也不会产生裂纹。这类焊条的优点是价格低廉,并且焊缝的颜色与被焊金属一致,适合于大型铸铁件、大缺陷的焊补。采用异质型焊条焊补时,工艺上要求采用小电流、短段焊、断续焊、焊后立即锤击焊缝,以松弛焊接应力。这类焊条的焊缝金属塑性比较好,熔深浅时在熔合区中产生的白口组织较薄,产生裂纹倾向比较小。异质型焊条多用于小型铸铁件、小缺陷的焊补。铸铁钎焊时,被焊金属不熔化,可避免产生白口组织,接头具有较好的机械加工性能,并且裂纹的倾向小。

(五)非铁金属及难熔金属的焊接

1. 铝及铝合金的焊接

(1)铝及铝合金的焊接性

铝及铝合金的焊接性较差,具有以下几个特点:

① 易氧化　高温下铝氧化生成 Al_2O_3,而且 Al_2O_3 熔点高(2 050 ℃),密度大,易造成夹渣。

② 易形成气孔　高温下液态铝吸气性强,能吸收大量氢气。降温后,气体来不及排出,固态铝几乎不溶解氢,使焊缝产生气孔。

③ 易变形和开裂　铝的线膨胀系数比钢约大一倍,而高温强度较低,凝固收缩时极易产生变形或热裂纹。

④ 操作困难　铝的固、液态颜色相同,难以确定溶化时刻,焊接操作困难,易造成温度过高、焊缝塌陷、烧穿等缺陷。

(2)焊接措施和方法

铝和铝合金的焊接常用氩弧焊、气焊、电阻焊和钎焊等方法,其中采用氩弧焊焊接质量最好,应用最多。铝的手工电弧焊焊条极易受潮,不易保管,很少采用。铝薄板可用气焊焊接,但需用铝溶剂,焊后应清除残余溶剂,以免造成腐蚀,但由于残余溶剂难以彻底清除,易造成隐患,故不可用于重要结构。电阻焊时,应采用大电流,短时间通电。铝及铝合金的焊接无论采用哪种焊接方法,焊前都必须进行氧化膜和油污的清理,清理品质的好坏将直接影响焊缝品质。

2. 铜及铜合金的焊接

(1)铜及铜合金的焊接性

铜及铜合金的焊接性比较差,主要问题是:

① 难融合　铜及铜合金的导热性很强,焊接时热量很快从加热区传导出去,导致焊件温度难以升高,金属难以熔化,因此,填充金属与母材不能良好熔合。

② 焊后易产生裂纹　铜及铜合金膨胀系数大,冷却收缩也大,内应力也大;加上铜氧化后生成 Cu_2O 与铜组成低熔点共晶体,分布在晶界上,在不是很高的拉应力作用下即产生热裂纹。

③ 易形成气孔　液态铜吸气性极强,能溶解大量氢,降温后放出气体,当冷速较快时气体来不及逸出,形成气孔。

(2)焊接措施和方法

铜及铜合金可以采用气焊、电弧焊、氩弧焊、钎焊等方法焊接,其中氩弧焊最常用。

焊接紫铜及青铜时,采用氩弧焊可以保证焊缝金属不被氧化及不吸收气体。焊丝采用高一个等级的铜丝或磷青铜焊丝,并配合铜溶剂去除氧化铜。采用气焊时,焊丝溶剂与氩弧焊相同,但焊接接头性能较差。

目前,黄铜的焊接仍主要采用气焊。因气焊火焰温度较低,锌的蒸发较少,采用轻微氧化焰、配合含硅的焊丝,焊接时形成氧化硅薄膜,有防止锌氧化蒸发的作用,并可防止气孔产生。一般不采用电弧焊焊接黄铜。

采用各种方法焊接铜及铜合金时,焊前都要仔细清除焊丝、焊件坡口及附近表面的油污、氧化物等杂质。气焊、钎焊或电弧焊时,焊前应对焊剂(气剂)、钎剂或焊条药皮做烘干处理。焊后应彻底清洗残留在焊件上的溶剂和熔渣,以免引起焊接接头的腐蚀破坏。

3. 难熔金属焊接

金属钛、锆、钼、铌等及其合金具有很高的熔点,焊接时最大的困难是,即使在不太高的温度下(300~400 ℃),上述金属吸收气体后,其塑性也会大大下降,甚至呈现脆性材料的特性。因此,焊接上述材料时,对焊缝的保护应维持到 350 ℃以下。

例如,钛及其合金在焊接时易吸收氧、氢、氮等气体,使焊接接头变脆,还使焊缝处出现气孔。钛及钛合金熔点高,导热性差,所以焊接时熔池具有积累热量多,高温停留时间长和冷却速度慢等特点,易使焊接接头产生过热组织,晶粒变粗大,脆性严重和出现裂纹。可见,钛及钛合金焊接性较差,焊接时,可用氩弧焊,在焊枪后部加一拖罩,可保证焊缝金属在降温至 350 ℃以前处于拖罩下的保护气氛中。

锆及其合金的焊接性及焊接方法与钛合金类似。钼、铌及其合金吸气性更强,必须在焊接方法、焊接工艺等方面进行适当的安排,以便获得良好的焊件,常采用真空充氩电弧焊或真空电子束焊接。

表 9-4 列出了常用金属材料的焊接性能,可供选择焊接结构材料时参考。

表 9-4　常用金属材料焊接性能

金属材料	气焊	焊条电弧焊	埋弧焊	CO_2保护焊	氩弧焊	电子束焊	电渣焊	点焊缝焊	对焊	摩擦焊	钎焊
低碳钢	A	A	A	A	A	A	A	A	A	A	A
中碳钢	A	A	B	B	A	A	A	B	A	A	A
低合金钢	B	A	A	A	A	A	A	A	A	A	A
不锈钢	A	A	B	B	A	A	B	A	A	A	A
耐热钢	B	A	B	B	A	A	B	C	B	A	A
铸钢	A	A	A	A	A	A	A	(一)	B	B	B
铸铁	B	B	C	C	B	(一)	B	(一)	D	D	B
铜及其合金	B	B	B	B	A	A	B	D	D	D	A
铝及其合金	B	C	C	D	A	A	D	B	B	B	C
钛及其合金	D	D	D	D	A	A	D	C	D	D	B

注:A-焊接性良好;B-焊接性较好;C-焊接性较差;D-焊接性不好;(一)-很少采用。

第四节　焊接结构及工艺设计

焊接结构及工艺设计是根据产品的使用性能要求（如负载大小、载荷性质、使用环境等），结合生产实际条件，确定焊接生产方法和程序的过程，包括合理选择结构材料、焊接材料和焊接方法，正确设计焊接接头、制定工艺和焊接技术条件等。当然，还应考虑到制造单位的管理水平、产品检验技术等相关问题，只有这样，才能保证生产出高质量、低成本的焊接件。焊接结构及工艺设计不仅直接关系到产品制造质量、劳动生产率和制造成本，而且是设计焊接设备和工装、进行生产管理的主要依据。

一、焊接结构材料的选择

焊接结构件材料的选择要考虑焊接结构（形式、尺寸等）、焊件的应用环境（载荷、温度等）、材料的工艺性能及经济性等方面的因素。就焊接工艺方面，应主要考虑以下几方面：

（1）焊接结构件材料应在满足工作性能要求的前提下，尽量选择焊接性较好的材料。焊接结构在多数情况下是用钢材制成的，这意味着选材时，应尽量选用碳质量分数低的钢材。碳的质量分数小于0.25%的低碳钢和碳的质量分数小于0.2%的普通低合金钢，有良好的焊接性，设计焊接结构时，应尽量选用。碳的质量分数大于0.5%的碳钢和碳的质量分数大于0.4%的合金钢，焊接性不好，一般不宜选用。

（2）尽量选择同一种材料焊接。对于由强度和性能不同的材料进行拼焊而成的复合结构件，要注意材料间焊接性的差异。要求接头强度不低于被焊钢材中强度较低者，应在焊接工艺设计时提出要求，对焊接性较差的材料采取相应措施（如预热、焊后热处理等）。

（3）应尽量选择型材（如工字钢、角钢、槽钢等）。应用型材可以降低结构数量，减少焊缝数量，简化焊接工艺，增加结构件的刚性和强度。

二、焊接材料的选择

不同的焊接方法，其焊接材料是不同的。手工电弧焊的焊接材料是焊条，埋弧焊的焊接材料是焊丝和焊剂，气体保护焊还会用到焊接保护气体。

（一）手工电弧焊焊接材料的选择

手工电弧焊焊接材料为手工操纵的焊条，焊条内部为金属焊芯，外涂药皮。焊条结构如图9-35所示。

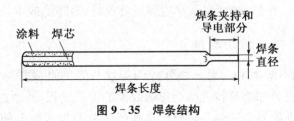

图9-35　焊条结构

焊接时,焊芯既是电极又是填充金属,因此焊芯的化学成分和性能对焊缝金属有直接的影响。焊接不同金属时应选用不同焊芯,按用途来分,焊条有结构钢焊条、耐热钢焊条、不锈钢焊条、堆焊焊条、低温钢焊条、铸铁焊条、镍及镍合金焊条、铜及铜合金焊条、铝及铝合金焊条和特殊用途焊条。

药皮是压涂在焊芯表面上的涂料层。药皮的作用有:产生保护气体和熔渣;稳定电流、减少飞溅,并使焊缝成形美观;与熔池金属发生冶金反应,去除杂质,并添加有益合金元素,提高焊接性能。药皮的主要成分为造气剂和造渣剂,还含有稳弧剂、脱氧剂和合金剂等。根据药皮溶化后形成熔渣的性质不同,焊条分为酸性焊条和碱性焊条两大类。酸性焊条熔渣以酸性氧化物为主,生成气体主要为 H_2 和 CO,各占 50% 左右,净化焊缝能力差,焊缝含氢量高,韧性较差。但酸性焊条电弧稳定,焊缝成形良好,使用方便,一般用于焊接不受冲击作用的焊接结构。碱性焊条熔渣以碱性氧化物和萤石为主,生成气体主要为 CO_2 和 CO,含氢量小于 5%,还原性强,净化焊缝能力强,合金元素过渡效果好,焊缝含氢量低、韧性好。碱性焊条一般用于焊接重要结构,如锅炉、桥梁、船舶等,采用直流电源。但碱性焊条价格较高,工艺性能差,焊缝成形较差,焊前必须严格烘干(350~400 ℃,保温 2 h),焊接时保持通风良好。

焊条的选择是在确保焊接结构安全、可靠的前提下,根据被焊材料的化学成分、力学性能、板厚、接头形式、焊接结构特点、受力状态、结构使用条件,对焊缝性能的要求、焊接施工条件和技术经济效益等综合考查后,有针对性地选用焊条。选用焊条时通常考虑以下几个方面:

(1)等强度原则 对于同种钢材的焊接,一般应使焊缝金属与母材等强度,即焊条的抗拉强度等级等于或稍高于母材的抗拉强度;对于异种钢材焊接时,要求焊缝金属或接头的强度不低于两种被焊金属的最低强度,应按两者之中强度级别较低的钢材选用焊条,但应按强度级别较高、焊接性较差的钢种确定焊接工艺。只有在焊接结构刚性大、接头应力高、焊缝易产生裂纹的不利情况下,才考虑选用比母材强度低的焊条。

(2)同成分原则 对特殊用钢(耐热钢、低温钢、不锈钢等)的焊接,为保证接头的特殊性能,应使焊缝金属的主要合金成分与母材相同或相近。

(3)抗裂性原则 对于焊接或使用中容易产生裂纹的结构,如形状复杂、厚度大、刚度大、高强钢、母材含碳量高或含硫、磷杂质较多、受动载荷作用的焊件,以及在低温环境中施焊或使用的结构等,应选用抗裂性能优良的低氢型焊条。

(4)工艺性原则 对于焊前难以清理、容易产生气孔的焊件,应选用对铁锈、氧化皮、油污不敏感的酸性焊条;对于受条件限制不能翻转的焊件,应选用适于全位置焊接的焊条。

(5)经济性原则 在酸、碱性焊条都能满足要求时,为降低成本,一般应选用酸性焊条。

(二)埋弧焊焊接材料的选择

埋弧焊焊接材料有焊丝和焊剂。埋弧焊的焊丝与焊剂直接参与焊接过程中的冶金反应,因而它们的化学成分和物理特性都会影响焊接的工艺过程,并通过焊接过程对焊缝金属的化学成分、组织和性能发生影响。正确地选择焊丝并与焊剂配合使用是埋弧焊技术的一项重要内容。

1. 焊丝的选择

埋弧焊所用焊丝有实芯焊丝和药芯焊丝两类。目前在生产中普遍使用的是实芯焊丝。焊丝的品种随所焊金属种类的增加而增加。目前已有碳素结构钢、合金结构钢、高合金钢和各种有色金属焊丝以及堆焊用的特殊合金焊丝。

焊丝直径的选择依用途而定。半自动埋弧焊用的焊丝较细,一般直径为 1.6 mm、2 mm、2.4 mm,以便能顺利地通过软管。自动埋弧焊一般使用直径 3～6 mm 的焊丝,以充分发挥埋弧焊的大电流和高熔敷率的优点。对于一定的电流值可能使用不同直径的焊丝。同一电流使用较小直径的焊丝时,可获得加大焊缝熔深、减小熔宽的效果。当工件装配不良时,宜选用较粗的焊丝。

焊丝表面应当干净光滑,以便焊接时能顺利地送进,以免给焊接过程带来干扰。除不锈钢焊丝和有色金属焊丝外,各种低碳钢和低合金钢焊丝的表面最好镀铜,镀铜层既可起防锈作用,也可改善焊丝与导电嘴的电接触状况。

2. 焊剂的选择

埋弧焊使用的焊剂是颗粒状可熔化的物质,其作用相当于焊条的涂料。

埋弧焊焊剂按制造方法可分为两大类:熔炼焊剂和非熔炼焊剂。熔炼焊剂是将原材料配好后,在炉中熔炼而成,呈玻璃状,颗粒强度大,不易吸收水分,化学成分均匀,主要起保护作用;非熔炼焊剂又分为烧结焊剂和陶质焊剂。烧结焊剂是将矿石、铁合金等各种粉料组分按配方比例混拌均匀,加水玻璃调成湿料,在 $750～1\,000\,℃$ 温度下烧结,再经破碎、过筛而成;陶质焊剂是用矿石、铁合金及粘结剂按一定比例配制成颗粒状,经 $300～400\,℃$ 干燥固结而成。熔炼焊剂焊道均匀,抗锈性比较敏感,焊道凹凸显著,容易粘渣,烘干温度低,化学成分较均匀,韧性受焊丝成分和焊剂碱度影响大,脱氧性差,合金添加难,焊缝金属成分变动小;烧结焊剂焊道无光泽,易脱渣,烘干温度高,抗锈性不敏感,容易得到高韧性焊缝,焊缝成分变动大,脱氧性好,可以添加合金;陶质焊剂由于干燥温度低,粘结焊剂具有吸潮倾向大、颗粒强度低等缺点,目前我国作为产品的供应量还不多。

此外,埋弧焊焊剂还有另外两种分类方法,按焊剂碱度可分为:碱性焊剂、酸性焊剂和中性焊剂;按主要成分含量分类如表 9-5 所示。

表 9-5　焊剂按主要成分含量分类

按 SiO_2 含量		按 MnO 含量		按 CaF_2 含量	
焊剂类型	含量	焊剂类型	含量	焊剂类型	含量
高硅	＞30％	高锰	＞30％	高氟	＞30％
中硅	10％～30％	中锰	15％～30％	中氟	10％～30％
低硅	＜10％	低锰	2％～15％	低氟	＜10％
		无锰	＜2％		

焊剂选用的一般要求如下:

(1) 应具有良好的冶金性能。焊接时配以适当的焊丝和合理的焊接工艺,焊缝金属应能得到适宜的化学成分和良好的力学性能。

(2) 应具有良好的工艺性。保证电弧稳定燃烧,熔渣具有适宜的熔点、黏度和表面张力。

（3）应具有一定的颗粒度，并且有一定的颗粒强度，利于多次回收使用。

（4）应具有较低的含水量和良好的抗潮性。

（5）应有较低的 S、P 含量。

3. 焊剂和焊丝的选配

欲获得高质量的埋弧焊焊接接头，正确选用焊剂与焊丝是十分重要的。低碳钢的焊接可选用高锰高硅型焊剂，配合 H08MnA 焊丝，或选用低锰、无锰型焊剂配 H08MnA、H10Mn2 焊丝。低合金高强度钢的焊接可选用中锰中硅或低锰中硅型焊剂配合与钢材强度相匹配的焊丝。耐热钢、低温钢、耐蚀钢的焊接可选用中硅或低硅型焊剂配合相应的合金钢焊丝。铁素体、奥氏体等高合金钢，一般选用碱度较高的焊剂，以降低合金元素的烧损及掺杂较多的合金元素。

（三）焊接保护气体的选择

保护气体必须根据被焊金属性质、接头质量要求及焊接工艺方法等因素选用。对于低碳钢、低合金高强度钢、不锈钢和耐热钢等，焊接时宜选用活性气体（如 CO_2，$Ar+CO_2$ 或 $Ar+O_2$）保护，以细化过渡熔滴，克服焊道边缘咬边等缺陷，有时也采用惰性气体保护。但对于铝合金、钛合金、铜合金、镍合金、高温合金等容易氧化或难熔的金属，焊接时应选用惰性气体（如 Ar 或 $Ar+He$ 混合气体）作为保护气体，以获得优质的焊接接头。

从生产效率方面看，在 Ar 气中加入 He、N_2、H_2、CO_2 或 O_2 等气体，可以增加母材的热量输入，提高焊接速度。如焊接大厚度铝板，推荐选用 $Ar+He$ 混合气体；焊接低碳钢或低合金钢时，在 CO_2 气体中加入一定量 O_2，或者在 Ar 中加入一定量的 CO_2 或 O_2，可产生明显的效果。采用混合气体保护，还可以增大熔深，消除未焊透、裂纹及气孔等缺陷。

保护气体必须与焊丝相匹配。对氧化性强的保护气体，须匹配高锰高硅焊丝；而对于惰性气体，则应匹配低硅焊丝。

三、焊接接头工艺设计

（一）焊缝的布置

焊缝位置对焊接接头的质量、焊接应力和变形以及焊接生产率均有较大影响，因此在布置焊缝时，应考虑以下几个方面。

1. 焊缝布置应有利于减少焊接应力和变形

通过合理布置焊缝来减小焊接应力和变形主要有以下途径：

（1）尽量减少焊缝数量　采用型材、管材、冲压件、锻件和铸钢件等代替板材作为被焊材料。这样不仅能减小焊接应力和变形，还能减少焊接材料消耗，提高生产率。如图 9-36 所示箱体构件，如采用型材或冲压件焊接，如图 9-36（b），可较板材减少两条焊缝，如图 9-36（a）。

（2）尽可能分散布置焊缝　如图 9-37 所示，焊缝集中分布容易使接头过热，材料的力学性能降低，变形增大。两条焊缝的间距一般要求大于 3 倍或 5 倍的板厚。

（3）尽可能对称分布焊缝　焊缝的对称布置可以使各条焊缝的焊接变形相抵销，对减小梁柱结构的焊接变形有明显的效果，如图 9-38 所示。

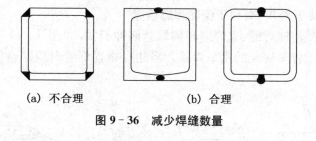

(a) 不合理　　　　　　　(b) 合理

图 9-36　减少焊缝数量

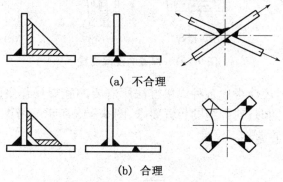

(a) 不合理

(b) 合理

图 9-37　分散布置焊缝

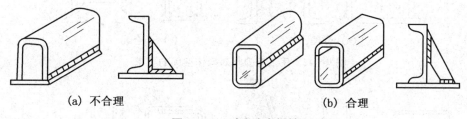

(a) 不合理　　　　　　　　　　(b) 合理

图 9-38　对称分布焊缝

（4）焊缝转角处应平缓过渡　焊缝转角处容易产生应力集中,尖角处应力集中更为严重,所以应该平滑过渡,如图 9-39 所示。

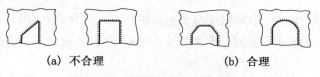

(a) 不合理　　　　　　　　(b) 合理

图 9-39　焊缝转角处应平滑过渡

2. 焊缝应尽量避开最大应力和应力集中的位置

图 9-40(a)为大跨度横梁,最大应力在跨度中间。横梁由两焊件焊成,焊缝在中间使结构承载能力减弱。如改为图 9-40(b)结构虽增加了一条焊缝,但改善了焊缝受力。

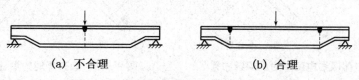

(a) 不合理　　　　　　　　(b) 合理

图 9-40　焊缝避开最大应力和应力集中处

3. 焊缝位置应便于施焊，有利于保证焊缝质量

焊缝可分为平焊缝、横焊缝、立焊缝和仰焊缝四种型式，如图 9-41 所示。其中施焊操作最方便、焊接质量最容易保证的是平焊缝。因此在布置焊缝时应尽量使焊缝能在水平位置进行焊接。

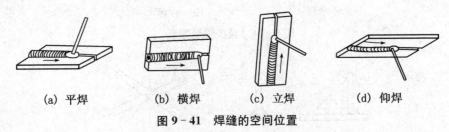

(a) 平焊 (b) 横焊 (c) 立焊 (d) 仰焊

图 9-41 焊缝的空间位置

除焊缝空间位置外，还应考虑各种焊接方法所需要的施焊操作空间。图 9-42 所示为考虑手工电弧焊施焊空间时，对焊缝的布置要求；图 9-43 所示为考虑点焊或缝焊施焊空间（电极位置）时的焊缝布置要求。

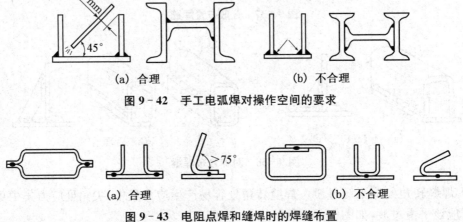

(a) 合理 (b) 不合理

图 9-42 手工电弧焊对操作空间的要求

(a) 合理 (b) 不合理

图 9-43 电阻点焊和缝焊时的焊缝布置

另外，还应注意焊接过程中对熔化金属的保护情况。气体保护焊时，要考虑气体的保护作用，如图 9-44 所示；埋弧焊时，要考虑接头处有利于熔渣形成封闭空间，如图 9-45 所示。

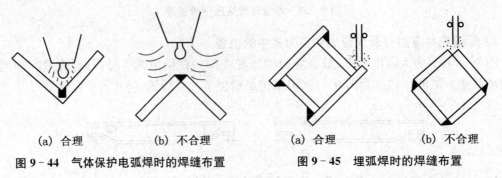

(a) 合理 (b) 不合理   (a) 合理 (b) 不合理

图 9-44 气体保护电弧焊时的焊缝布置   **图 9-45 埋弧焊时的焊缝布置**

4. 焊缝应避开机械加工表面

一般情况下,焊接工序应在机械加工工序之前完成,以防止焊接损坏机械加工表面。此时焊缝的布置也应尽量避开需要加工的表面,因为焊缝的机械加工性能不好,且焊接残余应力会影响加工精度。如果焊接结构上某一部位的加工精度要求较高,又必须在机械加工完成之后进行焊接工序时,应将焊缝布置在远离加工面处,以避免焊接应力和变形对已加工表面精度的影响,如图 9-46 所示。

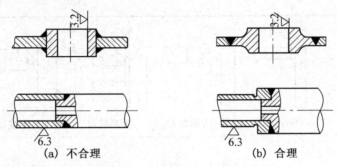

图 9-46　焊缝应避开加工表面

(二) 接头设计

1. 接头和坡口形式的选择

根据 GB/T3375—94 规定,手工电弧焊焊接碳钢和低合金钢的基本焊接接头型式有对接接头、T 形接头、角接接头和搭接接头四种,如表 9-6 所示。其中对接接头是焊接结构中使用最多的一种形式,接头上应力分布比较均匀,焊接质量容易保证,但对焊前准备和装配质量要求相对较高。T 形接头也是一种应用非常广泛的接头型式,在船体结构中约有 70% 的焊缝采用 T 形接头,在机床焊接结构中的应用也十分广泛。角接接头便于组装,能获得美观的外形,但其承载能力较差,通常只起连接作用,不能用来传递工作载荷。搭接接头便于组装,常用于对焊前准备和装配要求简单的结构,但焊缝受剪切力作用,应力分布不均,承载能力较低,且结构重量大,不经济。

为使厚度较大的焊件能够焊透,常将金属材料边缘加工成一定形状的坡口,如表 9-6 所示,并且坡口能起到调节母材金属和填充金属比例,即调整焊缝成分的作用。

表 9-6　手工电弧焊焊接接头的基本形式与尺寸

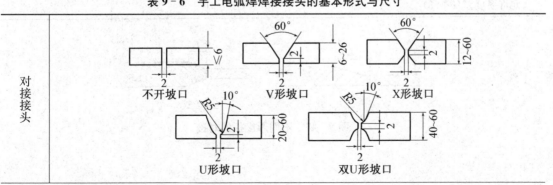

续表

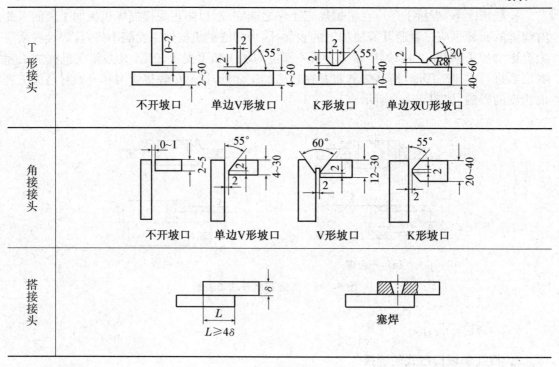

T形接头	不开坡口	单边V形坡口	K形坡口	单边双U形坡口
角接接头	不开坡口	单边V形坡口	V形坡口	K形坡口
搭接接头		塞焊		

在结构设计时，设计者应综合考虑结构形状、使用要求、焊件厚度、变形大小、焊接材料的消耗量、坡口加工的难易程度等因素，以确定接头型式和总体结构型式。

2. 接头过渡形式的选择

设计焊接结构件最好采用等厚度的金属材料，否则，由于接头两侧的材料厚度相差较大，接头处会造成应力集中，且因接头两侧受热不匀，易产生焊不透的缺陷。对于不同厚度金属材料的重要受力接头，允许的厚度差见表 9-7。如果允许厚度差($\delta_1 \sim \delta$)超过表 9-7 中规定值，或者双面超过 $2(\delta_1 \sim \delta)$ 时，应在较厚板料上加工出单面或双面斜边的过渡形式，如图 9-47 所示。

表 9-7 不同厚度金属对接时允许厚度差(mm)

较薄板的厚度 δ	2~5	6~8	9~11	≥12
允许厚度差($\delta_1 - \delta$)	1	2	3	4

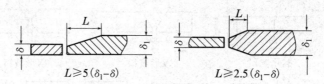

图 9-47 不同厚度板的对接

四、焊接工艺参数的选择

焊接时,为保证焊接质量而选定的物理量(如焊条直径、焊接电流、焊接速度和弧长等)称为焊接工艺参数。焊条直径的粗、细主要取决于焊件的厚度。焊件较厚,则应选较粗的焊条;焊件较薄,应选较细的焊条;立焊和仰焊时,焊条直径比平焊时细些,焊条直径的选择见表 9-8。焊接电流一般按 $I=(30\sim60)d$(d 为焊条直径)选取,但还要根据焊件厚度、接头形式、焊接位置、焊条种类等因素,通过试焊进行调整。焊接速度过快,易导致焊缝的熔池浅,焊缝宽度小,甚至可能产生夹渣和焊不透的缺陷;焊速过慢,则熔池较深,焊缝宽度增加,特别是薄件易烧穿。弧长是焊接电弧的长度。弧长过长,会导致燃烧不稳定,熔池减小,空气易侵入产生缺陷。一般情况下,尽量采用短弧操作,弧长一般不超过焊条直径,大多为 $2\sim4$ mm。

表 9-8　焊条直径的选择

焊件厚度/mm	2	3	4~7	8~12	>12
焊条直径/mm	1.6,2.0	2.5,3.2	3.2,4.0	4.0,5.0	4.0~5.8

除了上述焊接工艺参数外,有时还需确定焊前预热温度和热处理温度。普通碳钢和低合金钢的焊接可按表 9-9 的碳当量范围确定焊前预热温度。常用钢材焊后消除应力热处理温度可参考表 9-10。

表 9-9　按碳当量确定钢焊前预热温度

碳当量/%	预热温度/℃
$\omega_{CE}<0.45$	可不预热
$0.45\leqslant\omega_{CE}\leqslant0.6$	100~200
$\omega_{CE}>0.6$	200~370

表 9-10　各种金属材料焊后消除应力热处理温度

材料	碳钢及中低合金钢	奥氏体钢	铝合金	镁合金	钛合金	铸铁
温度/℃	580~680	850~1 050	250~300	250~300	550~600	600~650

综上所述,确定焊接工艺参数一般有以下几种途径:① 查表,根据产品类型查阅焊接手册,以相关手册上的焊接工艺规范参数作为参考;② 试验,在与产品条件相同的试板上进行模拟试验,获得参考数据;③ 经验,以实际经验中获得的工艺参数作参考。通过这样一些途径获得的工艺参数,还应在实际生产中进行修正才能得到最佳的焊接工艺规范参数。

五、焊接方法的选用

各种焊接方法都有各自的特点及适用范围,只有选择了正确的焊接方法才能既保证焊接质量,又降低生产的成本。焊接方法必须根据被焊材料的焊接性、接头的形式、焊接厚度、焊接空间位置、焊接结构特点及工作条件等多方面因素综合考虑后予以确定。焊接方法的选用原则如下：

（1）质量原则　选择焊接方法首先要保证能满足焊接接头的使用性能要求，要考虑材料的焊接性、焊件厚度及焊件结构技术要求等因素。如焊接低碳钢和低合金结构钢材料时，各焊接方法均适用；焊接合金钢、不锈钢、有色金属等材料时，应采用氩弧焊；焊接稀有金属或高熔点金属材料时，应采用等离子弧焊、激光焊、氩弧焊、真空电子束焊等；中等板厚可采用焊条电弧焊、埋弧焊、气体保护焊等；超厚板可采用电渣焊；薄板可采用气焊、脉冲氩弧焊、点焊、缝焊、电子束焊等；如有密封要求应采用缝焊；如果要求变形小，就不宜选用气焊。

（2）工艺原则　选择焊接方法要考虑现有的设备条件、焊缝的空间位置、接头形式及焊接工艺能否实现等。如焊缝短曲而处于不同空间位置，采用焊条电弧焊最为方便；电渣焊适用立焊；埋弧焊适用平焊；摩擦焊、对焊适用对接接头；点焊、缝焊适用搭接接头等。对于无法采用双面焊工艺又要求焊透的工件，采用单面焊工艺时，若先用脉冲氩弧焊打底焊接，更易于保证焊接质量。

（3）高效率、低成本原则　选择焊接方法还要考虑生产批量、各种焊接方法的费用投入及生产效率情况等。如氩弧焊虽然可以焊接各种金属及合金，但成本较高，一般主要用于焊接有色金属及合金；长直焊缝或圆周焊缝，批量生产一般采用埋弧自动焊，效率较高；若焊件是单件生产，选焊条电弧焊为好。表 9 - 11 为常用焊接方法的比较，可供选择焊接方法时参考。

表 9 - 11　常用焊接方法比较

焊接方法	热影响区大小	变形大小	生产率	可焊空间位置	适用板厚[①]	设备费用[②]
气　焊	大	大	低	全	0.5～3 mm	低
手工电弧焊	较大	较小	较低	全	可焊 1 mm 以上，常用 3～20 mm	较低
埋弧自动焊	小	小	高	平	可焊 3 mm 以上，常用 6～60 mm	较高
氩弧焊	小	小	较高	全	0.5～25 mm	较高
CO_2 保护焊	小	小	较高	全	0.8～30 mm	较低～较高
电渣焊	大	大	高	立	可焊 25～1 000 mm 以上，常用 35～450 mm	较高
等离子焊	小	小	高	全	可焊 0.025 mm 以上，常用 1～12 mm	高
电子束焊	极小	极小	高	平	5～60 mm	高
点焊	小	小	高	全	可焊 10 mm 以下，常用 0.5～3 mm	较低～较高
缝焊	小	小	高	平	3 mm 以下	较高

注：① 主要指一般钢材；
　　② 低<5 000 元；较低 5 000～10 000 元；较高 10 000～20 000 元；高>20 000 元。

第五节　焊接新技术简介

焊接作为一种传统技术,面临着时代的挑战。材料作为 21 世纪的支柱已经显示出以下变化趋势,即从黑色金属向有色金属变化,从金属材料向非金属材料变化,从结构材料向功能材料变化,从单一材料向复合材料变化。新材料连接必然要对焊接技术提出更高的要求。例如,异种材料之间的连接,采用通常的焊接方法已经无法完成,而此时扩散焊的优越性日益显现,已成为焊接领域的热点。此外,还出现了新型高能密度焊接,如电子束焊、激光焊等。同时随着先进制造技术和计算机技术的蓬勃发展,从自动化、集成化等方面对焊接技术提出了更高的要求。本节简要介绍几种先进焊接方法及工艺。

一、焊接新方法

(一)扩散焊

扩散焊是将两工件压紧并置于真空或保护气氛中加热,使平整光洁的焊接表面在热和压力的同时作用下,发生微观塑性流变后相互紧密接触,原子相互扩散,经过一定时间保温,利用中间扩散层及过度相加速扩散,从而使焊接区的组织、成分均匀化,达到完全的固态冶金连接。图 9-48 所示装置是利用高压气体加压和高频感应加热对管子和衬套进行真空扩散焊,其焊接工艺过程是焊前对管壁内表面和衬套进行清理、装配后,管子两端用封头封固,再放入

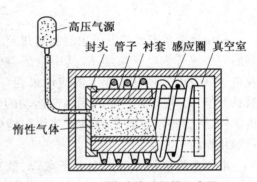

图 9-48　衬套真空扩散焊示意图

真空室内加热,同时向封闭的管子内通入一定压力的惰性气体,通过控制温度、气体压力和时间,使衬套外面与管子内壁紧密接触,并产生原子间相互扩散而实现焊接。

扩散焊的特点有:① 焊接温度低,扩散焊接母体不会过热或熔化,几乎在不损失材料性能的情况下进行;② 可焊接结构复杂、厚度差别大、精度要求高的焊件;③ 可焊接各种不同类型的材料;④ 焊缝可与母材成分、性能相同,无热影响区,从而可以减小由于接头区成分和组织不均匀而引起的缺陷;⑤ 要求焊件表面十分平整和光洁。

扩散焊可用于高温合金涡轮叶片、超音速飞机中钛合金构件的焊接,钛-陶瓷静电加速管的焊接,异种钢的焊接,高温合金、铝及铝合金、钛及钛合金、复合材料、金属与陶瓷等的焊接。

(二)超声波焊

超声波焊是利用超声波的高频振荡能,通过磁致伸缩元件将超声频转化为高频振动,在上下振动极的作用下,两焊件局部接触处产生强烈的摩擦、升温和变形,从而使氧化皮等污物得以破坏或分散,并使纯净金属的原子充分靠近,形成冶金结合。超声波是频率超过 20

kHz的弹性波,因其波长短而频率高,故具有较强的束射性能,使能量高度集中。有些材料,特别是铁磁材料,在受到磁场作用时,会改变尺寸,如镍要收缩,而铁合金、铝合金则要膨胀,这种现象称为磁致伸缩。超声波装置中的换能器,便是利用这类材料(多为镍)在高频交变磁场作用下的磁致伸缩效应,产生高频机械振动,再通过与它连接的振幅放大器增大振幅,从而获得集中而强烈的振动。

超声波焊的实质是利用超声频率的弹性机械振动,使焊件在压力作用下彼此紧密接触,表面之间产生高频、高速的相对摩擦运动和错移变形,增加焊接件金属的温度和塑性,并破坏其表面的氧化物,然后在静压力和超声波的作用下产生塑性变形,使金属表面相互靠近,达到原子间产生结合力的程度,从而形成永久性的焊接接头。超声波焊接除了给焊接处提供超声振动外,其加压及焊接方式与一般点焊和缝焊方法完全相同。

超声波焊的焊接过程不需要附加热源,金属不会受到高温影响而发生不良的化学反应和组织改变,因而焊接处变形较一般点焊或冷焊小,接头的力学性能好,稳定性高。超声波焊接应用材料范围广,适用于各种不同的金属,可用于厚薄悬殊以及多层箔片的焊接,也可用于焊接塑料。

(三)电子束焊

利用高能量密度的电子束对材料进行工艺处理的方法统称为电子束加工,其中电子束焊接以及电子束表面处理在工业上的应用最为广泛,也最具竞争力。电子束焊是利用高速运动的电子撞击工件,从而将动能转化为热能并将焊缝熔化进行熔化焊的工艺。

电子束焊接可分为真空电子束焊、低真空电子束焊和非真空电子束焊。图9-49所示为真空电子束焊接装置,由一个加热的灯丝作阴极,通电加热到高温而发射大量电子,这些电子在阴极和阳极(与焊件等电位)间的高压作用下加速,经电磁透镜聚焦成高能量密度(可达$10^9\,W/cm^2$)的电子束,以极大的速度冲击到焊件极小的面积上,使焊件迅速熔化甚至气化。根据焊件的熔化程度适当移动焊件,即可得到所需焊接接头。

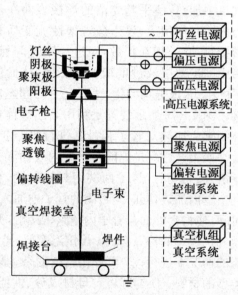

图9-49 真空电子束焊接装置

电子束焊的特点有:① 保护效果好,焊缝品质好,适用范围广;② 能量密度大,穿透能力强,可焊接厚大截面工件和难熔金属;③ 加热范围小,热量影响区小,焊接变形小;④ 电子束焊工艺参数调节范围广,适应性强;⑤ 焊件的尺寸大小受真空室容积的限定;⑥ 电子束焊设备复杂、成本高。

由于真空电子束焊受真空室容积的限定,主要用于微电子器件焊装、导弹外壳的焊接、核电站锅炉汽包和精度要求高的齿轮等的焊接。为了适应更广泛的工业要求,还研制出局部真空和非真空的电子束焊接设备。非真空电子束焊亦称大气电子束焊,它是将真空条件下形成的电子束流经充氮的气室,然后与氮气一起进入大气的环境中施焊。局部真空和非真空避免了庞大的真空系统及真空室,主要用于大型、不太厚(一般厚度小于 30 mm)或小型薄件的大批量生产,其功率密度一般在 15 kW～45 kW,加速电压 150 kV 左右。

电子束焊在汽车工业、核工业、航空宇航工业、精密加工业以及重型机械等工业部门得到了广泛应用。电子束焊可以焊接普通的结构钢,也可以焊接多种特殊金属材料(如超高强钢、钛合金、高温合金及其他稀有金属)。另外,电子束焊还可用于异种金属之间的焊接。在焊接大型铝合金零件中,采用电子束焊具有优势,在提高生产效率的同时得到了良好的焊接接头质量。汽车变速箱齿轮普遍采用电子束焊接,在航空发动机的叶片修复、涡轮盘修复中也用到电子束焊接工艺。

(四) 激光焊

激光焊是利用光学系统将激光聚焦成微小光斑,使其能量密度达 10^{13} W/cm^2,在千分之几秒甚至更短的时间内,光能转变成热能,形成高温(可达 10 000 ℃以上),从而使材料熔化焊接的工艺。激光束作为材料加工热源的突出优点是具有高亮度、高方向性、高单色性、高相干性等几大综合性能。从 20 世纪 60 年代开始,激光在焊接领域得到应用。80 年代以后,激光焊接设备被成功应用在连续焊接生产线中。

激光焊分为脉冲激光焊和连续激光焊。脉冲激光焊主要用于微电子工业中的薄膜、丝、集成电路内引线和异材焊接。连续激光焊可焊接中等厚度的板材,焊缝很小。图 9-50 所示为用于焊接和切割的激光焊接与切割机,工件安装在工作台上,激光发生器利用固体(如红宝石、钕玻璃)、气体(如 He-Ne、CO_2)及其他介质受激辐射效应而产生激光,经反射镜及聚焦系统聚焦后,射向焊缝完成焊接。

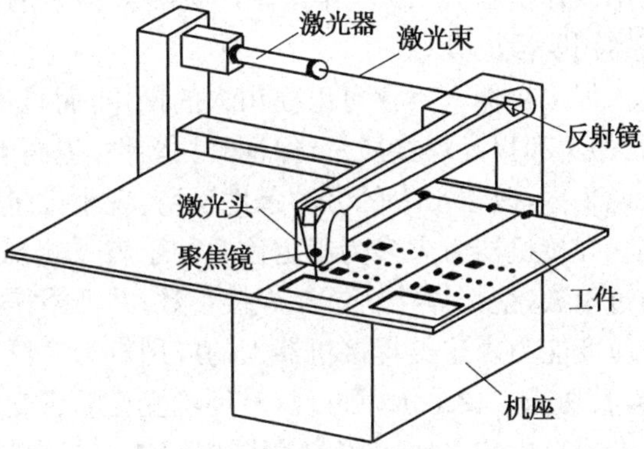

图 9-50　激光焊接与切割机

如今固体激光焊机的功率不断增加,25 kW 的 CO_2 激光器可以 1 m/min 的速度焊接厚度 28 mm 的板材。随之而来的是激光焊应用领域不断扩展,汽车车身的激光切割与焊接使轿车生产个性化,可以节省大量钢材,同时减小结构质量;火车铝合金车厢、管线钢也正在应用激光焊。

激光束和熔化极氩弧焊复合是目前研究比较多的一种工艺方法。由于熔化极氩弧焊熔化母材使激光一开始吸收率显著增加因而很快形成稳定的熔深和焊缝。又由于熔化极氩弧焊形成的熔池较宽,克服了激光焊缝过窄引起的一系列问题,保证了一次熔透的高生产率,因而复合方法强化了工艺,优化了焊缝成形,也节省了总的能量,而且使控制方便。把激光和熔化极氩弧焊复合的方法用于金属表面熔敷,可以在不改变原激光低稀释率的条件下使熔敷效率提高 3 倍。

激光焊的特点有:① 高能高速,焊接热影响区小,无焊接变形;② 灵活性大,光束可偏转、反射到其他焊接方法不能到达的焊接位置;③ 生产率高,材料不易氧化;④ 设备复杂。

尽管激光焊的研究和应用的历史不长,但在航空航天、船舶、汽车制造等工业领域,激光焊已占有一席之地,并且通常与机器人结合在一起使用。激光焊接技术从实验室走向实际生产改变着新产品设计和制造过程。在航空航天领域中常用的材料如铝合金、钛合金、高温合金和不锈钢等的激光焊接研究取得了良好进展,特别是大功率激光器出现之后,激光焊接更具有了与电子束焊接竞争的能力。在 15 mm 以下厚度板的焊接应用中,由于激光焊接兼有电子束的穿透力而又无需真空室,使其在航空航天关键零件的焊接中得到应用。汽车工业是激光焊接应用较为广泛的领域,世界上著名的汽车制造公司都相继在车身制造中采用了激光焊接技术,尤其是 CO_2 激光焊接。此外,在食品罐身焊接、传感器焊接、电机定转子焊接等领域,激光焊接技术都得到了应用,并且有的已经发展成为先进的自动化焊接生产线。

二、焊接新工艺

(一) 焊接机器人

焊接技术进步的突出的表现就是焊接过程由机械化向自动化、智能化和信息化发展。焊接机器人是机器人与焊接技术的结合,是自动化焊装生产线中的基本单元,常与其他设备一起组成机器人柔性作业系统,如弧焊机器人工作站等。

我国第一台焊接机器人是 1985 年研制成功的 HRGH - 1 型弧焊机器人,1987 年又研制出点焊机器人,1989 年以国产机器人为主的汽车焊装生产线投入生产,标志着国产机器人实用阶段的开始。

焊接机器人不仅可以模仿人的操作,而且比人更能适应各种复杂的焊接工作。其优点为:稳定和提高焊接质量,保证其均匀性;提高生产效率,24 小时连续生产;可在有害环境下长期工作,改善工人的劳动条件;可实现小批量产品焊接自动化,为焊接柔性生产提供基础。

焊接机器人大多为固定位置的手臂式机械,有示教型和智能型两种:① 示教型机器人通过示教,记忆焊接轨迹及焊接参数,并严格按照示教程序完成产品的焊接,对环境变化没有应变能力。这类焊接机器人的应用较为广泛,适宜于大批量生产,用于流水线的固定工位上,其功能主要是示教再现,对环境变化的应变能力较差,对于大型结构在工地上的小批量生产没有用武之地。② 随着国内制造业的发展,焊接机器人的性能也在不断提高,并逐步向智能化的方向发展。智能型机器人可以根据简单的控制指令自动确定焊缝的起点、空间轨迹及有关参数,并能根据实际情况自动跟踪焊缝轨迹、调整焊炬姿态、调整焊接参数、控制焊接质量。这类焊接机器人,具有灵巧、轻便、容易移动等特点,能适应不同结构、不同地点的焊接任务。智能焊接机器人的应用,是焊接过程高度自动化的重要标志。

(二) 计算机辅助焊接技术

计算机辅助焊接技术是以计算机软件为主的焊接新技术的重要组成部分。计算机软件系统在焊接领域中的应用主要有以下几个方面:

1. 计算机模拟技术

计算机模拟技术包括模拟焊接热过程、焊接冶金过程、焊接应力和变形等。焊接是一个涉及到电弧物理、传热、冶金和力学等学科的复杂过程。一旦焊接中的各个过程都实现了计算机模拟,就能够通过计算机系统来确定焊接各种结构和各种材料的最佳设计方案、工艺方法和焊接参数。传统上,焊接工艺总是要通过一系列的试验或根据经验来确定,以获得可靠而经济的焊接结构,计算机模拟只要通过少量验证试验证明数值方法在处理某一问题上的适用性,即可由计算机完成大量筛选工作,省去了大量的试验工作,从而大大节约了人力、物力和时间,在新的工程结构及新材料的焊接方面具有很重要的意义。计算机模拟技术的水平还决定了自动化焊接的范围。此外,计算机模拟还广泛用于分析焊接结构和接头的强度和性能等问题。

2. 计算机辅助技术(CAD/CAM/CAQ)

计算机辅助设计/制造(CAD/CAM)在焊接加工中的应用日益增加,主要用于数控切割、焊接结构设计和焊接机器人中,可对焊接电流、电压、焊接速度、气体流量和压力等参数快速综合运算、分析和控制。计算机辅助质量管理(CAQ)可用于对产品的数据分析、焊接质量的实时监测等。

3. 数据库技术与专家系统

数据库技术与专家系统用于焊接工艺设计和工艺参数的选择、焊接缺陷诊断、焊接成本预算、实时监控、焊接 CAD、焊工考试等,也可对各种焊接过程的数据进行数理统计分析,总结出焊接不同材料、不同板厚的最佳参数方程和图表。

数据库技术目前已经渗透到焊接领域的各个方面,从原材料、焊接试验、焊接工艺到焊接生产。典型的数据库系统有焊接工艺评定、焊接工艺规程、焊工档案管理、焊接材料、材料成分和性能、焊接性、焊接 CCT 图管理和焊接标准咨询系统等。这些数据库系统为焊接领域内各种数据和信息管理提供了有利条件。

焊接领域专家系统的开发研究始于 20 世纪 80 年代中期,主要集中在工艺制定、缺陷分析、材料选择、设备选择等方面。现有的焊接专家系统中,工艺选择和工艺制定是最主要的应用领域,焊接过程的实时控制是重要的发展方向。

专家系统就是一种特殊的计算机程序,它以人类专家的水平完成专门的或一般较困难的任务。专家系统由三部分组成:知识库、推理机和人机界面。知识库用来存储和管理领域知识;推理机控制整个系统协调工作,根据知识库知识,按一定的推理策略解决相应的问题;人机界面负责系统与用户之间的信息交换。

思考题

1. 电弧焊、电阻焊、摩擦焊、电渣焊、超声波焊、爆炸焊、扩散焊、电子束焊、激光焊、等离子弧焊、高频焊各属于哪一类焊接方法?

2. 焊接电弧是怎样产生的? 直流电焊电弧由哪些部分组成?

3. 焊接低碳钢时,其焊接热影响区可分为哪几个区域? 其中哪个区域的性能最好? 哪个区域的性能最差? 为什么?

4. 试分析五种基本焊接变形产生的原因,并说明防止变形的措施。

5. 为什么存在焊接残余应力的工件在经过切削加工后往往会产生变形? 如何避免?

6. 举例说明手弧焊、埋弧焊、氩弧焊、二氧化碳气体保护焊、电渣焊、真空电子束焊、激光焊、摩擦焊、电阻焊的应用。

7. 何谓正接法和反接法? 各有何特点?

8. 与手工电弧焊相比,埋弧自动焊有什么特点? 埋弧自动焊应用在什么条件下?

9. 软钎焊、硬钎焊各应用于什么场合?

10. 什么是金属材料的焊接性? 试比较低碳钢、有色金属、铸铁的焊接性。

11. 当焊接材料确定后,选择焊接方法应遵循哪些原则?

12. 图 9-51 所示焊缝的布置是否合理? 如不合理,请加以改正。

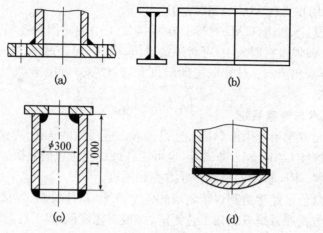

图 9-51 焊缝布置

第十章 工程材料与热加工工艺的选用

在工程结构和机械零件的设计与制造过程中,合理地选择和使用材料是一项十分重要的工作。因为设计时不仅要考虑材料的性能能够适应零件的工作条件,使零件经久耐用,而且还要求材料具有较好的加工工艺性能和经济性,以便提高零件的生产率,降低成本,减少消耗等。因此,可以说材料选用的好坏是产品设计与制造工作能否成功的重要基础。

任何工程材料的使用都要经过一定的成形过程,不同材料与结构的零件需采用不同的成形加工方法。不同成形加工方法对不同零件的材料与结构有着不同的适应性,对材料的性能和零件的质量也会产生不同的影响。因此,成形方法的选择直接影响着零件的质量、成本和生产率。

工程材料与加工工艺的选用至关重要,掌握各类工程材料的特性,正确选用材料及相应的加工方法是对所有从事产品设计与制造的技术人员的基本要求。正确分析零件的失效情况对合理选材有着重要意义。本章在对零件失效进行分析后,重点介绍科学合理的选择材料及加工工艺的思路和方法。

第一节 零件的失效分析

一、失效与失效分析

所谓失效是指工程结构或零部件在使用过程中,由于尺寸、形状或材料组织与性能等的变化而失去所具有的效能的现象。达到规定使用寿命的正常失效是安全的,而过早的失效则会带来经济损失,甚至可能造成意想不到的人身和设备事故。例如由于零部件的失效,会使机床失去加工精度、输气管道发生泄漏、飞机出现故障等,严重地威胁人身生命和生产安全,造成巨大的经济损失。因此,分析零部件的失效原因、研究失效机理、提出失效的预防措施便具有十分重要的意义。

一般来说,零件有下列情况之一时,即认定为失效:零件完全破坏,不能继续工作;虽能工作,但不能保证安全;虽保证安全,但不能保证精度或起不到预定的作用。

造成零件失效的原因是多方面的,失效分析的目的就是分析零件的断裂、变形、磨损、腐蚀、物理性能降低等特征与规律,通过不同的失效形式找出失效原因并提出相应的防止和改进措施。

二、零件的失效形式

零件的失效形式多种多样,通常按零件的工作条件及失效的宏观表现和规律将失效分为:断裂失效、变形失效、表面损伤失效及材料老化失效等。

(一) 断裂失效

断裂失效是机械零件的主要失效形式,指零件在工作过程中完全断裂而导致整个机械设备无法工作的现象。根据断裂的性质和断裂的原因,主要分为以下几种:

1. 韧性断裂失效

零件发生断裂时,承受的载荷大于零件材料的屈服强度,断裂前零件有明显的塑性变形,尺寸发生明显变化,一般断面缩小,且断口呈纤维状,称为韧性断裂。零件的韧性断裂往往是由于受到很大的负荷或过载引起的。板料拉伸的断裂、起重链环的断裂等都是韧性断裂的工程实例。为防止韧性断裂失效的发生,需把零件所受应力控制在许用应力范围之内。

2. 疲劳断裂失效

零件在承受交变载荷时,尽管应力的峰值在抗拉强度甚至在屈服强度以下,但经过一定周期后仍会发生断裂,这种现象称为疲劳。疲劳断裂为脆性断裂,往往没有明显的先兆而突然断裂。由于疲劳断裂是在低应力、无先兆情况下发生的,因而具有很大的危险性和破坏性。据统计,80%以上的断裂失效属于疲劳断裂。疲劳断裂最明显的特征是断口上的疲劳裂纹扩展区比较平滑,并通常存在疲劳休止线或疲劳纹。疲劳断裂的断裂源多发生在零部件表面的缺陷或应力集中部位。提高零部件表面加工质量,减少应力集中,对材料表面进行表面强化处理等,都可以有效地提高疲劳断裂抗力。

3. 低应力脆性断裂失效

石油化工容器、锅炉等一些大型锻件或焊接件,在工作应力远远低于材料的屈服应力作用下,由于材料自身固有的裂纹扩展导致的无明显塑性变形的突然断裂,称为低应力脆性断裂。对于含裂纹的构件,要用抵抗裂纹失稳扩展能力的力学性能指标——断裂韧性(K_{IC})来衡量,通过提高材料的断裂韧性来确保安全。

4. 低温脆性断裂失效

零件在低于其材料的脆性转变温度以下工作时,其韧性和塑性大大降低并发生脆性断裂而失效,称为低温脆性断裂失效。绝大多数材料特别是钢铁对缺陷的敏感性随着温度的下降会有所增加,所以一些在常温下有一定韧性的材料,在低温下会变脆,结构会从塑性破坏转为脆性破坏,这个转变温度称为"脆性转变温度",工程上常用此作为金属脆性敏感性的判据。为了避免低温脆断的发生,应测定工程材料的脆性转变温度,在设计时应选用转变温度低于工作温度的材料或保证工作温度不低于所用材料的脆性转变温度。

5. 蠕变断裂失效

在高温下长期工作的零件,当蠕变变形量超过一定范围时,零件内部产生裂纹而很快断裂(有些材料在断裂前也会产生颈缩现象),称为蠕变断裂。在蠕变失效设计时,需将应力限制在由蠕变极限和持久强度确定的许用应力内。

6. 环境断裂失效

实际金属构件或零件在服役过程中,经常要与周围环境中的各种介质接触。环境介质对金属材料力学性能的影响,称为环境效应。由于环境效应的作用,金属所承受的应力即使低于材料的屈服强度,也会发生突然的脆性断裂,这种现象称为环境断裂。环境断裂通常包括应力腐蚀断裂、氢脆、腐蚀疲劳、液态金属脆化、辐射脆化等。

(二)变形失效

在外力作用下零件发生整体或局部的过量弹性变形或塑性变形导致整个机器或设备无法正常工作,或者能正常工作但保证不了产品质量的现象,称之为变形失效。

1. 弹性变形失效

金属零件或构件在外力作用下将发生弹性变形,如果弹性变形过量,会使零部件失去有效工作能力。在大多数情况下对一些细长的轴、杆件或薄壁筒零部件的变形量要加以限制。例如镗床镗杆刚度不足时,在工作中会产生过量弹性变形,不仅会使镗床产生振动和"让刀"现象,造成零部件加工精度下降,而且还会使轴与轴承的配合不良,甚至会引起弯曲塑性变形或断裂。引起弹性变形失效的原因,主要是零部件的刚度不足。因此,要预防弹性变形失效,应选用弹性模量大的材料。

2. 塑性变形失效

零部件承受的静载荷超过材料的屈服强度时,将产生塑性变形。塑性变形会造成零部件之间相对位置变化,致使整个机械运转不良而失效。例如压力容器上的紧固螺栓,如果拧得过紧,或因过载引起螺栓塑性伸长,便会降低预紧力,致使配合面松动,导致螺栓失效。为防止这种失效,可以选用高强度材料、采用强化工艺、加大零件的截面尺寸或降低应力水平。

(三)表面损伤失效

由于磨损、疲劳、腐蚀等原因,使零部件表面失去正常工作所必须的形状、尺寸或表面粗糙度造成的失效,称为表面损伤失效。主要有磨损失效、腐蚀失效、接触疲劳失效等。

1. 磨损失效

当两个相互接触的零部件发生相对运动时,其表面在摩擦力的作用下会发生磨损,当磨损造成零部件尺寸变化、精度降低而不能继续工作时,称为磨损失效。遭受磨损的零件非常普遍,尤其是工程机械、矿山机械、汽车、拖拉机或动力设备中的某些零件以及刀具、模具等。

工程上主要是通过提高材料的硬度来提高零部件的耐磨性,进行表面强化就是主要途径之一。另外,增加材料组织中硬质相的数量,并让其均匀、细小的分布;选择合理的摩擦副硬度配比;提高零部件表面加工质量;改善润滑条件等都能有效地提高零部件的抗磨损能力。

2. 腐蚀失效

由于化学或电化学腐蚀造成零部件尺寸和性能的改变而导致的失效称为腐蚀失效。合理地选用耐腐蚀材料,在材料表面涂覆防护层,采用电化学保护及采用缓蚀剂等可有效提高材料的抗腐蚀能力。

3. 接触疲劳失效

接触疲劳失效是指两个相互接触的零部件相对运动时,在交变接触应力作用下,零部件表面层材料发生疲劳而脱落所造成的失效。

（四）材料的老化

高分子材料在贮存和使用过程中发生变脆、变硬或变软、变粘等现象，从而失去原有性能指标的现象，称为高分子材料的老化。老化是高分子材料不可避免的。

一个零部件失效，总是以一种形式起主导作用，但是，前述各种失效因素也可能相互交叉作用，组合成更复杂的失效形式。

三、零件失效的原因

造成零件失效的原因是多方面的，其主要原因有以下几个方面：

（一）零件设计不合理

包括三个方面：① 零件的结构、形状、尺寸设计不合理，如油孔、键槽、轴颈或截面变化较剧烈的尖角或尖锐缺口处容易产生应力集中，出现裂纹；② 对零件的工作条件或过载估计不足造成的应力计算错误；③ 坚持用以强度条件为主，辅之以韧性要求的传统设计方法，不能有效地解决脆性断裂，尤其是低应力脆断的失效问题。

（二）选材不当

对失效形式误判，选材错误导致不能满足工作条件的要求，如材料牌号选择不当、错料、混料；或者所选材料有缺陷，如夹杂物、偏析、微裂纹、气孔等，均会导致零件失效。

（三）加工工艺不合理

冷加工和热加工工艺不合理会引起加工的缺陷，缺陷部位可能成为失效的起源。例如切削刀痕、磨削裂纹等，都可能成为引发零部件失效的危险源。零部件热处理时，产生的氧化、过热、过烧、冷却速度不够、表面脱碳、淬火变形和开裂等，都是产生失效的重要原因。

可见，即使选材正确，但加工工艺不当，引起零件的形状、尺寸发生改变，使零件在工作过程中组织发生变化，也会导致零件失效。

（四）装配及使用不正确

装配时零件配合过紧、过松、对中不准、固定不牢、违规操作等会使零部件产生附加应力或振动，均有可能成为零件失效的原因；零件使用过程中受腐蚀介质影响，未实行定期检查、保养及维修等也可能会造成零件在不正常条件工作时过早失效。

四、失效分析过程

零件失效的原因是多种多样的，实际情况往往非常复杂，一个零件的失效可能是多种因素共同作用的结果。因此，必须根据零件损坏特征仔细调查研究，分析判断，找出主要原因。

失效分析过程是一项系统工程，必须对零件设计、选材、工艺和安装使用等各方面进行系统分析，才能找出失效原因。失效分析的过程如下：

（一）现场调查研究

通过现场调查研究，了解与失效产品有关的背景资料和现场情况，调查有关失效件的设计图纸和资料，收集失效零部件的残骸，拍照留据。

（二）整理分析

对所收集的资料、信息进行整理，并从零件的设计、加工和使用等多方面进行分析，为后续试验明确方向。

（三）试验分析

通过试验，分析以下内容：

（1）材料成分分析及宏观与微观组织分析。检查材料成分是否符合标准，组织是否正常。

（2）宏观和微观的断口分析。通过断口分析，确定失效的发源地与失效形式。

（3）力学性能分析。测定与失效形式有关的各项力学性能指标，并与设计要求进行比较，核查是否达到额定指标。

（4）零部件受力及环境条件分析。分析零部件在装配和使用中所承受的正常应力与非正常应力，是否超温运行，是否与腐蚀性介质接触等。

（5）模拟试验。对一些重大失效事故，在可能和必要的情况下，应作模拟试验，以验证经上述分析后得出的结论。

（四）综合分析得出结论

综合各方面的分析资料和试验结果，最终确定失效的具体原因，提出防止和改进措施，写出分析报告。

第二节　材料与成形工艺的选择原则

研究和制造有竞争性的优质产品，最重要的要求之一就是选择产品中不同零件所用的各种材料和与之相应的加工方法的最佳组合。由于所能采用的材料和加工方法很多，因而材料的选用通常是一个复杂而困难的判断、优化过程。在掌握各种工程材料性能的基础上，正确、合理地选择和使用材料是从事工程结构和机械零件设计与制造工程技术人员的一项重要任务。

一、材料选择原则

选择材料的基本原则是所选材料的性能应能满足零部件使用要求，经久耐用，易于加工，成本低。因此，选材应考虑的一般原则有：使用性能原则、工艺性能原则和经济性能原则。

（一）使用性能原则

使用性能是保证零部件完成指定功能的必要条件，它是选材的最主要依据。使用性能主要是指零件在使用状态下应具有的力学性能、物理性能和化学性能。对于机械零件，最重要的使用性能是力学性能，对零部件力学性能的要求，一般是在分析零部件的工作条件（温度、受力状态、环境介质等）和失效形式的基础上提出来的。根据使用性能选材的步骤如下。

1. 分析零部件的工作条件，确定使用性能

零部件的工作条件是复杂的。工作条件分析包括受力状态（如拉、压、弯、扭、剪切等）、载荷性质（静载荷、动载荷、交变载荷）、载荷大小及分布、工作温度（低温、室温、高温、变温）、环境介质（润滑剂、海水、酸、碱、盐）、对零部件的特殊性能要求（电、磁、热）等。在对工作条件进行全面分析的基础上确定零部件的使用性能。

2. 分析零部件的失效原因，确定主要使用性能

对零部件使用性能的要求，往往是多项的。例如传动轴，要求其具有高的疲劳强度、韧性和轴颈的耐磨性，因此，需要通过对零部件失效原因的分析，找出导致失效的主导因素，准确确定出零部件所必需的主要使用性能。例如，曲轴在工作时承受冲击、交变等载荷作用，而失效分析表明，曲轴的主要失效形式是疲劳断裂，而不是冲击断裂，因此应以疲劳抗力作为主要使用性能要求来进行曲轴的设计，制造曲轴的材料也可由锻钢改为价格便宜、工艺简单的球墨铸铁。表 10-1 列出了几种常见零部件的工作条件、失效形式和所要求的主要力学性能指标。

表 10-1　几种常用零部件的工作条件及对性能要求

零部件	工作条件		失效形式	主要力学性能
	承受应力	载荷性质		
紧固螺栓	拉、剪	静	过量变形、断裂	强度、塑性
传动齿轮	压、弯	循环、冲击	磨损、麻点、剥落、疲劳断裂	表面硬度、疲劳强度、心部韧性
传动轴	弯、剪	循环、冲击	疲劳断裂、过量变形、轴颈磨损	综合力学性能
弹簧	弯、剪	循环、冲击	疲劳断裂	屈强比、疲劳强度
连杆	拉、压	循环、冲击	断裂	综合力学性能
轴承	压	循环、冲击	磨损、麻点剥落、疲劳断裂	硬度、接触疲劳强度
冷作模具	复杂	循环、冲击	磨损、断裂	硬度、足够的强度和韧性

3. 将对零部件的使用性能要求转化为对材料性能指标的要求

有了对零部件使用性能的要求，还不能马上进行选材，还需要通过分析、计算或模拟试验将使用性能要求转化成可测量的实验室性能指标。根据零部件的尺寸及工作时所承受的载荷，计算出应力分布，再由工作应力、使用寿命及安全性与材料性能指标的关系，确定性能指标的具体数值。

4. 材料的预选

根据对零部件材料性能指标数据的要求查阅有关手册，找到合适的材料，根据这些材料的大致应用范围进行判断、选材。

除了根据力学性能选材之外,对于在高温和腐蚀介质中工作的零件还要求材料具有优良的化学稳定性,即抗氧化性和耐腐蚀性;此外,有些零件要求具有特殊性能,如电性能、磁性能或热性能等,这时就应根据材料的物理性能和化学性能进行选材。

当然,仅仅从零件使用性能要求的角度来选材还不够,因为能够满足零件不失效的材料可能有多种,这时需再进一步比较可用材料加工工艺的可行性和制造成本的高低,从而以最优方案的材料作为选定的材料。

(二) 工艺性能原则

材料的工艺性能表示材料加工的难易程度。任何零部件都要通过一定的加工工艺才能制造出来,因此在满足使用性能选材的同时,必须兼顾材料的工艺性能。工艺性能的好坏,直接影响零部件的质量、生产效率和成本。一般在选材中,材料的工艺性能与使用性能相比,处于次要地位。但有时正是从工艺性能考虑,使得某些使用性能合格的材料不得不被放弃,此时工艺性能成为选择材料的主导因素。工艺性能对大批量生产的零部件尤为重要,因为在大批量生产时,工艺周期的长短和加工费用的高低,常常是生产的关键。金属材料、高分子材料、陶瓷材料的工艺性能介绍概括如下。

1. 金属材料的工艺性能

金属材料的工艺性能是指金属适应某种加工工艺的能力。金属材料的加工工艺复杂,要求的工艺性能较多,主要有机械加工性能、材料成形性能(铸造、压力加工、焊接)和热处理性能(淬透性、变形、氧化和脱碳倾向等)。

机械加工性能是指材料接受切削或磨削加工的能力。一般用切削硬度、被加工表面的粗糙度、排除切屑的难易程度以及对刃具的磨损程度来衡量。材料硬度在适当范围内时,切削加工性能好。硬度太高,则切削抗力大,刃具磨损严重,切削加工性下降;硬度太低,则不易断屑,表面粗糙度加大,切削加工性也差。铝及铝合金的机械加工性能较好,钢中以易切削钢的机械加工性能最好,而奥氏体不锈钢及高碳高合金的高速钢的机械加工性能较差。

铸造性能主要指充型能力、收缩性和偏析等。接近共晶成分合金的铸造性能好,因此用于铸造成形的材料成分一般都接近共晶成分,如铸铁、硅铝明等。

压力加工分为热压力加工(如锻造、热轧、热挤压等)和冷压力加工(如冷冲压、冷轧、冷镦、冷挤压等)。压力加工性能主要指冷、热压力加工时的塑性和变形抗力及可热加工的温度范围,抗氧化性和加热、冷却要求等。形变铝合金和铜合金、低碳钢和低碳合金钢的塑性好,有较好的冷压力加工性能;铸铁和铸造铝合金完全不能进行冷、热压力加工;高碳高合金钢如高速钢、高铬钢等不能进行冷压力加工,其热加工性能也较差;高温合金的热加工性能更差。

焊接性能是指金属接受焊接的能力,一般以焊接接头形成冷裂或热裂以及气孔等缺陷的倾向大小来衡量。铝合金和铜合金焊接性能不好,低碳钢的焊接性能好,高碳钢的焊接性能差,铸铁很难焊接。

热处理工艺性能主要指淬透性、变形开裂倾向及氧化、脱碳倾向等。大多数钢和铝合金、钛合金都可以进行热处理强化,铜合金只有少数能进行热处理强化。合金钢的热处理工艺性能优于碳钢,故形状复杂或尺寸大、承载高的重要零部件要用合金钢制作。碳钢含碳量越高,其淬火变形和开裂倾向越大。选渗碳用钢时,要注意钢的过热敏感性;选调质钢时,要注意钢的高温回火脆性;选弹簧钢时,要注意钢的氧化、脱碳倾向。

2. 高分子材料的工艺性能

高分子材料的加工工艺比较简单,主要是成形加工,成形加工方法较多。高分子材料的切削加工性能尚好,但由于高分子材料的导热性差,在切削过程中易使工件温度急剧升高,使热塑性塑料变软,使热固性塑料烧焦。

3. 陶瓷材料的工艺性能

陶瓷材料的加工工艺也比较简单,主要工艺也是成形加工。按零部件的形状、尺寸精度和性能要求的不同,可采用不同的成形加工方法(粉浆、热压、挤压、可塑)。陶瓷材料的切削加工性差,除了采用碳化硅或金刚石砂轮进行磨削加工外,几乎不能进行任何其他切削加工。

(三)经济性原则

选材的经济性原则是在满足使用性能和工艺性能要求的前提下,采用便宜的材料,使零部件的总成本,包括材料的价格、加工费、试验研究费、维修管理费等达到最低,以取得最大的经济效益。材料的价格在产品的总成本中占有较大的比重,据有关资料统计,在许多工业部门中可占产品价格的 $30\%\sim70\%$,因此设计人员要十分关心材料的市场价格。表 10-2 是我国常用金属材料的相对价格。从表中数据可知,碳素钢的价格最低。在含碳量相同的情况下,合金钢与碳素钢相比,其淬透性较高,允许制作较大截面的零件,但当制造截面不大的零件时,在满足使用要求的前提下,应优先选用碳素钢,降低材料的成本消耗。

表 10-2　我国常用金属材料的相对价格

材　料	相对价格	材　料	相对价格
碳素结构钢	1	碳素工具钢	1.4～1.5
低合金结构钢	1.2～1.7	低合金工具钢	2.4～3.7
优质碳素结构钢	1.4～1.5	高合金工具钢	5.4～7.2
易切削钢	2	高速钢	13.5～15
合金结构钢	1.7～2.9	铬不锈钢	8
铬镍合金结构钢	3	铬镍不锈钢	20
滚动轴承钢	2.1～2.9	普通黄铜	13
弹簧钢	1.6～1.9	球墨铸铁	2.4～2.9

总之,材料选用应充分利用资源优势,尽可能采用标准化、通用化的材料,以降低原材料成本,减少运输、实验研究费用。选用一般碳钢和铸铁能满足要求的,就不应选用合金钢。在满足使用要求的条件下,可以铁代钢、以铸代锻、以焊代锻,有效地降低材料成本、简化加工工艺。例如用球墨铸铁代替锻钢制造中、低速柴油机曲轴、铣床主轴,其经济效益非常显著。对于表面性能要求高的零部件,可选用低廉的钢种进行表面强化处理来达到要求。

当然,选材的经济性原则并不仅仅是指选择价格最便宜的材料,或是生产成本最低的产品,而是指运用价值分析、成本分析等方法,综合考虑材料对产品功能和成本的影响,从而获得最优化的技术效果和经济效益。例如汽车用钢板，若将低碳优质碳素结构钢改为低碳低合金结构钢，虽然钢的成本提高，但由于钢的强度提高，钢板厚度可以减薄，用材总量减少，汽车自重减小，寿命提高，油耗减少，维修费减少，因此总成本反而降低。再比如，一些能影响整体生产装置的关键零部件，如果选用便宜材料制造，则需经常更换，其换件时停车所造成的损失可能大得多，这时选用性能好、价格高的材料，其总成本才可能是最低的。

二、成形方法选择原则

任何一种材料都必须通过一定的成形制造过程，制成制品后才具有使用价值。因此，在零件设计过程中，进行合理的选材之后，还应选择合适的材料成形方法。成形方法的选择是零件设计技术人员面对的重要问题，也是制造工艺人员所关心的。

不同结构与材料的零件需要采用不同的成形加工方法，零件结构设计、材料选用、成形方法选择等是相互联系、相互影响的，要合理选择材料成形方法，必须在熟悉零件的服役条件，掌握材料的性能、特点、应用及其成形过程变化等知识的基础之上，依据材料成形方法的选择原则，综合性能、质量、经济和环保等方面的分析，选择合适的成形方法。具体来讲，应考虑以下几个原则。

（一）适用性原则

适用性原则指材料的成形方法要满足零件的使用性能和工艺性能要求。

1. 满足使用性能

零件的使用性能要求体现在对其形状、尺寸、加工精度、表面粗糙度等外部质量，以及对其化学成分、组织结构、力学性能、物理性能、化学性能等内部质量的要求上。满足零件的使用性能要求是保证零件完成规定功能的必要条件，是材料成形方法选择应考虑的首要问题。

例如汽车发动机中的飞轮零件选用钢材模锻成形工艺制造，由于飞轮转速高，要求行驶平稳，在使用中不允许飞轮锻件有纤维外露，以免产生腐蚀，使其使用性能下降，故不宜采用开式模锻成形工艺，而应采用闭式模锻成形工艺。因为开式模锻工艺只能锻造出带有飞边的飞轮锻件，随后还需进行切除飞边的修整工序。切边中将会使锻件的纤维组织被切断而外露，而闭式模锻工艺锻造的锻件没有飞边，可克服此缺点。

2. 满足工艺性能

工艺性能包括铸造性能、可锻性、可焊性、热处理性能及切削加工性能等。满足工艺性能是指所选择的成形方法与毛坯的材料和结构之间相适应。成形加工工艺性能的好坏影响到零件加工的难易程度、生产效率及成本等，故选择成形方法时，必须注意零件材料和结构所能适应的加工工艺性。

通常零件的材料一旦确定，其毛坯成形方法也大致确定了。例如零件采用 HT200、QT600-2 等，其毛坯应选用铸造成形；齿轮零件采用 45 钢则采用锻压成形；零件采用 Q235、08 钢等板、带材，一般选用切割、冲压或焊接成形；易氧化和吸气的有色金属材料的可焊性差，就宜选用氩弧焊接工艺，而不宜用普通的手弧焊工艺；零件采用塑料，则需选用合适的塑料成形方法，工程塑料中的聚四氟乙烯，尽管属于热塑性塑料，但因其流动性差，故不宜采用注塑成形工艺，而只宜采用压制加烧结的成形工艺。

成形方法的选择还应考虑零件的结构因素。阶梯轴类零件，当各台阶直径相差不大时，可用棒料,若相差较大,则宜采用锻造毛坯;形状复杂和薄壁毛坯,一般不应采用金属型铸造;尺寸较大的毛坯,通常不采用模锻、压力铸造和熔模铸造,多数采用自由锻、砂型铸造和焊接等方法制坯。

（二）经济性原则

在所选择的成形方法满足适应性原则的前提下,应对可选的成形方案进行经济分析,选择成本低廉的方案,主要考虑以下几个方面。

1. 材料的利用率

前面介绍了材料价格对选材的影响,在关注材料价格的同时,也要致力于提高材料的利用率。成形方法选择应尽量使毛坯尺寸、形状与成品零件相近,从而减少加工余量,提高材料的利用率,减少机械加工工作量。如 CA6140 车床零件采用圆钢和锻件进行切削加工时,材料的利用率较低,而采用熔模铸件后,材料利用率大大提高。故在两种工艺方法都适用的情况下,应选择利用率较高的成形方法。由表 10-3 可知几种常用金属成形加工方法的材料利用率。

表 10-3 几种常用金属成形加工方法的材料利用率与单位能耗

成形加工方法	制品耗能量/10^6J·kg^{-1}	材料利用率/%
铸造	30~38	90
冷、温变形	41	85
热变形	46~49	75~80
机械加工	66~82	45~50

2. 加工费用

尽量选择加工成本较低的成形方法。例如制造内腔较大的零件时,采用铸造或旋压加工成型比采用实心锻件经切削加工制造内腔要便宜。对于形状复杂的零件如果能采用焊接结构,可比整体锻造后机械加工成形更为方便。

从生产批量方面考虑加工成本。大批量生产时,可选用精度和生产率都比较高的成形工艺。虽然这些成形工艺的制造费用一般较高,但可以由每个产品材料消耗的降低来补偿。如大批量生产锻件应选用模锻、冷轧、冷拔及冷挤压等成形工艺;大批量生产有色合金铸件应选用金属型铸造、压力铸造及低压铸造等成形工艺;大批量生产尼龙制件宜选用注塑成型工艺。而单件小批量生产上述产品时,它们分别可选用精度和生产率均较低的成形工艺,如手工造型、自由锻造及浇注与切削加工联合成形的工艺。

从加工方法方面考虑加工成本。随着市场需求的不断变化,用户对产品品种和质量更新的欲望越来越强烈,使生产性质由大批量变为多品种小批量生产形式。因此,为了缩短生产周期,更新产品类型及质量,在可能的条件下应大量采用新工艺、新技术及新材料,采用少余量或无余量成形,既能够节约大量工程材料,提高产品质量,又能大大降低切削加工的费用,从而显著增加企业的经济效益。

3. 实际生产条件

现有生产条件是指生产产品的设备能力,人员技术水平及外协可能性等。在一般情况下,应正确分析企业的实际生产条件和工艺水平,充分利用本企业的现有条件完成生产任务。例如生产重型机械产品时(如万吨水压机),当现场没有大容量的炼钢炉和大吨位的起重运输设备的条件下,可以适当改变零件的加工方式,选用铸造与焊接联合成形的工艺,即首先将大件分成几小块铸造后,再用焊接拼焊成大铸件。当生产条件不能满足产品生产的要求时,可选择对原有设备进行适当的技术改造或与外企业进行协作解决。

（三）环保性原则

环保性原则是指在材料成形过程中能量耗费少,CO_2产生少,贵重资源用量少,废弃物少,再生处理容易,能够实现再循环;不使用、不产生对环境有害的物质。材料成形方法的选择必须考虑环境保护问题,尽可能循环利用,对废弃物进行综合治理,使生产过程中资源得到最大限度的利用,符合低碳经济发展方向。

材料经各种成形加工工艺制成为成品,在生产系统中的能耗由工艺流程确定。选择制品成形加工方法时,应通盘考虑选择单位能耗少的成形加工方法。由表 10-3 可见,铸造和塑性变形等加工方法的单位能耗不算大,且其材料利用率较高,而机械加工的单位能耗较大,材料利用率也较低。因此,选择成形方法时,还要考虑能耗问题,即要选择最环保的方法。

上述四项原则中,满足适应性原则是首要条件,所有产品必须达到质量优良,满足使用要求和工艺要求,在规定的服役年限内能保证正常工作,否则在使用过程中就会发生各种问题,甚至造成严重的后果;经济性原则是为了降低成本,取得最大的利益,也使产品具有更强的市场竞争力;环保性原则是实现可持续发展的重要保证。

第三节　典型零件的选材

目前机械工程中所用的材料主要还是钢铁材料,但随着科技的发展以及不同场合的使用及性能要求等,材料选择的范围及品种越来越广泛,在这里主要介绍一下机床零件、汽车零件、热工设备、化工设备及航空航天等的选材情况。

一、机床零件的选材

机床零件的品种繁多,按结构特点、功用和受载荷特点可分为:机身、底座、轴类零件、齿轮类零件、机床导轨等。

（一）机身、底座等用材

机身、机床底座、油缸、导轨、齿轮箱体、轴承座等大型零件以及其他一些如牛头刨床的滑枕、皮带轮、导杆、摆杆、载物台、手轮、刀架等零件或重量大、或形状复杂,首选材料为灰口铸铁、孕育铸铁,球墨铸铁亦可选用,它们成本低、铸造性好、切削加工性能优异、对缺口不敏感、减震性好,有良好的耐磨性,非常适合铸造上述零部件。有良好的润滑作用、并能储存润滑油,很适宜制造导轨。机床导轨的精度对整个机床的精度有很大的影响,必须防止其变形和磨损,所以机床导轨通常都是选用灰口铸铁制造。灰口铸铁在润滑条件下耐磨性较好,但抗磨粒磨损能力较差,为了提高耐磨性,可以对导轨表面进行淬火处理。

常使用的灰口铸铁是：HT150、HT200 及孕育铸铁 HT250、HT300、HT350、HT400 等。常使用的球墨铸铁为：QT400 - 17、QT420 - 10、QT500 - 5、QT600 - 2、QT700 - 2、QT800 - 2。

（二）机床齿轮用材

机床齿轮按工作条件可分为三类。

（1）轻载齿轮　转动速度一般都不高，大多用 45 钢制造，经正火或调质处理。

（2）中载齿轮　一般用 45 钢制造，正火或调质后，再进行高频表面淬火强化，以提高齿轮的承载能力及耐磨性。对大尺寸齿轮，则需用 40Cr 等合金调质钢制造。一般机床主传动系统及进给系统中的齿轮，大部分属于这一类。

（3）重载齿轮　对于某些工作载荷较大，特别是运转速度高又承受较大冲击载荷的齿轮大多用 20Cr、20CrMnTi 等渗碳钢制造，经渗碳、淬火处理后使用。例如变速箱中一些重要的传动齿轮等。

开式传动齿轮可选用 HT250、HT300 和 HT400，和铸铁的大齿轮互相啮合的小齿轮也可用 Q235、Q255 制造。

闭式传动齿轮多采用 40、45 钢（正火或调质处理）制造。高速、重载或受强烈冲击的闭式齿轮，宜采用 40Cr（调质）或 20Cr、20CrMnTi（渗碳、淬火、低温回火）钢。不重要的闭式齿轮可使用 Q255（不热处理）制造。球墨铸铁 QT450 - 5、可锻铸铁 KTZ450 - 5、KTZ500 - 4 用来制造尺寸较大或形状复杂的闭式传动齿轮。

普通机床齿轮工作条件较好、工作中受力不大、转速中等、工作平稳无强烈冲击，因此其齿面强度、心部强度和韧性的要求均不太高，一般用 45 钢制造，采用高频淬火表面强化，齿面硬度可达 HRC52 左右，这对弯曲疲劳或表面疲劳是足够了。齿轮调质后，心部可保证有 HB220 左右的硬度及大于 $4 \, kg \cdot m/cm^2$ 的冲击韧性，能满足工作要求。对于一部分要求较高的齿轮，可用合金调质钢（如 40Cr 等）制造。这时心部强度及韧性都有所提高，弯曲疲劳及表面疲劳抗力也都增大。

例：普通车床床头箱传动齿轮。

材料：45 钢。

热处理：正火或调质，齿部高频淬火和低温回火。

性能要求：齿轮心部硬度为 HB220～HB250；齿面硬度 HRC48～52。

工艺路线：下料→锻造→正火或退火→粗加工→调质→精加工→高频淬火→低温回火（拉花键孔）→精磨。

（三）机床轴类零件用材

机床主轴是机床中最主要的轴类零件。机床类型不同，主轴的工作条件也不一样。根据主轴工作时所受载荷的大小和类型，大体上可以分为四类：

（1）轻载主轴　工作载荷小，冲击载荷不大，轴颈部位磨损不严重，例如普通车床的主轴。这类轴一般用 45 钢制造，经调质或正火处理，在要求耐磨的部位采用高频表面淬火强化。

（2）中载主轴　中等载荷，磨损较严重，有一定的冲击载荷，例如铣床主轴。一般用合金调质钢制造,如 40Cr 钢,经调质处理,要求耐磨部位进行表面淬火强化。

（3）重载主轴　工作载荷大,磨损及冲击都较严重,例如工作载荷大的组合机床主轴。一般用 20CrMnTi 钢制造,经渗碳、淬火处理。

（4）高精度主轴　有些机床主轴工作载荷并不大,但精度要求非常高,热处理后变形应极小,工作过程中磨损应极轻微,例如精密镗床的主轴,一般用 38CrMoAlA 专用氮化钢制造,经调质处理后,进行氮化及尺寸稳定化处理。

过去,主轴几乎全部都是用钢制造的。根据受载荷的性质和特点,一般采用 45 钢（调质）制造轴件。不重要的或低载的轴可以采用 Q235、Q255 等钢制造。承受重载,且要求直径小或要求提高轴颈耐磨性的轴,可用 40Cr 等调质钢或 20Cr 等渗碳钢,整体与轴颈应进行相应的热处理,也可用 QT600-2、KTZ600-3 等球墨铸铁和可锻铸铁制造曲轴和主轴。

图 10-1 是 C620 车床主轴的结构简图,是典型的受扭转—弯曲复合作用的轴件,它受的应力不大（中等载荷）,承受的冲击载荷也不大,如果使用滑动轴承,轴颈处要求耐磨,因此大多采用 45 钢制造,并进行调质处理,轴颈处由表面淬火来强化。载荷较大时则用 40Cr 等低合金结构钢来制造。

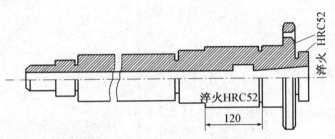

图 10-1　C620 车床主轴的结构简图

对 C620 车床主轴的选材结果如下:

材料:45 钢。

热处理:整体调质,轴颈及锥孔表面淬火。

性能要求:整体硬度 HB220～240;轴颈及锥孔处硬度 HRC48～52。

工艺路线:锻造→正火→粗加工→调质→精加工→表面淬火及低温回火→磨削。

该轴工作应力很低,冲击载荷不大,45 钢热处理后屈服极限可达 400 MPa 以上,完全可满足要求。现在有部分机床主轴已经可以用球墨铸铁制造。

除 C620 车床主轴以外,还有其他多种机床主轴,其选材如表 10-4 所示。

表 10-4　其他机床主轴选材

序号	工作条件	材料	热处理工艺	硬度要求	应用举例
1	（1）在滚动轴承中运转 （2）低速,轻或中等载荷 （3）精度要求不高 （4）稍有冲击载荷	45	正火或调质	HBS 220～250	一般简易机床主轴

（续表）

序号	工作条件	材料	热处理工艺	硬度要求	应用举例
2	（1）在滚动轴承中运转	45	整体淬硬	HRC 40～45	龙门铣床、立式铣床、小型立式车床的主轴
	（2）转速稍高，轻或中等载荷		正火 或调质 ＋局部淬火	≤HBS 229（正火） HBS220～250（调质） HRC 46～52（局部）	
	（3）精度要求不太高				
	（4）冲击、交变载荷不大				
3	（1）在滚动或滑动轴承内运转	45	正火 或调质后 轴颈局部 表面淬火 整体淬硬	≤HBS 229（正火） HBS220～250（调质） HRC 46～52（表面）	CB3463、 CA6140、C61200 等重型车床主轴
	（2）低速，轻或中等载荷				
	（3）精度要求不很高				
	（4）有一定的冲击、交变载荷				
4	（1）在滚动轴承中运转	40Cr 40MnB 40MnVB	调质后 局部淬硬	HRC 40～45	滚齿机、组合机床的主轴
	（2）中等载荷，转速略高			HBS 220～250（调质） HRC 46～52（局部）	
	（3）精度要求不太高				
	（4）交变、冲击载荷不大				
5	（1）在滑动轴承内运转	40Cr 40MnB 40MnVB	调质后轴 颈表面 淬火	HBS 220～280（调质） HRC 46～55（表面）	铣床、M74758 磨床砂轮主轴
	（2）中或重载荷，转速略高				
	（3）精度要求较高				
	（4）有较高的交变、冲击载荷				
6	（1）在滚动或滑动轴承内运转	50Mn2	正火	≤HBS 240	重型机主轴
	（2）轻、中载荷、转速较低				

（续表）

序号	工作条件	材料	热处理工艺	硬度要求	应用举例
7	(1) 在滑动轴承内运转 (2) 中等或重载荷 (3) 要求轴颈部分有更高的耐磨性 (4) 精度很高 (5) 交变应力较大,冲击载荷较小	65Mn	调质后轴颈和头部局部淬火	HBS 250～280（调质） HRC 56～61（轴颈表面） HRC 50～55（头部）	M1450 磨床主轴
8	工作条件同上,但表面硬度要求更高	GCr15 9Mn2V	调质后轴颈和头部局部淬火	HBS 250～280（调质） ≥HRC 59（局部）	MQ1420、MB1432A 磨床砂轮主轴
9	(1) 在滑动轴承内运转 (2) 重载荷,转速很高 (3) 精度要求极高 (4) 有很高的交变、冲击载荷	38Cr MoAl	调质后渗氮	≤HBS 260（调质） ≥HV 850（渗氮表面）	高精度磨床砂轮主轴,T68 镗杆,T4240A 坐标镗床主轴,C2150.6 多轴自动车床中心轴
10	(1) 在滑动轴承内运转 (2) 重载荷,转速很高 (3) 高的冲击载荷 (4) 很高的交变压力	20Cr MnTi	渗碳淬火	≥HRC 50（表面）	Y7163 齿轮磨床、CG1107 车床、SG8630 精密车床主轴

（四）机床其他零件用材

1. 螺旋传动件用材

不热处理的螺旋传动件用 45、50 钢制造,经受热处理的用 T10、65Mn、40Cr 等制造。螺母的材料用锡青铜 ZQSn6 - 6 - 3 、ZQSn10 - 2,较小载荷及低速传动时用耐磨铸铁。

2. 蜗轮蜗杆传动件用材

（1）蜗轮

当滑动速度 $v \geq 3$ m/s 时,常采用锡青铜 ZQSn10、ZQSn10 - 1 或 ZQSn6 - 6 - 3 等;滑动速度 2 m/s $< v <$ 3 m/s 时用铸铝青铜 ZQAl9 - 4;滑动速度 $v \leq 2$ m/s,且性能要求不高时可用 HT150、HT200、HT250。直径大于 100～200 mm 的青铜蜗轮,轮芯应采用灰口铸铁制造。

（2）蜗杆

蜗杆材料适宜用 15、20 钢和 15Cr、20Cr 钢,表面渗碳淬硬到 HRC 56～62,或 45、40Cr 钢,表面高频淬火到 HRC 45～50,并经磨削、抛光后使用。

一般速度的蜗杆可用 45、50 钢或 40Cr（调质）制造，表面硬度达 HB 220～260，抛光后使用。低速传动的蜗杆可用 Q275 制造。

3. 滑动轴承材料

ChSnSb11-6、ChPbSb14-10-18，用于最高速重载条件下的轴承衬。

ZQSn10-1 在铜合金中具有最好的减摩性能，广泛用于高速和重载条件下。中速和中载条件下 ZQSn6-6-3 应用广泛。

ZQAl9-2 适宜制造形状简单（铸造性比锡青铜差）的大型衬套、齿轮和轴承。

ZQAl10-3-15、ZQAl9-4 可用在重载和低中速条件下。

ZQPb30、ZQPb12-8、ZQPb10-10 等主要用于高速旋转和重的冲击与变动载荷条件下的大型曲轴轴承等，可作为 ChSnSb11-6 的代用材料。

ZHAl66-6-3-2 和 ZHMn58-2-2 在低速和中等载荷下可作为青铜的代用品。

HT250、HT350 等铸铁轴承主要用于低速、轻载条件下。铁石墨含油轴承用于 $v \leqslant 4 \text{ m/s}$，青铜石墨含油轴承用于 $v \leqslant 6 \text{ m/s}$。

在低速、轻载或某些加油困难、要求避免油污（医药、造纸及食品机械）和由于润滑油蒸发有发生爆炸危险（制氧机）的机床中，在无油润滑条件下工作或在水、腐蚀性液体（酸、碱、盐及其他化学溶液）等介质中工作时，常用 ABS 塑料、尼龙、聚甲醛、聚四氟乙烯等塑料轴承。橡胶轴承用于水轮机，水泵等工作于多泥沙而有充足的水润滑的机器中。

4. 滚动轴承材料

滚动轴承的内外圈和滚动体一般用 GCr9、GCr15、GCr15SiMn 等高碳铬或铬锰轴承钢和 GSiMnV 等无铬轴承钢制造，工作表面要经过磨削和抛光，热处理后一般要求材料硬度在 HRC 61～65 之间。保持架材料多用低碳钢薄板、铜合金、塑料或轻合金制造。

二、汽车零件的用材

汽车用材以金属材料为主，塑料、橡胶、陶瓷等非金属材料也占有一定比例。发动机和传动系统这两部分包括的零件相当多，其中有大量的齿轮和各种轴，同时还有在高温下工作的零件（进、排气阀、活塞等），它们的用材都比较重要，目前一般都是根据使用经验来选材。对于不同类型的汽车和不同的生产厂，发动机和传动系统的选材是不相同的。应该根据零件的具体工作条件及实际的失效形式，通过大量的计算和试验选出合适的材料。

随着能源和原材料供应的日趋短缺，人们对汽车节能降耗的要求越来越高。而减轻自重可提高汽车的重量利用系数，减少材料消耗和燃油消耗，这在资源、能源的节约和经济价值方面具有非常重要的意义。

减轻自重所选用的材料，比传统的用材应该更轻且能保证使用性能。比如，用铝合金或镁合金代替铸铁，重量可减轻至原来的 1/3～1/4，但并不影响其使用性能；采用新型的双相钢板材代替普通的低碳钢板材生产汽车的冲压件，可以使用比较薄的板材，减轻自重，但一点不降低构件的强度；在车身和某些不太重要的结构件中，采用塑料或纤维增强复合材料代替钢材，也可以降低自重，减少能耗。

（一）汽车用金属材料

1. 缸体和缸盖

缸体材料应满足下列要求：有足够的强度和刚度；良好的铸造性和切削性；价格低廉。缸体常用的材料有灰口铸铁和铝合金两种。

缸盖应选用导热性好、高温机械强度高、能承受反复热应力、铸造性能良好的材料来制造。目前使用的缸盖材料有两种：一是灰铸铁或合金铸铁；另一种是铝合金。

2. 缸套

气缸工作面用耐磨材料，制成缸套镶入气缸。常用缸套材料为耐磨合金铸铁，主要有高磷铸铁、硼铸铁、合金铸铁等。为了提高缸套的耐磨性，可以用镀铬、表面淬火、喷镀金属钼或其他耐磨合金等办法对缸套进行表面处理。

3. 活塞、活塞销和活塞环

活塞、活塞销和活塞环等零件组成活塞组，活塞组在工作中受周期性变化的高温、高压燃气（温度最高可达 2 000 ℃，压力最高可达 13 MPa～15 MPa）作用，并在气缸内作高速往复运动（平均速度一般为 9～13 m/s），产生很大的惯性载荷。对活塞材料的要求是热强度高、导热性好、膨胀系数小、密度小、减摩性、耐磨性、耐蚀性和工艺性好等。常用的活塞材料是铝硅合金。

活塞销材料一般用 20 低碳钢或 20Cr、18CrMnTi 等低碳合金钢。活塞销外表面应进行渗碳或氰化处理，以满足外表面硬而耐磨，材料内部韧而耐冲击的要求。活塞环用合金铸铁或球墨铸铁，经表面处理。镀多孔性铬后可使环的工作寿命提高 2～3 倍。其他表面处理的方法有喷钼、磷化、氧化、涂合成树脂等。

4. 连杆

连杆连接活塞和曲轴，作用是将活塞的往复运动转变为曲轴的旋转运动，并把作用在活塞上的力传给曲轴以输出功率。连杆在工作中，除承受燃烧室燃气产生的压力外，还要承受纵向和横向的惯性力。因此，连杆在一个很复杂的应力状态下工作，它既受交变的拉压应力，又受弯曲应力。连杆的主要损坏形式是疲劳断裂和过量变形。连杆的工作条件要求连杆具有较高的强度和抗疲劳性能，又要求具有足够的刚性和韧性。连杆材料一般采用 45 钢、40Cr 或 40MnB 等调质钢。

5. 气门

气门工作时，需要承受较高的机械负荷和热负荷，排气门工作温度高达 650～850 ℃。气门头部还承受气压力及落座时因惯性力而产生的相当大的冲击。气门经常出现的故障有：气门座扭曲、气门头部变形、气门与气门座配合面积碳时引起燃烧废气对气门座面强烈的烧蚀。气门材料应选用耐热、耐蚀、耐磨的材料。进气门一般可用 40Cr、35CrMo、38CrSi、42Mn2V 等合金钢制造，而排气门则要求用高铬耐热钢（如 4Cr9Si2、4Cr10Si2Mo）制造。

6. 汽车半轴

汽车半轴在工作时主要承受扭转力矩和反复变曲以及一定的冲击载荷。在通常情况下，半轴的寿命主要取决于花键齿的抗压性和耐磨损性能，但断裂现象也不时发生。要求半轴材料具有高的抗弯强度、疲劳强度和较好的韧性。汽车半轴是综合机械性能要求较高的零件,通常选用调质钢制造。中、小型汽车的半轴一般用 45 钢、40Cr,而重型汽车用 40MnB、40CrNi 或 40CrMnMo 等淬透性较高的合金钢制造。

如图 10-2 所示的 130 载重车半轴,最大直径达 50 mm 左右,用 45 钢制造时,即使水淬也只能使表面淬透深度为 10%半径。为了提高淬透性,在油中淬火防止变形和开裂。中、小型汽车的半轴一般用 40Cr 制造,重型车用 40CrMnMo 等淬透性很高的钢制造。

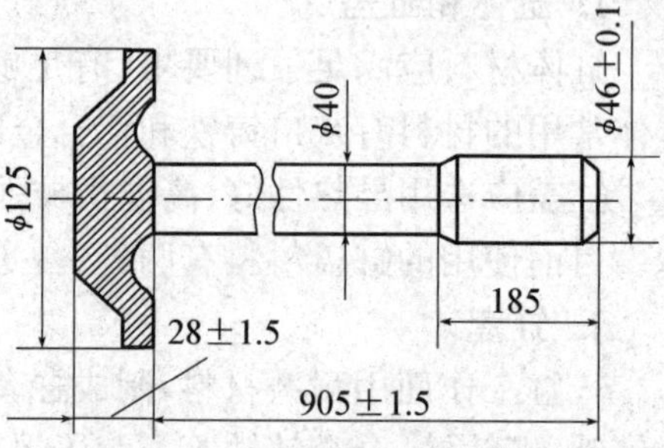

图 10-2　130 载重车半轴简图

例:130 载重车半轴

材料:40Cr。

热处理:整体调质。

性能要求:杆部 HRC37～44;盘部外圆 HRC24～34。

工艺路线:下料→锻造→正火→机械加工→调质→盘部钻孔→磨花键。

7. 汽车齿轮

汽车齿轮主要分装在变速箱和差速器中,在变速箱中,通过它来改变发动机、曲轴和主轴齿轮的速比;在驱动桥壳体中,通过齿轮来增加扭转力矩并调节左右两车轮的转速,通过齿轮将发动机的动力传到主动轮,驱动汽车运行。因此其工作条件远比机床齿轮恶劣,特别是主传动系统中的齿轮,它们受力较大,超载与受冲击频繁,因此对材料的要求更高。由于弯曲与接触应力都很大,用高频淬火强化表面不能保证要求,所以汽车的重要齿轮都用渗碳、淬火进行强化处理,因此这类齿轮一般都用合金渗碳钢 20Cr 或 20CrMnTi 等制造,特别是后者在我国汽车齿轮生产中应用最广。为了进一步提高齿轮的耐用性,除了渗碳、淬火外,还可以采用喷丸处理等表面强化处理工艺,喷丸处理后,齿面硬度可提高 HRC 1～3 单位,耐用性可提高 7～11 倍。

选用钢时,汽车、拖拉机齿轮的生产特点是批量大、产量高,因此在选择用钢时,在满足机械性能的前提下,对工艺性必须给以足够的重视。

20CrMnTi 钢具有较高的机械性能。该钢在渗碳淬火低温回火后,表面硬度 HRC58～62,心部硬度为 HRC 30～45。20CrMnTi 的工艺性能尚好,锻造后一般以正火改善其切削加工性。20CrMnTi 钢的热处理工艺性较好,有较好的淬透性。由于合金元素钛的影响,对过热不敏感,故在渗碳后可直接降温淬火。此外尚有渗碳速度较快,过渡层较均匀,渗碳淬火后变形小等优点,这对制造形状复杂、要求变形小的齿轮零件来说是十分有利的。20CrMnTi 钢可制造截面在 30 mm 以下,承受高速中等载荷以及冲击、摩擦的重要零件,如齿轮、齿轮轴等各种渗碳零件。当含碳量在上限时,也可用于制造截面在 40 mm 以下,模数大于 10 的 20CrMnTi 齿轮等。

例:北京牌吉普车后桥圆锥主动齿轮。(图 10-3)

材料:20CrMnTi。

热处理:渗碳、淬火、低温回火,渗碳层深 1.2～1.6 mm。

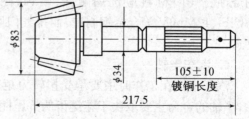

图 10-3　北京吉普后桥圆锥主动齿轮简图

性能要求:齿面硬度 HRC 58~62,心部硬度 HRC 33~48。

工艺路线:下料→锻造→正火→切削加工→渗碳、淬火、低温回火→磨加工。

8. 车身、纵梁、挡板等冷冲压零件

在汽车零件中,冷冲压零件种类繁多,约占总零件数的 50%~60%。汽车冷冲压零件用的材料有钢板和钢带,其中主要是钢板,包括热轧钢板和冷轧钢板,如钢板 08、20、25 和 16Mn 等。

（二）汽车用塑料

1. 内饰用塑料

内饰用主要塑料品种为聚氨酯(PU)、聚氯乙烯(PVC)、聚丙烯(PP)和 ABS 等。内饰塑料制品主要有:座垫、仪表板、扶手、头枕、门内衬板、顶棚衬里、地毯、控制箱、转向盘等。

2. 汽车用工程塑料

（1）聚丙烯

主要用于通风采暖系统、发动机的某些配件以及外装件,如真空助推器,汽车转向盘、仪表板、前后保险杠、加速踏板、蓄电池壳、空气滤清器、冷却风扇、风扇护罩、散热器格栅、转向机套管、分电器盖、灯壳、电线覆皮等。

（2）聚乙烯

可用于制造汽油箱、挡泥板、转向盘、各种液体储罐以及衬板。聚乙烯在汽车上最重要的用途是用于制造汽油箱。

（3）聚苯乙烯

主要用作各种仪表外壳、灯罩及电器零件。

（4）ABS

制作汽车用车轮罩、保险杠垫板、镜框、控制箱、手柄、开关喇叭盖、后端板、百叶窗、仪表板、控制板、收音机壳、杂物箱、暖风壳等。

（5）聚酰胺(尼龙)

可用于制造燃油滤清器、空气滤清器、机油滤清器、正时齿轮、水泵壳、水泵叶轮、风扇、制动液罐、动力转向液罐、雨刷器齿轮、前大灯壳、百叶窗、轴承保持架、保险丝盒、速度表齿轮等。

（6）聚甲醛(POM)

主要用来制作各种阀门,如排水阀门、空调器阀门;各种叶轮,如水泵叶轮、暖风器叶轮、油泵叶轮;轴套及衬套,如行星齿轮和半轴垫片、钢板弹簧吊耳衬套;轴承保持架等机能结构件,各种电器开关及电器仪表上的小齿轮,各种手柄及门销等。

（7）饱和聚酯

饱和聚酯有 PBT(对苯二甲酸丁二醇酯)和 PET(聚对苯二甲酸乙二醇酯),制造后窗通风格栅、车尾板通风格栅、前挡泥板延伸部分、灯座、车牌支架等车身部件、分电器盖、点火线圈架、开关、插座等电器零件、冷却风扇、雨刷器杆、油泵叶轮和壳体、镜架、各种手柄等机能结构件。

（三）汽车外装及结构件用纤维增强塑料复合材料

汽车上常用的是玻璃纤维和热固性树脂的复合材料,可用于制造汽车顶棚、空气导流板、前灯壳、发动机罩、挡泥板、后端板、三角窗框、尾板等外装件。用碳纤维增强塑料复合材料制成的汽车零件,还有传动轴、悬挂弹簧、保险杠、车轮、转向节、车门、座椅骨架、发动机罩、格栅、车架等。

（四）汽车用橡胶

汽车的主要橡胶件是轮胎,此外还有各种橡胶软管、密封件、减震垫等。生胶是轮胎最重要的原材料,轿车轮胎以合成橡胶为主,而载重轮胎以天然橡胶为主。

（五）汽车用陶瓷材料

汽车发动机火花塞采用 Al_2O_3 制造。日本、美国绝热发动机上采用工程陶瓷,如日野汽车公司开发的陶瓷复合发动机系统,该发动机气缸套、活塞等燃烧室件中有 40% 左右是陶瓷件,使用的陶瓷有 ZrO_2、Si_3N_4 等。采用 Si_3N_4 制造气阀头、活塞顶、气缸套、摇臂镶块、气门挺杆等。

三、热能装置的用材

热能装置主要指动力工程中所用的各种装置,如锅炉、气轮机、燃气轮机等。这类装置中很多零件都在高温下工作,因此必须选用各种耐高温材料,如耐热钢及高温合金等。

（一）锅炉-汽轮机的选材

锅炉-汽轮机组结构庞大、复杂,包括许多的零部件。按工作温度可把零件分为两大类:一类的工作温度在 350 ℃以下,这时蠕变现象在钢铁中微不足道,可不考虑高温性能,选材方法与一般的机械装置类似;另一类的工作温度在 350 ℃以上,选材时主要考虑其高温性能,应根据具体零件的工作温度和应力大小等选择合适的耐热材料。

在选材过程中,首先应考虑工作温度,其次考虑应力大小。以锅炉管为例,锅炉管的工作温度并不一样,非受热面锅炉管(如水冷壁管、省煤器管)工作温度较低,受热面锅炉管(如蒸汽导热管或过热器管)的工作温度较高,某些高温高压锅炉的温度可达 600 ℃左右。锅炉管的主要失效方式是爆裂,它是由蠕变断裂引起的。因此锅炉管的材料应具有足够高的持久强度,蠕变断裂塑性及蠕变极限。一般锅炉管都按持久强度设计,根据工作温度、管内压力及尺寸算出工作时管壁所受应力。锅炉管通常的规定寿命为十年,因此按材料的持久强度选材,条件是材料的持久强度应大于 $K\sigma_w$,K 为安全系数,σ_w 为工作应力。

1. 锅炉管道用钢

（1）锅炉管道的工作条件和对材料的要求

锅炉管道在高温、应力和腐蚀介质作用下长期工作,会产生蠕变、氧化和腐蚀。如过热器管外部受高温烟气的作用,管内则流通着高压蒸汽,而且管壁温度(即材料温度)比蒸汽温度还高 50~80 ℃。

为保证设备安全可靠地运行,管道用钢应有足够高的蠕变极限和持久温度;高的抗氧化性能和耐腐蚀性能;良好的组织稳定性;良好的工艺性能,特别是焊接性能要好。

（2）锅炉管道用钢

壁温≤500 ℃的过热器管和壁温≤450 ℃的蒸汽管道一般选用优质碳素结构钢,碳质量分数在 0.1%~0.2% 之间,常用的是 20 钢。15CrMo 钢是在壁温≤550 ℃的过热器管和壁温≤510 ℃的蒸汽管道这个温度范围应用很广泛的钢种,该钢在 500～550 ℃具有较高的热强性、足够的抗氧化性和良好的工艺性能。12Cr1MoV 钢是应用最广泛的壁温≤580 ℃的过热器管和壁温≤540 ℃的蒸汽管道的锅炉管道用钢。该钢加入 0.2％的钒,其耐热性能比铬钼钢高,工艺性能也很好,得到广泛的应用。12Cr2MoWVB 和 12Cr3MoVSiTiB 钢用于壁温≤600～620 ℃的过热器管和壁温≤550～570 ℃的蒸汽管道,采用微量多元合金化,使钢具有更高的组织稳定性和化学稳定性,因而耐热性能更好,使用温度更高。壁温≤600～650 ℃的过热器管和壁温≤550～600 ℃的蒸汽管道,较常用的是马氏体型耐热钢,如德国的X20CrMoWV121(F11)和 X20CrMoV121(F12),瑞典的 HT9 等钢种。

过热器壁温超过 650 ℃、蒸汽管道壁温超过 600 ℃后,需要使用奥氏体耐热钢。奥氏体耐热钢具有较高的高温强度和耐腐蚀性能,最高使用温度可达 700 ℃左右。

2. 锅炉汽包用钢

低压锅炉汽包用钢为 12Mng、16Mng 和 15MnVg 等普通低合金钢板,这些钢板的综合机械性能比碳钢高,可以减轻锅炉汽包的重量,节省大量钢材。

(1) 14MnMoVg 钢   是屈服极限为 500 MPa 级的普通低合金钢。钢中由于加入了0.5％Mo,提高了钢的屈服强度及中温机械性能,特别适合生产厚度为 60 mm 以上的厚钢板,以满足制造高压锅炉汽包的需要。

(2) 14MnMoVBReg 钢   是 500 MPa 级的多元低碳贝氏体钢,屈服极限比碳钢高一倍,有良好的综合机械性能。由于加入了适量的硼、稀土,钢的强度更高,符合我国资源情况。

(3) 14CrMnMoVBg 钢   屈服极限很高(650 MPa～700 MPa),加入强化元素铬,不仅强度高,塑性、韧性也较好,焊接性能也好,能耐湿度较大地区的大气腐蚀。

表 10 - 5 中列出了几种主要耐热钢的持久强度值。对于一般的高、中压锅炉,材料的持久强度值在 60 MPa～80 MPa 以上即可满足工作要求。由表 10 - 6 还可以看出,低碳钢管(20 A)只能用于工作温度低于 450 ℃的非受热面管,而 12Cr1MoV 的工作温度可以高于580 ℃。

表 10 - 5   几种耐热钢的持久强度值

钢种	20 A	15CrMo	12 CrMoV	12 Cr3MoVSiTiB	Cr17Ni13W
温度/℃	450	550	580	600	600
持久强度/MPa	65	～70	80	～100	140

如果蒸汽的工作温度超过 580 ℃甚至 600 ℃,则必须选用更高级的材料,例如表中的12Cr3MoVSiTiB 或奥氏体耐热钢 Cr17Ni13W,这当然会使材料的价格大大提高。锅炉管的消耗是很大的,所以这在经济上很不合算。因此目前在设计大容量锅炉时多趋向于把蒸汽温度降到 540 ℃左右,尽管工作温度高可以提高热效率,但从总的经济性考虑,采用廉价的耐热钢可能更合理些,这是选材的经济性限制机械装置效率的一个很典型的例子。

汽轮机主要零部件包括汽轮机叶片、汽轮机转子和汽轮机定子等。汽轮机叶片的选材分析与锅炉管类似。叶片承受的工作应力较大,所用的材料自然要比锅炉管的高级。汽轮机前级叶片的工作温度较高,所用材料的性能应更好,多用 Cr11MoV 或 Cr11WMoV 等钢。

而后级叶片一般采用 Cr13 型马氏体不锈钢。

汽轮机叶片的最主要失效方式是疲劳断裂(振动疲劳断裂),主要应从叶片的结构设计上避免共振来防止这种断裂,但选材也有很大的意义。如果叶片材料具有很高的减振能力,并且其疲劳裂纹扩展速率很低,则可大幅度地提高叶片的寿命。

3. 汽轮机叶片

(1) 铬不锈钢(1Cr13 和 2Cr13) 在工作温度下具有足够高的强度,有高的耐腐蚀性和减振性,是使用最广泛的汽轮机叶片材料。1Cr13 在汽轮机中用于前几级动叶片,2Cr13 多用于后几级动叶片。1Cr13 和 2Cr13 钢的热强性不高,当温度超过 500 ℃时,热强性明显下降。1Cr13 钢的最高工作温度为 480 ℃左右,2Cr13 为 450 ℃左右。

(2) 强化型铬不锈钢 在 1Cr13 和 2Cr13 基础上加入钼、钨、钒、铌、硼等强化元素,得到 Cr11MoV、Cr12WMoV、Cr12WMoNbVB、2Cr12WMoNbVB 和 1Cr11Ni2W2MoV 等强化型铬不锈钢,它们的热强性比 1Cr13 和 2Cr13 高,可在 560~600 ℃下长期工作。

(3) 铬-镍不锈钢 在 600 ℃温度以上工作的叶片,应选用铬-镍奥氏体不锈钢或高温合金,如 Cr17Ni13W、Cr14Ni18W2NbBCe、Cr15Ni35W3Ti3AlB 等。

4. 汽轮机轮子

(1) 34CrMo 钢 采用正火(或淬火)+高温回火处理,用作工作温度 480 ℃以下的汽轮机叶轮和主轴,它有较好的工艺性能和较高的热强性,而且长时期使用组织比较稳定,无热脆倾向,但工作温度超过 480 ℃时热强性明显降低。

(2) 35CrMoV 钢 由于加入了钒,使钢的室温和高温强度均超过 34CrMo 钢,可用来制造要求较高强度的锻件,如用于工作温度 500~520 ℃以下的叶轮。

(3) 34CrNi3Mo 钢 是大截面高强度钢,具有良好的综合机械性能和工艺性能,无回火脆性,在 450 ℃以下具有高的蠕变极限和持久强度,可用于制造工作温度 400 ℃以下的发电机转子和汽轮机整锻转子及叶轮。

(4) 33Cr3MoWV 钢 是我国研制的无镍大锻件用钢,主要用来代替 34CrNi3Mo 钢。可用来制造工作温度 450 ℃、厚度<450 mm、σ_s=736 MPa 级的汽轮机叶轮,目前已在 50 MW 以下的汽轮机中应用,运行情况良好。该钢的优点是淬透性高,没有回火脆性。

(5) 20Cr3WMoV 钢 是一种性能优良的低合金耐热钢,用于工作温度低于 550 ℃的汽轮机和燃气轮机整锻转子和叶轮等大锻件。

另外,所有在高温下工作的锅炉—汽轮机零件的材料,都应具有一定的耐蚀性,而叶片材料的耐蚀性还要更高些,因此多用不锈钢制造。

(二)燃气轮机的选材

与汽轮机相比,燃气轮机的工作条件具有工作温度高、腐蚀严重和工作寿命短等特点。所以,从工作条件出发,燃气轮机在高温下工作的零件,应主要考虑高温持久强度和腐蚀抗力。其中材料问题比较突出的零件是涡轮叶片、转子和涡轮盘,燃烧室火焰筒和喷嘴。它们失效的主要方式是蠕变变形、蠕变断裂、蠕变疲劳或热疲劳断裂。

叶片材料的选择决定于工作温度。工作温度低于 650 ℃时,用奥氏体耐热钢;工作温度在 700~750 ℃时,用铁基耐热合金;750 ℃以上直到 950 ℃时,用镍基耐热合金。而在更高温度下工作的叶片材料,目前还在研究之中,一种方案是采用复合材料,即用难熔碳化物

（TaC、Nb$_2$C 等）纤维（直径约 1μ）作为增强剂，加在定向结晶的镍基合金中，这可把工作温度提高到 1 050 ℃左右；另一种方案是采用陶瓷材料，特别是 SiC 或 Si$_3$N$_4$陶瓷，其导热率比镍基合金还高，而热膨胀系数比镍基合金低，因此抗热冲击能力很强，由于是共价键结合，直到 1 300 ℃时蠕变抗力仍然很高。它唯一的不足之处是韧性太低，只有镍基合金的 1/25，因而限制了它的使用。

燃气轮机的转子及涡轮盘的工作温度比叶片低，因此一般采用铁基耐热合金。燃烧室火焰筒及喷嘴的工作温度虽然很高，但工作应力低，一般采用镍基合金板制作。

四、化工设备用材

化学工业部门的主要设备有压力容器、换热器、塔设备和反应釜等。这些设备使用条件比较复杂，温度从低温到高温，压力从真空（负压）到超高压，物料有易燃、易爆、剧毒或强腐蚀等。目前，化工设备的主要用材是合金钢，有的还用有色金属及其合金、非金属材料等。

（一）化工设备用金属材料

1. 化工设备用合金钢

（1）低合金结构钢

除要求强度外，还要求有较好的塑性和焊接性，以利于设备的加工制造。但强度较高者，其塑性和焊接性能将有所下降。因此，必须根据容器的具体工作条件（如温度、压力）和制造加工要求（如卷板、焊接）来选用适当强度级别的钢材。常用的钢种有 16MnR、15MnVR 和 18MnMoNbR 等。

（2）不锈钢

铬不锈钢　1Cr13、2Cr13 等钢种在弱腐蚀介质（如盐水溶液、硝酸、浓度不高的有机酸等）和温度低于 30 ℃时，有良好的耐蚀性。在海水、蒸汽和潮湿大气条件下，也有足够的耐蚀性。但在硫酸、盐酸、热硝酸、熔融碱中耐蚀性较低。故多用作化工设备中受力不大的耐蚀零件，如轴、活塞杆、阀件、螺栓等。

0Cr13、0Cr17Ti 等钢种，具有较好的塑性，而且耐氧化性酸（如稀硝酸）和硫化氢气体腐蚀，常用于代替高铬镍型不锈钢用于化工设备上，如用于维纶生产中耐冷醋酸和防铁锈污染产品的耐蚀设备上。

铬镍不锈钢　有耐蚀要求的压力容器常用铬镍不锈钢，主要牌号有 1Cr18Ni9、0Cr18Ni11Ti 和 0Cr17Ni12Mo2 等。该类钢经固溶处理后是单一的奥氏体组织，可得到良好的耐蚀性、耐热性、低温和高温机械性能及焊接性能。

（3）耐热钢

1Cr13Si3、1Cr25Si2 铁素体钢，有晶粒长大倾向，不宜承受冲击负荷，但抗氧化性好，在含硫的气氛中有好的抗蚀性，最高使用温度 900～1 150 ℃，制造过热器吊架、吹灰器管、热交换器、喷嘴等。

1Cr23Ni13、1Cr25Ni20Si2 奥氏体钢，有较高的高温强度及抗氧化性，对含硫气氛较敏感，在 600～800 ℃有析出相的脆化倾向，最高使用温度 1 050～1 200 ℃。制造热裂解管、炉内传送带、炉内支架、高温加热炉管和燃烧室构件等。

2. 化工设备用有色金属及其合金

（1）铜及其合金

纯铜 耐不浓的硫酸、亚硫酸、稀的和中等浓度的盐酸、醋酸、氢氟酸及其他非氧化性酸等介质的腐蚀。对淡水、大气和碱类溶液的耐蚀能力很好。铜不耐各种浓度的硝酸、氨和铵盐溶液。纯铜主要用于制造有机合成和有机酸工业上用的蒸发器、蛇管等。

黄铜 耐蚀性与铜相似，特别是大气中耐蚀性要比铜好，在化工设备上应用很广。化工上常用的黄铜牌号是 H80、68 和 H62 等。H80 和 H68 塑性好，可在常温下冲压成型，可用于制造容器零件。H62 在常温下塑性较差，机械性能较高，可做深冷设备的筒体、管板、法兰和螺母等。

青铜 化工设备常用锡青铜。锡青铜不仅强度、硬度高，铸造性能好，而且耐蚀性好，在许多介质中的耐蚀性都比铜高，特别在稀硫酸溶液、有机酸和焦油、稀盐溶液、硫酸钠溶液、氢氧化钠溶液和海水介质中，都具有很好的耐蚀性。锡青铜主要用来铸造耐蚀和耐磨零件，如泵外壳、阀门、齿轮、轴瓦和蜗轮等零件。

（2）铝及其合金

工业纯铝 广泛应用于制造硝酸、含硫石油工业、橡胶硫化和含硫的药剂等生产所用设备，如反应器、热交换器、槽车和管件等。

防锈铝 防锈铝的耐蚀性比纯铝高，可用作空气分离的蒸馏塔、热交换器、各式容器和防锈蒙皮等。

（3）铅及其合金

铅在许多介质中，特别是在热硫酸和冷硫酸中都具有很高的耐蚀性。由于铅的强度和硬度低，不适宜单独制作化工设备零件，主要作设备衬里。

（二）化工设备用非金属材料

1. 无机非金属材料

（1）化工陶瓷

化工陶瓷化学稳定性很高，主要用于制作塔、泵、管道、耐酸瓷砖和设备衬里等。

（2）玻璃

化工生产上常见的为硼-硅酸玻璃（耐热玻璃）和石英玻璃，用来制造管道、离心泵、热交换器管和精馏塔等设备。

（3）天然耐酸材料

化工厂常用的有花岗石、中性长石和石棉等。花岗石耐酸性高，常用以砌制硝酸和盐酸吸收塔，以替代不锈钢和某些贵重金属。中性长石热稳定性好，耐酸性高，可以衬砌设备或配制耐酸水泥。石棉可用做绝热（保温）和耐火材料，也用于设备密封衬垫和填料。

2. 有机非金属材料

（1）工程塑料

耐酸酚醛塑料用于制作搅拌器、管件、阀门和设备衬里等。硬聚氯乙烯塑料可用于制造塔器、贮槽、离心泵、管道和阀门等。聚四氟乙烯塑料常用作耐蚀、耐温的密封元件，无油润滑的轴承、活塞环及管道等。

（2）不透性石墨

用各种树脂浸渍石墨消除孔隙得到不透性石墨。它具有很高的化学稳定性,可作换热设备,如氯乙烯车间的石墨换热器等。

五、航空航天器用材

航空航天器用材很广泛,工程塑料、橡胶、陶瓷材料和各种金属,这些材料或是比强度高,或是具有满意的使用性能,如较好的热强性、抗氧化性和耐蚀性。

(一)中碳调质钢

30CrMnSiA、30CrMnSiNi2A、40CrMnSiMoVA 等,Cr-Mn-Si 钢及 40CrNiMoA、34CrNi3MoA 等,Cr-Ni-Mo 钢、H-11(0.35C-5Cr-1.5Mo-1.0Si-0.4 V)等超高强钢可用于火箭发动机外壳、喷气涡轮机轴、喷气式客机的起落架、超音速喷气机机体等。

(二)高合金耐热钢

1Cr13、2Cr25N、0Cr25Ni20、0Cr12Ni20Ti3AlB 等合金耐热钢用于制造涡轮泵及火箭发动机及航空发动机转子和其他零件。

(三)高温合金

TD-Ni、TD-NiCr(在镍或镍-20%铬基体中加入 2% 左右的弥散分布的氧化钍 ThO_2 颗粒,产生弥散强化效果的高温合金),主要用于制造燃气涡轮发动机的燃烧室等高温工作构件和航天飞机的隔热材料。K403(Ni-11Cr-5.25Co-4.65W-4.3Mo-5.6Al)等铸造镍基合金主要用于制造涡轮工作叶片和导向器叶片。铁基高温合金 GH2018(Fe-42Ni-19.5Cr-2.0W-4.0Mo-0.55Al-2.0Ti)主要用于制造在 $500\sim700\ ℃$ 下承受较大应力的构件,如机匣、燃烧室外套等。

(四)镍基耐蚀合金

镍与镍基耐蚀合金是耐高温、高压、高浓度或混有不纯物等各种苛刻腐蚀环境的结构材料。锻造镍(镍 200、镍 201)韧性、塑性优良,能适应多种腐蚀环境,可用来制造航天器及导弹元件。镍基耐蚀合金,如 Monel K-500(Ni-29.5Cu)强度与硬度较高;Inconel 718 (Ni-19Cr-18.5Fe-5.1Nb-3Mo-0.9Ti)从 $-250\sim705\ ℃$ 均从有优良的力学性能;用于制造泵轴、涡轮等航空发动机零部件。

(五)铝及其合金

LF5、LF11、LF21 用于焊接油箱、油管,制造铆钉和中载零件制品。

LY11 用于制造骨架、模锻的固定接头、支柱、螺旋桨叶片、局部镦粗的零件、蒙皮、隔框、肋、梁、螺栓和铆钉等中等强度的结构零件。

LC4、LC6 适宜制造飞机大梁、桁架、加强框、蒙皮接头及起落架等结构中的主要受力件。

LD5 适宜制造形状复杂、中等强度的锻件和模锻件。

LD7、LD10 适合制造高温下工作的复杂锻件,板材可做高温下工作的结构件。

ZL101、ZL104 可铸造飞机零件、壳体、气化器、发动机机匣、气缸体等。

ZL109、ZL201 用于制造较高温度下工作的零件,如活塞、支臂、挂架梁等。

ZL301、ZL401 用于铸造在大气中工作的零件,承受大振动载荷,工作温度不超过200 ℃、结构形状复杂的飞机零件。

(六)镁合金

镁的熔点为 651 ℃,密度仅为 1.74 g/cm³,比铝还轻。镁合金具有较高的比强度和比刚度,并具有高的抗震能力,能承受比铝及其合金更大的冲击载荷,切削加工能力优良,易于铸造和锻压,在航空航天工业中获得较大应用。铸造高强镁合金 ZM1(Mg - 4.5Zn - 0.75Zr)和变形耐热镁合金 MB8(Mg - 2.0Mn - 0.2Ce)应用较多。

(七)钛及其合金

TA7 钛合金用于制造机匣,压气机内环等。

TC4、TC10 合金主要用于制造中央翼盒、机翼转轴、进气道框架、机身桁条、发动机(壳体、支架、机匣、喷管延伸段)、压气机盘、叶片、压力容器、贮箱、卫星蒙皮、构架、航天飞机机身、机翼上表面、尾翼、梁、肋等。

(八)钨、钼、铌及其合金

钨、钼及其合金可作为火箭发动机喷管材料。铌为航天方面优先选用的热防护材料和结构材料。

(九)复合材料

玻璃纤维增强尼龙、玻璃纤维增强聚苯乙烯、玻璃纤维增强聚乙烯等复合材料广泛应用于直升飞机机身、机翼,各种航天器内置结构件,如仪表盘、底盘、仪器壳体等。碳纤维树脂复合材料和硼纤维树脂复合材料是制造宇宙飞船、人造卫星壳体的重要材料。

以上各类零件的选材,只能作为机械零件选材时进行类比的参照,其中不少是长期经验积累的结果。经验固然很重要,但若只凭经验是不能得到最好的效果的。在具体选材时,还要参考有关的机械设计手册、工程材料手册,结合实际情况进行初选,重要零件在初选后,需进行强度计算校核,确定零件尺寸后,还需审查所选材料淬透性是否符合要求,并确定热处理技术条件。目前比较好的方法是,根据零件的工作条件和失效方式,对零件可选用的材料进行定量分析,然后参考有关经验做出选材的最后决定。

第四节　常用机械零件成形方法的选择

常用机械零件根据其形状特征和用途不同,一般可分为机架箱体类、轴杆类和盘套类三大类。由于各类零件形状结构的差异和材料、生产批量及用途的不同,其成形方法也不同。

一、机架箱体类零件

该类零件一般结构较为复杂,有不规则的外形和内腔,壁厚不均,质量从几千克到数十吨,工作条件相差很大。

1. 一般基础件

如机架、底座、床身、工作台和箱体等,主要起支承作用,以承受压力和弯曲应力为主,抗拉强度、塑性和韧性要求不高,但要求有较好的刚度和减振性,有时需要有较好的耐磨性,故通常采用灰铸铁(HT150、HT200 等)铸造成形。这是由于铸铁的铸造性能良好,价格便宜,并有良好的耐磨、耐压和吸振性能。

2. 受力复杂件

有些机械的机架、箱体等受力较大或较复杂,如轧钢机机架、模锻锤锤身等往往同时承受较大的拉、压和弯曲应力,有时还受冲击,要求有较高的综合力学性能,故常选用铸钢(ZG200 - 400 等)铸造成形。为简化工艺,常采用铸-焊、铸-螺纹联接结构。单件小批量生产时也可采用型钢焊接结构,以降低制造成本。焊接结构相对简单,成形快,但焊接结构存在较大的内应力,若内应力消除不好易产生变形,其吸振性不如铸件。

此外,如航空发动机的缸体、缸盖和曲轴箱等箱体结构,要求具有重量轻、导热性和耐蚀性良好的性能,故常采用铝合金(ZL105、ZL105A 等)铸造成形。

二、轴杆类零件

轴杆类零件的结构特点是其轴向尺寸远大于径向尺寸,常见的有光滑轴、阶梯轴、凸轮轴和曲轴等。在机械装置中,该类零件主要用来支承传动零件(如齿轮等)和传递扭矩,同时还承受一定的交变、弯曲应力,大多数还承受一定的过载或冲击载荷,是机械中重要的受力零件。

轴类零件材料一般为钢和铸铁。光滑轴毛坯一般采用热轧圆钢和冷轧圆钢。阶梯轴毛坯根据产量和各阶梯直径之差,可采用圆钢料或锻件;若阶梯直径相差较大,则采用锻件比较有利,尤其是要求有较高力学性能时。在单件小批量生产时,采用自由锻;在大批量生产时,采用模锻。对某些大型、结构复杂、受力不大而有异形断面或弯曲轴线的轴,如凸轮轴、曲轴等,在满足使用要求的前提下,可采用 QT450 - 10、QT500 - 5 等球墨铸铁毛坯,用铸造的方法来降低成本。在某些情况下,可选用锻-焊或铸-焊结合的方式来制造轴杆类零件。例如发动机的进、排气门,可采用将合金耐热钢的头部与碳素钢的杆部焊为一体,节约了合金钢材料,如图 10 - 4 所示;再如图 10 - 5 所示的 12 000 吨水压机立柱毛坯,长 18 米,净重 80 吨,采用 ZG270～500 分成 6 段铸造,粗加工后采用电渣焊焊成整体毛坯。

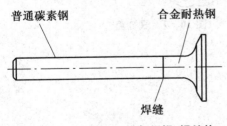

图 10 - 4　发动机进、排气门锻-焊结构

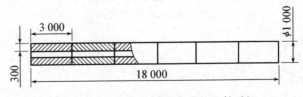

图 10 - 5　铸-焊结构的水压机立柱毛坯

三、盘套类零件

盘类零件的轴向尺寸一般小于或近于径向尺寸,如齿轮、飞轮、法兰盘等。以齿轮为例,工作时齿面承受很大的接触应力和摩擦力,齿根要承受较大的弯曲应力,有时还要承受冲击力。中、小齿轮大批量生产时可采用热轧或精密模锻的方法,单件或小批量生产时直径 100 mm 以下的小齿轮可采用圆钢为毛坯;直径 500 mm 以上的大型齿轮,锻造比较困难,可采用铸钢或球墨铸铁为毛坯,在单件生产时,常采用焊接方式制造大型齿轮毛坯。仪表齿轮大批量生产时,采用压力铸造或冲压方法成形。若制造飞轮等受力不大或以承压为主的零件,一般采用灰铸铁,单件生产也可采用低碳钢焊接件。法兰等零件可根据受力情况和形状尺寸,采用铸铁件、锻钢件或圆钢为毛坯,厚度较小、小批量生产时还可直接采用钢板下料。

套类零件具有同轴度要求较高的内、外旋转表面,壁薄而易变形,端面和轴线要求垂直,零件长度一般大于直径。套类零件主要起支承或导向作用,工作中承受径向或轴向力和摩擦力,如滑动轴承、导向套和油缸等。套类零件一般采用钢、铸铁、青铜和黄铜。当孔径小于 20 mm 时,常用热轧或冷拉棒料,也可采用实心铸件;当孔径大于 20 mm 时,采用无缝钢管或带孔的铸件和锻件。大批量生产时,也可采用冷挤压和粉末冶金方法。

四、机械零件成形方法选择举例

(一)内燃机曲柄连杆机构主要零件成形方法

往复活塞式内燃机曲柄连杆机构由机体组、活塞连杆组、曲轴飞轮组三部分组成。其中机体组主要包括如图 10-6 所示的气缸体、气缸套以及图 10-7 所示的气缸盖等;活塞连杆组主要包括如图 10-8 所示的连杆、连杆螺栓、活塞、活塞销和活塞环等零件;曲轴飞轮组主要包括如图 10-9 所示的曲轴、飞轮、轴瓦和衬套等零件。接下来,我们就曲柄连杆机构主要零件的成形方法进行分析介绍。

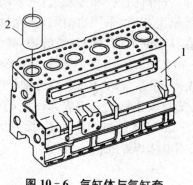

图 10-6 气缸体与气缸套
1—气缸体;2—气缸套

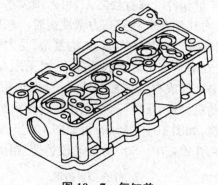

图 10-7 气缸盖

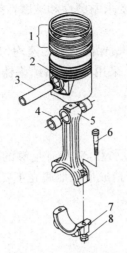

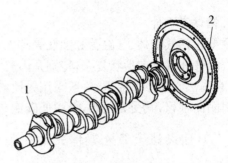

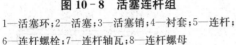

图 10－8　活塞连杆组　　　　　　　　　图 10－9　曲轴飞轮组

1—活塞环；2—活塞；3—活塞销；4—衬套；5—连杆；　　　　　1—曲轴；2—飞轮

6—连杆螺栓；7—连杆轴瓦；8—连杆螺母

1. 轴杆类零件

轴杆类零件包括曲轴、连杆、连杆螺栓、活塞销等。

曲轴是主要传动轴，工作时承担功率输出任务，承受弯曲、扭转、冲击等载荷，要求有较好的刚度、弯扭强度、疲劳强度和韧性，轴颈部位需耐磨。可采用球墨铸铁铸造成形，也可用调质钢模锻成形。

连杆将活塞所受的力传递给曲轴，工作时承受较大的压缩、拉伸和弯曲等交变载荷，要求有足够的强度和刚度。通常采用调质钢模锻成形，或球墨铸铁铸造成形，目前也有采用粉末锻造新工艺制造连杆。

连杆螺栓用于紧固连杆大端与连杆瓦盖，承受拉、压交变载荷及很大冲击力，要求具有较高的屈服强度和韧性。一般采用调质钢锻造成形。

活塞销用于连接活塞和连杆小端，承受较大的周期性冲击载荷，工作环境温度高，润滑条件差，要求有足够的刚度和强度，表面耐磨。一般做成中空圆柱体，采用低碳合金钢棒或管冷挤压成形或直接车削表面渗碳制成。

2. 盘套类零件

盘套类零件包括活塞、活塞环、气缸套、衬套、飞轮等。

活塞形状较复杂，工作时其顶部与高温燃气接触，并承受燃气的冲击性高压力；活塞在气缸内作高速往复运动，惯性力大，受力情况复杂。故活塞要求质量轻，导热性好，尺寸稳定性高，并有较高的强度和耐磨性等。通常采用铝硅合金金属型铸造或挤压铸造成形，也有液态模锻成形。

活塞环安在活塞的外壁环槽内，随活塞在气缸中高速运动，与气缸壁产生较强的摩擦，主要起密封、导热和气缸壁上刮油作用，磨损严重，要求减摩与自润滑性。采用合金耐磨铸铁铸造成形，单体活塞环多用叠箱铸造，也可用离心铸造出圆筒形铸件后切割成环。

气缸套镶在气缸体的缸孔内，是气缸的工作表面，要求耐高温、耐磨损和耐腐蚀。常采用孕育铸铁或合金耐磨铸铁离心铸造成形。

衬套装在连杆小头内,与活塞销配合,有相对转动,要求耐磨性和减摩性好,一般采用青铜铸造成形。

飞轮装在曲轴上,主要是将曲轴的部分能量储存起来,保证曲轴转速均匀,受力简单,要求足够大的转动惯量,尺寸较大,对力学性能要求不高。采用灰铸铁、球墨铸铁或铸钢铸造成形。

3. 箱体类零件

主要包括气缸体、气缸盖和油底壳等。

气缸体和气缸盖形状复杂,特别是内腔,并铸有冷却水套,应具有足够的刚度和抗压强度,并有耐热和减振性要求,一般采用铸铁或铸铝合金铸造成形。油底壳主要功用是储存机油并封闭曲轴箱,其受力很小,采用低碳钢薄板冲压而成。

(二)台式钻床部分零件成形方法

图 10 - 10 为台式钻床示意图。该钻床主要组成部件有底座、立柱、主轴支承座、主轴、传动带及带轮、操纵手柄和电机等。

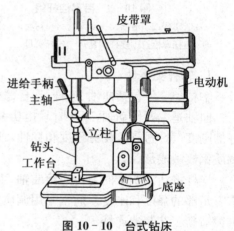

图 10 - 10　台式钻床

1. 底座

底座是台式钻床的基础零件,主要承受静载荷压应力。结构形状较为复杂的,下底部有空腔,属于箱体类零件。宜选用灰铸铁(如 HT200),采用铸造成形。

2. 主轴

主轴是钻床的重要零件,工作时受力情况较复杂,主要承受轴向压应力和弯曲应力,形状结构较简单,属于轴类零件。宜选用中碳钢(如 45 钢),采用锻造成形。

3. 带轮

带轮形状结构简单,属轮盘类零件。带轮的工作载荷较小,为减轻重量,通常采用铝合金制造。宜选用铸铝(ZL102),采用铸造毛坯。

4. 皮带罩壳

皮带罩壳不承受载荷,主要的作用是防护和防尘。宜选用薄钢板(如 Q235),采用焊接方法成形。

5. 操纵手柄

工作时,手柄承受弯曲应力,但受力不大,形状结构较简单,属于轴类零件。可直接选用碳素结构钢(如 Q235A),采用型材毛坯,截取圆钢棒料即可。

(三)常用成形方法的比较

常用成形方法的比较如表 10 - 6。

表 10-6　常用成形方法的比较

成形方法	铸造	锻造	冷冲压	焊接	直接取自轧材
成形特点	液态成形	固态塑性变形	塑性变形或有板料分离	不可拆卸连接	轧材切削
对原材料的工艺性要求	流动性好,收缩率低	塑性好,变形抗力小	塑性好,变形抗力小	强度高,塑性好,液态下化学稳定性好	
常用材料	铸铁、铸钢、非铁合金	低、中碳钢,合金结构钢	低碳钢薄板、非铁合金薄板	低碳钢、低合金结构钢、不锈钢、非铁合金	碳钢、合金钢、非铁合金
适宜成形的形状	一般不受限制,可相当复杂,尤其是内腔	自由锻简单;模锻较复杂,但有一定限制	可较复杂,但有一定限制	一般不受限制	简单,横向尺寸变化小
适宜成形的尺寸与重量	砂型铸造不受限制;特种铸造受限制	自由锻不受限制;模锻受限制,一般＜150 kg	最大板厚8～10 mm	不受限制	中、小型
材料利用率	高	自由锻低;模锻较高	较高	较高	较低
适宜的生产批量	砂型铸造不受限制	自由锻单件小批;模锻成批、大量	大批量	单件、小批、成批	单件、小批、成批
生产周期	砂型铸造较短	自由锻短;模锻长	长	短	短
生产率	砂型铸造低	自由锻低;模锻较高	高	中、低	中、低
应用举例	机架、机体、变速箱、曲轴、床身、底座、工作台、导轨、泵体、阀体、轴承座、带轮、齿轮等形状复杂的零件	齿轮、连杆、曲轴、机床主轴、传动轴、锻模、冲模、螺栓等对力学性能,尤其是强度和韧度要求较高的零件	外壳及表面覆盖件、油箱等利用薄板成形件	车身、船体等构架、管道、容器、组合件,还可用于修补	螺栓、螺母、光轴、销等形状简单的中小零件

思考题

1. 什么是失效?零件的失效形式有哪些?
2. 简述失效分析过程。

3. 如何根据材料的使用性能选材？

4. 选择材料与成形方法应遵循哪些原则？

5. 某汽车、拖拉机变速箱齿轮其力学性能要求是：表面要求高硬度、高耐磨性（HRC58～62）、心部要求具有一定韧性（HRC30～45）。请从下列牌号中选材、制定加工工艺路线、说明工艺中各种热处理工艺的作用。

Q235 – AF、20CrMnTi、40Cr、60Si2Mn、GCr15、T8、9SiCr、CrWMn、W18Cr4V、Cr12MoV、5CrMnMo、5CrNiMo、3Cr2W8V、1Cr13、1Cr18Ni9Ti、ZGMn13

6. 某汽车半轴其性能要求具有良好的综合力学性能（既强又韧），请从下列牌号中选材、制定加工工艺路线、说明工艺中各种热处理工艺的作用。

Q235 – AF、20CrMnTi、40Cr、60Si2Mn、GCr15、T8、9SiCr、CrWMn、W18Cr4V、Cr12MoV、3Cr2W8V、1Cr13、1Cr18Ni9Ti、ZGMn13

7. 试确定齿轮减速器箱体的材料及其毛坯成形方法，并说明理由。

主要参考文献

[1] 王章忠. 机械工程材料(第 2 版)[M]. 北京:机械工业出版社,2007.

[2] 崔占全. 工程材料(第 2 版)[M]. 北京:机械工业出版社,2007.

[3] 王运炎. 机械工程材料(第 3 版)[M]. 北京:机械工业出版社,2009.

[4] 王忠. 机械工程材料(第 2 版)[M]. 北京:清华大学出版社,2009.

[5] 刘新佳. 工程材料[M]. 北京:化学工业出版社,2005.

[6] 于永泗. 机械工程材料(第 7 版)[M]. 大连:大连理工大学出版社,2007.

[7] 沈莲. 机械工程材料(第 3 版)[M]. 北京:机械工业出版社,2008.

[8] 彭宝成. 新编机械工程材料[M]. 北京:冶金工业出版社,2008.

[9] 齐宝森. 机械工程材料[M]. 哈尔滨:哈尔滨工业大学出版社,2003.

[10] 陈扬. 机械工程材料[M]. 沈阳:东北大学出版社,2008.

[11] 郑明新. 工程材料[M]. 北京:清华大学出版社,1991.

[12] 孙瑜. 材料成形技术[M]. 上海:华东理工大学出版社,2010.

[13] 施江澜. 材料成形技术基础(第 2 版)[M]. 北京:机械工业出版社,2007.

[14] 邓文英. 金属工艺学(第 5 版)[M]. 北京:高等教育出版社,2008.

[15] 何红媛. 材料成形技术基础[M]. 南京:东南大学出版社,2000.

[16] 方亮. 材料成形技术基础[M]. 北京:高等教育出版社,2010.

[17] 樊自田. 先进材料成形技术与理论[M]. 北京:化学工业出版社,2006.

[18] 刘新佳. 材料成形工艺基础[M]. 北京:化学工业出版社,2006.

[19] 方洪渊. 焊接结构学[M]. 北京:机械工业出版社,2008.

[20] 王洪光. 特种焊接技术[M]. 北京:化学工业出版社,2009.

[21] 李亚江. 特种焊接技术及应用[M]. 北京:化学工业出版社,2004.

[22] 沈其文. 材料成形工艺基础(第 3 版)[M]. 武汉:华中科技大学出版社,2003.

[23] 胡亚民. 材料成形技术基础[M]. 重庆:重庆大学出版社,2000.

[24] 迟剑锋. 材料成形技术基础[M]. 长春:吉林大学出版社,2001.

[25] 邢建东. 材料成形技术基础(第 2 版)[M]. 北京:机械工业出版社,2007.

[26] 戈晓岚. 工程材料与应用[M]. 西安:西安电子科技大学出版社,2007.

[27] 庞国星. 工程材料与成形技术基础[M]. 北京:机械工业出版社,2005.